»WHAT WE SEE, WE SEE
AND SEEING IS CHANGING.«

(Adrienne Rich, 1929–2012)

Faszination Wissenschaft

Herlinde Koelbl

60 Begegnungen
mit wegweisenden Forschern
unserer Zeit

KNESEBECK

Inhalt

    Vorwort

6   Ernst-Ludwig Winnacker

7   Herlinde Koelbl

9   Karl Deisseroth

15 Peter Seeberger

21 Stefan Hell

27 Antje Boetius

33 Thomas Südhof

39 David Avnir

45 Alessio Figalli

49 Jennifer Doudna

55 Tom Rapoport

61 Tandong Yao

65 Robert Laughlin

71 Bruce Alberts

77 Viola Vogel

83 Pascale Cossart

89 Brian Schmidt

93 Avi Loeb

99 Wolfgang Ketterle

103 Ron Naaman

107 Faith Osier

113 Helmut Schwarz

119 Bernhard Schölkopf

125 Martin Rees

131	Tim Hunt	247	Carolyn Bertozzi
137	Carla Shatz	253	Ulyana Shimanovich
143	Patrick Cramer	259	Richard Zare
149	Dan Shechtman	265	Ottmar Edenhofer
155	Aaron Ciechanover	271	Bruno Reichart
161	Jian-Wei Pan	277	Shuji Nakamura
165	Detlef Günther	283	Eric Kandel
171	George M. Church	289	Sallie Chisholm
177	Frances Arnold	295	Tolullah Oni
183	Robert Weinberg	301	Robert Langer
189	Peter Doherty	307	Anton Zeilinger
193	Françoise Barré-Sinoussi	313	Arieh Warshel
199	Klaus von Klitzing	317	Edward Boyden
205	Shigefumi Mori	323	Sangeeta Bhatia
209	Cédric Villani	329	Emmanuelle Charpentier
213	Christiane Nüsslein-Volhard	335	Hermann Parzinger
219	Marcelle Soares-Santos	338	Maria Schuld
223	Tao Zhang	340	Katherine L. Bouman
227	Paul Nurse	342	Moisés Expósito-Alonso
233	Ruth Arnon	344	Elaine Y. Hsiao
237	Vittorio Gallese		
241	Onur Güntürkün	346	Anhang

Vorwort

Wer die Welt durch Wissenschaft verändern will, muss weiter sehen können als alle anderen. Über Landesgrenzen und Disziplinen hinaus. In eine Gesellschaft hinein, die verstehen will, wie die Welt, in der wir leben, sich wandelt, wie wir zusammenhalten, was durch Krisen wie den Klimawandel oder die Corona-Pandemie ins Wanken geraten ist. Beide Herausforderungen zeigen, dass Forschung immer stärker im Zentrum des gesellschaftlichen Geschehens steht.

Der Öffentlichkeit wird in solchen Zeiten und Situationen bewusst, wie wichtig Wissenschaft für sie ist. Zugleich wächst der Wunsch zu begreifen, wie Forschung funktioniert, die sich meist zwischen zwei Polen bewegt, der Kooperation und dem Wettbewerb. Großprojekte wie die Herstellung eines Impfstoffs, die Entdeckung der Gravitationswellen oder die Analyse des Weltklimas bedürfen der Zusammenarbeit, meist sogar auf internationaler Basis, denn Klima oder Viren machen an Grenzen nicht halt. An der Entstehung der regelmäßig erscheinenden Berichte zum Weltklima arbeiten jeweils mehrere Hundert Arbeitsgruppen, und die Publikation zur Entdeckung der Gravitationswellen der LIGO Scientific Collaboration wies weit über 1000 Autor*innen auf. Im Gegensatz dazu gibt es zahllose Beispiele von Erkenntnissen, die nur auf einzelne Personen zurückgehen. Dabei meine ich nicht die Arbeiten, die kleine, wenn auch wichtige Fortschritte beschreiben, wie sie im Wissenschaftsbetrieb die Regel sind, sondern einmalige, fundamentale Entdeckungen, die neue Arbeitsfelder definieren und dadurch die Welt verändern. Meist sind solche Entdeckungen dem Zufall geschuldet, der aber nur jenen in den Schoß fällt, die vorbereitet sind – und die sehr genau hinsehen (»the prepared mind«).

Die bekannte Fotografin Herlinde Koelbl hat es sich zum Ziel gesetzt, solche Menschen zu finden und ihre Motivation und Denkweise – durch die Augen einer Künstlerin – offenzulegen. Dies ist wichtig, da die Öffentlichkeit in Krisenzeiten lernen muss, was Wissenschaft bedeutet. Sonst wird ihr das notwendige Vertrauen in die Ratschläge aus der Wissenschaft fehlen, ohne deren Umsetzung es auf die Dauer keine Zukunft für unsere Spezies gibt. Die Echternacher Springprozession, drei Schritte vor und zwei Schritte zurück, ist für die Lösung gesellschaftlicher Prozesse unbefriedigend. Man möchte in der Regel schnelle und klare Antworten. Stattdessen braucht es Geduld und einen langen Atem, um wissenschaftliche Durchbrüche im komplexen Geschehen der gerade anstehenden Fragen zu erzielen. Dies ist genau das, was die hier geführten Gespräche zeigen. Zeit, genau hinzuschauen!

Ernst-Ludwig Winnacker
Genzentrum, Ludwig-Maximilian-Universität, München

»Wissenschaftler*in zu werden ist eine Berufung«, sagt Nobelpreisträger Paul Nurse. Ich wollte wissen, wie sie denken und mit welchen Erkenntnissen sie unser Leben, unsere Zukunft beeinflussen. Dazu bin ich um die halbe Welt gereist, um diese Top-Wissenschaftler*innen zu »erforschen« und ihre faszinierenden Wissenschaftsergebnisse und Lebenserfahrung weiterzugeben, ja Wissenschaft lebendig zu machen. Aber auch junge Menschen zu begeistern, in diesen beeindruckenden Persönlichkeiten Vorbilder zu sehen und selbst diesen aufregenden Weg einzuschlagen.

Die Wissenschaftler*innen habe ich in einer ungewöhnlichen Weise porträtiert. Ich bat jeden, sich die Essenz seiner Forschung selbst auf die Hand zu schreiben, sei es eine Formel oder eine Philosophie. Das hat etwas Spielerisches, was den kindlichen Forscherdrang widerspiegelt, den Forscher*innen nie verlieren dürfen, wenn sie erfolgreich sein wollen.

Seit der Mensch mit problemlösendem Denken vor 2,7 Millionen Jahren als Homo habilis in Erscheinung trat, ist er bestrebt, sich durch Beobachtung und Versuch über die Naturkräfte zu erheben. Er ist getrieben, seine Lebensverhältnisse zu verbessern, und schuf so über Jahrtausende unsere jetzige Welt.

Versuch und Irrtum sind geblieben. Herkunft oder Nationalität sind unwichtig, Neugierde zählt und absolute Leidenschaft. David Avnir bringt es auf den Punkt: »Nach einem erfolgreichen Tag haben Sie vielleicht die Welt verändert, weil Sie neues Wissen geschaffen haben.« Das lässt sie dann die vielen Rückschläge vergessen und mit obsessiver Leistungsbereitschaft, extremer Disziplin und Willensstärke immer wieder aufstehen und weitermachen. Das Ergebnis beglückt und entschädigt.

Die Nobelpreisträgerin Françoise Barré-Sinoussi meinte scherzhaft dazu: »Es ist wie ein Eintritt ins Kloster. Sie müssen auf viele Dinge im persönlichen Leben verzichten.« Sie hat es in der noch immer männlich dominierten Wissenschaft geschafft. Die Rivalität ist groß, denn hier ist nicht Geld, sondern Anerkennung die wahre »currency«. Wer hat als Erster sein Ergebnis in einem bedeutenden Journal publiziert? Öffentlichkeit ist wichtig, doch die Forscher*innen haben auch eine Verantwortung, welche Geister sie mit ihren Erkenntnissen in die Gesellschaft entlassen. Zukunft und Wissenschaft sind miteinander verbunden. Das meint auch Anton Zeilinger: »Ein Kontinent wie Europa, der keine Rohstoffe hat, kann nur mit Forschung überleben.« Bewusst schließt mein Buch mit vier aufstrebenden Talenten, die dem Ruf der Wissenschaft – ihrer Berufung – folgen. Die nächste Generation ist bereit.

Herlinde Koelbl

»AUSSENSEITER ZU SEIN GEHÖRT VIELLEICHT TEILWEISE ZUM DASEIN EINES WISSENSCHAFTLERS.«

Karl Deisseroth | Neurobiologie

Professor für Biotechnologie sowie
Psychiatrie und Verhaltensforschung an der Stanford University
Breakthrough Prize in Life Sciences 2015
USA

Professor Deisseroth, wann haben Sie entdeckt, dass Ihr Gehirn bemerkenswert ist?
Jedes Gehirn ist bemerkenswert. Bei meinem Gehirn bemerkte man jedoch mehrere Eigenarten. Ich habe ein besonderes Verhältnis zu Wörtern. Es fällt mir sehr leicht, Wörter schnell zu lesen und in Erinnerung zu behalten. In der fünften Klasse bekamen wir einmal 45 Minuten, um ein Gedicht auswendig zu lernen. Ich schaute mir das Gedicht an und meldete nach wenigen Sekunden: »Ich bin fertig.« Als ich aufstand und das Gedicht vortrug, dachte meine Lehrerin: »Das kann nicht sein.

Er muss es schon vorher gekannt haben.« Sie gab mir ein anderes Gedicht, und wieder prägte ich es mir in Sekundenschnelle ein.

Das ist erstaunlich. Was ist das Geheimnis dahinter?

Es könnte eine visuelle Sache sein. Ich neige dazu, Wörter zu gruppieren. So wie viele Menschen sofort ein Wort oder einen Satz lesen können, kann ich längere Wortgruppen beinahe augenblicklich in einem Block erfassen. Dabei hilft mir, dass ich Gefühle für Wörter habe. Fühlen ist Teil der Erinnerung, und Erinnerung ist Teil des Fühlens. Es gibt keinen Grund, etwas im Gedächtnis zu behalten, es sei denn, es ruft ein Gefühl hervor. Das hilft, Wörter erinnerbar zu machen.

Ich habe eine Geschichte über eine Konferenz gehört, an der Sie teilnahmen. Während Sie einem Redner bei seinem Vortrag zuhörten, lasen Sie gleichzeitig zwei seiner Bücher.

Wir denken, wir könnten nur eine Sache auf einmal tun. Es gibt diese Vorstellung, das Bewusstsein bilde eine Einheit. Aber das bedeutet nicht, dass man nicht vieles parallel verarbeiten kann, selbst wenn einem zu einem bestimmten Zeitpunkt nur eine Sache bewusst ist. Ich glaube, dass gerade Ärzte die Fähigkeit zu einer parallelen Verarbeitung entwickeln, bei der viele Gedankenströme gleichzeitig ablaufen. Das ist etwa notwendig, wenn im Krankenhaus mehrere Notfälle auf einmal auftreten, die alle zeitgleich ihre Aufmerksamkeit benötigen.

Was wollten Sie erreichen, als Sie in die Wissenschaft gingen?

Zuerst wollte ich verstehen, woher Gefühle kommen. Dies dürfte eine der tiefgründigsten Fragen sein, die uns als Menschen beschäftigen: Wie ist es einem Objekt möglich, eine interne subjektive Wahrnehmung zu haben, also Gefühle? In gewisser Weise bewegt diese – vielleicht unbeantwortbare – Frage mich immer noch.

Waren Sie nicht der Erste, der das Gehirn transparent gemacht hat?

Wir haben die Hydrogel-Gewebe-Chemie entwickelt, ein Verfahren, bei dem wir in Gewebezellen sogenannte Hydrogele erzeugen. Wir machen Gele also zu einem Teil des Hirngewebes. Mithilfe dieser Technologie können wir in das Gehirn hineingelangen, wobei es intakt bleibt, und all die unglaublichen Einzelheiten, die Moleküle und Zellen sehen, aus denen das ganze System besteht.

»WISSENSCHAFT UND KUNST SIND VOR ALLEM ÜBER DAS GEHIRN MITEINANDER VERBUNDEN.«

Sie haben es auch geschafft, zum ersten Mal Hirnzellen, also Neuronen, an- und auszuschalten.

Richtig. Diese Technologie nennt sich Optogenetik. Mit ihr können wir Licht einsetzen, um Neuronen an- und auszuschalten. Viele denken bei Licht an die Möglichkeit, Informationen zu sammeln, etwa mit Mikroskopen oder Teleskopen. Die Optogenetik macht das Gegenteil. Wir nutzen das Licht, um Informationen abzuspielen, die Biologie zu steuern und Dinge in Bewegung zu setzen.

Wie funktioniert das?

Wir nehmen Gene, spezielle Abschnitte der DNA, aus Algen, Pflanzen und Bakterien. Diese Gene kodieren Proteine, die Lichtreize in Elektrizität umwandeln. Die Proteine absorbieren dabei Photonen – Lichtteilchen – und ermöglichen geladenen Teilchen, Ionen, über die Zelloberfläche zu fließen. Diese DNA-Schnipsel also setzen wir in die Gehirne von Tieren ein. Deren Neuronen beginnen daraufhin, die speziellen Proteine zu produzieren, die eine lichtaktivierte Steuerung des Ionenflusses darstellen. Wir können sogar bestimmen, welche Zellen diese Proteine erzeugen sollen und welche nicht. Damit lässt sich ganz genau kontrollieren, welche Zellen sich in der Folge durch Licht an- und ausschalten lassen.

Und wofür ist das gut?

Es ist ein Werkzeug für Entdeckungen. Wir können damit untersuchen, wie das Gehirn arbeitet. Wir finden heraus, welche Zellen was tun, wie Widersprüche aufgelöst werden, wo im Gehirn positive und negative Gefühle angesiedelt sind. Wir konnten die Kristallstrukturen dieser Proteine so hoch aufgelöst visualisieren, dass wir jedes Atom an seinem Platz sehen können. Sie können nun Fragen stellen, die vorher unmöglich waren. Was tut diese Zelle hier? Was für eine Art von Zelle ist das? Wie spricht diese Zelle mit jener? Wie beeinflusst dies am Ende das Verhalten?

Das ist der Stand der Forschung. Was kommt als Nächstes?

Wir werden zunehmend komplexere Verhaltensstudien machen können. Wir können schon jetzt jeden Aspekt des Verhaltens von Säugetieren oder anderen Tieren untersuchen. Die Zukunft wird Ideen für neue medizinische Therapien bringen. Wenn Sie erst einmal verstehen, wie das System arbeitet, wird alles präziser. Wenn Sie wissen, was ein Symptom verursacht – und genau dies leistet die Optogenetik –, können Sie jede beliebige Intervention oder Therapie entwickeln.

Täusche ich mich, oder könnte dies auch missbraucht werden, etwa zur Gedankenkontrolle?

Selbst wenn wir es missbrauchen wollten, müssten wir erst einmal noch viel mehr über das Gehirn wissen. Zurzeit ist dies kein drängendes Problem, weil sich niemand daran versucht. Aber wir müssen das im Auge behalten. Könnte man eines Tages Menschen dahin gehend manipulieren, dass sich ihre Vorlieben, ihre Fähigkeiten und ihre Prioritäten ändern? Theoretisch ist das möglich. Wir machen das mit Tieren schon längst. Wir können beliebig beeinflussen, was ein Tier tun will oder nicht.

Als Student haben Sie neben Neurowissenschaft und Medizin auch Kurse in literarischem Schreiben belegt. Woher kam Ihr Interesse?

Schon als Kind und Jugendlicher habe ich geschrieben und bin in Schreibklubs gewesen. Am College habe ich ebenfalls Schreibkurse belegt. Damals dachte ich noch, ich könnte vielleicht Schriftsteller werden. Selbst an der Universität besuchte ich in einem lokalen College Schreibkurse. Schreiben ist mein Leben lang ein Thema gewesen. Eine Leidenschaft. Das musste es auch sein, sonst hätte ich mir wohl nie die Zeit dafür genommen – bei dem, was ich sonst immer so um die Ohren hatte.

Warum sind Geschichten so wichtig?

Weil Menschen durch Geschichten miteinander in Verbindung treten und voneinander lernen. Mein Ziel ist beispielsweise, die Geschichte der Optogenetik zu schreiben. Es ist eine Geschichte, die jeder nachvollziehen kann: Es geht um Licht und Pflanzen und Gefühle. Es bringt den Menschen den Wert der Grundlagenforschung bei – die Welt um ihrer selbst willen zu verstehen – und all das, was daraus entstehen kann: das Unerwartete, das Mächtige, das Umgestaltende.

Sehen Sie zwischen Wissenschaft und Kunst eine Verbindung?

Wissenschaft und Kunst sind vor allem über das Gehirn miteinander verbunden. Denken Sie nur an die Gefühle, die Worte – kunstvolle Worte – in Menschen auslösen können. All das geschieht in den Hirnzellen. Das Gehirn verwandelt Kunst und Worte in Gefühle. Das ist gewissermaßen die Essenz von Neurowissenschaft und auch von Kunst.

Sie erinnern sich an sehr, sehr viele Dinge. Sie müssen doch vor Emotionen platzen.

Als ich begann, Vorlesungen zu halten, wurde ich dafür kritisiert, dass ich nicht lebhaft genug war, dass ich nicht durch den Hörsaal sprang. Die Studenten wollten Emotionen sehen. Das war schwer für mich, weil ich mir beigebracht hatte, in mir zu ruhen. Die meiste Zeit im Leben

> »SIE MÜSSEN SICH DARÜBER IM KLAREN SEIN, WAS SIE IM LEBEN UND VON IHREM PARTNER BRAUCHEN UND WOLLEN.«

nehme ich die Rolle eines Psychiaters, Lehrers oder Professors ein. Das sind traditionell keine emotionalen Rollen, richtig? Es sind Rollen, in denen es besser ist, ein unbeschriebenes Blatt, ein beständiger Fels zu sein.

Warum arbeiten Sie weiterhin als Psychiater?

Psychiater sein ist Teil meiner Identität. Ich höre gerne die Geschichten der Menschen. Ich möchte ihnen helfen. Ich möchte ihr Leiden verringern. Es ist einfach ein Teil meines Selbst.

Zusätzlich zu Ihrer Arbeit als Psychiater sind Sie auch Lehrer und Professor, verheiratet und haben fünf Kinder. Sie reisen auch viel für Ihre Arbeit. Ihre Frau ist selbst eine sehr erfolgreiche Wissenschaftlerin. Wie machen Sie das?

Meine Frau ist extrem erfolgreich als Wissenschaftlerin. Sie hat einen doppelten medizinischen Doktortitel und leitet ebenfalls ein wegweisendes Labor. Auch sie reist viel durch die Welt. Natürlich geht immer mal etwas schief. Es ist nicht so, dass wir keine Niederlagen und Katastrophen hätten. Aber wenn an einer Stelle etwas schiefgeht, gibt es andere, die einem Erfüllung bringen.

Viele Wissenschaftler – natürlich meistens Männer – sagen mir, dass es für eine Frau nicht möglich sei, Spitzenforschung zu betreiben und gleichzeitig Kinder zu haben. Ihre Frau scheint das gut hinzubekommen.

Das hat allein meine Frau bewerkstelligt. Sie ist eine erstaunliche Person: Sie steht an der Spitze ihres Forschungsgebietes, ist eine äußerst kreative und produktive Wissenschaftlerin, und wir haben fünf Kinder.

Haben Sie einen Rat für junge Wissenschaftlerinnen, die irgendwann eine Familie gründen wollen?

Ich sehe mich nicht in der Position, jungen Wissenschaftlerinnen Ratschläge zu erteilen, außer dass ich sagen würde, dass es auf jeden Fall möglich ist, alles unter einen Hut zu bekommen. Die Erfahrung meiner Frau zeigt das meines Erachtens ganz deutlich. Ich denke, Sie müssen sich darüber im Klaren sein, was Sie im Leben und von Ihrem Partner brauchen und wollen. Sie müssen sich aneinander anpassen. Für unterschiedliche Paare funktionieren unterschiedliche Regeln. Dafür sind eine ehrliche Kommunikation und eine gute Planung nötig.

Sind Sie auf Ihrem Weg zum Erfolg auch gestolpert?

Am Anfang meiner Karriere sahen Leute, was wir machten, und sagten zum Beispiel: »Das wird nicht funktionieren« oder: »Das sind zehn verschiedene Probleme, die du lösen musst, und viele sind kaum lösbar.« Ich hatte keine Antwort darauf, deshalb war es anfangs anstrengend, bevor wir die Probleme lösen und alles zusammenbringen konnten.

Wie schwer war das?

Ich hatte in den ersten fünf Jahren körperliche Beschwerden. Ich hatte Schwindelgefühle, die fast den ganzen Tag anhielten, aufgrund der Anspannung und des Stresses. Ich war nicht in besonders guter Verfassung. Es war eine schwierige Zeit.

Was hat Sie vorangetrieben?

Die Hoffnung und der Glaube daran, dass das, was wir machen, irgendwann von Bedeutung ist. Wenn das Leben Sie an einen Ort verschlägt, an dem Sie etwas von Bedeutung tun können, ist das ein Privileg. Man darf das nicht auf die leichte Schulter nehmen. Ich wusste, dass die Optogenetik für die Menschheit wichtig werden könnte. Es war eher eine Art Verantwortung für das, was möglich ist. Das brachte fünf Jahre ernsthaften Stress mit sich, aber in der ganzen Zeit betrachtete ich es als meine Berufung. Das war es, was das Leben für mich vorgesehen hatte.

Gab es einen Heureka-Moment, als schließlich alles zu funktionieren anfing?

Der eindeutigste Moment war 2007. Ein Doktorand in meinem Labor machte ein Experiment, in dem er einen dieser DNA-Abschnitte an der richtigen Stelle in einem Mäusehirn platzierte, dem Teil, der die Bewegung steuert. Als wir das Licht einschalteten, bewegte sich die Maus. Schalteten wir das Licht aus, hörte sie auf, sich zu bewegen. Es war unglaublich. Wir konnten nicht nur mittels Licht und eingepflanzter DNA das Verhalten eines Säugetiers präzise steuern. Auf einen Schlag waren auch alle Fragen und Bedenken von anderen beantwortet.

Was fasziniert Sie an der Neurowissenschaft am meisten?

Die Wissenschaft ist gewissermaßen die Wurzel eines tieferen Verständnisses von allem. Literatur, Kunst, Geschichte, Recht. Das gilt besonders für die Neurowissenschaft. Wir sehen bereits, was es für die Informatik bedeutet. Die derzeitige Revolution im sogenannten »deep learning« und allgemein im maschinellen Lernen hat ihre Wurzeln in der Neurowissenschaft. Sie hat jeden Aspekt unserer Lebenswelt verändert.

Haben Sie einen Rat für junge Menschen, die über eine Karriere in der Wissenschaft nachdenken?

Es wäre nicht verkehrt, eine Vorstellung vom menschlichen Gehirn und von der Entwicklung der Neurowissenschaft zu haben. Ich würde aber die Menschen auch ermutigen, mehr Risiken einzugehen. An etwas Hochriskantem zu arbeiten ist befreiend. Es ist leichter, wenn es keine konkreten Erwartungen daran gibt, wie etwas ausgehen oder wie produktiv etwas in einer bestimmten Zeit sein soll. Der Druck ist höher, wenn Sie etwas Vorhersehbares machen, denn dann tun Sie gut daran, es rasch zum Laufen zu bringen.

Welche Art zu denken müssten sie mitbringen?

Es ist wichtig, Pausen zu machen, nicht zu hart zu arbeiten und sich regelmäßig selbst neu zu justieren – jeden Tag Zeit dafür zu haben, gründlich nachzudenken. Es gibt immer Notfälle, aber reservieren Sie sich am Tag etwas Zeit, wenigstens eine Stunde, in der Sie den Dingen auf den Grund gehen. Das ist lebenswichtig.

Wann können Sie am besten nachdenken?

Ich muss in einer sehr ruhigen Umgebung sein, in der mein Körper Ruhe hat, idealerweise in einem fensterlosen Raum. Es muss nicht dunkel sein, aber am besten ist es, wenn sich um mich herum nichts verändert. Ich komme dann in einen meditativen Zustand, in dem sich mein Verstand konzentrieren und tief in Fragen eindringen kann.

Wo Sie von Abschottung sprechen: Waren Sie in jungen Jahren ein Außenseiter?

Ja, das war ich. Ich war etwas introvertiert. Da bin ich in guter Gesellschaft – viele Wissenschaftler gehörten in der Jugend nicht gerade zu den beliebten Kindern. Ich war auch kleiner und jünger als andere in meiner Klasse – tatsächlich war ich zwei Jahre jünger als alle anderen. Das grenzt einen aus. Wahrscheinlich habe ich deshalb einige Zeit außerhalb des Mainstreams gelebt.

Sind Sie je Teil des Mainstreams gewesen?

Man sollte nicht die ganze Zeit außerhalb des Mainstreams stehen, wenn man Arzt ist. Die Patienten wollen eine normale Fürsorge. Als Arzt bin ich Teil des Mainstreams, in anderer Hinsicht nicht.

Glauben Sie, dass Außenseiter die besseren Wissenschaftler sind?

Außenseiter zu sein gehört vielleicht teilweise zum Dasein eines Wissenschaftlers. Wenn es in der Wissenschaft um neue Entdeckungen geht, bedeutet das, dass Sie das gegenwärtige Paradigma hinter sich lassen wollen. Damit müssen Sie sich wohlfühlen. Dafür ist eine gewisse Ungeduld mit dem vorherrschenden Paradigma und dem aktuellen Wissensstand nötig.

Wie lautet Ihre Botschaft an die Welt?

Eine Sache ist, dass wir in einer einzigartigen Zeit leben. Wir sind dabei, Dinge über die Welt und über uns zu entdecken, die nur einmal entdeckt werden können und die tiefgreifende Bedeutung haben. Es ist eine Zeit, in der alle von Entdeckungen begeistert sein sollten. Denn diese werden das Schicksal der Menschheit für immer prägen. Wir sollten das Aufregende und Schöne darin erkennen.

»RESERVIEREN SIE SICH AM TAG ETWAS ZEIT, WENIGSTENS EINE STUNDE, IN DER SIE DEN DINGEN AUF DEN GRUND GEHEN.«

»ICH WAR MEIN GANZES LEBEN LANG KOMPETITIV.«

Peter Seeberger | Chemie

Professor für Chemie und Abteilungsleiter am Max-Planck-Institut
für Kolloid- und Grenzflächenforschung in Potsdam
Körber-Preis 2007
Deutschland

Professor Seeberger, verraten Sie uns, wie Sie ein erfolgreicher und anerkannter Wissenschaftler wurden?
Ich bin grundsätzlich unzufrieden mit mir und immer der Meinung, dass wir noch nicht genug geforscht haben. Wahrscheinlich ist es nicht einfach, mit solchen Menschen zu leben. Der Druck von innen ist bei mir immer sehr hoch. Die Zahl der veröffentlichten Artikel und der verliehenen Preise halte ich für irrelevant, es zählt immer, was als Nächstes kommt. Diese Unzufriedenheit ist meine Triebkraft.

Erklären Sie uns in einfachen Worten, an was Sie forschen.

Ich erforsche und erschaffe chemisch Zucker – nicht den Zucker, der in den Kaffee kommt, sondern komplexe Zucker, wir nennen sie Mehrfachzucker oder Polysaccharide. Sechzig Prozent der Biomasse auf der Welt, wie Bäume und Pflanzen, bestehen aus komplexen Zuckern. Wir alle sind von Zucker umgeben. Mehrfachzucker finden sich sowohl auf der Außenseite der menschlichen Zellen als auch auf Bakterien und anderen Erregern.

Sie versuchen, durch den Nachbau des Zuckermoleküls des Malariaerregers Impfstoffe gegen Malaria herzustellen. Ist das richtig?

Malaria ist nur eines unserer Ziele. Es gibt heute bereits drei auf Zucker basierende Impfstoffe in Deutschland, die hoffentlich auch bei allen Neugeborenen angewendet werden. Ein Impfstoff funktioniert, indem man dem menschlichen Immunsystem ein Molekül zeigt, das nur auf der Oberfläche des Erregers sitzt. Wenn der Körper dann dieses Molekül sieht, vernichtet er, was auch immer daran hängt, also den Erreger. Wir nehmen eben die Zucker als das Erkennungsmerkmal für den Erreger. Bisher waren diese Impfstoffe aus isolierten Zuckern, das heißt, man musste erst die Bakterien züchten, dann daraus die Zucker ernten und diese in Impfstoff verwandeln. Das ist ein extrem aufwendiger Prozess, der in einigen Fällen über zwanzig Jahre dauert. Uns gelang es erstmals, Zucker sehr viel schneller chemisch nachzubauen.

Wie entstand die Idee, über Zucker zu forschen?

Es gibt drei große Klassen von Biopolymeren: Erbgut, Eiweiße und Zucker. Die ersten zwei sind schon erforscht, deshalb arbeite ich am Zucker. Bruce Merrifield erhielt für seine revolutionäre Erforschung der Eiweiße 1984 den Nobelpreis. Da dachte ich mir als Doktorand: Mensch, das muss doch auch mit Zucker möglich sein, und begann, die Methode der Zuckersynthese zu erforschen. Alle hielten das für unmöglich. Wir arbeiteten zwei Jahre lang mit fünf Leuten an einem Molekül, und ich musste erkennen, dass es so nicht funktionieren würde. Also hatte ich die Idee, die Synthese zu automatisieren, indem ich Methoden aus der Forschung über Eiweiße und DNA mit der Zuckerforschung vereinigte. Drei Jahre später, während meiner ersten Professur am MIT, schaffte ich es dann tatsächlich, diese automatisierte Zuckersynthese hinzukriegen.

»EIN AUSLANDSAUFENTHALT IM ENGLISCHSPRACHIGEN RAUM IST EIN ABSOLUTES MUSS.«

Sie studierten in Deutschland und promovierten dann in Amerika. Finden Sie es wichtig, als Wissenschaftler im Ausland zu arbeiten?

Ein Auslandsaufenthalt im englischsprachigen Raum ist ein absolutes Muss. Erst der Blick über den Tellerrand zeigt Stärken und Schwächen des deutschen Systems auf. Da Wissenschaft global stattfindet, ist auch die Vernetzung an diesen ganz großen Instituten eine wichtige Möglichkeit, mit den Kollegen, aber auch mit der Konkurrenz in Kontakt zu treten. Der Auslandsaufenthalt ist also auch ein wichtiger Karriereschlüssel.

Sie sagten einmal, Ihr Aufenthalt in den USA war eine »sehr harte Schule«.

Sowohl in der Schule als auch an der Uni hatte ich immer sehr gute Noten und sogar ein Hochbegabtenstipendium. Als einer von zwei Chemikern in dem Jahr in ganz Deutschland erhielt ich ein Fulbright-Stipendium. Mir war also klar, dass ich nicht ganz blöd bin. Aber an der University of Colorado landete ich im Programm für Biochemie, obwohl ich in Deutschland Chemie studiert hatte. In den ersten Tests war ich der Schlechteste und fiel auch durch ein, zwei Prüfungen. Das lag auch daran, dass meine Englischkenntnisse nicht gut genug waren. Ich war immer der Meinung, in Naturwissenschaften brauche ich kein Englisch. Das war für mich eine völlig neue Erfahrung und hat mich derartig gewurmt, dass ich mich richtig dahintergeklemmt habe. Noch nie in meinem Leben habe ich so viel gelernt und so hart gearbeitet wie in dieser Zeit.

Sie mussten also mehr arbeiten als in Deutschland?

In New York kam mein Chef morgens um halb neun ins Labor, und dann blieben wir oftmals bis nachts um eins, und das sechs Tage die Woche. Glücklicherweise durfte er als gläubiger Jude von Freitagabend bis Samstagabend nicht arbeiten, sonst wären es wahrscheinlich sieben Tage die Woche gewesen. Durch die Arbeit mit ihm erhielt ich jedoch die Chance, als Professor an das MIT zu gehen. Man wusste, man muss viel leisten, um auf die nächste Stufe zu kommen.

Nach vierzehn Jahren gingen Sie wieder zurück nach Europa, an die ETH, auch eine Eliteuniversität. Hatten Sie die Nase voll von den Bedingungen in den USA?

Ich hätte mir ganz hervorragend vorstellen können, mein ganzes Leben in den USA zu bleiben, aber die Arbeitsbedingungen forderten hundert Prozent Einsatz ausschließlich für die Wissenschaft, und das war für mich irgendwann nicht mehr allein selig machend.

Den Preis wollten Sie nicht bezahlen?

Nein. Ich dachte, wenn Europa klappt, bleibe ich, aber ich war auch arrogant genug zu wissen, dass ich jederzeit zurück in die USA könnte. Die ersten beiden Jahre nach den USA waren ein Kulturschock. Ich war 36 Jahre alt und kam oft in Jeans und T-Shirt. Das war an der ETH für einen Professor nicht üblich. Und ich war es gewohnt, bis spätabends zu arbeiten und auch am Wochenende. Manche meiner Mitarbeiter hatten mit diesen Arbeitszeiten Probleme. Ich musste lernen, diplomatischer und nicht so direkt vorzugehen.

Haben Sie auch Fehler gemacht?

Unser ganzes Geschäft steht und fällt mit den Menschen, die wir einstellen. In der Chemie brauchen wir hochintelligente, aber auch praktisch veranlagte Menschen. Anfangs schaute ich nur auf die wissenschaftliche Qualifikation. Ich musste lernen, dass menschliche Qualitäten ebenfalls eine große Rolle spielen. Wenn zu viele von den besten Wissenschaftlern, »Type A personalities«, zusammenkommen, kann das schnell zu Problemen führen. Mittlerweile machen wir sehr gute Erfahrungen mit gemischten Teams, die einigermaßen gleichmäßig mit Männern und Frauen besetzt sind und verschiedene Nationalitäten umfassen. Die Kombination verschiedener Lebenshintergründe führt eher zum Erfolg.

Warum gibt es dann nur so wenig Professorinnen?

Es ist auffällig, dass von den vielen Frauen, die bei mir abgeschlossen haben, nur ganz wenige eine Professur wollen. Einige meiner besten Doktorandinnen gingen lieber zu Chemiefirmen. Der Grund sind lange Arbeitszeiten und schlechte Bezahlung an den Universitäten. Nur wenige Frauen finden das attraktiv. Männern machen erst ihre Professur und können dann mit vierzig das Familie-Gründen noch nachholen. Bei Frauen hingegen ist das biologisch schwieriger.

Geht es in der Wissenschaft auch darum, der Erste zu sein?

Die Diskussion gibt es bei Chemikern ganz oft. Man will der Erste sein, der ein Molekül erschafft. Oder derjenige, der es so perfekt macht, dass keiner mehr nach ihm das Projekt wieder anfassen wird. Wettbewerb ist doch gut. Ich war mein ganzes Leben lang kompetitiv, erst im Sport, jetzt in der Wissenschaft. Viele erfolgreiche Wissenschaftler sind hochkompetitiv, manchmal vielleicht sogar etwas selbstbezogen. Manchen wird ja vorgewor-

> »WAS MICH INTERESSIERTE, WAR DIESE MÖGLICHKEIT, GOTT ZU SPIELEN, INDEM WIR NEUE MOLEKÜLE HERSTELLEN, DIE SO NOCH NIE AUF DER ERDE VORHANDEN WAREN. DAS FAND ICH HOCHGRADIG ATTRAKTIV.«

fen, eine gewisse Divenhaftigkeit auszubilden. Ich habe Sachen gesehen, die wären so in keinem Industriebetrieb tragbar.

Ist es nicht auch wichtig, Forschungsergebnisse in den renommiertesten Magazinen als Erster zu veröffentlichen?

Es gibt in gewissen Feldern einen wahnsinnigen Wettlauf. Mittlerweile geht es nur noch um Zahlen. Man schaut, wie viel jemand publiziert hat und wie der Impact Factor des Journals ist. Aber am Ende des Tages sollte die Frage lauten, ob die Person gute Wissenschaft geschaffen hat.

Ein Präsident vom Max-Planck-Institut meinte, wissenschaftliche Aggressivität sei notwendig.

Ich denke, Aggressivität ist in dem Zusammenhang nichts Schlechtes. Die Doktoranden und Postdocs müssen sich ganz klar dem Wettbewerb stellen. Am MIT bekommen nur 25 Prozent eine Festanstellung, 75 Prozent fliegen raus. Das ist ein Kampf ums Überleben, und es wird mit harten Bandagen gekämpft. Unter dem Deckmäntelchen der Geheimhaltung erscheinen anonyme Gutachten, die Publikationen nicht fair behandeln. Ich bin für Fairness und für offenen Wettbewerb anstelle von Rückenstecherei.

Im Talmud steht, der Neid der Gelehrten fördere die Wissenschaft.

Mir wurde 2007 der Körber-Preis verliehen, das ist ein großer Preis. Das nächste halbe Jahr wurden alle meine Paper abgelehnt. Wahrscheinlich dachten sich die Leute: Mensch, so gut ist er doch gar nicht. Ich sprach mit einem Kollegen darüber, und er erzählte mir von einem Nobelpreisträger, der ein Jahr lang nach der Verleihung kein Paper mehr veröffentlichen konnte. Die anderen denken sich: Eigentlich hätte ich den Preis bekommen sollen, und jetzt drücke ich ihm eins rein. Inzwischen habe ich jedoch eine so gute Position, dass ich auf keinen mehr neidisch sein muss.

Definieren sich Wissenschaftler nicht auch stark über den Platz, den sie in ihrer Community einnehmen?

Neben der Selbstwahrnehmung und der Wahrnehmung durch die Kollegen ist Wertschätzung enorm wichtig. Preise, spezielle Vorlesungen und Einladungen, das spielt alles eine große Rolle. Wer ist nicht gerne hoch angesehen? Auch wenn einen als bekannten Wissenschaftler vielleicht nur um die fünfhundert Leute kennen, größer sind diese Gruppen meistens nicht. Aber Prestige ist eine große Motivation, Leistung zu bringen.

Sie ließen sich von der ETH zum Max-Planck-Institut locken. Nach dem Zweiten Weltkrieg haben 24 Deutsche den Nobelpreis erhalten, 17 davon kommen aus dem Max-Planck-Institut. Sie erhalten also einen Freiraum für unorthodoxes Denken?

Das Max-Planck-Institut beruft aus den Universitäten heraus und erst relativ spät. Mit Mitte vierzig ist die Arbeit, die zum Nobelpreis führt, oft bereits getan. Wir erhalten ein Budget und müssen erst nach einigen Jahren zeigen, was daraus geworden ist. Das ist für mich Vertrauensvorschuss und ein grundlegender Faktor. Die sagen: Wir geben euch die Mittel, also macht mal. Das ist ein Freiraum für unorthodoxes Denken. In den USA musste ich jeden einzelnen Dollar selbst eintreiben. Mein Antrag zur automatisierten Synthese von Oligosacchariden wurde abgelehnt. Andere Anträge, die ich weniger interessant fand, gingen durch. Also haben wir das Geld eben da eingesetzt, wo wir es brauchten. Die Frustration, durch die amerikanischen Grand-Zyklen zu gehen, die gibt es bei der Max-Planck-Gesellschaft nicht.

Was für eine Denkstruktur muss ein erfolgreicher Chemiker besitzen?

Die Chemiker sind eine Hybridspezies. Wichtig sind logisches Denken und räumliches Vorstellungsvermögen. Man muss sich die Moleküle vorstellen können, die dann im dreidimensionalen Raum kreiert werden. Chemiker führen bis zum Postdoktoranden-Stadium ihre eigenen experimentellen Arbeiten durch. Das erfordert auch praktische Fertigkeiten. Neunzig Prozent der Zeit verbringen wir im Labor beim Herstellen oder beim »Kochen«. Das hat wirklich mit Küche zu tun, denn es wird gerührt, es wird geschüttelt, es wird aufgereinigt und analysiert. Ich persönlich fand eben gerade diese Verquickung von praktischem Arbeiten mit intellektuellem Anspruch sehr interessant.

Warum sollte man Naturwissenschaften studieren?

Der Vorteil am Studium der Naturwissenschaft ist: Mit logischem Denken und einem Verständnis von Naturzusammenhängen lässt sich in vielen Bereichen gut arbeiten. Was mich interessierte, war diese Möglichkeit, Gott zu spielen, indem wir neue Moleküle herstellen, die so noch nie auf der Erde vorhanden waren. Das fand ich hochgradig attraktiv.

Und dieses Gefühl, Gott zu spielen, was ist das? Können Sie das beschreiben?

Ein Gefühl der Stärke und vielleicht auch der Allmacht. Man überlegt sich am Reißbrett eine Molekülstruktur, die theoretisch die gewünschte Eigenschaft haben könnte. Wenn dann das erschaffene Molekül tatsächlich diese Funktion zeigt, ist das ein »saugutes« Gefühl. Als wir das erste Mal einen Mehrfachzucker, ein Oligosaccharid, auf der Maschine produziert haben, war das absolut erhebend. Leider Gottes ist diese Art der Glücksgefühle immer von recht beschränkter Dauer. Das meiste geht in der Forschung doch schief. Eine hohe Frustrationstoleranz ist sinnvoll.

Viele Jahre hatten Sie kaum Privatleben. Wann beschlossen Sie, die Richtung zu ändern, auch vielleicht auf Kosten der Karriere?

Mitte dreißig hatte ich wissenschaftlich alles erreicht, was in dem Alter möglich ist. Davor hätte ich kein Privatleben führen können. Ich habe Schwierigkeiten zu sagen: Jetzt ist es mal gut. Wahrscheinlich bin ich überkompetitiv. Dann erkannte ich, dass es wenig befriedigend wäre, auf ein Leben zurückzublicken, in dem nur diese eine Dimension bis zum Exzess gepflegt wurde. Jetzt habe ich glücklicherweise eine Familie, und mein Leben wurde reicher. Ich bin ein bisschen stolz darauf, dass ich das noch hingekriegt habe.

Haben sich Ihre Arbeitszeiten durch die Familie geändert? Sind Sie immer noch der Erste, der kommt und der Letzte, der geht?

Momentan bin ich während der regulären Arbeitszeiten am Institut. Ich bringe die Kinder zur Schule, bin dann ab neun am Institut und versuche, um 18 Uhr zum Abendessen zu Hause zu sein. Wenn die Kinder dann um 20 Uhr im Bett sind, geht bei mir das Arbeiten los. Bis 23.30 Uhr, auch mal bis Mitternacht oder länger. In dieser Zeit bin ich ungestört.

Was würden Sie einem jungen Wissenschaftler mit auf den Weg geben?

Ich denke, die Leute sollen das tun, was ihnen Spaß macht. Der Anfang der Karriere ist stark durch experimentelles Arbeiten geprägt, und ab der Professur muss man viel schreiben. Im Prinzip ist eine Professur in den Naturwissenschaften fast wie eine kleine Firma. Man muss das Geld reinbringen, die Mitarbeiter finden, die Projekte akquirieren, und am Schluss muss auch etwas entstehen. Ich rate jedem, einmal in Physik, Chemie, Mathematik oder Biologie reinzuschnuppern. Man sollte sich nicht frühzeitig festlegen. Ich habe am MIT gelernt, dass man mit harter Arbeit sehr viel schaffen kann. Für jemanden, der ursprünglich aus Franken kommt, war es toll zu erkennen, dass man auch in dem großen Teich mit den großen Fischen mitschwimmen kann. Selbstvertrauen ist wichtig, wenn es dann eigenständig losgeht und man eine Gruppe von vielen Leuten führen muss. Natürlich muss man immer wieder auf dem Boden der Tatsachen bleiben, um nicht arrogant zu werden. Der Übergang vom Selbstvertrauen zum Arroganten ist ja fließend. Da immer wieder etwas schiefgeht beim Gottspielen, ist da aber auch viel Ernüchterung.

»ICH HATTE SEHR HOHE ANSPRÜCHE, DENEN ICH SELBST GENÜGEN MUSSTE.«

Stefan Hell | Physik und Biophysikalische Chemie

Professor für Experimentalphysik an der Universität Göttingen Direktor
am Max-Planck-Institut für biophysikalische Chemie in Göttingen
und des Max-Planck-Instituts für medizinische Forschung in Heidelberg
Nobelpreis für Chemie 2014
Deutschland

Herr Professor Hell, Sie wurden in Rumänien als Kind Banater Schwaben geboren und sind 1978 mit fünfzehn Jahren nach Deutschland gezogen. Trotz der fremden Sprache gehörten Sie von Anfang an zu den Besten in der Schule. Was hat Sie motiviert, immer ganz vorne zu sein?

Also das mit der Sprache war genau umgekehrt. Gerade weil wir deutsch sprachen und wir uns als Deutsche fühlten, war es für mich eine große Befreiung, in Deutschland ein neues Leben aufbauen zu können. Die Staatssprache war auf einmal nicht mehr Fremdsprache, also

Rumänisch, sondern meine Muttersprache. Ich wollte nicht überall der Beste sein, aber in Mathe und Physik wollte ich es schon sein. Das war für mich etwas, woraus ich Selbstbewusstsein ziehen konnte. Auch in Deutsch war ich in der neunten und zehnten Klasse sogar der Beste – nicht zuletzt, weil ich in Rumänien einen hervorragenden Deutschunterricht genossen hatte. Ich wurde aber beim Fußball als einer der Letzten ausgesucht, obwohl ich sehr gern Fußball spielte. Das kratzte am Ego, aber ich habe es durch Leistungen in Mathe und Physik mehr als kompensiert.

Schon Ihre Eltern haben sehr viel Wert auf Bildung gelegt. Wie kam das?

Das hing auch damit zusammen, dass wir in Rumänien eine Minderheit waren – keine verfolgte, aber eine benachteiligte. Minderheiten müssen sich behaupten, wenn sie ihren »way of life« beibehalten wollen. Und ein Teil der Behauptungsstrategie bestand darin, den Respekt der Mehrheit zu bekommen. Meine Eltern haben mir deshalb mitgegeben, dass ich doppelt so gut sein müsse wie die Rumänen: Dann könne man mich nicht ignorieren. Wäre ich in Rumänien geblieben, so wäre ich zeitlebens Minderheit gewesen. In Deutschland war das binnen ein bis zwei Jahren weg. Meine Herkunft hat keine Rolle mehr gespielt oder sogar eine positive – nicht zuletzt auch, weil Nachkriegsdeutschland voller deutscher Weltkriegsflüchtlinge und deren Nachkommen war. Die Herausforderung war, dass meine Eltern und später auch ich uns eine neue Existenz aufbauen mussten. Auch dafür brauchte ich Bildung und Ausbildung.

Sind Sie als Kind oft für sich geblieben?

Ich war sicher nicht zurückgezogen oder eigenbrötlerisch, aber ich war gegenüber Vorgesetzten etwas schüchterner. Meine Stärke war und ist wahrscheinlich immer noch, kausale Zusammenhänge besser als die meisten anderen zu erfassen. Und wenn ich überzeugt bin, dass ich etwas verstanden habe, kann ich das auch selbstbewusst und knackig formulieren. Ich glaube, dass es auch für mich als Wissenschaftler der Schlüssel zum Erfolg war, dass ich immer die Essenz erkennen wollte und ich mich nicht mehr mit Details beschäftigte, als es wirklich nötig war.

Zum Abschluss Ihres Studiums sind Sie zum ersten Mal an Grenzen gestoßen.

So lässt sich die Begegnung mit der Abbe'schen Auflösungsgrenze, dass man in einem Lichtmikroskop keine Details feiner als die halbe Lichtwellenlänge sehen könne, romantisch umschreiben. Im Studium hatte mich die Mikroskopie – wie auch die Optik im Allgemeinen – nicht wirklich interessiert. Es war die langweilige Physik des 19. Jahrhunderts. Ich wollte aber entgegen meiner eigentlichen Neigung – und da kommt mein familiärer Hintergrund rein – ein Thema für die Diplomarbeit haben, mit dem ich später leichter eine Arbeit finden würde. Mein Vater hat immer damit gerechnet, seinen Job zu verlieren. Letztlich habe ich mich für eine Diplomarbeit entschieden, die mit Physik fast gar nichts mehr zu tun hatte: einen feinmechanischen Tisch in ein Lichtmikroskop zu integrieren. Ich habe es durchgezogen, aber sehr darunter gelitten, dass es physikalisch anspruchslos war. Danach wollte ich etwas Physikalischeres machen. Mein Doktorvater sah mich aber nicht so recht als Physiker, sondern als jemanden, der technisch gut gearbeitet hatte. Er ließ mich Computerchips mit dem Lichtmikroskop untersuchen – also wieder keine echte Physik. Ich war in dieser Zeit wirklich schlecht drauf, weil ich das Gefühl hatte, mein Berufsleben falsch anzupacken – um der sozialen Sicherheit willen. Lichtmikroskopie war ja abgegraste Physik des 19. Jahrhunderts. Aus der Not heraus habe ich mir Gedanken darüber gemacht, ob ich doch noch was Interessantes aus dem Thema herausholen konnte. Da erkannte ich, dass da vielleicht doch noch was Superspannendes ginge, nämlich die in Stein gemeißelte Auflösungsgrenze zu durchbrechen. Der Gedanke, etwas Grundlegendes anzupacken und vielleicht sogar Wissenschaftsgeschichte schreiben zu können, half mir weiterzumachen. Irgendwann habe ich realisiert, dass ich mit dieser Idee – so abwegig sie auch damals schien – gar nicht so falschlag.

Was haben Sie nach der Entdeckung getan?

Die Idee, die Auflösungsgrenze noch einmal zu beleuchten, war zwar noch nicht die Entdeckung an sich, aber die Wahl des Problems zeigt schon auf, ob man ein Entdeckertyp ist oder nicht. In meinem jungendlichen Überschwang – ich war damals Ende zwanzig – war ich mir ziemlich sicher: Diese Grenze fällt, wenn ich mich nur anstrenge und kreativ darüber nachdenke. Ich habe versucht, in Deutschland Mittel dafür aufzutreiben, aber das ist mir nicht geglückt, weil ich nicht Teil des wissenschaftlichen Establishments war. Deshalb bin ich dann nach Finnland gegangen. Damals gab es für junge Wissenschaftler keine Möglichkeiten, selbstständig zu werden. Man musste sich bei etablierten Professoren verdingen, und wer nicht quasi Kronprinz war, hatte es sehr schwer. Ich war keiner, weil ich meine eigenen Ideen hatte. Im Übrigen war das ja auch das Einzige, was ich hatte.

Als Sie so weit waren, dass Sie dies in »Nature« oder »Science« publizieren wollten, haben sich die Zeitschriften geweigert.

Ich habe schon gespürt, dass die Idee zur STED-Mikroskopie eine wichtige Idee war, und auch befürchtet, dass sie geklaut werden könnte. Deshalb habe ich die Grundidee bei einer eher nicht so angesehenen Zeitschrift eingereicht. Die ein paar Jahre darauf folgende experimentelle Realisierung wäre schon »Nature« oder »Science« wert gewesen, aber die haben sich geweigert, die Arbeiten überhaupt in Betracht zu ziehen. Das passiert oft, wenn man wirklich Neuland beschreibt.

Sie haben auch sofort ein Patent angemeldet, weil Sie Ihre Idee für kommerziell interessant hielten und jeder wissen sollte, dass sie von Ihnen ist.

Ich hatte die naive Vorstellung, dass ich mit einem Patent Geld bekommen könnte. Dabei hatte ich nicht die soziale Absicherung im Sinn – das hätte auch lang nicht gereicht –, sondern Forschungsmittel. In Finnland lebte ich sehr spartanisch, weil ich anfangs dachte, dass ich dort nur ein halbes Jahr sein würde. Nach ein paar Wochen hatte ich aber die entscheidende Idee für das STED-Lichtmikroskop. Ein paar Momente nach dem Geistesblitz dachte ich, dass ich etwas weiß, was wahrscheinlich kein anderer wusste, und dass es wichtig werden könnte. Aber ich war geerdet genug, um der Idee mit einer gewissen Nüchternheit zu begegnen. Selbst zwei Tage danach dachte ich immer wieder für ein paar Momente, dass sie vielleicht doch falsch sei. Aber ich fand keine inneren Widersprüche; es war alles schlüssig. Bis es am Ende klappte, war es dann doch ein steiniger Weg. Und es gehörte auch dazu, den Neid der Konkurrenten abzuwehren. Neider und Feinde tun weh, aber sie stachelten einen wie mich auch an: Ihr werdet euch schon noch wundern!

Bevor Sie am Max-Planck-Institut in Göttingen gelandet sind, haben Sie sich vergeblich an zwanzig Universitäten beworben.

Mittlerweile war ich schon 33, und in Finnland gab es keine weiteren Stipendien mehr für mich. In dieser prekären Lage hatte ich Glück, dass der damalige Direktor des Göttinger Max-Planck-Instituts für biophysikalische Chemie, der Amerikaner Thomas Jovin, und seine damaligen Kollegen mir 1996 eine Chance gaben. Aber auch in Göttingen gab es Zweifel. Im Jahr 2000 hieß es immer noch, dass ich mir eine andere Anstellung suchen müsste. Und alle Bewerbungen an deutschen und ausländischen Universitäten blieben schlichtweg unbeantwortet.

2001 haben Sie am King's College einen Vortrag gehalten, und gleich danach wurde Ihnen dort eine Stelle angeboten.

Das war für mich total überraschend. Ich habe beim Abendessen fast die Gabel aus der Hand fallen lassen,

»ES GAB KOLLEGEN, DIE SO WEIT GINGEN ZU SAGEN: ›GLAUBT IHM DIE DATEN NICHT. ER MACHT EINE SHOW.‹«

weil ich dachte, das könne nicht sein. Ich hatte mich doch überall beworben und nirgendwo was bekommen – meinten die wirklich mich? Das ist so ein Moment im Leben, den man nie vergisst.

Sie sind aber am Max-Planck-Institut geblieben und machten den Sprung vom Nachwuchs-Gruppenleiter zum Institutsleiter.

Man wollte mich halten, wahrscheinlich weil man mittlerweile dachte, dass ich wirklich etwas Originelles mache. Ich hatte mich aber geistig schon darauf eingestellt, Göttingen zu verlassen. Das hatte man mir ja auch immer nahegelegt. Und schlussendlich bekam ich dann auch zahlreiche Angebote. Göttingen war oft grau verhangen. Dann habe ich mich aber mit Göttingen versöhnt und die Position eines Direktors an einem der renommiertesten Forschungsinstitute der Welt akzeptiert. Man sagte, ich dürfe dort wissenschaftlich machen, was ich wolle. Für einen, der weiß, was er will, klingt das wie Paradies.

In den USA hätten Sie noch mal neu anfangen müssen und nicht die Absicherung des Max-Planck-Systems gehabt, bei dem Sie als Direktor eine Lebensstellung haben.

In den USA hatte ich auch Konkurrenten, die verhindern wollten, dass ich und meine Ideen dort Fuß fassen. Falls niemand das in den USA macht, kann es auch nicht wichtig sein. Ähnliches galt auch in Deutschland, aber da hatte ich den Freiraum, den mir die Max-Planck-Gesellschaft automatisch bot. Ich könnte wirklich schlimme Storys erzählen. Es gab Kollegen, die so weit gingen zu sagen: »Glaubt ihm die Daten nicht. Er macht eine Show.« Es gab sogar zwei, die in vertraulichen Gutachten für Professorenstellen schrieben, dass meine Daten nicht in Ordnung seien und meine Wissenschaft Schmu. So etwas passiert nicht zuletzt aus Neid. Nur die Zeit zeigt, wer richtigliegt. Und das kann dauern…

Bedeutete der Nobelpreis nach so vielen Jahren Kampf auch eine gewisse Genugtuung?

Komischerweise: nein. Die eigentliche Genugtuung hatte ich, als ich gemerkt habe, dass es funktioniert. Und wenn es funktioniert, dann kommt es auch unabhängig von meiner Person in die Welt. Und dass ich der Erste war, war ja auch unstrittig. Ich habe nach dem Nobelpreis weitergemacht, um zu einer molekularen Auflösung zu kommen, die dann nicht mehr zu übertreffen ist. Die Auflösung unserer Mikroskope ist heute noch einmal zehnmal besser. Mein Wunsch war, die Mikroskopie fundamental zu revolutionieren – nicht nur zu verbessern. Ich wollte Wissenschaftsgeschichte schreiben.

Können Sie in einfachen Worten erklären, für was Sie den Nobelpreis bekommen haben?

Man dachte, dass man mit einem Lichtmikroskop feinere Details als ein Fünftel eines tausendstel Millimeters nicht sehen kann. Ich aber habe entdeckt, dass man in der Fluoreszenzmikroskopie, die für die Biomedizin sehr wichtig ist, molekulare Auflösungen erreichen kann.

Warum ist die Wissenschaft wichtig für eine Gesellschaft, und was kann sie tun?

Menschen versuchen immer, ihr Leben zu verbessern, und die Naturwissenschaften sind eine unmittelbare Konsequenz davon. Deswegen lassen sie sich auch nicht aufhalten. Wenn ich Erkenntnisgewinn habe, weite ich mein Handlungsspektrum aus und kann Probleme lösen. Natürlich kann die Lösung von heute das Problem von morgen sein. Und der Vorteil des einen kann zum Nachteil des anderen gereichen. Das muss man im Auge behalten; aber man wird den Wunsch nach Erkenntnisgewinn nicht stoppen können. Die Menschen haben bisher immer Lösungen gefunden, und ich hoffe, dass es noch mindestens für drei bis fünf Generationen gut geht.

Sie sind ein obsessiver Forscher, Ihre Frau ist als Ärztin auch sehr eingespannt. Wie haben Sie es trotzdem geschafft, eine Familie mit vier Kindern zu gründen?

Ich hätte mir ein Leben ohne Familie nicht vorstellen wollen. Ich habe mit 38 geheiratet, das war schon etwas spät. Meine Frau ist auch sehr ambitioniert in ihrem Fach. Aber wir haben nicht nur für unsere Arbeit gelebt. 2005 wurden unsere beiden ältesten Kinder als Zwillinge geboren. Das hat mich natürlich von der Forschung abgelenkt, aber ich hätte es definitiv nicht anders haben wollen. Mittlerweile haben wir vier Kinder.

Wie konnten Sie Ihre Eitelkeit befriedigen?

Ich war immer selbstkritisch und selbstzweifelnd und daher nicht eitel im landläufigen Sinne. Einerseits hat mich das geerdet; andererseits hat es mich auch behindert. Wenn ich etwas Tolles entdeckt hatte, löste das bei mir auch nicht das Gefühl aus, dass ich es anderen sofort zeigen müsste. Deshalb war ich auch langsam im Publizieren. Aber ich hatte sehr hohe Ansprüche, denen ich selbst genügen musste. Und die waren schon immer sehr, sehr hoch.

Was sind die Ingredienzen für den Erfolg?

Es braucht Spaß an dem, was man macht, und man muss den Erfolg wollen. Natürlich braucht man auch Talent, irgendetwas muss man ja auch besser können. So wie ich die Neigung hatte, so lange über ein Problem nachzudenken, bis ich geglaubt habe, es voll verstanden zu haben. Genauer gesagt: bis ich geglaubt hatte, es besser verstanden zu haben als jeder andere, der sich je damit beschäftigt hatte. Deshalb habe ich mich auch nur auf ein Problem konzentriert, nämlich das der Auflösung.

Warum ist Deutschland im Vergleich zu den USA und in Zukunft vielleicht auch zu China bei der Forschung abgehängt?

Es gibt ein Korrelat zwischen wirtschaftlicher und wissenschaftlicher Stärke. Im 20. Jahrhundert stieg Amerika wirtschaftlich und politisch auf, konnte die besseren Wissenschaftler anziehen und hat Geld in die Forschung gepumpt. Das ist mit Deutschland oder Europa nicht zu vergleichen. Die amerikanische Community ist sehr groß und gut organisiert, und wenn man sich dort durchsetzt, ist man sofort global. Das kann in Zukunft auch für China gelten. Mit Wissensvorsprung lassen sich die richtigen wirtschaftlichen und politischen Entscheidungen treffen. Das hat man in China gut verstanden und ist in Aufbruchstimmung. Die ist bei uns leider abgeebbt – aus vielen Gründen.

Müsste in Deutschland schon an der Schulbildung etwas verändert werden, um in der Wissenschaft wieder aufschließen zu können?

Absolut. Ich habe als Vater schulpflichtiger Kinder den Eindruck, dass es in den letzten zehn bis fünfzehn Jahren zu einem schleichenden Niveauabfall gekommen ist. Wir müssen unseren Lehrbetrieb ideologiefrei den neuen Realitäten anpassen und den Beruf des Lehrers sowie die Schulen massiv aufwerten. Für problematisch halte ich auch, dass viele Lehrer noch nie die Konkurrenz der globalisierten Welt erlebt haben, aber unsere Kinder für diese Welt vorbereiten sollen. Eine weitere Schwäche ist, dass Lehrer es sich sogar leisten können, kanonisches Wissen nur kursorisch oder gar nicht zu vermitteln. Was nützt mir die tolle Idee, wenn ich das Rustzeug nicht habe, um die Idee umzusetzen? Ideen gehen immer schneller um die Welt, und am Ende gewinnt der, der die Frucht der Idee in den Händen hält.

Was bedeutet es für die Zukunft, wenn das Schulsystem so schlecht ist?

Ich fürchte, wir werden in Abhängigkeit von denjenigen geraten, die massive Wissensvorsprünge haben werden – genauso wie dies einmal umgekehrt war. Das ist weder »gerecht« noch »romantisch«. Es ist eine Schwäche westlicher Demokratien, dass sie erst dann gegensteuern, wenn schon etwas passiert ist. Denn um Probleme präventiv anzugehen, finden sich meistens keine Mehrheiten. Und in der Regel werden diejenigen, die als Erste Probleme erkennen, stigmatisiert. Und wenn jedem klar geworden ist, dass man handeln muss, kann es schon zu spät sein – für mehrere Generationen. Wenn man valide kausale Zusammenhänge in der Natur oder Gesellschaft verkennt, verliert man immer. Die Natur straft knallhart ab. Erkennt man die Zusammenhänge aber richtig, so ist sie der stärkste Verbündete, den man sich nur vorstellen kann.

»DU MUSST DEM ZUFALL EINE CHANCE GEBEN. DAS IST SO ETWAS WIE MEIN LEITSATZ.«

Antje Boetius | Meeresforschung

Professorin für Geomikrobiologie an der Universität Bremen
Direktorin des Alfred-Wegener-Instituts in Bremerhaven und
Gruppenleiterin am Max-Planck-Institut für Marine Mikrobiologie in Bremen
Gottfried Wilhelm Leibniz-Preis 2009
Deutschland

Frau Professorin Boetius, warum interessiert Sie die Kälte und Dunkelheit der Tiefsee so sehr, dass Sie sich gern dort hinabbegeben?

Die Tiefsee ist der größte Lebensraum der Erde. Wenn man ausrechnet, wo Leben auf unserem Planeten vorkommt, und man den Meeresboden berücksichtigt, der Kilometer unter der Oberfläche verläuft, ergibt sich, dass die Erde vor allem Tiefsee ist und wir sie gar nicht kennen. Deswegen habe ich mir schon als Kind vorgenommen, ein Astronaut der inneren Erde zu werden und die Tiefsee zu erkunden.

Ihr Großvater hat dabei eine große Rolle gespielt, indem er Ihnen Geschichten über seine Zeit als Walfänger und Abenteurer auf dem Meer erzählt hat. Was steckt von diesem Gedankengut und Abenteurertum in Ihnen?

Vor allem die Liebe zur Seefahrt. Seine Erzählungen, wie er per Schiff die Welt gesehen hat, haben sich so in mir eingebrannt, dass ich auch in der Natur mit dem freien Himmel über mir und dem Meer um mich herum arbeiten wollte. Dieser freie Blick ist für mich bis heute auch für mein Wohnen ganz essenziell. Ich lebe in einer Altbauwohnung in Bremen und habe aus allen Zimmern einen Blick auf die Weser.

Ihre Mutter und Ihre Großmutter mütterlicherseits waren zwei starke Frauen und haben Ihnen mitgegeben, dass auch für Mädchen alles möglich ist. Das war zu der Zeit nicht selbstverständlich.

Stimmt, als ich klein war, gab es nicht viele geschiedene Eltern, und ich habe versucht, das vor meinen Klassenkameraden zu verbergen. Aber meine Großmutter hatte vier Mädchen durch den Krieg gebracht, und meine Mutter zog nach der Trennung auch drei Kinder allein auf, deshalb habe ich mir nie die Frage gestellt, ob Frauen irgendetwas nicht erreichen können. Wir Kinder wurden ermuntert, unsere Träume zu verwirklichen und Mut zu haben, einfach so zu sein, wie wir sind. Ich war mir über meinen Berufswunsch der Meeresforscherin bereits als Kind sicher, vor allem weil meine Mutter mir sehr früh das Lesen beigebracht hat. Ich war kein Draußen-Kind und in der Pubertät eine echte Außenseiterin. Mit vierzehn hatte ich die halbe Weltliteratur verschlungen, besonders alles, was mit Meer und Seefahrt zu tun hatte. Dazu kamen dann Fernsehsendungen von Meeresforschern wie Jacques Cousteau und Hans und Lotte Hass, die sich mit den Erzählungen meines Großvaters verbanden. Merkwürdigerweise hatte ich auch als Jugendliche schon die Vorstellung, dass ich keine Kinder haben würde, keinen festen Anker an einem Platz.

Nach Ihrem Abitur haben Sie sofort Biologie studiert?

Ich wusste nur, dass ich Meeresbiologie studieren wollte, habe einfach beschlossen, nach Hamburg zu gehen, weil es dort einen Hafen und eine Universität gibt, und dachte, der Rest würde sich schon ergeben. Mein Großvater hat mir einen Spruch fürs Leben mitgegeben: Du musst dem Zufall eine Chance geben. Das ist so etwas

> »ICH HABE MIR NIE DIE FRAGE GESTELLT, OB FRAUEN IRGENDETWAS NICHT ERREICHEN KÖNNEN.«

wie mein Leitsatz. Es war nicht so, dass mir Biologie in der Schule oder an der Universität besonderen Spaß gemacht hätte oder dass es interessant war. Es war eher brutal langweilig. Erst als ich anfing, als Hilfskraft zu arbeiten, und auf meine erste Expedition gehen durfte, habe ich so richtig Feuer gefangen.

Ihre große Chance kam, als Sie für ein Jahr nach Amerika an das Scripps Institute in La Jolla gegangen sind. Wie war diese Erfahrung für Sie?

Es war der entscheidende Schritt für mich, aus dem forschungsfernen Grundstudium, das für mich nicht funktioniert hat, herauszukommen. Das war wie ein tausendfacher Lottogewinn. Kalifornien war so ein offenes Land, und die Professoren an der Universität haben sich richtig um die Studenten gekümmert, sie in die Forschung eingebunden. Seit diesem Jahr Auslandserfahrung sind Reisen ein ganz wichtiger Teil meines Lebens.

Sie hätten dort bleiben können, haben aber auf einer Expedition Ihren Lebensgefährten kennengelernt und sind nach Deutschland zurückgekommen.

Es kamen zwei Gründe zusammen. Da ich Tiefseeforscherin werden wollte, habe ich mich von einem Professor beraten lassen, und er meinte, der beste Ort der Welt, um Mikroorganismen am Tiefseeboden zu erforschen, sei in Bremerhaven bei der Meeresmikrobiologin Karin Lochte. Ich war zuerst nicht begeistert von der Aussicht, aber dann habe ich mich 1992 auf einer Reise in einen Bootsmann verliebt, der auch aus Bremerhaven kam.

Da hat beides zusammengepasst, und ich entschied, aus Amerika wegzugehen. Mit ihm habe ich lange zusammengelebt, und wir sind immer noch dicke Freunde.

Sie haben inzwischen 49 Expeditionen hinter sich und fast dreißig Jahre auf Schiffen gelebt. War es schwierig, sich als Forschungsleiterin gegen die Männerdominanz durchzusetzen?

Nein, gar nicht, ich habe dort eher sehr viel Unterstützung und Freundschaft erfahren. Es gab selten Probleme. Als ich eine ganz junge Studentin war, gab es ein paar Sprüche von älteren Fischern von wegen »Was soll aus dir denn werden?«. Einmal haben Matrosen ein paar Tage nicht mit mir geredet, weil ich die Arbeiten an Deck unterbrochen habe und den Kapitän herbeirief wegen Problemen mit der Arbeitssicherheit. Ich hatte aber auch da nicht das Gefühl, dass sie mich als Frau nicht ernst nahmen, sondern dass sie beleidigt waren, weil ich ihre Arbeit nicht wertschätzte. In der Seefahrt ist es mir also nie passiert, dass jemand mich nicht respektiert hätte, weil ich eine Frau bin. In der Wissenschaft dagegen schon.

Welche schlechten Erfahrungen haben Sie dort gemacht?

Die Naturwissenschaft war und ist oft noch immer eine Männerwelt. Als ich die ersten Erfolge hatte, haben mich ältere Wissenschaftlerinnen davor gewarnt, den Kopf zu sehr aus dem Sand zu strecken. Damals verstand ich das nicht, weil alle immer nett zu mir gewesen waren und mich förderten. Dann aber gab es Streit darum, wer welche Autorenposition auf einer Veröffentlichung bekommt. Ich hatte die Idee gehabt und das erste Manuskript geschrieben, aber auf einmal waren die älteren Professoren der Meinung, ich sollte mich einreihen. Es kam zum Konflikt, und damals habe ich nachgegeben. Das hat eine Weile richtig an mir genagt.

In der Wissenschaft nimmt die Rivalität manchmal sonderbare Formen an. Wie haben Sie das erlebt?

Bis auf wenige Ausnahmen ist es eigentlich eher freundlich in der Wissenschaft. Mir gefällt, dass es eine Art sportlichen Wettkampf um Ideen und Kreativität gibt, der Spaß macht und mich fordert. Wenn ich weiß, dass andere Menschen um mich herum an den gleichen Ideen arbeiten, ist das eine gute Grundlage für einen Austausch. Wir stehen im Wettbewerb, freuen uns aber auch füreinander, wenn etwas gelingt. Anerkennung, die ich von einem Gegner bekomme und auch zurückgeben kann, spornt mich an. Ich habe schon früh immer überlegt, wo ich meine Linie setze und wo ich bereit bin nachzugeben. Diese Klarheit, die ich durch die Seefahrt gelernt habe, wende ich auch im Alltag an. Deswegen gelingt es wahrscheinlich anderen auch besser, meine Position zu erkennen.

Sie sagten einmal, dass Sie sich am Anfang schon etwas durchboxen mussten.

Zuerst konnte ich noch nicht so gut einschätzen, was wirklich zählt in der Wissenschaft und wie wichtig es ist, die Forschung von der Idee bis zur Veröffentlichung zu durchdenken. Ich habe aber dazugelernt und begriffen, dass es vor allem um große, neue Ideen gehen sollte und nicht um kleinteilige und brave Fleißarbeit. Was ich auch nicht so kapiert hatte: In der Wissenschaft fällt die Entscheidung, ob man an die Spitze kommt, recht früh. Gerade die Phase zwischen dreißig und vierzig ist dafür

> »ICH HABE [...] BEGRIFFEN, DASS ES VOR ALLEM UM GROSSE, NEUE IDEEN GEHEN SOLLTE UND NICHT UM KLEINTEILIGE UND BRAVE FLEISSARBEIT.«

bedeutsam, später gibt es dann meist keine zweite Chance mehr. Für mich war es schon spät, aber ich habe noch die Kurve geschafft. In meiner zweiten Postdoktorandenstelle habe ich auf eine ganz neue Idee gesetzt und auf einen Wechsel in der Forschungsthematik, und das hat mich nach vorne getragen.

Was war Ihr erster großer Erfolg?

Das war die Entdeckung von bisher unbekannten Mikroorganismen, die das Methan aus dem Meeresboden aufzehren. Es wäre eine völlig andere Erde, würde das Faulgas Methan einfach durch das Meer in die Atmosphäre gelangen. Würde dieses kleine Leben nicht da unten sitzen und vorwiegend dieses aggressive Treibhausgas verzehren, sähe es für uns ganz anders aus. Der Artikel, den ich darüber geschrieben habe, wird immer noch viel zitiert.

Warum haben Sie mehrfach Ihr Forschungsgebiet gewechselt?

Mir wird immer nach einigen Jahren in einem Feld langweilig, und dann möchte ich etwas Neues anfangen. Die großen Rätsel der Mikrobiologie, die es noch gibt, drehen sich vor allem um molekulare Prozesse. Ich bin aber eher Ökosystemforscherin, dafür ist mein Gehirn gemacht. Von der Mikrobiologie führte seinerzeit mein nächster Schritt in die Tiefseeforschung, um den Klimawandel und die Auswirkungen auf die Tiefsee zu verstehen. In diesem Feld bin ich immer noch aktiv, und dazu kam eine Reihe von anderen Forschungsfeldern, vor allem die Polarforschung, sodass ich alle fünf bis acht Jahre einen Sprung gemacht habe. Besonders die Klimawandelforschung beschäftigt mich inzwischen sehr.

Als Sie 1993 mit einem Eisbrecher zur Arktis gefahren sind, war das Eis drei bis vier Meter dick. Jetzt ist es nur noch ein Meter.

Die polare Umwelt verändert sich derart schnell, dass das Konsequenzen für das Leben im Meereis und im tiefen Arktischen Ozean hat. Wenn das Meereis dünner wird, gibt es mehr Licht, und so wachsen zwar Meereisalgen zunächst schneller vom Frühjahr bis zum Sommer, aber wenn das Eis über den Sommer bis zum Herbst abschmilzt, verändert sich der Lebensraum für viele Arten zu stark. Im Jahr 2012, bei der größten bisher festgestellten Eisschmelze, konnten wir beobachten, wie die Eisalgen in die Tiefsee hinabsanken. Mit dieser neuen Nahrungsquelle am arktischen Meeresboden konnte aber noch kaum ein Tier etwas anfangen – denn viele Tiefseetiere sind stark angepasst an ihre Energiequellen. Dass sich also durch den Klimawandel auch gleichzeitig das Tiefseeleben am Boden der Meere mitverändert, ist eine wichtige, viel zitierte Erkenntnis – und mich hat das auch wirklich erschreckt. Wissenschaftlich gesehen gibt es leider immer weniger Hoffnung, dass wir den Planeten so bewahren können, wie wir ihn kennen. Wenn wir die CO_2-Emissionen nicht in kurzer Zeit stoppen, müssen wir etwa ab 2040 mit den ersten eisfreien Sommern rechnen. Dieser Kipppunkt ist so nahe, und wir verhalten uns immer noch so, als wäre da nichts.

Müssen die Naturforscher lauter werden?

Wir sind schon sehr laut. Wir berichten, wie viel CO_2 wir Menschen freisetzen und wie viel wir uns noch leisten können, wir zeigen, welche Lebensräume und Arten gefährdet sind. Wir haben auf vielen Ebenen Aufrufe an die Öffentlichkeit und an die Politik gemacht, die komplexe Aufgabe jetzt anzugehen, in weniger als zehn Jahren unser Energiesystem zu verändern, nicht nur in Deutschland, sondern als globales Ziel. Es geht schon um einen großen Umbruch, denn 75 Prozent der globalen Energie kommen aus fossilen Brennstoffen. Aber ich bin immer optimistisch und denke, dass es noch nicht aussichtslos ist. Es braucht viele Lösungen. Eine wäre eine CO$_2$-Bepreisung, mit der die regenerativen Energien viel billiger würden als die fossilen Brennstoffe. Das wäre eine Schraube, an der man sehr schnell drehen könnte.

Ein weiteres Problem, mit dem Sie kämpfen, ist der Plastikmüll, der die Meere verschmutzt.

Es ist eine Katastrophe, dass in der Nordsee, selbst im Nordmeer, inzwischen jeder Tümmler, der strandet, tote Robben und Seevögel voll von Plastikmüll sind. Es kann nicht sein, dass wir so mit der Natur umgehen! Eine logische Lösung wäre, Wegwerfartikel nur aus zersetzbaren Stoffen zu produzieren. Wegwerfartikel müssen nicht aus Material bestehen, das Hunderte von Jahren im Meer hält. Wir brauchen einfache und schnelle Lösungen. Die Wissenschaft müsste eigentlich viel direkter und systemisch mit Politik und Gesellschaft zusammenarbeiten, aber leider gibt es keine Plattformen dafür.

Was müsste die Politik tun?

Sie muss Rahmenbedingungen schaffen, dass der Wert der Natur und der Umwelt für das Wohlergehen der Menschen langfristig anerkannt wird. Die Zeit rennt uns davon: Wir haben noch zehn, fünfzehn Jahre, bevor so viel CO$_2$ in der Atmosphäre ist, dass wir wirklich große Probleme weltweit haben. Deswegen brauchen wir Gesetze, Regeln und Preise, um viel besseren Klimaschutz und Naturschutz zu erreichen. Auch die soziale Gerechtigkeit muss dabei mitgedacht werden.

Was ist Ihre Botschaft an die Welt?

Aufwachen, hinschauen, Denken und Handeln in Einklang bringen.

Ihr ganzes Wesen strahlt Optimismus aus. Haben Sie manchmal auch Krisen?

Es gibt immer wieder Situationen, in denen mich die Langsamkeit von Prozessen maßlos aufregt oder auch die brutale Dummheit und Hass. Dann frage ich mich, in was für einer Welt wir leben und wie das weitergehen soll. Aber ich sage mir auch immer wieder, dass ich aktiv sein muss, Zeit und Kraft brauche, um etwas erreichen zu können. Deswegen verbiete ich mir den Pessimismus.

Wie würden Sie Ihre Persönlichkeit mit drei Worten beschreiben?

Schlau, schnell, fröhlich.

Sie sind präsent im Fernsehen, in Zeitungen und in Gremien. Nehmen Ihnen manche Kollegen das übel?

Ich bekomme eher Zuspruch und Lob dafür, dass ich nicht nur Wissenschaft repräsentiere, sondern auch darüber hinaus eine klare Haltung formuliere. Wahrscheinlich denken manche, dass ich mehr Zeit mit Fernsehen und Zeitungen als mit meiner Forschung verbringe, aber wer sich mein Profil, meine Veröffentlichungen und Preise anschaut, kann eigentlich nicht sagen, dass ich aufgehört hätte, zu forschen und produktiv zu sein. Gerade in meinem Forschungsfeld, der Polar- und Meeresforschung, gibt es einen ganz hohen Bedarf an Kommunikation. Da habe ich das Gefühl, ich muss präsent sein. Ich wünsche mir aber auch oft, dass es wieder mehr Ruhe und Schutzräume gäbe, um noch mehr, besser zu forschen.

Warum sollte ein junger Mensch Wissenschaft studieren?

Es ist ein Beruf, der daraus besteht, immer Neues zu lernen und die Grenzen des Wissens auszuloten und zu überwinden. Im Grunde beinhaltet er auch, ewig Kind zu bleiben. Denn jedes Kind wird mit dieser Neugierde auf die Welt und einem gut verdrahteten Gehirn geboren, das gefüllt werden will, das lernen und forschen will, und diese Haltung kann ich mir als Wissenschaftler ein Leben lang bewahren.

Was ist Ihr Beitrag zur Gesellschaft?

Es gibt nur sehr wenige Tiefsee- und Polarforscher. In einer Zeit, in der wir viele Lebensräume so massiv verändern und auch verlieren, ist das, was wir heute herausfinden, alles, was wir an Wissen über die Funktion dieser fernen Lebensräume haben werden. Deswegen transportiere ich über meine Forschung und Kommunikation die Essenz dieser Erkenntnis.

»AUFWACHEN, HINSCHAUEN, DENKEN UND HANDELN IN EINKLANG BRINGEN.«

»DAS GRÖSSTE PROBLEM IN DER WISSENSCHAFT IST, DASS SIE VIEL ZU SEHR MODEN UNTERLIEGT.«

Thomas Südhof | Neurobiologie

Professor für Molekular- und Zellphysiologie an der
School of Medicine der Stanford University
Nobelpreis für Medizin 2013
USA

Herr Professor Südhof, Sie waren in Ihrer Jugend ein Rebell, dem die Freiheit das Wichtigste war. Woher kommt dieses Bedürfnis, sich nicht einzupassen?
Es wäre verführerisch zu sagen, dass das eine biologische Veranlagung ist, aber ich bin mir dessen nicht sicher. In meiner Kindheit wies nichts darauf hin, dass ich weniger anpassungsfähig war als andere. Ich habe mich allerdings nie in Gruppen wohlgefühlt. Ich kann sehr gut verstehen, dass Menschen das Gruppengefühl lieben, weil wir vor allem in der Kommunikation leben und gern mit anderen übereinstimmen. Aber ich habe das nie besonders geschätzt.

Sie haben die Erziehung in einer Waldorfschule genossen. Wie weit sind heute noch Einflüsse von damals zu sehen?

Meine Lehrer waren sehr unabhängig in ihrem Denken und sind nicht blind einer Ideologie nachgerannt. Ich habe davon profitiert, dass sie Verständnis dafür hatten, dass ich Dinge selbst durchdenken und bejahen oder verneinen wollte. Nicht die Waldorfschule an sich war entscheidend, sondern dass die Lehrer es mir ermöglichten, meine eigene Gedankenwelt zu entwickeln.

Zwei Frauen haben Sie im Leben geprägt: die Großmutter mütterlicherseits und Ihre Mutter, die nach dem Tod Ihres Vaters allein das Leben mit den Kindern gemeistert hat.

Meine Mutter hat mich in vieler Hinsicht beeinflusst. Sie war sehr nach innen gerichtet und reserviert, aber mit festen Wertvorstellungen. Wie ihr ging es auch mir nie nur darum, Positionen zu erreichen oder Geld zu verdienen. Meine Großmutter war eine ungewöhnliche, starke Frau und viel kommunikativer als meine Mutter. Von ihr habe ich mehr über das Geistesleben und die Kultur gelernt.

Sie haben als Kind Geige und Fagott gespielt und sagten einmal, dass Sie von der Musik mehr gelernt haben als in der Schule.

Ich hatte immer schon instinktiv eine Zuneigung zur Musik und wäre gerne Musiker geworden, aber ich war einfach nicht begabt genug. Durch die Musik habe ich gelernt, dass ich Kreativität nur mit einem gewissen Maß an technischer Fertigkeit erreichen kann, und das gilt auch für die Wissenschaft. Beim Musizieren geht es darum, ein Instrument zu lernen, das heißt: unheimlich viel zu üben. In der Wissenschaft muss ich die Materie lernen, unheimlich viel lesen, studieren und probieren.

Mit vierzehn Jahren sind Sie durch Europa getrampt. Warum wollten Sie unbedingt raus?

Neugierde und ein bisschen Protest und Rebellentum spielten dabei eine Rolle. Ich wollte gerne die Welt sehen und unabhängig sein. Es wäre nicht ganz fair, alles auf mein Elternhaus zu schieben und darauf, dass meine Eltern mit anderen Dingen beschäftigt waren, aber viel Beachtung haben sie mir nicht geschenkt. Damals haben sie nicht mal gemerkt, dass ich abwesend war. Das könnte ich mir bei meinen Kindern nicht vorstellen.

Auch nach dem Abitur waren Sie noch ein Suchender. Was wollten Sie machen?

> »INTELLIGENZ WAR FÜR MICH WENIGER WICHTIG ALS KONZENTRATION UND ENERGIE.«

Ich hatte mich zu der Zeit entschlossen, Medizin zu studieren, nicht weil meine Eltern Mediziner waren, sondern weil ich unter verschiedenen Ausbildungswegen die Medizin als beste Möglichkeit ansah. Ich habe mich nicht zum Arzt berufen gefühlt oder darin meine Zukunft gesehen, aber es war eine befriedigende Tätigkeit. Als ich nach meiner Doktorarbeit nach Texas ging, hatte ich die Absicht, ein paar Jahre später nach Deutschland zurückzukehren und eine Facharztausbildung an einer Universitätsklinik zu absolvieren. Letztlich habe ich mich dann aber 1986 entschieden, nicht mehr weiter in der Medizin tätig zu sein. Ich empfand die Forschung als eine große, auch sinnvolle Herausforderung, wo ich etwas bewirken konnte.

Sie haben in Texas Ihr eigenes Labor bekommen. Ihr Postdoktoranden-Kollege Nils Brose sagt, er habe damals zwölf Stunden pro Tag und am Wochenende gearbeitet, Sie aber mehr oder weniger rund um die Uhr. Haben Sie überhaupt noch geschlafen?

Ich arbeite bis heute viel, sehe das aber nicht als Belastung an, sondern als Teil des Lebens. Arbeiten hat oft eine negative Konnotation, aber ich empfinde meine Stellung in vieler Hinsicht als ein Geschenk. Mein Beruf ist interessant, ich arbeite gerne und meiner Meinung nach auch nicht viel mehr als viele andere.

Was ist der Stil Ihrer Forschung?

Ein großer Teil meiner Arbeit besteht darin, in meinem Büro zu sitzen und Informationen zu verarbeiten. Ich vergleiche das, was andere schon erforscht haben, mit meinen Daten und versuche, das Ganze zu deuten und zusammenzuschreiben. Eine zweite positive Komponente ist, dass ich viel mit Menschen rede, in Gruppen oder in Einzelgesprächen. Negative Aspekte meiner Arbeit sind dagegen die Bürokratie, die mit ihren vielen Vorschriften zum Riesenproblem wird, und dass ich mich ständig bemühen muss, irgendwoher Geld für die Arbeit zu bekommen. Das ist mühsam und manchmal recht dumm, außerdem nimmt das immer mehr zu.

Sie meinten einmal, dass es schwierig sei, die Balance zu finden zwischen dem, was Sie selber richtig finden, und den Vorstellungen der anderen.

Das Problem kann man auch so formulieren, dass wir uns als Menschen nie wirklich selbst gut beurteilen können. Wir haben eine angeborene Unfähigkeit, uns selbst objektiv zu betrachten, sodass wir uns entweder über- oder unterschätzen. Deshalb brauchen wir die Rückkopplung durch die Kommunikation mit Kollegen und Familien. Ohne die können wir nicht verstehen, wie wir uns selber einschätzen sollen. Allerdings werden wir alle in einer Gesellschaft auch von Strömungen beeinflusst, die nicht der Realität entsprechen. Das größte Problem in der Wissenschaft ist, dass sie viel zu sehr Moden unterliegt. Oft machen Wissenschaftler alle die gleichen Experimente und kommen alle zu den gleichen Schlussfolgerungen.

Wie haben Sie Ihren Weg gefunden?

Intelligenz war für mich weniger wichtig als Konzentration und Energie. In der Amerika-Phase habe ich gelernt, wie schwierig es ist, sich mit eigenen Ideen durchzusetzen. Manchmal kann es lange dauern, bevor positive Erfolge zu sehen sind. Ich hatte Glück. Viele geben letztlich auf. Als ich anfing, mein eigenes Labor zu führen, habe ich darüber nachgedacht, wo eigentlich die Chance besteht, etwas Entscheidendes, Neues herauszufinden, das kein anderer macht und das unser Verständnis über unser Gehirn erweitert. So gehe ich bis heute vor.

Können Sie in einfachen Worten erklären, wofür Sie 2013 den Nobelpreis bekommen haben?

Im Gehirn gibt es eine Riesenanzahl von Nervenzellen, die kontinuierlich miteinander kommunizieren. Jede Nervenzelle ist gleichzeitig Teil von vielen Netzwerken, und die Kommunikationsstellen zwischen den Nervenzellen verändern sich ständig. Diese Kommunikationsstellen heißen Synapsen, und über diese Synapsen überträgt eine Nervenzelle Informationen auf eine andere. Die Übertragung ist extrem schnell und muss es auch sein, weil das Gehirn viele Informationen sehr schnell verarbeiten können muss. Diese Schnelligkeit der Informationsübertragung war früher ein großes Rätsel, weil sie an der Synapse durch chemische Botenstoffe erfolgt, die von der einen Seite freigesetzt und von der anderen erkannt werden. Meine Forschung, die mit dem Nobelpreis ausgezeichnet wurde, erklärt, wie es eine präsynaptische Nervenzelle schafft, Botenstoffe so schnell und präzise auszuschütten, wenn das Signal dafür kommt. Das funktioniert nämlich dadurch, dass ein elektrisches Signal in der präsynaptischen Nervenzelle umgewandelt wird in ein intrazelluläres Kalziumsignal. Dieses aktiviert wiederum eine bestimmte Proteinmaschine, die dann durchsetzt, dass die chemischen Botenstoffe freigesetzt werden. Die Freisetzung erfolgt durch die Fusion von Vesikeln. Das sind kleine Bläschen, die mit diesen Botenstoffen gefüllt sind und

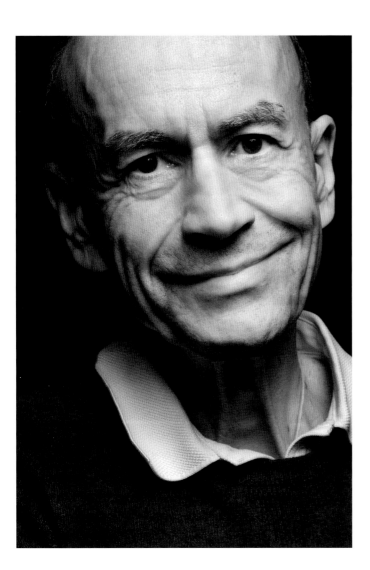

»ALS GRÖSSTE GEFAHR EMPFINDE ICH ZURZEIT, DASS TATSACHEN BEWUSST MISSACHTET, VERDREHT ODER VERLEUGNET WERDEN, UM EGOISTISCHEN ZIELEN BESTIMMTER PERSONEN ODER NATIONEN ZU DIENEN.«

mit der Oberflächenmembran verschmelzen. Mein Beitrag war, diesen Prozess aufzuklären.

War das, als Sie anfingen, ein wenig beackertes Forschungsgebiet?

Damals war vollkommen unklar, was da eigentlich passiert an einer Synapse. Ich hatte mich entschlossen, dieses Thema zu verfolgen, weil ich meinte, dass sich diese Fragen lösen lassen. Heutzutage wird in der Wissenschaft immer gefordert, an Dingen zu forschen, die entweder direkt Krankheiten erklären oder sofort Einsicht in Funktionen geben. Im Prinzip ist das eine hehre Forderung, aber oft lassen sich Krankheiten und Funktionen nicht erforschen ohne ein Verständnis der grundlegenden Systemeigenschaften, das heißt einen Katalog der Bestandteile des Systems. Mein erstes Forschungsziel war einfach eine Beschreibung einer präsynaptischen Nervenzelle. Dafür wurde ich damals kritisiert, weil das rein deskriptiv ist und deshalb nicht direkt zum Verständnis beitrage. In der Wissenschaft werden Forschungen oft nicht unterstützt, weil sie nicht schnell genug zu Anwendungen oder Funktionseinsichten führen. Die Folge ist aber dann, dass man nie zu einem wirklichen Ergebnis kommt. Alzheimer ist ein sehr gutes Beispiel dafür, weil dort in der Forschung über Jahrzehnte die Betonung darauf lag, möglichst schnell und direkt zu einer Heilung zu kommen, und das auf der Basis eines vollkommen unvollständigen Verständnisses der Krankheit selbst. Das hat nach Jahrzehnten der Forschung und Milliardenausgaben zu absolut nichts geführt.

An was forschen Sie jetzt?

Im Moment interessiert mich, wie Synapsen zwischen Nervenzellen gebildet werden. Das ist wichtig für viele Krankheiten, aber es geht mir nicht primär um eine Krankheitsfrage. Während der Entwicklung des Gehirns entstehen die Nervenzellen und verbinden sich dann zu riesigen überlappenden Netzwerken, wenn Nervenzellen über Synapsen verknüpft werden. Die Netzwerke bilden sich lebenslang konstant um, indem Synapsen restrukturiert werden. Mich interessiert, wieso das passiert und wie Synapsen überhaupt gebildet werden.

In Deutschland wird sehr viel Wert gelegt auf den H-Index, die Zitationen, während in den USA die Zahl der Patente mehr Gewicht hat. Wie sehen Sie diesen Unterschied in der Gewichtung von Forschung?

Es stimmt, dass in Amerika Zitationen und H-Index eine kleinere Rolle spielen, aber auch Patente sind für Akademiker sekundär. Publikationen sind schon wichtig, aber in den USA wird mehr Wert darauf gelegt, dass Wissenschaftler wirklich forschen, als darauf, wie sich das äußerlich manifestiert. Ich halte den Wissenschaftsbetrieb auch für gefährdet, weil die traditionellen Methoden der Kommunikation und das Publikationswesen nicht mehr gut funktionieren. Die Redakteure haben viel zu viel Macht. Es werden zu viele Artikel veröffentlicht, die sich als vollkommen falsch herausstellen, aber nie zurückgezogen werden. Das System ist viel zu kommerziell, wir brauchen ein anderes.

Wie gehen Sie damit um, ständig unter Stress zu stehen und immer erreichbar zu sein?

Das ist schwierig. Telefongespräche führe ich fast nie. Am schlimmsten finde ich E-Mails, weil ich mich tagsüber so viel damit beschäftigen muss. Abends ist es weniger ein Problem, weil ich Computer und Telefon einfach abschalte. Manchmal sündige ich und schaue noch mal nach, ob etwas Wichtiges gekommen ist, aber ich versuche, ab einem bestimmten Zeitpunkt nichts mehr zu machen.

Ihr Vater war bei Ihrer Geburt in Amerika und hat davon per Telegramm erfahren. Waren Sie in der Hochphase Ihrer Forschung auch ein abwesender Vater?

Ich war sicher zu viel abwesend, aber ich habe mit all meinen Kindern immer viel zusammen gemacht. Die Kinder aus meiner ersten Ehe sind inzwischen erwachsen. Mit meiner zweiten Frau, die auch Professorin ist, habe ich vereinbart, dass ich unsere Kinder morgens um halb acht zur Schule fahre, manchmal auch abhole oder zwischendurch irgendwo hinfahre. Ich bin immer um sechs Uhr oder spätestens halb sieben zu Hause, um mit meiner Familie zu Abend zu essen. Danach helfe ich, die Kinder ins Bett zu bringen, und lese ihnen etwas vor oder erzähle eine Geschichte. Manchmal muss ich noch eine Stunde arbeiten, und dann gehe ich schlafen. Das ist mein Tagesablauf.

Sie werden vom Howard Hughes Medical Institute unterstützt. Wie ist es für Sie, dass Sie sich dafür auch als Nobelpreisträger alle fünf Jahre einer Prüfung unterziehen müssen?

Ich bin nervös, und es ist eine der anstrengendsten Sachen, die ich im Leben machen muss, denn diese Prüfungen sind sehr stressig. Ich bereite mich darauf vor, gehe da hin und gebe mein Bestes. In den USA ist das für mich nicht anders als für jeden anderen auch, und das finde ich auch richtig so. Ich muss begründen können, warum ich finanzielle Unterstützung verdiene. Inzwischen habe ich eine gewisse soziale Sicherheit durch meine Professorenstelle, aber die brauche ich auch, weil ich drei kleine Kinder habe. Selbst wenn ich nicht wollte, müsste ich berufstätig bleiben.

Warum sollte ein junger Mensch Wissenschaften studieren?

Wissenschaft ist essenziell, um fundamentale Dinge zu verstehen: wie ein Auto fährt, wie ein Herz funktioniert, wie unsere Welt aufgebaut ist. Wissenschaft betrifft alle Bereiche des Lebens, und jeder, nicht nur Ingenieure und Mediziner, sondern auch jeder Politiker, Rechtsanwalt und so weiter sollte eine wissenschaftliche Grundbildung haben. Wissenschaftler zu werden ist eine andere Sache, dafür braucht es echtes Interesse daran, etwas zu entdecken. Ich habe enormen Spaß, nicht nur selbst etwas herauszufinden, sondern auch zu verstehen, was andere herausgefunden haben. Am meisten Freude hatte ich, wenn ich auf eine wahre Erkenntnis gestoßen bin.

Gab es auch mal eine Krise in Ihrem Leben?

Wenn ich versucht habe, ein wissenschaftliches Problem zu lösen, und es einfach nicht schaffte, war das sehr frustrierend. Auch dass ich über viele Jahre nicht die Anerkennung erhielt, die andere bekommen haben, die meiner Meinung nach viel weniger geleistet hatten. Ich hatte das Gefühl, benachteiligt zu sein. Daraus habe ich die Lehre gezogen, dass es vollkommen sinnlos ist, mir solche Gedanken zu machen, weil letztlich alle Prozesse und Preise nicht nur von der Leistung, sondern auch von Glück und ein bisschen Politik abhängen. Auch dass ich den Nobelpreis bekommen habe, halte ich eher für einen Glücksfall. Es hätte auch andere gegeben, die ihn verdient hätten.

Was ist Ihre Botschaft für die Welt?

Mein wichtigstes Anliegen ist, dass die Menschen sich darauf einigen, was wirklich wahr ist, und danach handeln. Wissenschaftliche Wahrheit ist nie zu Ende definiert, aber wie sie definiert ist, ist sie nicht relativ, sie ist so, wie sie ist. Wenn wir das aufgeben, geben wir unsere europäische Kultur auf. Als größte Gefahr empfinde ich zurzeit, dass Tatsachen bewusst missachtet, verdreht oder verleugnet werden, um egoistischen Zielen bestimmter Personen oder Nationen zu dienen. Das hat mit Politik nichts zu tun und ist reine Ideologie. Niemand darf einfach mit Tatsachen spielen und sie verneinen, nur weil er darin einen möglichen Vorteil sieht.

Welche Rolle sollte die Wissenschaft in der Gesellschaft haben, um zu einer besseren Zukunft beizutragen?

Wissenschaft muss objektiv sein. Das bedeutet, dass Wissenschaftler um der Wahrheit willen ihre persönlichen Bedürfnisse und ihren Ehrgeiz zurückstellen müssen. Wir haben als Wissenschaftler viel zu viele Fehler gemacht und unsere Verantwortung nicht wahrgenommen. Es gibt auch mehr denn je Korruption in der Wissenschaft. Wir müssten viel besser der Öffentlichkeit erklären, was wirklich möglich ist, und nicht versuchen, mit haltlosen Versprechen mehr Geld für unsere Forschung zu erhalten.

»NACH EINEM ERFOLGREICHEN TAG HABEN SIE VIELLEICHT DIE WELT VERÄNDERT.«

David Avnir | Chemie

Emeritierter Professor für Chemie an der Hebräischen Universität Jerusalem
Israel

Professor Avnir, warum haben Sie ein wissenschaftliches Fach studiert?
Ich wurde als Wissenschaftler geboren. Als ich drei Jahre alt war, wurden in Israel die Lebensmittel rationiert. Unsere Familie hatte ein Huhn, das ein Ei pro Tag legte, und meine Aufgabe war, das Ei zu essen. Ich begriff, dass das Huhn sehr wichtig für das Wohlergehen der Familie war. Deshalb nahm ich eine Feder, pflanzte sie in die Erde ein und goss sie, damit daraus ein neues Huhn wächst. Dies war mein erstes wissenschaftliches Experiment, das natürlich schiefging, was eine sehr wichtige

Lektion für mich war. Als ich zwölf war, baute ich aus alten Brillen ein Teleskop. Ich schaute in den Himmel und entdeckte, dass der Jupiter von drei kleinen Punkten umgeben war. Es waren Monde des Jupiters. Später fand ich heraus, dass diese bereits Jahrhunderte vorher von Galileo Galilei entdeckt worden waren. Mir wurde aber klar, dass ich gerne Wissenschaft betreiben würde. Das kam aus meinem Inneren.

Welche Denkstruktur braucht man als Wissenschaftler?

Eine nie versiegende, enorme Neugier, die eigene Umwelt zu verstehen, und die Begeisterung, immer weiterzulernen. Einerseits müssen Sie Teil des Systems sein, indem Sie sich ein solides Hintergrundwissen aneignen, andererseits sollten Sie außerhalb vorgegebener Schemata denken können, um auf eigene Ideen zu kommen. Und Sie dürfen überhaupt keine Angst haben zu scheitern, denn es ist ein fortlaufender Prozess aus Versuchen und Fehlschlägen. Wenn Sie nicht bereit sind, in neun von zehn Fällen zu scheitern: Gehen Sie nicht in die Wissenschaft. Fehlschläge sind ein integraler Bestandteil des wissenschaftlichen Fortschritts. Als Tischler bauen Sie einen Stuhl und sind am Ende des Tages glücklich, weil Sie etwas geschafft haben. In der Wissenschaft können Monate mit Fehlschlägen vergehen, Tag für Tag. Bis es eines Tages funktioniert. Sie müssen eine unmögliche Mischung aus Hartnäckigkeit und Flexibilität haben. Tatsächlich beschreiben mich die Menschen genau so.

> »DIE VORSTELLUNG DES ›HEUREKA!‹ IST ZIEMLICH ROMANTISCH. FORSCHUNG ÄHNELT EHER DER BESTEIGUNG DES MOUNT EVEREST.«

Im Talmud gibt es die Denkfigur des ständigen Weiterlernens. Ist das eine vorteilhafte Einstellung für einen Wissenschaftler?

Ich glaube, dass diese Kultur des ständigen Lernens und der ständigen Debatte um ihrer selbst willen, des Infragestellens von allem einer der Hauptgründe ist, warum so viele Juden in der Wissenschaft erfolgreich sind. Debattieren ist nie etwas Negatives. Es ist ein Weg, Ideen zu präzisieren oder zu verwerfen.

Erinnern Sie sich an den Augenblick, als Ihnen ein wichtiger Durchbruch gelang?

Die Vorstellung des »Heureka!« ist ziemlich romantisch. Forschung ähnelt eher der Besteigung des Mount Everest. Sie gehen langsam Schritt für Schritt vorwärts, und am Ende erreichen Sie den Gipfel. Es gibt keine einfachen Wege, und Ihnen wird nichts geschenkt. Es ist wie ein Nebel, der sich allmählich auflöst und in dem Sie langsam anfangen, eine Gestalt zu erkennen. Manchmal wacht man mitten in der Nacht auf und hat die Antwort auf eine spezielle Frage. Aber es geht nie um die vollständige Entdeckung einerseits und das totale Versagen andererseits. Es geht immer nur um den nächsten kleinen Erkenntnisschritt. Der Weg ist also viel wichtiger als das Erreichen eines Ziels. Auf dem Weg hat man Spaß und viele kleine Momente der Befriedigung. Das treibt einen an.

So wie Sie es beschreiben, klingt es nicht sehr verlockend, Wissenschaftler zu werden.

Aber wenn Sie Erfolg haben, sind Sie König! Nach einem erfolgreichen Tag haben Sie vielleicht die Welt verändert. Kann irgendetwas verlockender sein? Kann irgendetwas mehr Befriedigung verschaffen als eine Erkenntnis, die andere nutzen können? Das bedeutet es im Kern, Wissenschaftler zu sein. Es ist die vielleicht fortschrittlichste Tätigkeit, die die Gesellschaft zu bieten hat. Wenn man hingegen ein wissenschaftliches Studium erwägt, um Karriere zu machen, ist das eine Verschwendung kostbarer Lebensjahre. Wissenschaft ist mehr als eine Karriere, sie erfordert totale Hingabe. Ich komme morgens im Büro an und arbeite, bis ich nicht mehr kann. Freiwillig. Und vergessen Sie nicht, dass man auch in der Vermarktung gut sein muss, um Fördergelder zu bekommen. Es ist ziemlich anstrengend, die Euros und Dollars zu finden, die man für die Forschung braucht. Deshalb hat man die Arbeit immer im Hinterkopf. Selbst wenn man nicht bewusst daran denkt, ist ein Teil des Gehirns dabei, weiter zu arbeiten. Es ist eine unendliche Geschichte.

Sie sind also von Ihrer Arbeit besessen?

Nein. Mein Motto lautet eher: Gehe an die Grenzen und habe Spaß dabei. Aber ich bin nicht besessen. Es ist eine Lebensweise. Die Gefahr bei einer Obsession ist, dass sie die Fähigkeit trübt, die Wahrheit zu erkennen. Besessenheit ist etwas, das einen vom richtigen Weg abbringt. Wenn Sie einen besessenen Wissenschaftler treffen, überprüfen Sie doppelt, was er sagt.

Ich habe gehört, dass immer mehr Publikationen verfälschte Ergebnisse enthalten.

Das ist eine Randerscheinung, die Sie besonders in den Lebenswissenschaften finden. Einige Forscher erliegen der Versuchung, falsche Ergebnisse zu veröffentlichen, weil der Nobelpreis immer »zum Greifen nah« erscheint.

Wenn die These wichtig ist, werden viele Forschungsgruppen die Experimente wiederholen. Und wenn die These nicht stimmt, verschwindet sie einfach, indem sie nicht mehr zitiert wird. Dadurch haben wir einen Selbstreinigungsprozess.

Welche neuen Erkenntnisse haben Sie der Gesellschaft geschenkt?

Hier ist ein Beispiel: Eines meiner Hauptthemen besteht darin, Moleküle aus lebenden Organismen mit solchen aus der unbelebten Materie zusammenzubringen. Wir kennen heute rund vierzig Millionen Moleküle. Die weitaus meisten entstammen lebenden Organismen. In diese Kategorie gehören Medikamente, Zusatzstoffe, Kunststoffe, Textilien und anderes. Dann gibt es eine deutlich kleinere Gruppe aus Gläsern und keramischen Materialien, die wenig mit der Welt des Lebens zu tun hat. Meine Idee war, beide Bereiche zu vermischen, um neue Materialien mit neuen Eigenschaften hervorzubringen. Unser erstes Problem war also, wie man diese Bereiche zusammenbringt, ohne dabei die organischen Moleküle durch die hohen Temperaturen zu zerstören, die man für die Bildung von Glas braucht. Wir nutzten ein Verfahren, bei dem Glas bei Zimmertemperatur hergestellt wird. Das liegt in der Nähe des Temperaturbereichs, der in der Kunststoffindustrie genutzt wird. Heute haben wir Gläser, die vieles von dem können, was vorher Molekülen aus der Welt des Lebens vorbehalten war.

Können Sie ein Beispiel nennen?

Eines der Produkte ist ein Akne-Medikament. Das Problem an den derzeitigen Akne-Präparaten ist, dass sie sehr aggressiv auf die Haut wirken und roten Ausschlag verursachen. Deshalb haben wir das Medikament, ein organisches Molekül, mit einer dünnen Glasschicht umhüllt. Die Moleküle lösen sich langsam von der Glasschicht und dringen in die Haut ein. Es wird das erste Medikament auf dem Markt sein, das keinen Hautausschlag verursacht. Es wird gerade in mehreren Krankenhäusern getestet und kommt voraussichtlich in ein bis zwei Jahren auf den Markt. Als ich das erste Paper zur Verbindung von belebter und unbelebter Materie veröffentlichte, fragte mich der Chefredakteur: »Wozu soll das gut sein?« Ich war noch jung, weshalb ich mich strikt weigerte, darauf zu antworten. Die Hauptaufgabe der Wissenschaft sollte sein, neue Erkenntnisse zu pro-

»ICH GLAUBE, DASS DIESE KULTUR DES STÄNDIGEN LERNENS UND DER STÄNDIGEN DEBATTE UM IHRER SELBST WILLEN, DES INFRAGESTELLENS VON ALLEM EINER DER HAUPTGRÜNDE IST, WARUM SO VIELE JUDEN IN DER WISSENSCHAFT ERFOLGREICH SIND.«

duzieren, ohne zu fragen, wofür sie gut sein könnten. Denn bei allen neuen Ideen ergeben sich die Anwendungsmöglichkeiten wie von selbst, wie das Anti-Akne-Präparat, das ich beschrieben habe.

Aber müssen Sie nicht Beispiele potenzieller Anwendungen vorweisen, damit klar ist, warum Millionen in die Forschung gesteckt werden sollen?

Die klassische Frage lautet: Welcher Prozentsatz der Forschung kommt am Ende als etwas Nützliches auf den Markt? Es sind schätzungsweise fünf Prozent. Meinem Dafürhalten nach ist das sehr viel, weil Forschung die Form einer Pyramide hat. Sie produzieren viele Erkenntnisse an der Basis, die sich nach oben verengt bis zu einem nützlichen Produkt. Es gibt beispielsweise eine bestimmte Klasse von medizinischen Wirkstoffen, die trizyklischen Antidepressiva (TZA). Am Anfang stand Grundlagenforschung zu Molekülen mit drei Ringen in der chemischen Struktur. Als deren Herstellung möglich war, wurden sie auf ihr medizinisches Potenzial getestet, und daraus entwickelten sich die Antidepressiva. Sie brauchen immer eine Menge Grundlagenforschung, die sich der Antwort auf die Frage verweigert: »Wofür soll das gut sein?« Ich verstehe, dass es schwierig ist, dem Steuerzahler Grundlagenforschung nahezubringen. Ein verantwortungsvoller Wissenschaftler sollte, sobald eine potenzielle Anwendung erkennbar ist, seine Forschung in die entsprechende Richtung lenken. Aber das ist ein langer Prozess. Es dauerte zwanzig Jahre, bis unsere Grundlagenforschung in einem Produkt genutzt wurde. Die Chemie ist extrem langsam.

Zitiert zu werden ist die Währung der Wissenschaft. Wie oft sind Sie zitiert worden?

Bis heute rund 35 000-mal. Das ist für mich die wesentliche Anerkennung, denn es bedeutet, dass man mir zuhört und ich nicht »im Dunklen belle« – wie man im Hebräischen sagt. Ein anderer Aspekt von Anerkennung sind Auszeichnungen. Tatsächlich wäre ich aber froh, wenn es in der Wissenschaft keine Preise gäbe, nicht einmal den Nobelpreis. Nicht weil ihn niemand verdient hätte – im Gegenteil. Aber so viele andere, die nicht weniger dazu beigetragen haben, gehen leer aus. Ich betreibe meine gesamte Forschung mit Studenten und Postdocs. Wir publizieren gemeinsam. Es gibt einen Standard, an den wir uns halten: die Reihenfolge der Autorennamen in einem Paper. Die Person, die am meisten beigetragen hat, wird zuerst genannt und der Gruppenleiter üblicherweise als Letzter. Dazwischen stehen die Namen des restlichen Teams. Deshalb wandte ich mich vor einigen Jahren an den Wissenschaftsverlag Wiley mit dem Vorschlag, die Namen wegzulassen. Denn es ist zweitrangig, wer die Erkenntnisse gewonnen hat. Wiley lehnte das ab, zu Recht. Man sollte mit seinem Namen veröffentlichen, denn wenn man einen Fehler gemacht hat, muss man dafür die Verantwortung übernehmen. Es war also nur eine romantische Idee.

Die Wissenschaft ist immer noch eine männliche Welt. Wie war das in Ihrem Labor?

Bis zur Ebene der Postdocs ist das Verhältnis ungefähr 50:50. In den höheren akademischen Positionen nimmt der Frauenanteil ab. Ich glaube, ein Hindernis für Frauen in der Wissenschaft ist, dass man sich ihr in Gänze verschreiben muss. Von Frauen wird nach wie vor erwartet, dass sie Kinder aufziehen, und in diesem grundlegenden Bereich des Lebens gibt es keine Gleichheit. Als ich Chef unseres Chemie-Instituts war, habe ich versucht, das zu ändern. Ich hatte zwei hervorragende weibliche Kandidaten, die ich einstellen wollte. Im letzten Moment entschieden beide, dass sie nicht die endlosen Stunden auf sich nehmen wollten, die nötig sind, um ein erfolgreicher Wissenschaftler zu werden. In unserem Institut gilt ein neues Gesetz, das verbietet, Vorlesungen nach drei Uhr nachmittags zu halten. Nach drei kann man nach Hause gehen und sich um die Kinder kümmern. Es gibt also Versuche, die Situation zu korrigieren, aber wir sind noch weit von Chancengleichheit entfernt. Frauen könnten in der Wissenschaft erfolgreicher sein, wenn ihre Männer sie mehr unterstützen und auf einen Teil ihrer eigenen Karriere verzichten würden. Meine Frau entschied sich bewusst dafür, die ersten dreizehn Jahre unserer Ehe zu Hause zu bleiben. Ich arbeitete sehr, sehr viel, fast ohne Pause, ging nachmittags aber um vier oder fünf Uhr nach Hause, um bei den Kindern zu sein. Wenn ich zu Hause gearbeitet habe, war meine Tür immer offen.

Sie haben fast Ihr ganzes Leben in Israel verbracht. 2017 wurde die Geschichte publik, dass Sie in einem Kloster unter dem Familiennamen Steingarten geboren wurden. Was ist das für eine Geschichte?

Avnir ist die hebräische Übersetzung des deutschen Worts »Steingarten«. Ich wusste, dass ich im Benediktinerkloster St. Ottilien in München geboren wurde. Dort hatten jüdische Flüchtlinge nach dem Krieg Zuflucht gefunden. Mein Vater sprach nie über den Holocaust, und meine Mutter begann erst, darüber zu sprechen, als sie Ende siebzig war. Meine Eltern waren aus Polen geflohen und lernten sich nach dem Krieg in St. Ottilien kennen. Ich wurde wie 450 andere Kinder in den ersten drei Nachkriegsjahren dort geboren. Wir wurden als St.-Ottilien-Babys bekannt. Ich bin Kind Nummer 363. Im Jahr 2017 wurde in dem Kloster eine Konferenz der St.-Ottilien-Kinder organisiert, und das zwang mich, tiefer in dieses Kapitel einzutauchen. Heute habe ich Verbindungen zu vielen anderen St.-Ottilien-Kindern, von denen viele auch in Israel leben.

Wie alt waren Sie, als Sie nach Israel kamen?

Ich war eineinhalb Jahre alt. Es war eine harte Zeit – die ersten Jahre des neuen Staates. Dennoch erinnere ich mich nicht an die Armut – ganz einfach weil alle so lebten. Man hatte nur ein Paar Schuhe, und wenn diese zu klein wurden, hat man einfach die Spitze abgeschnitten, sodass die Zehen herausschauten. Das war ganz normal.

Welche Bedeutung hatte die Konferenz in St. Ottilien für Sie?

Ich habe begriffen, dass diese drei Jahre nach dem Krieg in St. Ottilien einer der glücklichsten Abschnitte im Leben meiner Eltern war. Ich habe Fotos von damals gefunden: Meine Eltern sahen später nie mehr so glücklich aus wie damals. Es war ein Ausbruch an Lebensfreude. Meine verstorbene Mutter fand, dass diese Jahre unmittelbar nach Kriegsende ein äußerst interessantes Kapitel in der Geschichte des Krieges waren. Denn Millionen von Menschen zogen von Ort zu Ort, alles musste sich neu ordnen. Verglichen mit den Jahren des Krieges und des Holocaust sind diese Jahre nur sehr wenig erforscht. Diese Konferenz befeuerte deshalb mein Interesse an dieser Zeit.

Sind Sie ein glücklicher Mensch?

Ja. – Ich habe keine Sekunde gebraucht, um Ja zu sagen, oder? Ich bin mehr als glücklich. Ich hatte das Glück, dass mir die Gesellschaft die Chance zur Forschung gegeben hat. Und mir ist klar, dass das nicht selbstverständlich ist. Mein ursprünglicher Plan war, mit 93 an diesem Schreibtisch zu sterben. Aber seit Kurzem habe ich neue Ideen, noch etwas ganz anderes zu machen.

»MEIN MOTTO LAUTET EHER: GEHE AN DIE GRENZEN UND HABE SPASS DABEI.«

»ICH BIN NUR DESWEGEN SO WEIT NACH OBEN GEKOMMEN, WEIL ICH MICH SELBST NIE INFRAGE GESTELLT HABE.«

Alessio Figalli | Mathematik

Professor für Mathematik an der Eidgenössischen Technischen Hochschule (ETH) Zürich
Fields-Medaille 2018
Schweiz

Professor Figalli, Sie haben die Fields-Medaille bekommen, eine Auszeichnung für Mathematiker, die mit dem Nobelpreis vergleichbar ist. Die anderen in Ihrem Team bleiben im Dunkeln. Was denken Sie darüber?
Das ist unfair. Aber es gibt eine lange Liste von Spitzenmathematikern, die von der mathematischen Community weltweit anerkannt sind und auch keine Fields-Medaille bekommen haben. Es gibt nicht genug für alle. Sie wird alle vier Jahre an maximal vier Personen verliehen. Außerdem muss man unter vierzig sein, um sie bekommen zu können. Als Student waren die Fields-

Medaillenträger für mich gottgleich, sie waren der »Olymp«. Jetzt, da ich sie habe, wirkt das nicht mehr so schwierig. Ich habe die Fields-Medaille für mehrere Arbeiten bekommen, die ich alle mit verschiedenen Gruppen gemacht habe. In Mathematiker-Gruppen ist die Konkurrenz nicht so stark. Es war ein großer Erfolg für alle, und die Mitglieder meiner Gruppe waren alle sehr glücklich. Wir haben ein gutes Verhältnis zueinander, das über die Arbeit hinausgeht. Wir sind sogar Freunde.

Wie wurden Sie vom Erfolg informiert?

Oh, das vergesse ich nie. Meine Frau und ich waren zu Hause. Sie wollte gerade zum Markt gehen, während ich meine E-Mails checkte. Und da war dann diese E-Mail von Shigefumi Mori, dem damaligen Präsidenten der Internationalen Mathematischen Union. Er schrieb: »Lieber Professor Figalli, ich würde Sie gerne sprechen. Könnten Sie mir bitte Ihre Kontaktdaten geben?« Ich bin vor dem Bildschirm erstarrt. Konnte das wirklich der Fall sein? Aber warum sonst sollte mich der Präsident sprechen wollen? Meine Frau schaute sich die E-Mail an und musste sich hinsetzen. Sie starrte zehn Minuten lang auf den Boden. Ich musste eine lange Nacht warten, bis der Präsident mich anrief und mir mitteilte, dass ich einer der Medaillengewinner war. Danach hatte ich für einige Tage Angst, sie würden mich noch einmal anrufen und sagen: »Entschuldigung, wir haben den Falschen informiert.« Das Schlimmste war, dass ich bis zur offiziellen Verleihung mit niemandem darüber reden durfte.

Muss man besessen sein, um solch einen Erfolg zu haben?

Ich bin wie die meisten Mathematiker besessen. Ich habe mich die ersten zehn Jahre meiner Karriere vollständig der Arbeit verschrieben. Wenn ich mich sehr auf ein Problem konzentriere, beschäftigt es mich den ganzen Tag. Jetzt, da meine Frau und ich in Zürich leben, hat sich mein Leben entspannt. Sie ist auch Mathematikerin, und zu Beginn unserer Beziehung beschlossen wir, dass wir zunächst unsere Karrieren verfolgen würden. Deshalb lebten wir an verschiedenen Orten. Jetzt arbeite ich von morgens bis zum Spätnachmittag, gehe dann nach Hause und verbringe Zeit mit ihr. Ich bin tagsüber ziemlich effizient. Wenn ich arbeite, dann arbeite ich und versuche, das meiste aus der Arbeit herauszuholen.

Ich vermute, dass Sie an der Schule nur die besten Noten hatten. Hat man Sie manchmal als »Nerd« bezeichnet?

Ich war nicht auf Wettkampf aus. Für meine Klassenkameraden war es gut, mich dabeizuhaben, weil ich ihnen vor allem bei Klassenarbeiten helfen konnte. Mathematik ist für mich leicht gewesen. Sie war einfach in meinem Kopf präsent, und dieses Talent hat mein Leben erleichtert. Denn ich konnte meine Zeit damit verbringen, für andere Fächer zu lernen oder, noch besser, Fußball zu spielen. Ich war tatsächlich ein normales Kind, das sich für Videospiele und Sport interessierte. Ich habe nie über Mathematik nachgedacht.

Vielleicht müsste Mathematik anders unterrichtet werden, denn die meisten Menschen mögen sie nicht.

Das Problem mit der Mathematik ist, dass uns Beispiele fehlen, die Kindern zeigen, dass sie Spaß machen kann. Aber wir könnten wenigstens unterhaltsamere Aufgaben stellen. Etwa: Was ist unendlich? Es gibt diese Geschichte über ein Hotel, das eine unendliche Anzahl von Zimmern hat und unendlich viele Gäste – wie bringen Sie einen Gast mehr unter? Solche geistigen Spiele verdeutlichen perfekt, dass Mathematik interessant und tiefgründig sein kann.

Haben Ihre Eltern Ihr Interesse an Mathematik geweckt?

Mein Vater war Professor für Maschinenbau, meine Mutter Lehrerin für Latein und Altgriechisch. Sie regte mich in der Kindheit mit Geschichten aus der griechischen und römischen Mythologie an. Diese gefielen mir so gut, dass ich im Gymnasium Altphilologie statt Mathematik wählte. Als ich siebzehn wurde, stellte mir der Vater eines Freundes die Mathematik-Olympiade vor, diesen Wettbewerb, wo man unkonventionelle Probleme mit Fantasie lösen muss. Es war der Beginn meiner Liebe zur Mathematik. Ich entdeckte auch, dass es tatsächlich Mathematiker gibt. Das ist ein echter Beruf!

Welche Geisteshaltung empfehlen Sie Studenten, die im Studium durch eine harte Zeit gehen?

Ich bin nur deswegen so weit nach oben gekommen, weil ich mich selbst nie infrage gestellt habe. Wenn man ständig denkt, dass man es nicht schaffen wird, scheitert man. Ich verbannte den Gedanken »Ich kann das nicht« aus meinem Kopf. Und dann arbeitete ich sehr hart, opferte alles dafür, manchmal sogar Freundschaften. Aber wenn Sie das, was Sie tun, nicht lieben, geben Sie früher oder später auf. Ich hatte Glück, dass ich meine Leidenschaft in der Mathematik gefunden habe.

Durch das Studium der Mathematik lernt man etwas Grundlegendes über die Mechanismen unserer Welt.

Können Sie uns den Unterschied zwischen echter Mathematik und dem, was wir in der Regel in der Schule lernen, erklären?

In der Schule lernt man viele Formeln, aber alles bleibt ein wenig abstrakt, und man sieht nicht, warum man das lernen soll. An der Universität aber ergibt plötzlich alles einen Sinn, und man begreift, dass Mathematik eine Sprache ist, um die Welt zu beschreiben. Vor Jahrhunderten haben Menschen entdeckt, dass unsere Welt in Formeln ausgedrückt werden kann. Das ist der Grund, warum die Mathematik entwickelt wurde.

Sie sind ziemlich erfolgreich. Schon mit 27 wurden Sie Professor in Austin, Texas.

Ja, ich war sehr schnell. Im ersten Jahr an der Universität musste ich härter als der durchschnittliche Student arbeiten, um meine Wissenslücken zu füllen. Danach habe ich dieses Arbeitstempo beibehalten, sodass ich die Universität nach wenigen Jahren abschloss. Ab da war es ein Dominoeffekt. Je schneller man voranschreitet, desto mehr Aufmerksamkeit zieht man auf sich. Natürlich verursacht das auch Druck. Die Menschen erwarten viel von einem, und man versucht, die Erwartungen zu erfüllen. Aber ich kann mit Druck ziemlich gut umgehen. In Austin habe ich viel gelernt, etwa wie man sich für Fördergelder bewirbt und wie man Förderungen evaluiert. Das waren wirklich sieben bereichernde Jahre.

Können Sie Ihr Forschungsgebiet in einfachen Worten erklären?

Als Mathematiker habe ich mehrere Forschungsgebiete. Ich interessiere mich für Probleme der sogenannten Phasenübergänge. Dabei will ich zum Beispiel den Phasenübergang von Eis zu flüssigem Wasser verstehen. Ich habe auch viel zum Transportproblem gearbeitet, wo es darum geht, Ressourcen auf möglichst effiziente Weise von einem Ort zum anderen zu bringen. Diese Theorie lässt sich auf viele andere Gebiete anwenden, beispielsweise auf Wolken. Wolken verschwenden keine Energie, wenn sie sich durch den Himmel bewegen. Deshalb kann diese Bewegung als Transportproblem behandelt werden. Es gelang uns, einige wichtige Eigenschaften der Monge-Ampère-Gleichung zu verstehen. Sie ist im Ursprung eine Differenzialgleichung, die den effizientesten Transportweg beschreibt. Mithilfe dieser Gleichung lässt sich ein besseres Verständnis von Wettervorhersagen gewinnen.

Können Sie beschreiben, wie ein Mathematiker arbeitet?

Das Transportproblem beschäftigt mich seit 2005. Ich versuchte, es zu lösen, und scheiterte. Dann arbeitete ich an etwas anderem, versuchte es wieder und scheiterte erneut. So blieb das über viele Jahre. 2010 ging ich das Problem abermals an mit einigen Mitstreitern. Wir waren auf einer Konferenz und entschieden uns für einen weiteren Versuch mit völlig offenem Ausgangspunkt. Wir diskutierten und versuchten es mit verschiedenen Theorien: »Wenn wir dies tun, bekommen wir das – aber warte, wenn wir jenes tun, könnten wir auch das tun ...« Und mit einem Mal fielen alle Puzzleteile an ihren Platz. Das ging bumm, bumm, bumm. »Warte! Sind wir das gewesen?« Es war überwältigend. Natürlich probierten wir später, andere große Probleme auf dieselbe Weise zu lösen. Leider hat es nie wieder geklappt.

Worin sehen Sie Ihren Beitrag zur Gesellschaft?

Mathematik ist für die Gesellschaft sehr wichtig, aber es gibt immer eine Verzögerung. Weil meine Arbeit im Wesentlichen theoretischer Natur ist, braucht es einige Zeit, bevor sie produktiv eingesetzt werden kann. Handys, Computer, Google, GPS – alles basiert auf Mathematik, die bereits zur Verfügung stand. Wir müssen also noch ein wenig warten, bis wir diese Frage beantworten können. Aber meine Forschung trägt zum Fortschritt der Mathematik insgesamt bei. Ich weiß, dass bereits einige in der Angewandten Mathematik meine Theoreme verwenden, aber es ist normalerweise eine Kette, und wir wissen zumeist gar nicht, wer alles mit unseren Ergebnissen arbeitet. Sie werden von Community zu Community weitergegeben, von der Mathematik zur Physik oder zu Computeranwendungen in den Ingenieurwissenschaften.

Haben Sie eine Botschaft für die Welt?

Die Mathematik hat viel für unsere Welt getan, und sie tut es immer noch. Wissenschaft ist ein Motor für die Zukunft, und sie ist wichtig für die Gesellschaft, genauso wie Bildung. Deshalb ist meine wichtigste Botschaft: Zerstört nicht die Bildung! Erinnert euch, wie grundlegend sie für die Gesellschaft ist.

»WIR WUSSTEN, DASS VIELE GROSSES INTERESSE AN DIESEM ANSATZ HABEN WÜRDEN.«

Jennifer Doudna | Biochemie

Professorin für Biochemie, Molekularbiologie und Biomedizin
an der University of California in Berkeley
Breakthrough Prize in Life Sciences 2015
Nobelpreis für Chemie 2020
USA

Frau Professorin Doudna, erzählen Sie mir ein wenig von Ihrer Kindheit. Wo sind Sie aufgewachsen?
Ich bin in den 1970er-Jahren in Hilo auf Hawaii aufgewachsen und dort zur Schule gegangen. Meine Familie war von Michigan nach Hawaii gezogen, das war ein radikaler Bruch für mich. Die Kultur war neu, ich war von Menschen unterschiedlicher Herkunft umgeben. Ich ließ mich auf beides ein, war aber doch schockiert, wenn ich ehrlich bin. Ich sah anders aus, ich war kleiner und fühlte mich wie eine Ausländerin in Amerika. Meine Augen und meine Haare hatten eine andere Farbe. Diese

Umgebung war schwierig für mich, und ich hatte das Gefühl, völlig anders als meine Mitschüler zu sein. Es war eine prägende Erfahrung festzustellen, dass nicht alle Menschen gleich aussehen, und ich machte mir Gedanken, woher ich kam und was aus mir werden sollte. Ich glaube, dass mich das darin beeinflusst hat, in die Wissenschaft zu gehen. Ich war ein kleiner Nerd und begeistert von der Natur und der Chemie. Ich liebte Chemie und Mathematik, was für ein Teenagermädchen in meiner Schule vollkommen unüblich war. Die Schule und ich, das war wie Öl und Wasser.

Trieb Sie dieses Gefühl des Isoliertseins in ein wissenschaftliches Studium?

In gewisser Weise. Ich wuchs auf Hawaii in einer einzigartigen Umgebung auf und hatte schließlich wunderbare Freunde, die sich für unterschiedlichste Dinge interessierten. Dadurch lernte ich, andere Sichtweisen zu schätzen. Das ist mir bis heute wichtig: offen zu sein und zu beobachten. Ich denke, das sind Qualitäten, die man als Wissenschaftler haben sollte.

Hatten Sie Mentoren, oder haben Sie Ihren Weg selbst entdeckt?

Ich hatte viele wichtige Mentoren. Der erste war mein Vater. Er behandelte mich als intellektuell gleichwertig. Er war Professor für amerikanische Literatur. Meine Mutter und er wollten einfach meine Interessen fördern. Als mein Vater sah, dass ich mich für Wissenschaft interessiere, bestärkte er mich darin. Wir sprachen oft beim Abendessen über Dinge, die mit der Natur zu tun hatten, und das half mir sehr.

Es half Ihnen, Ihr Denken zu schärfen.

Mein Denken zu schärfen, diese Formulierung gefällt mir. Ja, genau. Das war also mein Vater. Dann gab es natürlich viele andere, die mich ebenfalls unterstützten. Ganz wichtig war ein Lehrer namens Bob Hillier, der mich in der Highschool in Englisch unterrichtete und mir beibrachte, wie man denkt, schreibt und Ideen formuliert. Ich denke oft an meine Highschoolzeit zurück, denn sie war wirklich wichtig für mich.

Wie ist es in einem Metier, das von Männern dominiert wird? Gab es viele Hindernisse auf Ihrem Weg?

Ich denke über mich nicht als Wissenschaftlerin oder als Frau in der Wissenschaft nach. Ich betrachte mich einfach als Wissenschaftler. Und ich versuche, als Person zu handeln, die zuallererst überlegt, wie sie die bestmögliche Arbeit abliefern kann. Sicher gab es Leute, die skeptisch waren, vor allem in den ersten Jahren. Mein Highschool-Vertrauenslehrer sagte beispielsweise: »Frauen gehen nicht in die Wissenschaft.« Aber ich bin ein sehr hartnäckiger Mensch und dachte: Dieses Mädchen geht in die Wissenschaft! und machte weiter. Ich ließ mich nicht aufhalten. Einige von den Themen, an denen wir arbeiteten – CRISPR ist ein großartiges Beispiel –, fand ich einfach interessant. Ich merkte, dass CRISPR uns helfen könnte, etwas Grundsätzliches über die Evolution zu verstehen. In erster Linie wollte ich deshalb daran forschen. Und obwohl es Leute gab, die sagten: »Das Projekt ist verrückt. Es ist nicht sonderlich interessant, und niemand hat je davon gehört«, hielt ich es für ein wichtiges Stück Biologie. Also arbeitete ich weiter daran. Und ich bin froh darüber.

Da Sie CRISPR erwähnen: Wann begannen Sie, sich dafür zu interessieren?

Mein erstes Gespräch über CRISPR hatte ich mit einer Kollegin aus Berkeley, Jill Banfield. Sie zählte zu den ersten Wissenschaftlern, denen CRISPR/Cas-Sequenzen in der DNA und Bakterien auffielen und die sich fragte, was deren Funktion sein könnte. Das führte dazu, dass mein Labor einige Moleküle untersuchte, die Teil des CRISPR/Cas-Immunsystems sind und die auch in Bakterien vorkommen.

Und dann trafen Sie Emmanuelle Charpentier in San Juan auf Puerto Rico, richtig?

Ja. Eines der wunderbaren Dinge in der Wissenschaft ist, dass sich viele Ideen und Forschungsarbeiten aus der Zusammenarbeit ergeben. Das galt auf jeden Fall für Emmanuelle und mich. Wir diskutierten über das CRISPR-System, das sie in einem Bakterium studierte,

> »ICH WAR EIN KLEINER NERD UND BEGEISTERT VON DER NATUR UND DER CHEMIE.«

und stellten fest, dass es eine fundamentale Frage zur Funktion eines Proteins namens Cas9 gab, das in diesem Organismus aktiv war, das aber keine von uns beiden für sich erforschen konnte. Wir mussten wirklich zusammenarbeiten, um die Antwort zu finden.

Sie wussten also, dass Sie nur durch Zusammenarbeit erfolgreich sein würden?

Ja, denn so habe ich meine Forschung immer betrieben. Ich arbeite oft mit anderen Wissenschaftlern, ob in meinem Labor oder mit Externen, die ihre eigene Expertise einbringen. Zuallererst überlege ich, wie ich meine Forschungsarbeit bestmöglich durchführen kann, und das mit Menschen, die intelligenter sind als ich. Wenn ich es kann, versuche ich, die Beste zu sein.

Wie war die Arbeit mit Emmanuelle? Wo hat sie gelebt?

In Umeå in Schweden – in der Nähe des Polarkreises. Das war großartig, weil sie in den Sommermonaten sehr viele Stunden Tageslicht hatte. Sie schrieb mir zu allen

»ZUALLERERST ÜBERLEGE ICH, WIE ICH MEINE FORSCHUNGSARBEIT BESTMÖGLICH DURCHFÜHREN KANN, UND DAS MIT MENSCHEN, DIE INTELLIGENTER SIND ALS ICH.«

möglichen Tages- und Nachtzeiten: »Jennifer, ich bin noch wach, wegen der Sonne kann ich nicht schlafen und denke über das Projekt nach.« Wir hatten viel Spaß dabei. Sie hat einen großartigen Humor, ist sehr intelligent, und wir hatten einen guten Ideenaustausch. Die Zusammenarbeit dauerte ungefähr ein Jahr.

Haben Sie die Bedeutung Ihrer Entdeckung sofort begriffen?

Nun ja, uns war klar, dass es ein hervorragendes Verfahren war, um das Gene Editing, also das gezielte Verändern von Genomen, wirklich voranzubringen, weil es ganz neue Anwendungen ermöglichte. Aber natürlich wussten wir nicht, wie schnell dieses Forschungsfeld weltweit wachsen würde. Denn das tat es, als andere Wissenschaftler einstiegen. Aber wir wussten, dass viele großes Interesse an diesem Ansatz haben würden, weil es das Gene Editing so viel einfacher macht.

Können Sie kurz erläutern, was CRISPR ist?

Sie können sich die DNA wie eine Strickleiter vorstellen. Sie enthält viele chemische Buchstaben, die sämtliche Informationen kodieren, die nötig sind, um ein Gehirn oder einen ganzen Organismus wachsen zu lassen.

»ALS MEIN SOHN JÜNGER WAR, DACHTE ICH SOGAR BEIM WINDELNWECHSELN [...] AN MEINE PROJEKTE.«

Mithilfe der CRISPR-Technologie können Wissenschaftler ein Enzym programmieren, das in einer Zelle an der DNA-Strickleiter andockt, an einem bestimmten Platz, der über einen chemischen Mechanismus im Enzym erkannt wird. Dort schneidet es die Strickleiter durch, also beide Stränge der DNA. Die Zelle repariert die Enden der Stränge, und während sie die losen Enden wieder verknüpft, lassen sich Änderungen am Code einbauen. Dadurch können Wissenschaftler die DNA-Sequenz mit einer Präzision verändern, die mit vorherigen Verfahren kaum erreichbar war.

Es ist offensichtlich ein leistungsfähiges Werkzeug, mit dem wir unter anderem Grundeigenschaften eines Menschen verändern können. Wo sollten wir Ihrer Meinung nach aus ethischen Gründen eine rote Linie ziehen?

Gene Editing, insbesondere mit der CRISPR/Cas-Technologie, wirft eine ganze Reihe ethischer Fragen auf. Für mich ergeben sich drei größere Anwendungsbereiche, die gesellschaftliche und ethische Konsequenzen haben. Der eine ist die Landwirtschaft, in der mittels Gene Editing Pflanzen verändert werden. Hier stellt sich wieder die Frage nach gentechnisch veränderten Organismen. Die zweite Anwendung nennt sich »Gene Drive«. Hier fügt man ein genetisches Merkmal in einen Organismus ein, das sich dann sehr schnell in allen Exemplaren einer Population verbreitet. Der dritte Bereich ist der medizinische Einsatz in der sogenannten Keimbahntherapie. Das heißt, es werden DNA-Veränderungen am menschlichen Embryo oder in Stammzellen vorgenommen, die sich im ganzen Organismus auswirken und auch an zukünftige Generationen weitergegeben werden können.

Wie ist Ihre Einstellung zu solchen Eingriffen?

Im November 2018 gab ein Wissenschaftler in China bekannt, dass er die DNA menschlicher Stammzellen editiert hatte und als Ergebnis Zwillingsmädchen geboren wurden, die diese Veränderungen in ihrem Genom tragen. Es stellte sich heraus, dass dieses Gene Editing medizinisch nicht notwendig und außerdem weder sicher noch ethisch unbedenklich durchgeführt worden war. Dies führte tatsächlich zu großem internationalen Widerstand gegen diese Art des Gene Editing. Ich hoffe, dass es als positives Ergebnis viel mehr Restriktionen für jeden geben wird, der Stammzellen-DNA editieren will.

Empfinden Sie hier auch eine persönliche Verantwortung?

Ich glaube, dass Wissenschaftler tatsächlich eine große Verantwortung für ihre Arbeit haben. Wir müssen uns dafür einsetzen, sie global zu teilen. Die Wissenschaft ist heute ein globales Unterfangen. Wir sind weltweit nicht alle derselben Meinung, wie man Wissenschaft und Technik einsetzt, und deshalb stellt sich die Frage: Wie gehen wir weiter damit um? Wie kontrollieren wir den Einsatz von Wissenschaft und Technik? Es gibt keine einfachen Antworten auf diese Fragen. Ich denke aber, dass es eines aktiven Engagements der Scientific Community bedarf. Vor allem diejenigen, die direkt an der Entwicklung der Technologie beteiligt waren, müssen über diese Forschungsarbeit diskutieren und erklären, wie sie funktioniert und was aus wissenschaftlicher Sicht dabei vor sich geht. Aber sie müssen auch das Gesamtbild im Auge behalten.

Erzählen Sie mir mehr über dieses Gesamtbild. CRISPR ist eine so revolutionäre Technologie. Welche großen Fragen sollten wir stellen?

Warum machen wir das? Geht es darum, Aufmerksamkeit zu erzeugen, hoch gehandelte Paper in der wissenschaftlichen Literatur zu publizieren und Schlagzeilen in den Medien zu machen? Oder geht es darum, die Lebensqualität für den Menschen und die Gesellschaft zu verbessern? Wir müssen diese essenziellen Fragen angehen.

Was gibt Ihnen diese Stärke?

Ich glaube, das liegt an meiner Jugend auf Hawaii. Ich würde das vor allem meinem Vater zuschreiben und auch meinen Lehrern. Sie bestärkten mich, Chancen zu ergreifen, mit meinen Interessen Risiken einzugehen und auf meine Urteilskraft zu vertrauen. Ich war anders als meine Mitschüler, und ich musste mich daran gewöhnen. Es war hart. Es gab viele Momente in meiner Jugend, in denen ich unglücklich war. Ich fühlte mich isoliert und allein. Ich musste mich auf mein Inneres verlassen, auf meine innere Stimme, die sagte: »Es ist in Ordnung, anders zu sein. Es ist in Ordnung, sich für etwas zu interessieren, was dir gefällt und anderen nicht.« Ich glaube, viel rührt von damals her.

Sie müssen ein unglaublich arbeitsreiches Leben haben – zusätzlich zu Ihrer wissenschaftlichen Arbeit sind Sie Ehefrau und Mutter. Wie managen Sie all das?

Zuallererst habe ich den wunderbarsten, verständnisvollsten und großartigsten Mann, den man sich vorstellen kann. Es ist Jamie Cate, Professor hier in Berkeley, und er ist ein vollkommener Wissenschaftler. Ich sage ihm immer, dass er besser und intelligenter ist als ich. Er leistet wirklich wichtige Arbeit. Er bekommt nicht die öffentliche Aufmerksamkeit, die mir gerade zuteilwird, aber das ist in Ordnung für ihn. Ich könnte das alles nicht ohne seine Unterstützung machen. Irgendwie denke ich immer über unsere Forschung im Labor nach. Als mein Sohn jünger war, dachte ich sogar beim Windelnwechseln – oder wenn ich mit ihm in den Park ging – an meine Projekte. Ich musste abends arbeiten und stand oft um vier oder fünf Uhr morgens auf. In dieser Zeit schrieb ich tatsächlich, zusätzlich zu allem anderen, ein Lehrbuch. Aber nur so ging es.

Für die jüngeren Menschen, die über ihre Zukunft nachdenken: Was macht Wissenschaft heute so besonders?

Es ist eine fantastische Karriere. Man wird dafür bezahlt, im Labor zu spielen und Dinge herauszufinden, die niemand zuvor entdeckt hat. Es ist ein spannendes und sehr kreatives Gebiet und bietet obendrein die Chance, mit anderen zu kooperieren, die genauso neugierig sind. Wenn Sie im akademischen Bereich tätig sind, arbeiten Sie mit klugen jungen Studenten zusammen, die immer mit neuen Ideen kommen. Es macht großen Spaß. Ich sage den Studenten immer, dass sie sich auf ihre Interessen konzentrieren und ihrer Leidenschaft nachgehen sollen. Dass sie keine Angst davor haben müssen, Dinge auszuprobieren, die anders sind als das, was alle machen. Tatsächlich werden so oft die wichtigsten Entdeckungen gemacht. Dass sie nach Menschen Ausschau halten sollen, die sie in ihrer Karriere bestärken, Menschen, die sie in schwierigen Momenten auffangen, denn die wird es immer geben.

Was ist mit Ihnen? Haben Sie nie Zweifel?

Oh, ich habe viele Zweifel. Es gab Zeiten, in denen ich nachts wach lag und gedacht habe: Das wird nie gut ausgehen. Was soll ich bloß tun? Das motiviert einen, entweder etwas zu verändern oder die Anstrengungen zu verdoppeln und sich zu sagen: »Ich habe zwar Zweifel, aber ich mache weiter, weil ich einfach die Antwort auf diese Frage wissen will!« Es ist eine wunderbare Zeit, Biologe zu sein. Wir erleben einen sehr aufregenden Moment in der Forschung und der klinischen Medizin. Er erstreckt sich auch auf die Landwirtschaft, wo den Wissenschaftlern jetzt Werkzeuge und Technologien zur Verfügung stehen, die es nie zuvor gegeben hat. Das bedeutet, dass wir jetzt Dinge tun können, die noch vor ein paar Jahren völlig unmöglich waren.

Treffen Sie Emmanuelle Charpentier manchmal noch?

Ja, wir treffen uns etwa drei- bis viermal im Jahr. Wegen unserer CRISPR-Verbindung werden wir uns immer nahe sein. Zwei Frauen, die zusammen mit ihren Studenten arbeiten – es war eine großartige Erfahrung.

»ICH MUSSTE ABENDS ARBEITEN UND STAND OFT UM VIER ODER FÜNF UHR MORGENS AUF.«

»DIE WISSENSCHAFT KOMMT AN ERSTER STELLE, SIE HAT MEIN LEBEN DOMINIERT.«

Tom Rapoport | Biochemie

Professor für Zellbiologie an der
Medizinischen Fakultät der Harvard University in Boston
USA

Herr Professor Rapoport, Sie kommen aus einer ungewöhnlichen Familie. Ihr Vater war Biochemiker wie Sie, Ihre Mutter hatte ebenfalls einen Lehrstuhl, Ihr Bruder ist ein bekannter Mathematiker. Ist so eine Familie eine Bürde oder ein Ansporn?
Es ist wohl beides. Mein Vater war als Biochemiker in der DDR sehr bekannt und Vorsitzender der Biochemischen Gesellschaft. Ich musste mich mehr beweisen als mein Bruder, der als Mathematiker weit genug weg war von meinem Vater. Andererseits habe ich eine Menge von meinen Eltern profitiert. Mein Vater war mein einziger

wirklicher Lehrer, und das war eine harte, aber gute Schule. Zu der Zeit, als ich beschloss, Biochemiker zu werden, war er der Direktor des Instituts für physiologische Chemie, an dem ich meine Promotion machte. Das war eine eigenartige Situation und nicht unbedingt ein Vorteil.

Hat er Sie immer härter angefasst als die anderen?

Ich habe ihm regelmäßig meine Publikationen vorgelegt, und es war immer wieder deprimierend, wenn ich sie zurückbekam. Alles war rot und durchgestrichen, kein Satz mehr, wie ich ihn geschrieben hatte. Wenn wir das durchgegangen sind, ging das über Stunden. Am Ende sagte er dann immer, dass nur Kleinigkeiten zu verändern gewesen wären, und hat mich in gewisser Hinsicht wieder aufgebaut. Wenn ich heute schreiben muss, merke ich, wie viel ich davon profitiert habe, dass er mir beigebracht hat, kurz und schnörkellos zu schreiben. Er war sehr autoritär. Ihm zu widersprechen war schwer, aber nur der, der das schaffte, wurde von ihm akzeptiert. So musste ich lernen, mich zu behaupten.

Warum haben Sie Biochemie studiert, obwohl Sie wussten, dass Ihr Vater eine absolute Dominanz auf diesem Gebiet hatte?

Ich habe gesehen, dass es in der Biochemie viel mehr offene Fragen gab, und wusste auch gleich, dass ich nicht genau das Gleiche machen würde wie mein Vater, auch wenn wir zeitweilig zusammengearbeitet haben. Mir war auch klar, dass am Anfang viele dachten, dass ich von ihm protegiert werde. Aber ich konnte ihnen beweisen, dass ich es auch allein kann.

Wollten Sie Ihrem Vater manchmal zeigen, dass Sie mindestens so gut sind wie er?

Es gab solche Momente. Mein Vater hat die erste Blutkonservierung entwickelt, und ich wünschte, ich hätte etwas gemacht, das ich ebenso leicht jedem Beliebigen erklären kann. Als Konkurrent habe ich meinen Vater aber nie angesehen, obwohl ich ein sehr kompetitiver Mensch bin. Konkurriert habe ich mit meinen Altersgenossen, aber er stand als Übervater viel zu hoch über mir. Mein Vater hat sehr viele verschiedene Dinge getan und sich immer gewundert, warum ich über lange Jahre auf einem einzigen Gebiet arbeite und so tief grabe.

Sie haben aber auch gesagt, dass Sie die Schnelligkeit im Denken und die Ungeduld Ihres Vaters übernommen haben.

»MEIN VATER WAR MEIN EINZIGER WIRKLICHER LEHRER, UND DAS WAR EINE HARTE, ABER GUTE SCHULE.«

Meine Mitarbeiter können ein Lied davon singen, dass wir ein Experiment absprechen und ich schon nach einem Tag frage, was dabei rausgekommen ist. Ich warte immer ungeduldig auf ein Ergebnis. Schnelligkeit ist in der Wissenschaft nicht das Entscheidende; wichtig ist eher, richtig und immerzu über wissenschaftliche Probleme nachzudenken. Ich wache nachts nach wie vor auf und kann nicht wieder einschlafen, weil ich daran denke, was ich machen könnte, um ein Problem zu lösen. Ich lebe für die Wissenschaft, das muss ich schon so sagen. Im Labor arbeite ich den ganzen Tag und am liebsten am Wochenende, weil ich dann die meiste Ruhe habe.

Bei Ihrer Doktorarbeit kamen Sie nicht richtig voran, bis Ihr Vater das Experiment mit Ihnen durchgegangen ist. Sie haben erzählt, dass es die zwei lehrreichsten Stunden Ihres Lebens waren.

Ich war als junger Mensch am Boden zerstört, wenn Versuche schiefgingen, und litt allgemein unter Gefühlsschwankungen und war häufig deprimiert. Von meiner Mutter weiß ich, dass mein Vater diese Perioden auch hatte, er hat sie aber nie gezeigt. Bei meiner Promotionsarbeit funktionierte gleich am Anfang etwas ganz Elementares nicht, und ich dachte, dass ich wirklich blöd sein müsse. Da hat mein Vater mir an einem Sonntag im Institut gezeigt, wie ich in kurzer Zeit Fehler finden kann. Ich muss überlegen, welche Parameter variabel sein könnten, und dann eine mögliche Fehlerquelle nach der anderen ausschließen. Und ich habe etwas vielleicht noch Wichtigeres gelernt: Der Professor darf neben den Studenten nicht abgehoben auftreten. Es kommt darauf an, immer Fragen zu stellen. Wer nur im Büro sitzt und nicht jeden Tag mit den Mitarbeitern vor Ort redet und die Experimente im Detail mitverfolgt, hat keine Chance, in der Wissenschaft etwas zu erreichen. Alle suchen nach etwas Neuem, und um tatsächlich etwas zu finden, braucht es Originalität und die Fähigkeit, über den Tellerrand zu schauen. Darin bin ich ganz gut. Es ist mir mehrfach gelungen, neue Ideen anzuschieben, und ich habe auch im Alter noch den Ehrgeiz, etwas Großes zu machen.

Als kleines Kind haben Sie einen Pudding gemacht und ihn blau angemalt, woraufhin Ihre Mutter Sie animiert hat, alles genau zu beschriften und ein Protokoll zu machen. War das der Anfang Ihrer Wissenschaftskarriere?

Ja, so wurde es auch in der Familie gesehen. Meine Mutter hat meine Geschwister und mich immer angehalten zur Wissenschaft. Ich weiß nicht, was sie sich damals gedacht hat, aber sie wollte jedenfalls, dass es wissenschaftlich ist. Als ich den blauen Grieß eingefärbt hatte, hat sie gesagt: »Jetzt musst du ihn beschriften, Etiketten draufkleben und dann aufschreiben, wie du es gemacht hast. Du musst ein anständiges Protokoll führen, wie sich das im Labor gehört.«

Sie sagten einmal, Ihre Mutter sei das Zentrum Ihres Universums gewesen und Sie hätten bis zu ihrem Tod jeden Tag mit ihr telefoniert.

Sie ist 104 Jahre alt geworden, und die letzten zwei Jahre habe ich sie tatsächlich jeden Tag angerufen. Davor waren die Abstände etwas größer. Aber ich habe immer mit ihr kommuniziert, und sie wusste sehr genau Bescheid über alles, was im Labor vor sich ging. Sie war der neugierigste Mensch, den man sich nur vorstellen kann, und hat sich für alles interessiert, ob es Politik oder Wissenschaft oder Kultur war.

Als Ihr Vater Ihre Mutter geheiratet hat, hat er ihr gesagt, dass für ihn zuerst seine politische Arbeit komme, dann die Wissenschaft und an dritter Stelle die Familie. Wie war das bei Ihnen?

Die Wissenschaft kommt an erster Stelle, sie hat mein Leben dominiert. Die Familie spielt für mich schon eine große Rolle, aber die meiste Zeit verbringe ich im Labor, keine Frage. Meine Frau und ich haben einmal gemeinsam ein Experiment gemacht, und nach zwei Stunden war sie stinksauer auf mich, weil ich alle paar Minuten ankam und fragte, ob sie dieses und jenes schon gemacht habe. Seitdem haben wir nie wieder ein Experiment zusammen gemacht. Sie hat sich ihre Unabhängigkeit bewahrt. Früher hat sie auch viel im Labor gearbeitet und viele Jahre gelehrt. Als sie mit 65 ihre Lehrtätigkeit aufgeben musste, hat sie angefangen, Kunstgeschichte zu studieren, und sich dort reingehängt.

Nach dem Fall der Mauer sind Sie 1995 nach Amerika gegangen. Wie war für Sie der Anfang im Ausland im Vergleich zur Arbeit in der DDR?

Es war völlig anders. Allerdings hatten sich die Bedingungen schon nach der Wende sehr geändert. In der DDR hatten wir praktisch kaum Geld zum Forschen, der Austausch mit dem Westen war limitiert, es war nicht einfach, Wissenschaft zu machen. Ein großer Pluspunkt war andererseits, dass die DDR geschlossen war und fast alle guten Studenten im Land geblieben und viele

»IN DEN USA LEBT MAN VON ÜBERPRÜFUNGEN. DA WERDEN DIE LEUTE RAUSGEKANTET, GNADENLOS.«

bei mir gelandet sind. Ich bin auch mit acht meiner Studenten zusammen nach Boston gegangen. Wir wurden mit offenen Armen empfangen, und es war nicht so schwer, wieder Fuß zu fassen. Der größte Unterschied war, dass ich in Berlin sozusagen der Star war und in Amerika nur einer von vielen guten Leuten. Aber das wusste ich, und ich wollte das. Es ist ein wissenschaftlicher Himmel hier, dass ich mit so vielen fantastischen Kollegen reden kann.

War es ein entscheidender Schritt, dass Sie Deutschland verlassen haben?

Es war von Nachteil, dass die Familie plötzlich getrennt war. Meine beiden älteren Kinder studierten und blieben in Deutschland, meine damals fünfzehnjährige Tochter kam mit uns, ist dann mit siebzehn aber wieder zurückgegangen. Bei meiner Frau habe ich ein bisschen geschummelt. Sie hat gesagt, dass ihre Bedingung sei, in meinem Labor zu arbeiten, sonst käme sie nicht mit. Da habe ich zugestimmt, obwohl ich das überhaupt nicht wollte, weil Mitarbeiter nicht mehr offen mit mir geredet hätten, wenn meine Frau auch im Labor gewesen wäre. Deshalb habe ich ihr gesagt, sie müsse zuerst ein paar Techniken lernen, und habe sie einem Kollegen angedient. Mein Hintergedanke war, dass sie in seinem Labor hängen bleiben werde. Und so kam es auch. Nach wie vor ist es ein Problem, dass ich, um meine ganze Familie zu sehen, nach Deutschland fliegen muss. Aber wissenschaftlich war der Wechsel in die USA eine Riesenbereicherung. Nach der Wiedervereinigung hatte ich zwar den Titel eines Professors, aber keine Professur. Ich musste mich neu bewerben und wurde zweimal abgelehnt. Deswegen war ich ziemlich deprimiert und wusste nicht, ob ich überhaupt wieder einen Job bekomme. Und dann bin ich nach oben gefallen und in Harvard gelandet. Das System in den USA ist in meinen Augen viel ehrlicher und härter als in Deutschland. Wer dort einmal etwas Gutes gemacht hat, kann sich darauf bis zu seiner Emeritierung ausruhen. In den USA lebt man von Überprüfungen. Da werden die Leute rausgekantet, gnadenlos. Auch ich als Howard Hughes Medical Institute Investigator habe mich mit 71 Jahren gerade wieder der Prüfung unterziehen müssen.

Wie haben Sie erlebt, dass in der Wissenschaft nur zählt, wer der Erste ist?

Ich verstehe es ehrlich gesagt nicht. Es kommt leider oft vor, dass zwei Gruppen zur selben Zeit etwas herausfinden. Mir ist das jetzt zweimal innerhalb von drei Monaten passiert. Ich bin aber ein großer Gegner davon, alles geheim zu halten. Meine Leute wissen, dass etwas, das sie mir erzählen, im nächsten Moment die Welt weiß. Ich habe keine Geheimnisse. Der Erfolg von der Sache ist, dass andere Wissenschaftler mir auch vieles erzählen, und so hat mich in beiden kürzlich erlebten Situationen die Konkurrenz über ihre Experimente informiert. In Deutschland findet man oft Rivalität unter Kollegen, die nicht einmal auf demselben Gebiet arbeiten. In den USA gibt es mehr Teamgeist und Freude über den Erfolg eines Kollegen.

Können Sie beschreiben, woran Sie gerade arbeiten?

Ich habe dreizehn Mitarbeiter im Labor, und obwohl das eine relativ kleine Zahl ist, arbeiten wir an fünf verschiedenen Themen. Eine davon ist die Frage, wie Proteine aus der Zelle herauskommen und in Membranen eingebaut werden. Ein anderes Thema hat mit dem umgekehrten Prozess zu tun, wie Proteine abgebaut werden, wenn sie sich nicht vernünftig falten. Ein drittes betrifft die Frage, wie Organellen, das sind die Unterabteilungen innerhalb der Zelle, ihr charakteristisches Aussehen erhalten. Dann forschen wir zum Import von Proteinen in eine Organelle, die Peroxisom heißt. Wenn dieser Import nicht richtig funktioniert, kann das bei Kindern zu Krankheiten führen, die meistens tödlich enden. Wir fragen uns, wie es möglich ist, dass die Proteine da hineinkommen, denn im gefalteten Zustand gehen sie durch die Membran hindurch, und das ist sonst nicht der Fall. Das letzte Projekt hat zu tun mit der Frage, wie die Atmung funktioniert Die Lunge kontrahiert und expandiert ja ständig beim Atmen, und um diese Ausdehnung zu machen, muss es Proteine geben, die die Oberflächenspannung herabsetzen. Diese Forschung kann womöglich sogar zu einer praktischen Anwendung führen. Frühgeborenen wird oft mit einem Spray in die Luftröhre das Atmen erleichtert, bis sie ihr eigenes Lungentensid entwickeln. Die Mischung, die bislang benutzt wird, ist in unseren Augen nicht besonders effizient, und wir versuchen, sie zu verbessern. Das kann auch für schwerwiegende Lungenverletzungen bei Erwachsenen große Bedeutung haben.

Warum sollten junge Menschen Wissenschaften studieren?

Wissenschaftler sein ist der beste Beruf, den man sich vorstellen kann: Ich kann jeden Tag meiner Neugier nachgehen, ich kann kommen und gehen, wann ich will, meine Kollegen und ich sehen die Welt, wenn wir uns austauschen. Ich würde einem Studenten sagen: Wenn du die Berufung und die Leidenschaft in dir spürst, dann geh in die Wissenschaft, es gibt nichts Besseres. Wenn er das Gebiet gefunden hat, für das er brennt, soll er darin aufgehen und nicht rückwärts schauen. Hohe Positionen oder viel Geld sind Nebensächlichkeiten, die automatisch kommen, wenn man sich engagiert. Mir liegt auch sehr am Herzen, der jungen Generation zu helfen. Ich bin sogar froh, wenn meine Postdoktoranden es schaffen, besser als ich zu sein.

Was hat Sie zu dem gemacht, der Sie jetzt sind?

Da ich aus einer Wissenschaftlerfamilie komme, wusste ich früher als die meisten anderen, was Wissenschaft wirklich ist. Sie wurde sozusagen aufgesogen, ganz früh. Mein Bruder hat mal gesagt, dass wir schon als Kinder wussten, was ein Dekan ist. Die Prägung durch meine Eltern betraf aber nicht nur die Wissenschaft, wir wurden auch von klein auf mit Kunst konfrontiert. Meine Eltern legten Wert darauf, dass wir Musikunterricht nahmen, und wir wurden sehr frühzeitig in die Oper eingeführt. Mein Bruder und ich konnten alle Arien der »Zauberflöte« auswendig singen, ich kann das sogar heute noch. Außerdem bin ich begeisterter Konzert- und Operngeher, in Boston wie in Berlin, und manchmal gehe ich drei Tage hintereinander in Konzerte.

In welchem Land sind Sie eher zu Hause?

Die USA sind für mich jetzt zur Heimat geworden, ich habe meine besten Freunde hier. Doch wenn ich nach Deutschland reise, ist das auch mein Zuhause. Ich spreche die deutsche Sprache auch noch immer fließender als Englisch.

Was soll von Ihnen bleiben, wenn Sie nicht mehr sind?

Ich mache mir keine Illusionen: In der Wissenschaft ist niemand unersetzbar, anders als in der Kunst. Was Mozart geschrieben hat, wird nie wieder von irgendjemand geschrieben werden. Wenn ich aber etwas nicht entdecke, entdeckt es jemand anderes. Ich verstehe das auch als Befreiung, dass wir eigentlich alle nur einen Baustein zu dem großen Gebäude der Wissenschaft beitragen. Am Ende werden die einzelnen Namen, bis auf eine Handvoll, alle vergessen werden. Wenn von mir ein Satz in einem Lehrbuch übrig bleibt, ist das schon gut. Bei mir ist es sogar schon mehr als ein Satz.

Was ist Ihre Botschaft an die Welt?

Es braucht mehr Rationalität in der Welt, und deshalb muss Wissenschaft allgemein zugänglich gemacht und eine Richtlinie für die Menschheit werden, um mehr Gerechtigkeit in der Welt, das Ende der Armut und vor allen Dingen Frieden zu erreichen. Wir müssen mehr Mitgefühl zeigen mit anderen, denen es nicht so gut geht. Schon auf der Familienebene ist es nicht immer einfach, miteinander im Einklang zu leben. Unter Nationen ist es noch viel schwieriger. Deswegen bedarf es großer Anstrengung von allen Seiten für den Frieden.

> »ICH MACHE MIR KEINE ILLUSIONEN: IN DER WISSENSCHAFT IST NIEMAND UNERSETZBAR, ANDERS ALS IN DER KUNST.«

»DIE WELT VERÄNDERT SICH, UND WIR MÜSSEN UNS DARAUF VORBEREITEN.«

Tandong Yao | Geologie

Professor für Glaziologie am Institut zur Erforschung des Hochlands von Tibet an der Universität der Chinesischen Akademie der Wissenschaften in Peking
China

Professor Yao, erzählen Sie mir doch ein wenig von Ihren Eltern und deren Arbeit.
Meine Eltern waren Arbeiter. Sie arbeiteten an den Staudämmen, die als Teil der gewaltigen Anstrengungen in den 1950er- und 1960er-Jahren gebaut wurden, um Westchina weiterzuentwickeln.
Welche Ausbildung hatten sie?
Damals war das Bildungssystem in China unzulänglich, vor allem auf dem Land. Mein Vater ging in die Grundschule, aber als ältester Sohn durfte er nicht die Mittelschule besuchen. Meine Mutter war Analphabetin.

»ES GIBT IMMER ZWEI SEITEN: WO ES EIN RISIKO GIBT, GIBT ES AUCH EINE CHANCE.«

Wie war es für Sie, auf die Grundschule zu gehen?

Ich war auf einer Grundschule in der Nähe meines Dorfes. Danach bin ich unter der Woche auf die Mittelschule gegangen, die beste in der Gegend. Ich kam nur samstags nach Hause. Das war während der Kulturrevolution, als in ganz China Chaos herrschte. In den Städten konnten die Lehrer nicht unterrichten. Auf dem Land schafften sie es aber, ihre Autorität zu wahren. Deshalb hatte ich Glück, in einer stabilen Umgebung lernen zu können.

Und wie war die Oberschule?

Zu jener Zeit mussten Studenten, die einen Uni-Abschluss gemacht hatten, aufs Land gehen und dort arbeiten. Das bedeutete, dass ich Unterricht von hoch qualifizierten Lehrern aus Peking und anderen Städten bekam. Ich profitierte also von dieser Situation.

Warum wollten Sie Glaziologe werden? Wann und wo begannen Sie, sich dafür zu interessieren?

Eine sehr gute Frage! Zum ersten Mal habe ich Gletscher 1978 im Hochland von Tibet gesehen, als ich noch an der Uni war. Unsere Mission war, die Hauptquelle des Changjiang-Flusses zu finden, der einem Gletscher entspringt. Wir versuchten, genau den Gletscher zu finden, der die ersten Wassertropfen für den Changjiang-Fluss liefert. Die Schönheit der Eisfelder und die atemberaubende Landschaft haben mich so beeindruckt, dass ich mich auf der Stelle entschied, Glaziologie zu studieren.

Sie haben Ihren Master 1982 an der Lanzhou-Universität gemacht und Ihren Doktortitel 1986 am Institut für Geografie der Chinesischen Akademie der Wissenschaften erhalten. Warum studierten Sie dann in Übersee weiter?

Vor 1977 war China wissenschaftlich isoliert, wir bekamen nur ein paar ausländische Paper zu lesen. Glücklicherweise lud mein Betreuer am Institut für Glaziologie und Geokryologie hin und wieder ausländische Wissenschaftler ein, Gastvorträge zu halten. Ich hatte das Glück, dass ich im Ausland studieren konnte. Dabei musste ich mich zwischen einer Postdoc-Stelle in Frankreich, wo ich eng mit Spitzenforschern an Eisbohrkernen zusammenarbeiten konnte, und einem Aufenthalt in den USA entscheiden, um dort zu studieren und gleichzeitig auch mein Englisch zu verbessern. Ich besprach das mit meinen Professoren, und sie sagten: »Geh nach Frankreich. Die Wissenschaft geht vor. Deine Sprachkenntnisse kannst du danach verbessern.«

Sie verbrachten insgesamt fünf Jahre im Ausland. War das eine wichtige Zeit für Sie?

Es war eine extrem wichtige Zeit für mich und eine wertvolle Chance. Bevor man ins Ausland gehen konnte, musste man verschiedene Prüfungen des Bildungsministeriums bestehen und von einem Institut nominiert werden. Tatsächlich war ich der erste Masterstudent, der auf meinem Gebiet für eine Postdoc-Stelle nominiert wurde. Das Auslandsstudium erweiterte mein Wissen. Damals war das französische Labor das weltweit bedeutendste für die Untersuchung von Eisbohrkernen. Mir wurden neue Methoden vermittelt, wie man Eisbohrkerne untersuchen und wissenschaftliche Fragen angehen kann. Dasselbe erlebte ich dann auch später in den USA.

Hatten Sie während des Studiums ein bestimmtes Ziel?

Meine Mission war, im Westen so viele wissenschaftliche Erkenntnisse wie möglich aufzunehmen und diese nach China zu bringen. Ich arbeitete hart dafür. In Frankreich ruhte die Arbeit üblicherweise am Wochenende. Ich hingegen arbeitete fast rund um die Uhr, auch an den Wochenenden.

Wie hat Ihre Arbeit im Ausland Ihre spätere Forschung beeinflusst?

In Frankreich und den USA diskutierten wir, wie man eine Gletscherstudie im Hochland von Tibet anlegen könnte. In den USA beschlossen wir, ein Programm zur Untersuchung von Eisbohrkernen in Tibet zu starten und bewarben uns bei der National Natural Science Foundation. Deshalb begann ich auch eine Zusammenarbeit mit Lonnie Thompson, Professor für Geowissenschaften und Forscher am Byrd Polar Research Center an der Ohio State University. Ich arbeite noch heute mit ihm zusammen.

Nach China zurückgekehrt, bauten Sie Ihr eigenes Forschungslabor im Hochland von Tibet auf. Können Sie mir mehr darüber erzählen?

Wir arbeiten inzwischen seit gut vierzig Jahren im Hochland, seit meinem ersten Besuch 1978. In dieser Zeit hat sich der Klimawandel stark auf Gletscher, Seen, Flüsse und ganze Ökosysteme ausgewirkt. Die globale Erwärmung in dieser »Dritten Polarregion«* ist doppelt so stark wie im globalen Durchschnitt, mit gefährlichen Folgen: Es kommt zu Eisstürzen, die Straßen, Brücken und Dörfer beschädigen und sogar Menschenleben kosten können. Eislawinen bewegen sich mit Geschwindigkeiten von bis zu 100 Stundenkilometer. Jeder in der Nähe ist ihnen hilflos ausgeliefert. Vor drei Jahren hat dort etwa ein Eisabbruch viele Menschen unter sich begraben.

Sehen Sie eine Lösung für das Problem?

Es gibt eine »Third Pole Environment«-Zusammenarbeit zwischen Wissenschaftlern aus vielen Ländern, darunter aus Deutschland, den USA und China. Wir müssen weltweit handeln, um den CO_2-Fußabdruck zu verringern. Aber selbst das reicht nicht aus. Schon jetzt gibt es in der Atmosphäre zu viel CO_2. Wir müssen also die lokale Bevölkerung informieren, sich darauf vorzubereiten und sich auf die Folgen einzustellen.

Fühlen Sie sich ohnmächtig angesichts dieser Veränderungen?

Ich bin immer optimistisch. Es gibt immer zwei Seiten: Wo es ein Risiko gibt, gibt es auch eine Chance. Die globale Erwärmung bringt zum Beispiel feuchteres, wärmeres Wetter in die Dritte Polarregion. Dadurch verlängert sich die Anbauperiode um fünfzehn Tage. Ich bin gerade aus dem Hochland zurückgekommen. Einst kahle Berge sind jetzt mit Gras bedeckt.

Der Klimawandel ist eine weltweite Krise. Ich könnte mir vorstellen, dass Sie keine Probleme hatten, Forschungsgelder zu beschaffen.

China war früher ein armes Land, und wir konnten unsere Arbeit nur mit Unterstützung ausländischer Wissenschaftler ausführen. Heute kümmert sich die chinesische Regierung sehr um den Umweltschutz und investiert viel in die Erforschung der tibetischen Umwelt. Präsident Xi Jinping forderte eine Umweltstudie über das Hochland von Tibet an, und nun stellt das chinesische Wissenschaftsministerium dafür 2,8 Milliarden Yuan (357 Millionen Euro) zur Verfügung. Das ist eine enorm hohe Summe. Deshalb müssen wir sorgfältig auswählen, wofür wir das Geld ausgeben und wie wir optimale Forschungsergebnisse erzielen können. Alle chinesischen Forscher, die im Hochland Studien betreiben, sind in das Projekt eingebunden, das auch Wissenschaftlern aus aller Welt offensteht. Wir halten beispielsweise einen Workshop in Deutschland ab, um über unsere zukünftigen Herausforderungen und Planungen zu sprechen.

Wann werden die Gletscher in China voraussichtlich verschwunden sein?

Einige kleine Gletscher sind bald nicht mehr da, aber die großen werden noch recht lange existieren. Nach unseren Prognosen gibt es 2050 oder 2060 einen Wendepunkt – dann ziehen sich die Gletscher zurück. Im Prinzip schmilzt immer mehr Gletschereis und erhöht den Wasserzufluss in den Flüssen. 2090 wird es zwar noch Gletscher geben, aber nur noch auf sehr kleinen Flächen.

Welche Botschaft haben Sie für die Welt?

Die Welt verändert sich, und wir müssen uns darauf vorbereiten. Es gibt immer zwei Seiten: Mit der Gefahr kommt auch eine Chance.

Ist Ihre Work-Life-Balance ausgewogen?

Ich bin ziemlich beschäftigt, weil es wissenschaftlich so enorm viel zu tun gibt, vor allem mit unserem neuen Forschungsprogramm. Ich versuche aber wenigstens fünf Stunden pro Nacht zu schlafen, dann geht es mir gut. Schlafe ich sechs Stunden, habe ich mehr Energie.

Sind Ihre Kinder auch angehende Wissenschaftler?

Meine Tochter studierte tatsächlich Elektrotechnik und Informatik, bevor sie sich mit Geoinformationssystemen beschäftigte und dann in die Fernerkundung wechselte. Sie hat die verschiedensten Ideen, wie viele junge Leute.

Welchen Traum haben Sie?

Ganz einfach: Mein Traum ist, immer im Hochland von Tibet zu arbeiten. Ich fahre sieben- bis achtmal im Jahr dorthin und hoffe, mit der Erforschung dieser Region, ihrer Gletscher und der sich wandelnden Umwelt weitermachen zu können.

* »Dritter Pol« nennen Gletscherexperten die tibetische Hochebene mit der Hindukusch-Himalaya-Eisschicht, nach der Arktis und der Antarktis die drittgrößte Eis- und Schneeansammlung der Erde.

»ES BRAUCHT ENORM VIEL EMOTIONALE ENERGIE, UM ETWAS NEUES ZUR WELT ZU BRINGEN.«

Robert Laughlin | Physik

Professor für Physik an der Stanford University
Nobelpreis für Physik 1998
USA

Sie haben einmal geschrieben, dass Ihr Antrieb, theoretischer Physiker zu werden, von den Diskussionen in Ihrer Familie beim Abendessen herrührt. Erklären Sie mir das bitte.
Es gibt eine einfache Erklärung: Mein Vater war Anwalt. In der Rechtswissenschaft geht es um das Diskutieren mit der Sprache als Werkzeug. Deshalb diskutierten wir in meiner Jugend vieles, was ihn interessierte, etwa Naturwissenschaft und Elektronik. Wir mussten klare, überzeugende und durchdachte Argumente vorbringen. Meine Frau Anita hingegen mag keine Diskussionen beim

Abendessen, sie bevorzugt eine ruhige, freundliche Atmosphäre. Tatsächlich kommen viele theoretische Physiker aus Anwaltsfamilien. Das liegt daran, dass die Denkprozesse ähnlich sind. Das westliche Recht fußt wie die Wissenschaft auf religiösen Prinzipien. Ein Konzept der westlichen Kultur ist, dass es eine Wahrheit gibt, und diese lässt sich mittels Konflikt herausfinden. Im Gerichtssaal wird gestritten, um die Wahrheit festzustellen. Das Wissenschaftssystem funktioniert genauso: Wir präsentieren unsere Ideen in der Öffentlichkeit und verteidigen sie dann gegen Kritik, um das auszusortieren, was nicht wahr ist.

In der Welt der Wissenschaft herrscht oft starke Rivalität, um die Wahrheit zu finden, oder?

Ja, Wissenschaftler rivalisieren um Wahrheit, Geld und Anerkennung. Reputation hat ihren eigenen Wert, weshalb die Forschung meistens auch einen hohen Geldwert hat. Das ist ein Konkurrenzkampf da draußen.

Sie haben sich selbst als einen äußerst introvertierten Jungen beschrieben.

Ja, und auch das scheint recht häufig vorzukommen. Bei einem Vortrag in Helsinki erzählte ich einmal: »Als Highschool-Schüler habe ich Sprengstoff hergestellt. Heutzutage würde man dafür wohl wegen Terrorismus Schwierigkeiten bekommen, wenn man es zugäbe, aber wie viele von Ihnen haben in Ihrer Schulzeit mit Sprengstoff hantiert?« Und alle hoben ihre Hände! Menschen wie ich sind gerne allein, um über ihre wissenschaftlichen Ideen nachzudenken. Ich schreibe auch und komponiere als Hobby, da ziehe ich mich genauso zurück. Für meine Arbeit ist es gut, für Stunden alleine Dinge zu durchdenken.

Sie wurden von einer Eliteschule abgelehnt. Hat Ihnen das zugesetzt?

Im Rückblick bin ich froh darüber, weil es eine Reihe segensreicher Ereignisse auslöste. Ich ging am Ende nach Berkeley, die perfekte Universität für mich – wild und ungeheuer frei. An Orten wie Stanford oder Princeton ist es schwieriger, albernen intellektuellen Ideen nachzuhängen. Wegen meiner Erfahrungen in Berkeley wurde ich letztlich Wissenschaftler. Zunächst wollte ich Ingenieur werden, wurde dann aber von der herausragenden Physik in Berkeley in den Bann gezogen und wechselte das Fach. Mein Vater war entsetzt. Er sagte: »Du wirst nie einen Job finden.« Es wendete sich aber alles zum Guten.

Mit neunzehn Jahren wurden Sie während des Vietnamkriegs zum Militär eingezogen, im Rahmen der Einberufungslotterie von Präsident Nixon.

Meine Lotterienummer war 19, wie mein Alter damals. In meinem Forschungsgebiet heißt es, die besten Arbeiten entstünden bis zum 30. Lebensjahr, danach sei man zu alt. Ich bin allerdings ein gesetzestreuer Mensch und drückte mich nicht, ich gehorchte dem Gesetz. Meinen Wehrdienst leistete ich in Schwaben ab, in Deutschland.

Aber Sie fanden den Wehrdienst hart, oder?

Ich musste meine Kleidung abgeben, meine Haare wurden kurz geschoren – altbewährte Militärmethoden, um die vorherige Identität zu beseitigen und durch eine neue, folgsame zu ersetzen. Es war für mich ein großer Schritt rückwärts: von einer freien Gesellschaft, die die künstlerische Schönheit des Lebens schätzt, zu einer Einheit mit Atomraketen, einer Institution des Kalten Krieges. Ein trauriger Ort. Atomare Kriegsführung ist abstoßend.

Was haben Sie aus dieser Erfahrung gelernt?

Sie half mir, meine gleichaltrigen Landsleute besser zu verstehen. Sie vermittelte mir auch ein Grundverständnis von Europa. Denn da, wo ich lebe, ist man maximal von Europa entfernt. Wir sind die Hintertür der Welt und

»EIN KONZEPT DER WESTLICHEN KULTUR IST, DASS ES EINE WAHRHEIT GIBT. [...] WISSENSCHAFTLER RIVALISIEREN UM WAHRHEIT, GELD UND ANERKENNUNG.«

verstehen sie nicht sehr gut. In diesem Sinne war das eine ausgezeichnete Erfahrung.

Insbesondere die USA nehmen Studenten aus aller Welt auf, viele davon aus Asien. Beschleunigt dieser reiche kulturelle Mix die wissenschaftliche Entdeckung – verglichen mit Europa?

Ich glaube nicht. Das hat nur mit Ökonomie zu tun. Man sucht eben die besten Leute, und diese kommen oft aus dem Ausland. Es gibt aber Rassen- und Visaprobleme.

Wie sehen Sie Europa in der Wissenschaft im Vergleich mit Asien?

Die Wissenschaft ist in Korea, Japan und China ein Import. Es gibt einen dauerhaften Druck, in westlichen Journalen zu publizieren, in westliche Länder zu reisen, weil Westler aufgrund ihrer Praxis der intellektuellen Auseinandersetzung besser darin sind, Unwahrheiten auszusieben. Der moralistische Kern der Wissenschaft, wie sie heute praktiziert wird, ist eine europäische Erfindung.

Sie kommt aus einer sehr alten religiösen Tradition. Es ist eine Perspektive auf die Welt, die die meisten asiatischen Länder nicht haben. Meine Freunde in Ostasien sähen es gerne, dass sich das Zentrum der Wissenschaft nach Asien verlagert, aber ich halte das für unmöglich.

Was ist mit China? Es investiert Milliarden in die Forschung. Wird China uns überholen?

Das macht mir weniger Sorgen als vielen Leuten. China hat Probleme mit Eigentum und Recht, die es bremsen. Die politische Lage in China macht neue Ideen riskant. Sicher, China ist ein großes, mächtiges Land, deshalb muss man es zur Kenntnis nehmen. Es hat auch eine bemerkenswerte Geschichte technischer Erfindungen, beispielsweise Papier und Schwarzpulver. Zuletzt gab es einige technische Erfolge: Die chinesischen Solarzellenhersteller haben die Konkurrenz in aller Welt geschlagen. Dasselbe mit Flash-Speichern: Deren Produktion ist von Korea nach China gewandert, als ich dort war, Anfang der 2000er-Jahre. Ich sehe China aber in Zukunft nicht vor Europa oder den USA. Die Wissenschaft ist international, und wenn wir etwas entdecken, veröffentlichen wir es. Die Wissenschaft kennt keine Geheimnisse. In Asien gründet man Unternehmen oft auf Grundlage eines Geschäftsmodells, das sich zuvor im Westen bewährt hat. Man studiert das Vorbild, lernt daraus, macht ein paar Anpassungen und kann auf diese Weise abkürzen. Das bedeutet aber auch, dass die Brücke zwischen Wissenschaft und Wirtschaft in China noch sehr schwach ist. In Asien sind außerdem Wissenschaft und Technik ineinander verwoben, sodass nicht klar ist, wem technisches Wissen gehört.

Kommen wir auf Ihre Karriere zurück. Sie sagten einmal, Sie hätten sich von der wissenschaftlichen Arbeit verraten gefühlt. Warum?

Ich glaube, jeder kennt diese Erfahrung: Man versucht sich mit großem Einsatz an einer Sache, und wenn sie nicht gelingt, beschuldigt man andere. Das war der Moment, in dem mir klar wurde: Wissenschaft ist eine sozialistische Angelegenheit, sie wird von Komitees regiert. Und da gibt es normalerweise eine unheilige Allianz mit der Wirtschaft.

Lassen Sie uns über Ihren Erfolg reden. Sie haben den Physik-Nobelpreis für die Erklärung des fraktionalen Quanten-Hall-Effekts bekommen.

»ES IST EIN SCHÖNER EGOTRIP FÜR DEN PREISTRÄGER, ABER NICHT FÜR DEN EHEPARTNER.«

Ich habe mir den Preis mit Horst Störmer von der Columbia University und Daniel Tsui von der Princeton University geteilt. Ich bin Theoretiker, ich entdecke nichts, sondern schreibe nur auf. Als ich in den Bell Labs arbeitete, habe ich ein Paper über die Idee veröffentlicht, dass das Experiment von Klaus von Klitzing eine fundamentale Konstante misst, die Elektronenladung. Nachdem ich die Bell Labs verlassen hatte, schrieben mir Störmer und Tsui, sie hätten neue Experimente gemacht und dabei einen Klitzing-Effekt beim »fraktionalen Füllen« gefunden – etwas, das physikalisch eigentlich unmöglich war. Tsui war klar, dass das Elektron in diesem Experiment irgendwie »fraktionalisiert« worden sein musste. Das Management der Bell Labs zensierte ihn aber, und er durfte darüber nicht schreiben, weil es keine bekannte physikalische Erklärung gab.

Wie sah Ihr Beitrag dazu aus?

Das Experiment wurde mir sozusagen auf dem Tablett serviert. Mein Part war, aufzuschreiben, wie es physikalisch funktioniert, dass die Elektronen sich in einem Magnetfeld so verhalten und den fraktionalen Quanten-Hall-Effekt zeigen. Ich formulierte die Gleichung dazu. Sie war ganze vierzehn Symbole lang – das ist auch das Einzige, an das sich jeder erinnert. Das war eine wertvolle Lektion: Wenn du etwas kreierst, muss es einfach sein, um es sich merken zu können. Ich war damals 32 und wusste, dass diese Gleichung mich mit Sicherheit überleben würde.

Sie waren erst 48, als Sie den Nobelpreis bekamen. Hat er Ihr Leben verändert?

Überhaupt nicht. Ich war sehr stolz darauf und bin es immer noch, aber ich definiere mich nicht darüber. Es ist ein schöner Egotrip für den Preisträger, aber nicht für den Ehepartner. Und da liegt meine Priorität. Ich kümmere mich mehr um meine Familie als um meine wissenschaftliche Reputation. Das größte Problem, nachdem man den Nobelpreis verliehen bekommen hat, ist: Was soll man als Nächstes tun? Meine Hauptforschungsarbeit gilt seitdem der Entwicklung von Energiespeichersystemen. Ein hartes Pflaster, weil es um Geschäfte und viel Geld geht, aber der Nobelpreis hat mir geholfen.

Waren Sie nicht außer sich, als Sie ihn bekamen?

Nein. Im Wesentlichen, weil meine Ehe so gut ist – meine Frau Anita ist ein Engel, die mich erdet und verhindert, dass ich zu viel arbeite, zu viel Zeit am Computer verbringe und zu introvertiert bin. Ich versuche, dem zu folgen, denn sonst bekomme ich Ärger.

Sie haben eine andere Position zum Klimawandel als andere Wissenschaftler. Sie sagen, er könnte von Bedeutung sein, doch die Zukunft lasse sich nicht ändern. Warum?

Das liegt daran, dass ich von Wirtschaft mehr verstehe als die meisten meiner Kollegen. Ich möchte ein Mann der Vernunft sein, und das geht mit Rhetorik und Politik nicht recht zusammen. Die Debatten über Energie sind in allen Ländern rein rhetorisch, im Grunde kämpfen da politische Fraktionen miteinander. Sobald Geld im Spiel ist, sind nach meiner Erfahrung Menschen gut darin, Gründe zu erfinden, warum das, was sie bereits tun, gut ist, selbst wenn es das nicht ist. Bei Energie geht es um Geld. Ich mag Zahlen. Ein Weg, in eine konfuse politische Diskussion Ordnung zu bringen, ist, über Zahlen statt über Konzepte zu sprechen.

Allerdings bin ich missverstanden worden. Mein Lektor strich ein Buchkapitel über das Alter der Erde und veröffentlichte es separat. Insbesondere rechte Parteien haben es missbraucht, um zu zeigen, dass ein Nobelpreisträger nicht an den Klimawandel glaubt. Tatsächlich beunruhigt er mich extrem. Aus genau diesem Grund bin ich mit meiner Forschung auf das Thema Energie umgeschwenkt.

Was sollte man denn gegen den Klimawandel unternehmen?

Technologien entwickeln, die billig nichtfossile Energie liefern. Solange das nicht geschafft ist, wird kein noch so großer Gesetzesaufwand das Problem lösen. Der Gesetzgeber kann weder die Gesetze der Physik noch die Gesetze der Ökonomie abschaffen. Das grundlegende Problem ist, dass die Verbrennung von Energieträgern dem Bruttoinlandsprodukt nützt. Jeder will Schaden vom Planeten abwenden. Aber wenn man das macht, während ein anderer nicht mitzieht, wird man ärmer. Alle Regierungen auf der Welt verstehen dies. Deshalb verschleppen sie Entscheidungen. Geld regiert die Welt. Arme Leute wollen nicht arm bleiben, also verbrennen sie mehr Energie. Das technische Problem lautet: Wie macht man das, ohne die Atmosphäre zu zerstören?

Sie sehen sich selbst als Künstler.

Ich meine damit, dass ich ein Theoretiker bin und intellektuelle Produkte herstelle, die ich wertvoller mache. Und ich schaffe Wert, wo vorher keiner war.

Was würden Sie einem jungen Menschen sagen, der ein naturwissenschaftliches Studium erwägt?

Menschen, die gut in Naturwissenschaften sind, kommen so bereits auf die Welt. Sie haben eine angeborene Mischung von Talenten, durch die sie sich abheben. Sie werden Wissenschaftler, weil sie die Wissenschaft mögen und gut darin sind. Ein anderer Nobelpreisträger wurde einmal gefragt, was wir an Stanford verbessern könnten. Seine Antwort war: »Lassen Sie mehr Nerds zu.« Vielseitige Studenten sind oft klug genug, um zu erkennen, dass sie in der Wirtschaft wertvoller sind als in der Wissenschaft. Wir wollen für unsere Labore Spätentwickler, die diese Erkenntnis noch nicht hatten. Am Ende des Tages sollte man das tun, was man wirklich mag, und eigene Karriereentscheidungen treffen.

Die Wissenschaft scheint immer noch eine Männerdomäne zu sein.

Diskriminierung aufgrund des Geschlechts gibt es überall in der Wissenschaft, besonders in der Physik. Sie ist irgendwie Teil der Kultur. Wir müssen es Frauen leichter machen, nach oben zu kommen. Frauen wiederum müssen akzeptieren, dass sie eine Männerdomäne erobern müssen. Wir helfen ihnen dabei, aber es ist so, als ob man die Kultur eines Landes verändern will. Das ist im Grunde nicht möglich. Meine Theorie ist, dass die Kultur nun mal Kämpfe vorsieht und Frauen nicht als Kämpfer wahrgenommen werden wollen. Das liegt ihnen von Natur aus nicht.

Welche Hürden mussten Sie in Ihrem Leben nehmen?

Endlose berufliche Hürden. Es braucht enorm viel emotionale Energie, um etwas Neues zur Welt zu bringen. Wenn Sie sich dafür interessieren, müssen Sie willens sein, eine Menge Blut dafür zu vergießen. Dafür ist große Beharrlichkeit nötig, denn Niederlagen sind der übliche Lauf der Dinge. Sie unterliegen und denken: »Oh, ich bin ein Nichtsnutz.« Aber niemand ist auf Anhieb erfolgreich. Meine Erfolgsrate liegt bei etwa eins zu zehn.

Was hat Sie stark gemacht?

Widrige Umstände formen einen. Vor zwei Jahren verlor ich einen meiner beiden Söhne. Er starb an einer Bauchspeicheldrüsenentzündung. Wir haben seine Asche bei der Golden Gate Bridge ins Meer verstreut. Das möchte ich für mich später auch. Warum sollte ich mit einem Grab Land belegen, das Milliarden Menschen noch brauchen werden?

So sollte es nicht laufen; die Eltern sollten vor den Kindern sterben. Für die Eltern ist es ein Scheitern ihrer wichtigsten Investition – das größtmögliche Scheitern im ganzen Leben. Die Zeit heilt alle Wunden, aber ich denke oft an ihn. Ich überprüfe ständig, wie ich dieses Schicksal hätte verhindern können. Aber wir sind körperliche Wesen, und wenn der Körper versagt, werden alle Theorien irrelevant. Man muss weitermachen und sich produktiven Aufgaben zuwenden. Selbst so große Niederlagen wie diese stärken einen, wenn sie einen nicht fertigmachen. Man wird stark, wenn man muss.

Wie viele Ihrer früheren Pläne konnten realisiert werden?

Einer von zehn, vielleicht sogar einer von sieben. Ich denke dauernd über neue Dinge nach, um die Welt zu einem besseren Ort zu machen. Ich wünsche mir, dass mein anderer Sohn weiter nach Höherem strebt. Wenn man nicht ein paar große Ideen hat, die scheitern, strengt man sich noch nicht genug an. Das kreative Leben besteht aus Energie und Willensanstrengung, und ich möchte, dass meine Studenten dieser Ethik folgen.

Was ist Ihre persönliche Vision für die Zukunft?

Ich möchte meine Gene weitergeben – ich habe gerade ein Enkelkind bekommen. Ich möchte keinen Schaden anrichten und etwas hinterlassen, das für andere nützlich ist. Wenn sich niemand an mich erinnert, kümmert mich das nicht. Aber wenn etwas, das ich geschaffen habe, der Nachwelt nützlich ist, wäre das wunderbar.

»WENN WISSENSCHAFT EINEN WIRKLICH BEGEISTERT, WIRD SIE UNGLAUBLICH UNTERHALTSAM.«

Bruce Alberts | Biochemie

Emeritierter Professor für Biochemie und Biophysik der University of California,
San Francisco, und langjähriger Präsident der National Academy of Science
USA

Herr Professor Alberts, warum wollten Sie Wissenschaftler werden?
Mein Chemielehrer in der Highschool in Chicago war ein wunderbarer Mann namens Carl W. Clader, damals 35 Jahre alt. Sein Chemielabor war vier Jahre lang jeden Tag mein Wohnzimmer. Es gab in jenen Tagen keine Sicherheitsregeln. In der Mitte der Arbeitsbank war ein Abfluss, in den wir alle Arten gefährlicher Chemikalien wie konzentrierte Schwefelsäure gossen. Wir konnten Gebräue mischen, die explodierten, weshalb ich begann, mich wirklich für Chemie zu interessieren. Ich weiß nicht,

ob ich mich sonst dafür entschieden hätte, Wissenschaftler zu werden. Mir war nicht einmal klar, dass man eine Karriere als Wissenschaftler anstreben konnte. Ich war gut in der Highschool gewesen, deshalb bewarb ich mich an Colleges, die meine Mutter vorgeschlagen hatte, und landete als sogenannter »pre-medicalstudent« in Harvard. Meine Eltern waren beide in den USA geboren als Kinder von osteuropäischen Einwanderern. Sie betonten immer wieder die große Bedeutung von Bildung.

Was haben Sie als Kind gemacht, abgesehen von den Explosionen im Chemielabor?

Ich spielte viel Softball, und ich war Pfadfinder – eine großartige Erfahrung, weil ich viele kleine, eingegrenzte Probleme lösen musste. Pfadfinder haben ein System von Verdienstabzeichen, und man muss 21 von ihnen schaffen, um den höchsten Rang »Eagle Scout« zu erreichen. Man konnte aus einer Reihe von Aktivitäten wählen, etwa lernen, wie man Hunderte von verschiedenen Knoten knüpft oder Dinge baut. Das war eine sehr aktive Art des Lernens und beeinflusste mich darin, wie ich heute über Bildung denke.

Warum?

Ich finde, Kinder sollten herausgefordert werden, Dinge zu tun, und nicht nur Fakten auswendig lernen. Es gibt vieles, was wir im Bildungssystem besser machen könnten. Aber es geht vor allem darum, Dinge aktiv zu tun und die Schüler wählen zu lassen, was sie tun. In meinem ersten Jahr als »pre-medicalstudent« in Harvard belegte ich viele Wissenschaftskurse und verbrachte drei, vier Nachmittage in der Woche im Labor. Das war viel Zeit, aber sie war äußerst langweilig, weil man nur Anweisungen befolgen musste. Es war, als ob man einem Rezept folgt. Wissenschaft geht ganz anders. Die unabhängigen Projekte, denen wir jedes Jahr zugeteilt wurden, waren dagegen ein wunderbarer Weg, uns zu motivieren, denn dort lernten wir wirklich beim Tun. Das ist eine fundamentale Erkenntnis meines Lebens. Ich stellte mich mit diesen Projekten auf die Probe und lernte viel. Die Lehrer hatten die Vision, dass wir uns selbstständig anstrengten. Wenn wir Hilfe brauchten, bekamen wir sie, aber sie gaben uns keine fertige Antwort, und es gab nicht das einzig richtige Ergebnis.

Haben Sie Erfahrungen mit dem Scheitern gemacht?

Ich habe am meisten im Leben aus dem Scheitern gelernt – und ich habe es oft erlebt. Die wichtigste Erfahrung für meine wissenschaftliche Karriere war, bei der Doktorprüfung durchzufallen, 1965 in Harvard. Das war unglaublich unangenehm. Ich hatte ein eineinhalb Jahre altes Kind, und meine Frau Betty und ich hatten schon die Wohnung aufgelöst und Flugtickets nach Genf gekauft, wo ich meine Postdoc-Arbeit aufnehmen wollte. Nach einer kurzen Diskussion über meine Doktorarbeit sagten die Prüfer, dass sie mit ihr nicht zufrieden seien und ich weitere sechs Monate bleiben müsse. Aus dieser Erfahrung lernte ich, dass in der Wissenschaft eine gute Strategie alles ist.

Haben Sie an sich gezweifelt?

Nachdem ich in der Prüfung durchgefallen war, verbrachte ich einen Monat damit herauszufinden, ob ich die Fähigkeiten, das Talent und die Motivation für einen Wissenschaftler hatte. Ich wusste, dass es mir Spaß macht. Aber jeder hat dieses Problem. Es ist der wichtigste Teil in der Ausbildung – herauszufinden, worin man gut ist, woran man Spaß hat, und eine Karriere anzustreben, in der man dies anwenden kann. Die Universität ist da nicht anders. Niemand ist erfolgreich, indem er Dinge nur auswendig lernt und einübt, was andere bereits getan haben. Wissenschaft ist ein kreatives Unterfangen, wie Malen. Ich sage allen Doktoranden: Sie müssen sich selbst auf die Probe stellen.

Waren Sie ein kreativer Freigeist?

Mein Talent ist die Fähigkeit, das große Ganze zu sehen. Deshalb schreibe ich Lehrbücher. Ich bin kreativ darin, Lösungen für Probleme zu entwerfen, und ich tue das auf unterschiedliche Weise. Das ist nützlich fürs Leben, weil wir alle möglichen Probleme haben, nicht nur wissenschaftliche. Aber wenn man einmal wissenschaftliches Arbeiten gelernt hat, hilft dies im Alltag, weil alles Alternativen aufwirft und man eine Strategie braucht. Die Promotionserfahrung hat mich tiefgreifend verändert. Sie zeigte mir, dass ich fantasievolle, wichtige Forschung betreiben wollte. Ich beschloss, eine besondere Methode zu entwickeln und ein wichtiges Problem anzugehen, an dem niemand arbeitete. Dieser Ansatz hat sehr gut funktioniert.

Der entscheidende Punkt war, ein einzigartiges Gebiet zu finden?

Es darf nicht nur einzigartig sein, es muss auch potenziell bedeutsam sein. Dasselbe wie alle anderen zu machen macht keinen Spaß, und es bringt der Menschheit nichts. Man lebt nur einmal – also kann man auch einen Unterschied ausmachen.

Was war, kurz gesagt, Ihr Beitrag für die Gesellschaft?

1953 entdeckten Watson und Crick die Doppelhelix-Struktur der DNA. Das war ein erstaunlicher intellektueller Durchbruch, der ein Rätsel löste, über das niemand etwas wusste: Woher kommt die Vererbung? Wie ist das möglich? Physik, Chemie und Moleküle konnten lebende Zellen und Menschen hervorbringen, und die Vererbung war eines der großen Rätsel. Watson und Crick lösten dieses Problem theoretisch, aber nicht praktisch. Es war nur eine Skizze. Wenn sie richtiglagen, musste es eine Maschinerie geben, die all das bewirkte. Ich war fasziniert von einem besonderen, zentralen Teil der molekularen Maschinerie: Wie kopiert man mit chemischen Verfahren die DNA-Doppelhelix, also als Chemiker? In der gesamten Anfangsphase meiner Karriere, als ich meinen ersten Erfolg hatte, ging es darum, die Teile der Maschinerie zu ermitteln, sie zum Laufen zu bringen und das Chromosom in einem Reagenzglas zu kopieren. Mein gesamtes Labor und ich brauchten dafür zehn Jahre. Wir entdeckten eine Proteinmaschine, die aus sieben beweglichen Teilen bestand. Diese kopieren die DNA-Doppelhelix, aus einer DNA-Doppelhelix werden also zwei, aus einem Chromosom zwei, und das ist die Essenz der Vererbung.

Waren Sie von Ihrer Arbeit besessen?

Ich lebte in der Nähe des Labors, deshalb konnte ich zum Abendessen eine Stunde oder so nach Hause gehen und dann zurück ins Labor. In der Biochemie müssen Sie die Proteine, die Sie aufreinigen, genau im Auge behalten und sicherstellen, dass die Geräte funktionieren. Das bedeutete, dass man dies oft mitten in der Nacht überprüfen musste. Später, wenn man älter wird, machen das die Masterstudenten, aber am Anfang war es meine Aufgabe. Ich kam immer zu spät zum Abendessen und arbeitete mindestens achtzig Stunden die Woche. Wenn Wissenschaft einen wirklich begeistert, wird sie unglaublich unterhaltsam. Mich hatten viele Themen gepackt. Dieses war das erste, danach habe ich mich anderen gewidmet.

Wann und warum haben Sie begonnen, Einfluss auf die wissenschaftliche Ausbildung zu nehmen?

Ich sah, was meine Kinder in der Schule machten, ihre Schulbücher zur Biologie – voller Worte und Konzepte, die von allem ein bisschen erfassten. Die Biologiebücher in der Mittelschule waren die schwierigsten Bücher, die ich je gesehen hatte, aber dass ich selbst Co-Autor von Universitätslehrbüchern wurde, war kompletter Zufall. Jim Watson schrieb das erste wirklich gute Lehrbuch über unser Gebiet, »Die Molekularbiologie des Gens« (1965). 1976 kombinierte er zwei Fachgebiete, die Molekularbiologie – in der ich arbeitete – und die Zellbiologie, von der ich noch nie gehört hatte. Im 19. Jahrhundert ist viel gute Forschung zu Zellen betrieben worden, aber nur mit dem Mikroskop, weil es noch keine anderen Werkzeuge gab. Daraus entstand das Forschungsgebiet Zellbiologie. Jim war ein Visionär und erkannte, dass wir die Kluft zwischen Molekülen und der bloßen

»WISSENSCHAFTLER SOLLTEN AUFMERKSAM VERFOLGEN, WAS AUF DEN UNTEREN EBENEN DES BILDUNGSSYSTEMS PASSIERT.«

Beobachtung von Zellen schließen können. Hierfür schrieb er ein Lehrbuch, das auf demselben konzeptionellen Gerüst wie sein Buch von 1965 aufbaute: Er versammelte eine Schar junger Autoren und hatte ein überzeugendes Argument, als er sagte: »Dies wird das Wichtigste sein, was Sie je in Ihrem Leben tun werden. Es wird mehr Bedeutung haben als alles andere in Ihrer Karriere.« Es stellte sich heraus, dass er recht hatte. Er sagte uns aber auch, dass es nur zwei Monate unserer Zeit kosten würde. Tatsächlich brauchten wir sechs Autoren mehr als 365 Sechzehn-Stunden-Tage, verteilt auf regelmäßige Treffen über fünf Jahre.

Konnten Sie als Präsident der Nationalen Akademie der Wissenschaften der Ausbildung Impulse geben?

Anfangs wollte ich nicht Präsident werden, denn es bedeutete, dass ich mein Labor schließen und von San Francisco nach Washington, D.C., ziehen musste. Die Auswahlkommission hatte mir Schuldgefühle eingeimpft, wenn ich diese einmalige Chance nicht ergreifen würde, um den Einfluss der Akademie für die Verbesserung der Wissenschaftsausbildung zu nutzen. Sie wussten, dass dies eine Leidenschaft von mir war. Damals waren wir bereits dabei, die ersten nationalen Standards für die Wissenschaftsausbildung in den USA auszuarbeiten. Ich war in der Aufsichtskommission, aber es ging nur schleppend voran. Deshalb war die Aussicht, das Projekt wieder auf Erfolgskurs zu bringen, eine Motivation für mich. Schließlich wurde die Akademie vom Bildungsministerium tatsächlich beauftragt und bezahlt, die ersten Standards zu entwickeln. So etwas hatten wir nie zuvor gemacht.

Wie beeinflusst die US-Politik die internationale Wissenschaftscommunity?

Die USA sind ein einzigartiger Erfolg in der Welt, weil sie aus ihrer Geschichte heraus Einwanderer willkommen geheißen haben und offen für jeden von irgendwo waren. Die neue Einwanderungspolitik ist eine große Bedrohung und sehr kontraproduktiv. Sie frustriert mich, weil der Erfolg Amerikas – und der amerikanischen Wissenschaft – von einem kontinuierlichen Zustrom an talentierten Menschen abhängt. Man kann die ersten Auswirkungen sehen. In unserem Institut beispielsweise gibt es zwei Assistenzprofessoren, die beide im Iran geboren sind. Sie sind sehr begabt, aber sie können nicht nach Hause reisen, und ihre Eltern können sie nicht besuchen. Wer soll noch aus dem Iran in die USA kommen? Das ist nicht einladend, und es ergibt keinen Sinn. Wir verlieren nicht nur Iraner, sondern auch viele talentierte Bürger anderer Staaten.

Ist China dabei, mit seinen Milliardeninvestitionen in Forschung die Oberhand zu gewinnen?

Wir profitieren von Chinas Investitionen in die Grundlagenforschung, weil das Wissen in aller Welt geteilt wird. Ich wünsche mir, dass unsere Führung, anstatt sich über Chinas Investitionen in Forschung und neue Technologien zu beschweren, erkennt, dass dies auch hier ein kluges Vorgehen wäre. Der ganze Erfolg der USA basiert auf unserer Führungsposition in Wissenschaft und Technik. Dies wiederum beruht auf unserer Fähigkeit, die allerbesten Köpfe aufzunehmen und sie mit Regierungsfördergeldern in der Grundlagenforschung zu unterstützen. Ich hoffe, dass die nächste US-Regierung das Bild und die Einwanderungspolitik der USA energisch revidiert. China und die USA sollten beide stark in Grundlagenforschung investieren, und sie sollten ohne Probleme kooperieren. Mehr Unterstützung für Grundlagenforschung bedeutet, dass wir das Wissen der Welt schneller vermehren können, und von diesem hängen alle Vorteile der Menschheit ab.

Was denken Sie als früherer Chefredakteur des Magazins »Science« über die Kritik vieler Wissenschaftler am Review-Prozess für wissenschaftliche Veröffentlichungen?

Ein erheblicher Teil des Problems ist, dass viele derjenigen, die für Reviews angefragt werden, die Arbeiten an ihre Studenten weitergeben, weil sie zu beschäftigt sind. Sie schauen nur kurz selbst drauf, bevor sie es bei der Redaktion abgeben. Die ganze Motivation ist falsch. Die Postdocs und Masterstudenten wollen ihren Professor beeindrucken. Das ist ein wesentlicher Grund, warum wir diese schrecklichen Reviews bekommen. Wir schaden uns gegenseitig. Wissenschaftler schreiben kritische Reviews und beschweren sich, wenn ihr Paper eine genauso kritische Review bekommt. Ich bin sehr daran interessiert, Reviews offenzulegen. Es wird gerade viel damit experimentiert, und ich denke, wir sollten die einfachen Optionen prüfen, etwa die Reviews anonym zu veröffentlichen. In jedem Fall müssen wir besser werden. Wir wollen die Wissenschaft mit dem Review-Prozess sicher nicht ruinieren. Es ist eigentlich nicht kompliziert. Wir sollten in der Lage sein, dies zu lösen.

Welche weiteren Veränderungen hätten Sie gerne in Ihrem Gebiet?

Ich glaube, die Wissenschaftsausbildung sollte ganz anders sein als heute. Kinder müssen lernen, wie man Probleme löst. Die Wissenschaftsausbildung sollte sie dazu herausfordern, mit anderen zusammenzuarbeiten, um zu Lösungen zu kommen. Ein Beispiel: Im Kindergarten könnte der Erzieher für jedes Kind ein paar weiße Socken mitbringen und es im Hof herumlaufen lassen, wo Samen auf dem Boden liegen. Die Kinder kommen wieder herein und entfernen Flecken und Dreck von den Socken. Dann muss der Fünfjährige herausfinden, was davon Samen und was Erde ist. Wenn man das gut macht, verfolgen die Kinder ihre eigenen Ideen, nicht die des Erziehers. Wir könnten so etwas in jedem Schuljahr machen, doch wir bilden die Lehrer nicht dafür aus, und in mancher Hinsicht liegt das auch an der Initiative für Ausbildungsstandards, die ich 1996 mitgestartet habe, als die Akademie die Standards setzte. In gewissem Maße verhindern sie eine gute Ausbildung. Sie waren nicht dafür gedacht, aber die Leute nehmen diese Standards so wörtlich, dass ihre Einhaltung für Lehrer unmöglich wird. Wir müssen weniger, aber dafür mit größerer Tiefe vermitteln, und wir dürfen die Lehrer nicht drängen, im Unterricht sämtliche Fakten unterzubringen.

Welche Lösungen schlagen Sie vor, um die Kluft zwischen der Notwendigkeit, Standards zu setzen, und dem Druck auf Lehrer, Schüler und das Schulsystem zu überbrücken?

Entscheidend ist, dass es unseren Schulsystemen deutlich besser gelingen muss, regelmäßig Feedback und Ratschläge in die Steuerungsmechanismen hineinzutragen. Wir alle müssen die Erfahrung unserer besten Lehrer stärker respektieren, was unsere Lehrer wissen – idealerweise, indem wir ihnen in kleinen, ausgewählten wechselnden Gruppen eine offizielle Beraterrolle bei der Lenkung der Schuldistrikte geben. Sie müssen gehört werden, sowohl von der Öffentlichkeit als auch von der politischen Führung. Ein ähnliches Feedback brauchen wir auch auf der Ebene der Bundesstaaten und national. Solche »Lehrer-Beratungsgremien« sind seit Langem eines meiner Hauptziele.

Wie können Wissenschaftler dabei mithelfen?

Wissenschaftler sollten aufmerksam verfolgen, was auf den unteren Ebenen des Bildungssystems passiert. In San Francisco gibt es eine großartige Partnerschaft zwischen Schülern, Postdocs und Lehrern. So etwas brauchen wir weltweit, wenn wir Wissenschaft und Gesellschaft zusammenbringen wollen. Wir müssen die Schulen auch mit der echten Welt um sie herum in Kontakt bringen. Das erfordert viele Freiwillige und eine Öffnung des Bildungsprozesses sowohl hin zur Gemeinde als auch zu den Lehrern. Wir brauchen neuartige Systeme, so wie damals, als ich Pfadfinderführer im College war. Das Pfadfindersystem mit den Verdienstabzeichen benötigt Freiwillige, die in einem Themengebiet Experten werden. Wir haben jetzt die große Chance, eine Reihe von Aufgaben für Kinder in allen Themengebieten zu formulieren und dabei Rentner und andere Menschen zusammenarbeiten zu lassen, um die nächste Generation auf sinnvolle Weise zu betreuen.

Welche Botschaft haben Sie für die Welt?

Wenn jeder einen kleinen Beitrag leistet, die Dinge für die nächste Generation besser zu machen, dann – und nur dann – wird die Menschheit überleben.

»IMMER WIEDER WURDE MIR DIE FRAGE GESTELLT: ›WARUM BEGEISTERN SIE ALS FRAU SICH FÜR TECHNIK?‹«

Viola Vogel | Biophysik

Professorin für Angewandte Mechanobiologie an der Eidgenössischen Technischen Hochschule (ETH) Zürich
Einstein-Visiting-Fellow seit 2018
Schweiz

Frau Professorin Vogel, Sie absolvierten einen sehr schnellen Aufstieg in der Wissenschaftswelt und waren sogar im Beraterteam von Bill Clinton. Wie haben Sie das in den männlich dominierten Naturwissenschaften geschafft?

Immer wieder wurde mir die Frage gestellt: »Warum begeistern Sie als Frau sich für Technik?« Dass musste ich an mir abprallen lassen, um nicht die Begeisterung zu verlieren. Ich war stets darauf bedacht, in meinem Umfeld Konsens zu schaffen. Dadurch wurde ich recht früh von meinen Kollegen geachtet. Aber Frauen werden natürlich bei jedem Schritt sehr viel genauer beobachten. An der University of Washington in Seattle war ich die erste Professorin im Bereich Bioengineering und an der ETH die erste im Materialwissenschafts-Departement. Jetzt besteht bereits ein Drittel der Professorenschaft in unserem neu gegründeten Departement für Gesundheitswissenschaften und Technologie aus Frauen. Es verändert sich also tatsächlich etwas.

Sind Sie der Meinung, dass es Frauen im Wissenschaftsbetrieb schwerer haben?

Keine von uns will von außen als Quotenfrau gesehen werden. Insofern wurde das Thema von den meisten Frauen strikt abgelehnt, auch von mir. Aber ich sehe, dass sich in einer ganzen Generation die Zahl der Frauen in vielen technischen Berufen und in Führungspositionen kaum verändert hat. Obwohl viel unternommen wurde, um Frauen zu unterstützen: von mehr Kinderbetreuung bis zu erheblich mehr Verständnis, dass auch Männer mithelfen und dass Erziehung eine gemeinsame Aufgabe ist. Das ist für mich eigentlich die größte Enttäuschung, dass das alles nur minimal geholfen hat, um Frauen zu motivieren, diesen Weg zu gehen.

Hatten Sie jemals Zweifel, ob Sie selbst es schaffen?

Immer wieder, und das bereits im Studium, als es wirklich schwer wurde. Ich glaube, Frauen hinterfragen sich schneller. Als ich anfing, wurde ganz selbstverständlich davon ausgegangen, dass Frauen sich entweder für die Wissenschaft entscheiden oder für eine Familie. Beides schien nicht vereinbar. Für mich hatte zunächst Priorität, als Wissenschaftlerin meine Karriere aufzubauen. Erst als ich in den USA sah, dass es dort viel akzeptierter war, dass Frauen Karriere und Familie verbinden, begann ich meine Einstellung zu ändern und eine Familie zu gründen.

Wie schwer war es, eine Professur zu erhalten?

Das eigentliche Nadelöhr einer wissenschaftlichen Laufbahn ist die Assistenzprofessur. Diese Posten sind sehr umkämpft, und damals in Seattle an der University of Washington haben sich über 250 Personen beworben. Mein entscheidender Vorteil war, dass ich mit Physik und Biologie eine seltene Kombination studiert hatte. Ich bekam dann während dieser Zeit zwei Kinder und bin rückblickend sehr glücklich über diese Entscheidung. Ohne Kinder versuchte ich noch, täglich alles abzuarbeiten, auch wenn es abends spät wurde. Mit Neugeborenen begriff ich schnell, dass ich meine Zeitplanung komplett neu gestalten musste, um hinreichend Zeit für meine Familie zu finden. Ich erstellte für jeden Tag eine Prioritätenliste, die ich so weit wie möglich abarbeitete, und ging dann mit einem guten Gewissen nach Hause. Manche Sachen wurden halt nicht sofort erledigt. Und ich lernte, Nein zu sagen. Dadurch hatte ich die Kapazität, mich auf das wirklich Wichtige zu fokussieren und mir nur die wichtigsten und interessantesten Arbeiten rauszupicken. Die größte Herausforderung war es, nach schlaflosen Nächten mit den Kindern am nächsten Tag fokussiert meine Vorlesungen zu halten. Aber es war extrem befriedigend zu erkennen, dass Wissenschaft nicht alles ist und dass eine Familie mir eine Balance bietet, die ich sehr genieße. Meiner Karriere hat das nie geschadet.

Eigentlich heißt es, ein guter Wissenschaftler müsse von seiner Arbeit besessen sein.

Selbst dann ist es unmöglich, 24 Stunden pro Tag an einem Thema zu arbeiten. Die Frage ist doch: Wie und wo arbeiten wir am effektivsten? Und dafür brauchen wir Denkfreiraum, in dem wir kreative Lösungsansätze finden können. Als meine Kinder klein waren, spielte ich

> »ALS ICH ANFING, WURDE GANZ SELBSTVERSTÄNDLICH DAVON AUSGEGANGEN, DASS FRAUEN SICH ENTWEDER FÜR DIE WISSENSCHAFT ENTSCHEIDEN ODER FÜR EINE FAMILIE.«

gerne mit ihnen. Da hatte ich oft Ideen, die wahrscheinlich in der Hektik eines ansonsten durchgetakteten Tages nie entstanden wären. Familie ist somit ein guter Weg, um frische Energien zu tanken. Mein Mann hat mich auch enorm unterstützt. Wir haben die Kinder gemeinsam versorgt und uns alle Arbeiten geteilt, vom Windelwechseln bis zum Füttern. So konnte ich auch weiterhin Konferenzen besuchen, und es war für ihn selbstverständlich, in der Zeit für die Kinder da zu sein, und vice versa. Ihm bedeutet dieser intensive Kontakt sehr viel. Ihn störte allerdings damals noch sehr, dass er auf dem Spielplatz als einziger Mann oft schräg angeschaut wurde.

Ihr Vater war Geologe, und als Kind mussten Sie sehr oft umziehen. Ihre ersten Schuljahre haben Sie in Afghanistan absolviert. Hat Sie das geprägt?

Wir waren meist drei Jahre an einem Ort. Das war sehr herausfordernd. Ständig musste ich neue FreundInnen finden. Am schwierigsten war tatsächlich die Rückkehr aus Afghanistan nach Deutschland, denn ich brachte völlig andere Erfahrungen mit. Die anderen Kinder hatten daran wenig Interesse und machten sich oft über mich lustig, weil ich bestimmte Spiele nicht kannte oder Filme, über die alle sprachen, und so war ich zunächst ziemlich ausgegrenzt. Aber was dich nicht umbringt, macht dich stärker. Ich lernte, mich nicht entmutigen zu lassen, und das hat mich sicherlich präpariert für die späteren Etappen im Leben.

Woher kam die Initialzündung, Naturwissenschaften zu studieren?

Lehrer und Lehrerinnen spielen dabei eine unglaublich wichtige Rolle. Die Begeisterung für wissenschaftliche Fragen muss bereits in der Schule geweckt werden, sonst würde man diesen Weg wohl nicht wählen. Ich hatte einen Physiklehrer, der uns alle sehr begeisterte. Wir waren seine allererste Klasse, und er zeigte uns oft auch nachmittags noch Experimente. Und ein guter Freund meiner Eltern, ebenfalls Physiker, gab mir viele Ratschläge. Für ihn war es selbstverständlich, dass ich das packen würde. Das gab mir ein sehr gutes Gefühl, auf dem für mich richtigen Weg zu sein.

Warum sollten junge Menschen Naturwissenschaften studieren?

Junge Menschen sollten sehr genau in sich hineinhorchen, was sie begeistert, und nicht davor zurückschrecken, absurde Fächerkombinationen zu wählen, denn häufig liegt darin eine große Chance, nachher einen einzigartigen Beitrag leisten zu können. In der Forschung braucht man sehr viel Durchhaltevermögen. Man muss Unmengen an Veröffentlichungen lesen, Daten analysieren und Experimente x-mal wiederholen. Um da dranzubleiben, darf man nie das primäre Gefühl haben, ich muss jetzt auf die Arbeit gehen, um Geld zu verdienen, sondern weil ich von den Fragen fasziniert bin.

Wo sehen Sie große Herausforderungen für den Wissenschaftsbetrieb von morgen?

Im Vergleich zu früher ist die Grundfinanzierung der Lehrstühle stark gesunken und die Konkurrenz um offene Professuren und um Forschungsgelder enorm gestiegen. Dies hat zwei einschneidende Konsequenzen. Erstens, wissenschaftlicher Erfolg und Anerkennung verlangen in den besten Journalen zu veröffentlichen. Edito-

> »DAS EIGENTLICHE NADELÖHR EINER WISSENSCHAFTLICHEN LAUFBAHN IST DIE ASSISTENZPROFESSUR.«

ren in exzellenten Journalen werden danach befördert und manchmal sogar bezahlt, wie häufig die von ihnen angenommenen Artikel zitiert werden. Also tendieren sie dazu, eher Themen zu akzeptieren, die gerade gehypt werden. Und Entdeckungen, die dem großen Feld vielleicht fünf oder zehn Jahre voraus sind, werden häufig nicht angenommen. Darüber hinaus ist die Bereitschaft, riskanten Fragen nachzugehen, gesunken, da dies sehr zeitintensiv ist und die Geldgeber exakte Zeitpläne verlangen. Es wird deshalb leider heute von Wissenschaftlern oft viel zu viel versprochen, um Fördergelder zu erhalten, obwohl absehbar ist, dass das in der vorgegebenen Zeit gar nicht zu schaffen ist. Dies erweckt in der Gesellschaft oft falsche Erwartungen und erodiert somit auch das Vertrauen der Bevölkerung in die Glaubwürdigkeit von Wissenschaftlern. Gerade die Biologie hat aktuell ein großes Problem damit, dass ein guter Prozentsatz der veröffentlichten Daten nicht reproduzierbar ist.

Das heißt, die Pharmaindustrie war das kritische Element?

Die Pharmaindustrie hat versucht, veröffentlichte Experimente zu wiederholen, und musste feststellen, dass etliche nicht wie in den Publikationen beschrieben funktionierten. Für die waren das schlimme Fehlinvestitionen. Zahlreiche Journale haben jetzt reagiert und verlangen sehr viel ausführlichere Dokumentationen.

Was ist eigentlich Ihr H-Index?

Ich glaube, im Moment 64. Der H-Index richtet sich danach, wie oft eine Veröffentlichung zitiert wird. Wenn man in einer sehr großen Community arbeitet, ist es somit leichter, einen hohen H-Index zu bekommen, als wenn man an einem sehr spezialisierten Gebiet forscht. Der Index sollte also nicht überinterpretiert werden. Die Physik-Nobelpreisträgerin Donna Strickland hatte bei Verleihung des Preises einen H-Index von 12.

Carl Djerassi erzählte, wie verbreitet Eifersucht und Rivalität in der Wissenschaft sind. Wie ist Ihre Erfahrung?

Das ist ein Riesenthema, besonders in Forschungsgebieten, in denen Scharen von Wissenschaftlern große Fragen mit ähnlichen Methoden adressieren. Ich habe immer versucht, mit Methoden aus der Physik neuartige Fragen zu stellen, die mit Methoden der Biologie alleine nicht adressiert werden können. Insofern habe ich diese alles konsumierende tägliche Konkurrenzangst nie so hautnah erlebt, weil wir immer mit neuen Ansätzen und neuen Technologien arbeiten. Natürlich kam es vor, dass Publikationen von anderen Laboren auf den ersten Blick so aussahen, als wäre uns jemand zuvorgekommen. Und dann saßen die Studenten mit Tränen in den Augen bei mir im Büro und sahen ihre Felle davonschwimmen, selbst publizieren zu können. Aber nach genauerem Hinsehen glichen sich die durchgeführten Experimente nie ganz, und indem wir dann auf der Arbeit der konkurrierenden Gruppe aufbauten, konnten wir oft eine sehr viel bessere Studie veröffentlichen, sodass wir am Schluss eine Win-win-Situation hatten.

Können Sie in einfachen Worten erklären, an was Sie arbeiten?

Primär möchte ich die Funktionsweise der biologischen Nanowelt so gut erforschen, dass wir sie auch manipulieren können. Dadurch könnten Krankheiten besser und kosteneffektiver behandelt werden. Nanotechnologie hat mich schon immer brennend interessiert. Und dank der neuen Möglichkeiten, Nanostrukturen herzustellen und zu manipulieren, kombiniert mit der superhochauflösenden Mikroskopie und gestützt durch Computersimulationen, untersuchen wir, wie Mikroben und Säugetierzellen mechanische Kräfte nutzen, um die Funktionen von Proteinen ein- und auszuschalten, was ihnen erlaubt, physikalische Eigenschaften in ihrer Umgebung zu erkennen. Proteine sind unsere nanoskaligen Arbeitstiere, die uns am Leben halten. Stellen Sie sich vor, Ihre Hand ist die Zelle: Wenn Sie mit Ihren Fingern eine Oberfläche berühren, spüren Sie, was diese für Eigenschaften hat, wenn Sie an der Unterlage drücken oder ziehen, und so nutzen auch Zellen Kräfte, um Oberflächeneigenschaften zu erkennen. Sie ziehen an der Umgebung und merken an der Art und Weise, wie die Umgebung nachgibt, was sie da vor sich haben.

Und was wollen Sie ausgehend davon erforschen?

Unser Ziel ist es, neue Therapien zu entwickeln, die die mechanischen Funktionen von Zellen nutzen oder regulierend einwirken. Wir fragten uns: Wie kann eigentlich ein Bakterium eine kleine Wunde auf der Haut finden, durch die es dann in den Körper eindringt? Wir entdeckten, dass es mit Peptidfäden, also Nanoklebstoffen, die Faserspannungen des menschlichen Gewebes ausliest. Wenn Gewebefasern in einer Wunde durchtrennt werden, verlieren sie die Spannung von intakten Fasern. Wir haben dann entdeckt, dass sich das Staphylococcus-aureus-Bakterium mit seinem Klebstoff bevorzugt an diese durchschnittenen Fasern anhaften kann. Wir synthetisierten dann den bakteriellen Nanokleber und entdeckten, dass sich dieser auch an Gewebefasern in Tumorgewebe anheftet. Unser nächster Schritt wird sein, diese klebenden Nanosonden so weiterzuentwickeln, dass wir sie für die Bildgebung nutzen können oder dass sie Medikamente und Wirkstoffe sehr präzise zu erkranktem Gewebe transportieren können. Viel wurde in Zellkulturen getestet, manches bereits an Tieren. Aber ohne Tierversuche gäbe es keine neuen Medikamente, und natürlich wollen wir keine Menschen als Versuchskaninchen benutzen.

Es klingt jetzt alles so leicht. Gab es da auch einmal Fehlschläge?

Das ganze Projekt fing mit einem vermeintlichen Fehlschlag an. Einer meiner Studenten kam zu mir und sagte, die Simulation habe nicht geklappt. Wir hatten eine Proteinstruktur mit angehefteten Nanokleber in Computersimulationen gestreckt, und was wir sahen, entsprach nicht unserer Erwartung. Aber genau darin lag die Entdeckung! Anstatt die Arbeit des Studenten zu hinterfragen, haben wir überlegt, was diese Daten eigentlich bedeuten können. In der Wissenschaft muss auch »out of the box« gedacht werden. Wir Menschen haben oft die Tendenz zu einem linearen Verknüpfen von Beobachtungen und deshalb manchmal Schwierigkeiten, komplexe Zusammenhänge intuitiv richtig zu verstehen. Für uns war es ein absolutes Highlight, als wir erkannten, dass wir da einen für uns ganz neuen Trick der Natur entdeckt hatten. Und so etwas gibt der gesamten Arbeitsgruppe unheimlich viel Energie.

Wo sehen Sie als Forscherin Ihre Verantwortlichkeiten?

Das ist ein ganz wichtiger Punkt. Wir sollten uns alle fragen: Zusätzlich zu unseren wissenschaftlichen Zielvorstellungen, was könnte man sonst noch mit unseren Erkenntnissen anstellen? Die Wissenschaft entwickelt sich so schnell. Früher hatte man oft zehn oder mehr Jahre Zeit zwischen einer Entdeckung und deren Umsetzung. Heute sind es häufig nur noch wenige Jahre. Wir Wissenschaftler müssen also so schnell wie möglich die Gesellschaft auch vor möglichem Missbrauch neuer Technologien warnen. Gleichzeitig ist es die Aufgabe der Gesellschaft, gemeinsam mit Wissenschaftlern regulatorische Maßnahmen zu ergreifen, um möglichem Missbrauch effektiv vorzubeugen.

> »WIR WISSENSCHAFTLER MÜSSEN ALSO SO SCHNELL WIE MÖGLICH DIE GESELLSCHAFT AUCH VOR MÖGLICHEM MISSBRAUCH NEUER TECHNOLOGIEN WARNEN.«

»ICH BIN ZÄH. ICH WEISS, WAS ICH WILL, UND ICH MAG DEN ERFOLG.«

Pascale Cossart | Mikrobiologie

Emeritierte Professorin für Bakteriologie am Institut Pasteur in Paris
Robert-Koch-Preisträgerin 2007 und Balzan-Preisträgerin 2013
Frankreich

Frau Professorin Cossart, Sie sind nach dem Krieg in Nordfrankreich aufgewachsen. Hatten Sie eine glückliche Kindheit?
Ja, es war eine glückliche und friedvolle Zeit. Mein Vater betrieb eine Mühle, die abbrannte, als er sie von seinem Onkel übernehmen wollte. Er baute sie größer und besser wieder auf. Ich war die Älteste von fünf Geschwistern, und meine Mutter, eine Hausfrau, kümmerte sich um uns. Wir lebten in einem hübschen Haus mit großem Garten am Rand des Dorfes. Nebenan lebte meine Großmutter. Alles war wirklich sehr traditionell.

Als Bürgermeister war mein Vater in die Dorfpolitik involviert. Manchmal hatte ich das Gefühl, dass das Dorf für ihn wichtiger war als seine Familie. Aber ich habe inzwischen festgestellt, dass er für seinen Job brannte, genau wie ich, und heute kann ich damit leben.

Sie haben in der Schulzeit zwei Klassen übersprungen. Wussten Ihre Eltern von Anfang an, wie intelligent Sie sind?

Meine Eltern sagten, ich sei intelligent, weil ich für mein Klassenalter jung war. Das war aber nicht immer von Vorteil, weil ich mir auch anhören musste, ich sei unreif. Das hinderte mich aber nicht, ziemlich jung das Abitur zu bestehen.

Haben Sie Ihre Liebe zur Wissenschaft in der Schule entdeckt?

Ich habe mich in die Wissenschaft verliebt, als ich an der Oberschule in Arras, einer Kleinstadt in Nordfrankreich, mein erstes Chemielehrbuch kaufte. Ich las es, liebte es und entdeckte eine vollkommen neue Welt. Ich fand heraus, dass die Natur aus Molekülen besteht, die miteinander verbunden werden können. Es war ein entscheidender Moment, ein Wendepunkt in meinem Leben. Bis dahin hatte ich mich in der Schule auf Altertumswissenschaften spezialisiert, wusste aber nicht, was ich mit meinem Leben anfangen wollte. Ich kam aus keiner Akademikerfamilie und wusste nicht einmal, dass es so etwas wie Chemie gab. Aber nachdem ich dieses kleine Buch gelesen hatte, schwenkte ich auf die Naturwissenschaften um.

Nach der Schule gingen Sie dann an die Universität, um Chemie zu studieren?

Ja, ich studierte reine Chemie, bevor ich meinen Master in Chemie machte. Dann gab es einen weiteren Schlüsselmoment in meinem Leben: Ich entdeckte die Chemie des Lebens, die Biochemie, und beschloss, auch einen Master in Biochemie zu machen. Ich ging dafür nach Georgetown in den USA. Lustigerweise lernte ich, kurz bevor ich dorthin zog, meinen späteren Ehemann kennen. Ich machte meinen Master sehr schnell und kehrte ein Jahr später zurück nach Frankreich, heiratete, ging ans Pasteur-Institut in Paris und blieb da.

Sie haben in Ihrer Ehe drei Töchter bekommen. War es eine schwere Entscheidung, Mutter zu werden?

Nein, Kinder zu bekommen war eine naheliegende Entscheidung, ich liebe Kinder. Große Familien sind in Nordfrankreich die Norm. Meine Eltern kamen beide aus zehnköpfigen Familien.

War es kompliziert, mit Arbeit, Ehe und Kindern zu jonglieren?

Mir half, dass meine drei Töchter alle mit zweieinhalb Monaten in die Kinderkrippe kamen, was in Frankreich ganz normal ist. Und ich hatte Glück, denn das Pasteur-Institut war nicht sexistisch und machte keinen Unterschied zwischen Männern und Frauen. Abgesehen davon half mir, dass ich gut organisiert war. Ich kann viel schaffen, weil ich etwas hyperaktiv bin und gut im Multitasking. Ich bin auch mit einer robusten Gesundheit gesegnet. Meine Schwester sagt, das liege daran, dass meine Mutter mich sechs Monate lang gestillt hat. Ich ließ mich früh scheiden, aber das hatte nichts mit meiner Arbeit zu tun, denn ich schloss gerade meine Doktorarbeit ab und arbeitete zu dem Zeitpunkt nicht so hart. Nach einiger Zeit lernte ich einen anderen Mann kennen.

Wie sollte eine moderne Frau das Muttersein mit der Karriere in Einklang bringen?

Es ist wichtig, im Leben eine Balance zwischen erfolgreicher Karriere und Familie zu finden. Frauen, die Kinder haben wollen, sollten sie nicht zu spät bekommen. Einige Frauen hören nicht auf ihre biologische Uhr und verpassen den Zug. Ich hatte Glück, weil ich in meiner Karriere nie darunter gelitten habe, eine Frau zu sein. Ich bin Chefin meiner Abteilung und war zweimal Präsidentin des wissenschaftlichen Beirats am Pasteur-Institut.

Selbst dann müssen Sie ganz schön zäh gewesen sein, um als Frau eine solch hohe Ebene in der Wissenschaft zu erreichen.

Das stimmt, ich bin zäh. Ich weiß, was ich will, und ich mag den Erfolg. Ich löse gerne Probleme. Ich gehe mei-

»JA, ICH BIN EIN WORKAHOLIC, AUCH DAS HILFT.«

nen eigenen Weg und springe nicht auf Trends auf. Ja, ich bin ein Workaholic, auch das hilft. Es ist kein Geheimnis, dass man unglaublich hart arbeiten muss, wenn man in der Wissenschaft erfolgreich sein will. Sie müssen die ganze Zeit an die Wissenschaft denken, viel lesen und stark sein, wenn Ihre Paper abgelehnt werden. Wissenschaft ist unglaublich harte Arbeit, aber andererseits ist sie so bereichernd.

Wie würden Sie sich noch beschreiben?

Ich bin eine optimistische und aktive Person. Alles in allem genieße ich das Leben. Ich bin gesellig und treffe mich gerne mit Freunden und mache andere glücklich. Ich habe oft Menschen beobachtet. Deshalb kann ich mir recht schnell eine Meinung über Menschen bilden. Meines Erachtens ist der erste Eindruck wichtig und bleibend, weshalb man sich bei jeder Gelegenheit angemessen anziehen sollte. Außerdem bin ich mutig. Ich bin so geboren. Und ich sage immer, was ich denke.

Das ist manchmal ein Problem, aber ich habe auch gelernt, diplomatisch zu sein.

Haben sich Ihre Kinder beschwert, dass Sie so viel gearbeitet haben, als sie aufwuchsen?

Keine von ihnen ist mir in die Forschung gefolgt, denn sie finden, dass es zu viel Arbeit für zu wenig Geld ist. Sie haben mir ständig gesagt, ich arbeite zu viel. Als sie klein waren, haben sie sich nicht beschwert. Ich bekam meine Kinder recht früh, mit 25, 27 und 32. Zu der Zeit war ich noch keine große Wissenschaftlerin und reiste auch nicht. Die Beschwerden begannen, als sie um die zwanzig waren. Und sie beschweren sich heute noch. Andererseits sage ich im Allgemeinen Ja, wenn sie mich fragen, ob ich an Wochenenden ihre Kinder nehmen kann.

Welchen Rat zur Wissenschaft würden Sie jungen Menschen geben?

Die Wissenschaft ist anfangs natürlich schwierig. Man arbeitet hart und verdient kaum Geld. Aber wenn Sie diese Phase hinter sich haben, ist es das reine Paradies. Sie sollten Projekte verfolgen, die Sie interessieren, nicht nur das, was gerade im Trend liegt.

Warum sollten Ihrer Meinung nach junge Menschen eine Naturwissenschaft studieren?

Vor allem die Biologie ist großartig, weil sie hilft, Leben zu verstehen. Wissenschaft ist fantastisch, ich habe überall auf der Welt Freunde gefunden. Wir sind eine große Gemeinschaft und halten nichts von Grenzen, Brexit und Kriegen. Wir sind einfach Wissenschaftler, die gemeinsam das Leben genießen.

Ich habe gehört, dass Sie wissenschaftliche Themen gerne bei einem guten Essen und einem Glas Wein diskutieren.

Ja, ich versuche immer, wichtige Ereignisse in einem schönen Restaurant zu feiern, weil das eine gute Atmosphäre schafft. Wir feiern auch, wenn ein Paper angenommen wird, und wenn die Leute sich über Dinge wie Filme oder Musik unterhalten, weiß man, dass es im Leben noch mehr gibt als Wissenschaft.

Würden Sie sagen, dass Wissenschaftler eine Verantwortung tragen gegenüber dem Rest der Welt?

Menschen, die etwas verstehen, sollten dieses Verständnis mit denen teilen, die es nicht haben. In der Mikrobiologie haben wir eine besondere Verantwortung vor dem Rest der Welt, weil wir das Wissen über das Leben selbst weitergeben können. Wir können zum Beispiel die

»ICH FÜHRTE MEIN LABOR WIE EINE GROSSE FAMILIE.«

Menschen davon überzeugen, dass es eine gute Idee ist, jeden zu impfen.

Ihre Arbeit hat anderen geholfen, indem Sie vor den Gefahren von Listeria monocytogenes gewarnt haben. Wie gefährlich ist dieses Bakterium?

Listeria ist ein gewöhnlicher Krankheitserreger, der über das Essen übertragen wird. Wenn Ihr Immunsystem geschwächt ist, etwa weil Sie nicht gesund sind, eine Chemotherapie bekommen oder weil Sie schwanger sind, kann Listeria wirklich gefährlich sein. Das Bakterium kann nicht nur zu Gastroenteritis, sondern auch zu Enzephalitis, Meningitis und Fehlgeburten führen und ist in dreißig Prozent der Fälle tödlich. Als ich 1986 meine Arbeit an ihm begann, gab es in Frankreich etwa tausend Fälle von Listeriose im Jahr. Diese Zahl ist auf 350 gefallen, weil sich die Menschen heute der Gefahr bewusster sind, und wir haben dabei geholfen, vor diesem Risiko zu warnen. Sie können mit viel höherer Wahrscheinlichkeit Listeriose bekommen, wenn sie nicht-pasteurisierte Milchprodukte essen. Wir haben deshalb schwangeren Frauen in Frankreich geraten, keinen Rohmilchkäse zu essen.

Was hat Ihr Interesse an Listeria angestoßen?

In einer bestimmten Phase wurde ich am Pasteur-Institut gefragt, ob ich konkreter zu Pathogenen arbeiten könnte. Als Chemikerin wusste ich nichts über Pathogene. Ich beschloss, an intrazellulären Bakterien zu forschen, weil sie nach wie vor für dramatische Krankheitsverläufe verantwortlich sind. Listeria schien mir ein gutes Modell zu sein, obwohl nur wenige Menschen von ihr gehört hatten. Ich setzte zuerst Molekularbiologie und Genetik ein, um die Virulenz von Listeria zu ermitteln, beschloss dann aber schnell, es mit Zellbiologie zu versuchen. Das war also kein schwerer Schritt.

Was ist an Listeria so faszinierend?

Listeria hat mich neugierig gemacht, weil sie innerhalb von Zellen lebt, nicht allzu gefährlich ist und vom Magen-Darm-Trakt über die Leber und die Milz ins Gehirn wandern kann. Ich habe viel daran geforscht, wie Listeria die Magen-Darm-Wände durchquert. Im Wesentlichen haben wir uns angeschaut, wie das Bakterium mit den Zellbestandteilen umgeht, wenn es in Zellen eindringt, und wie es sich mithilfe des Strukturproteins Aktin innerhalb der Zelle fortbewegt. Wir setzten dann Methoden der Postgenomik ein, um Gene zu identifizieren, mit deren Hilfe Listeria sich infizierte Zellen zunutze macht. Listeria wendet viele verschiedene Strategien an, um Menschen zu infizieren!

Im Laufe der Zeit sind Sie die oberste Autorität in Sachen Listeria geworden. Wie wurden Sie so erfolgreich?

Ich habe immer hart gearbeitet, und zwischendurch hatten wir auch Glück. Und ich habe jedes gute Angebot sofort angenommen. Ich wurde zum Beispiel gefragt, ob ich in einer anderen Institutsabteilung eine neue Forschungsgruppe gründen will. Obwohl ich mit meiner Stelle sehr zufrieden war, zögerte ich nicht eine Sekunde. Ich wusste, ich musste weitergehen, ohne zurückzublicken. Nicht weil ich davon geträumt hatte, eine Gruppe zu leiten oder Chefin eines Labors zu werden, das war nie mein Ziel. Mein Ziel war schlicht und einfach, in meiner Arbeit erfolgreich zu sein und auf meinem Gebiet an vorderster Front zu forschen.

Es klingt, als hätten Sie die Gewohnheit, zur rechten Zeit am rechten Ort zu sein.

Ja, das stimmt. Als ich aus den USA zurückkehrte, explodierte die Molekularbiologie gerade. Man wusste, wie man Gene manipuliert. Dann bekam das Pasteur-Institut sein erstes Konfokalmikroskop, mit dem wir Bakterien untersuchen konnten. Es folgte die DNA-Sequenziertechnik, und ich war die Erste am Pasteur-Institut, die sie auf ein Gen anwendete. Später habe ich die Sequenzierung des Genoms von Listeria monocytogenes koordiniert und dieses mit dem Genom der nicht-pathogenen Art, Listeria innocua, verglichen.

Wie ist es, in Frankreich Wissenschaftlerin zu sein, im Unterschied zu Deutschland und den USA?

In den USA steckt mehr Geld in der Wissenschaft. Frauen bekommen zunehmend Anerkennung, aber es gibt immer noch Schwierigkeiten. Deutschland ist für Wissenschaftlerinnen härter, weil Männer leichter die Professuren bekommen. In Frankreich ist das anders, hier werden Ihnen dauerhafte Positionen angeboten. Diese sind nicht an ein Forschungszentrum, sondern an Personen gebunden. So können Sie von Abteilung zu Abteilung ziehen oder von einem Institut zum anderen. Ich habe meine Position am Pasteur-Institut seit 48 Jahren und bin immer noch glücklich damit.

Wer sind in all den Jahren Ihre Mentoren gewesen?

Mein wichtigster Mentor war Georges Cohen. Ich arbeitete während meiner Promotion in seinem Labor. Julian Davis, mein letzter Chef am Pasteur-Institut, war ein wichtiger Ansporn für mich. Er genießt allgemein das Leben. Er sagte mir auch, dass es wichtig ist, viel Geld zu haben, wenn man ein Labor leitet. Er hatte vollkommen recht!

Haben Sie es immer geschafft, ausreichend Forschungsgelder einzuwerben?

Ich habe nie Probleme mit der Finanzierung gehabt. Ich habe immer gewartet, bis ein Projekt reif war, bevor ich nach Geld gefragt habe. Und ich habe nicht gewartet, bis mir das Geld ausging, sondern rechtzeitig nach mehr gefragt.

Hat es Ihnen geholfen, eine Frau zu sein, als Sie Ihr Labor leiteten?

Eine Frau zu sein half mir, viele kleine Dinge wahrzunehmen. Ich führte mein Labor wie eine große Familie und kümmerte mich um die psychologischen Bedürfnisse eines jeden. Ein Mann hätte das wahrscheinlich anders gemacht, denn Männer neigen dazu, mehr an ihre eigenen Bedürfnisse zu denken, weil sie mehr Selbstvertrauen haben. Ich habe mein Selbstvertrauen erst sehr spät gefunden, als ich bereits als erfolgreiche Wissenschaftlerin anerkannt war.

Es ist sicher essenziell, die richtigen Menschen für das eigene Labor einzustellen.

Das ist lebenswichtig. Ein Beispiel: Ich habe einmal ein schwarzes Schaf eingestellt, und mein Labor begann auseinanderzufallen. Das war eine wertvolle Lektion für mich: Wenn es ein kleines Problem gibt, löse es sofort, bevor es zu einer Katastrophe eskaliert. Die Menschen im Labor sollen sich wohlfühlen, über ihre eigenen Projekte bestimmen und nicht in Konkurrenz zueinander stehen. Man muss auch eine Balance finden zwischen den Individuen, die man beschäftigt. Ich habe immer versucht, ein Gleichgewicht zwischen Männern und Frauen herzustellen, und dafür auch mal hervorragende Frauen abgelehnt.

Arbeiten Sie gerne mit anderen zusammen?

Ich arbeite gerne mit guten Leuten, denen ich vertrauen kann. Ich halte nichts von Zusammenarbeit als Selbstzweck. In einer effizienten Kooperation müssen beide Gruppen effizient arbeiten: Die Forschung ist ein Rennen, und wir wollen die Ersten sein.

Sind Sie heute immer noch genauso hungrig nach Erfolg?

Eher noch mehr als zu Beginn meiner Karriere, weil ich eine bessere Vorstellung davon entwickelt habe, was los ist. Ich will immer die großen Fragen beantworten, die kleinen Details interessieren mich nicht.

Wie sehen Ihre Pläne für die Zukunft aus?

Ehrlich gesagt fürchte ich mich vor meiner nächsten Lebensphase. Wenn man siebzig wird, schließt einem das Pasteur-Institut das eigene Labor. Das bedeutet, dass ich meine Arbeiten bald abschließen muss. Das ist schrecklich, weil sie mein Leben, meine Identität sind. Ich überlege noch, wie ich meine Forschung fortsetzen kann – ich will nicht die Zeit verschwenden, die mir noch bleibt. Außerdem liebe ich meine fünf Enkel, deshalb will ich nicht zu weit wegziehen. Im Grunde weiß ich nicht, was passieren wird. Vielleicht nehme ich ein Sabbatical. Ich bin nebenbei auch »Secrétaire perpétuel« der französischen Akademie der Wissenschaften, was mich auf Trab hält. Aber dieses Amt könnte mir nie die Forschung ersetzen. Alles in allem ist das gerade keine leichte Phase. Und mein Vater ist vor zwei Monaten gestorben. Eine gute Sache ist, dass ich einen Vertrag für ein weiteres Buch bekommen habe.

Sie haben bereits ein Buch geschrieben, oder?

Ich habe immer davon geträumt, ein Buch zu schreiben. Deshalb war ich sehr glücklich, als ich 2016 von Odile Jacob, der Verlegerin und Tochter des Nobelpreisträgers François Jacob, eingeladen wurde, eines zu schreiben. Als ich Odile traf, sprachen wir stundenlang über ihren Vater, bevor sie mich nach meinen Buchplänen fragte und einwilligte. Ich habe vor Freude getanzt und das Buch sehr schnell geschrieben.

»WAHRSCHEINLICH BEKOMMST DU KEINEN NOBELPREIS, ABER GIB DEIN BESTES!«

Brian Schmidt | Astronomie

Professor für Astrophysik und Vizekanzler der Australian National University in Canberra
Nobelpreis für Physik 2011
Australien

Professor Schmidt, warum sind Sie Wissenschaftler geworden?
Ich bin quasi mit der Wissenschaft aufgewachsen, denn mein Vater war Biologe. Er forschte über Fische und arbeitete an seiner Doktorarbeit im Fischereiwesen, während er mich betreute. Ich bekam alles mit, was er tat, und ich fand es toll, wie er forschte. Er hatte einen großen Einfluss darauf, dass ich das dann auch wollte. Schon als kleiner Junge wollte ich immer verstehen, wie Dinge funktionieren. Also wusste ich schon von frühester Kindheit an, dass ich auch mal Wissenschaftler wer-

den wollte. Ein anderes Ziel hatte ich nie. Ich hatte auch ein paar wunderbare Lehrer, vor allem in der Highschool. Sie halfen mir, meinen Traum wahr zu machen.

Sie waren fast immer der Beste in der Highschool, auf Platz zwei oder drei von 300. An der Universität waren Sie der Beste von 3000, und auch in Harvard waren Sie sehr erfolgreich. War das schon immer so, dass Sie ganz vorn sein wollen?

Eigentlich habe ich mir nie Gedanken darum gemacht, der Beste zu sein. Ich war schon stolz auf meine Leistungen in der Highschool und war ein bisschen überrascht, an der University of Arizona den besten Abschluss zu machen. Es geht nicht darum, der Beste zu sein, sondern darum, gut zu sein. In der Highschool habe ich alles mitgemacht. Ich spielte Theater, machte Geländelauf und Langlauf, und ich spielte Horn im Schulorchester. An der Uni gab ich viele dieser Aktivitäten auf und konzentrierte mich viel mehr aufs Lernen. Ich begann zu forschen, was in den 1980er-Jahren als normaler Student in den USA eher ungewöhnlich war.

1993 machten Sie dann Ihren Doktor und gründeten im folgenden Jahr Ihr Forschungsprojekt mit dem High-Z Supernova Search Team.

Ich hatte eine Postdoktorandenstelle am Smithsonian Center for Astrophysics in Harvard und überlegte, was ich danach machen wollte. Ich arbeitete an mehreren interessanten Projekten, aber Anfang 1994 wurde mir klar, dass wir jetzt die Gelegenheit hatten, in die Vergangenheit zu sehen und zu messen, wie sich das Universum im Laufe der Zeit verändert und ausgedehnt hat. Das wollte man schon seit 75 Jahren, und 1994 gab es endlich die Technologie und das Wissen, um das möglich zu machen. Als mir das klar wurde, beschloss ich, alles andere fallen zu lassen und nur noch daran zu arbeiten.

Ihr Kollege Saul Perlmutter hatte damals schon seit Jahren an diesem Thema geforscht. Sie waren ein junger Wissenschaftler, der in sein Forschungsgebiet eindrang und ihm Konkurrenz machte.

Perlmutter und sein Team arbeiteten seit 1988 daran, aber viele bedeutende Leistungen wurden erst 1994 erbracht. Einer meiner Kollegen aus Chile, mit dem ich arbeitete, fand heraus, wie man Entfernungen mithilfe von Supernovae des Typs 1a präzise misst. Perlmutters Team hatte das einfach als gegeben vorausgesetzt. 1994 kam auch das Keck-Teleskop, ein zehn Meter langes Teleskop, auf den Markt. Zum ersten Mal hatten wir ein Teleskop, das groß genug war, um Supernovae zu beobachten. Nicht nur um ihre Helligkeit zu bestimmen, sondern um sie zu identifizieren. Aber man muss verstehen, dass ich als Astronom an die Sache heranging und Perlmutters Team eher von der physikalischen Seite. Wir hatten von Beginn an unterschiedliche Ansätze. Als ich den Versuch aufbaute, sah ich mir an, was sie taten, und sagte mir: Das, das, das und das werde ich anders machen. Und dann sahen sie sich an, was wir taten, und änderten ein paar Abläufe bei sich. So wurde schließlich ein Wettrennen daraus. Ich hätte nicht vier Jahre daran arbeiten und dann feststellen wollen, dass die andere Gruppe doch recht hatte.

1998 veröffentlichten Sie Ihre Ergebnisse in einer Top-Fachzeitschrift. Sind die Veröffentlichungen auch ein wichtiger Faktor im wissenschaftlichen Konkurrenzkampf?

Wir gingen zu einer der beiden wichtigsten Astronomie-Fachzeitschriften, und das andere Team ging zur anderen. Unser Paper wurde kurz vor ihrem veröffentlicht, aber letztendlich bekamen beide fast die gleiche Anerkennung. Eine Weile wurde es dann ziemlich hitzig, weil sie uns so weit voraus gewesen waren. Und als wir vor ihnen veröffentlichten, waren sie überrascht, wie weit wir gekommen waren. Meinem Kollegen Adam Riess haben wir da viel zu verdanken, denn er brachte uns dazu, alles ganz schnell abzuschließen. Plötzlich hatten wir eine Lösung, und ich glaube, die Mitglieder des anderen Teams hatten wirklich Sorge, dass wir die ganze Anerkennung einheimsen.

2011 bekamen Sie, Riess und Perlmutter den Nobelpreis. Der Astronom Robert Kirschner sagte mal, dass die stärkste Kraft im Universum nicht die Schwerkraft ist, sondern die Eifersucht. Sie erwähnten schlechtes Benehmen im Zusammenhang mit dieser Ehrung.

Bei der eigentlichen Zeremonie benahmen sich alle ganz gut, aber vorher nicht. Im Vorfeld der Preisvergabe herrschte in manchen Kreisen ein regelrechtes Gedränge darum, wer ihn bekommen sollte. Ein Nobelpreis kann auf bis zu drei Preisträger aufgeteilt werden, und es waren sechzig Leute an dieser Entdeckung beteiligt. Letztendlich bekamen Riess, Perlmutter und ich den Preis zu Recht, aber auf beiden Seiten plagte einige das grässliche Gefühl, ihn nur knapp verpasst zu haben.

Viele junge Wissenschaftler arbeiten fast Tag und Nacht, und ihre Familien sehen sie nicht sehr oft. Wie war das bei Ihnen?

Ich habe ziemlich viel gearbeitet, vor allem während dieser entscheidenden drei Jahre, in denen wir die Supernovae erforschten. Ich habe immer versucht, ein guter Ehemann und Vater zu sein, aber die Arbeit nimmt einen schon sehr in Beschlag. Man muss aber dafür sorgen, dass man nur hart arbeitet, wenn es sein muss. Hätte ich in diesen drei Jahren nicht Tag und Nacht gearbeitet, hätte ich den Nobelpreis wahrscheinlich nicht bekommen.

1997 bewarben Sie sich für eine Vollzeitstelle an der Eliteuniversität Caltech (California Institute of Technology), die Sie dann aber doch nicht annahmen, weil Sie glaubten, Ihre Frau würde sich sonst scheiden lassen.

Ich besuchte das Caltech, und nach einigen Tagen dort wurde mir klar, dass das nicht die richtige Umgebung für mich und meine Familie war. Es wäre einfach zu viel gewesen. Ich hatte damals keine Stelle, weil die an der Australian National University Ende 1997 auslief, aber ich traf die Entscheidung trotzdem. Letztendlich ist das eigene Leben das Wichtigste, was man hat. Man darf nie sein Leben oder seine Familie seiner Arbeit opfern. Man muss ein Gleichgewicht im Leben finden, und die Arbeit ist nicht das Leben. Jetzt erlebe ich Glück durch meinen Weinberg und die Kellerei oder indem ich rausgehe und etwas mit der Familie unternehme. Wenn ich mich entscheiden müsste, käme die Familie an erster Stelle und die Forschung an zweiter, denn ich wäre niemals so erfüllt als Mensch, wenn ich nur die Forschung hätte.

Sie haben mal gesagt, es sei wichtig, die richtige Frage zu stellen. Was sind die richtigen Fragen?

Diejenigen, die einen selbst interessieren. Ich weiß, dass ich an der richtigen Frage arbeite, wenn ich unbedingt die Antwort finden will und nachts aufbleibe, um sie zu knacken. Und wenn ich sie Leuten erklären kann, die keine Wissenschaftler oder Experten sind. Das ist mir etwa drei- oder viermal in meinem Leben passiert, und jedes Mal war es das wert. Man muss immer weitersuchen und sich umsehen, Augen und Geist offen halten für die Dinge, die zu einem kommen. In der aktuellen Stimmungslage ist es entscheidend, Risiken einzugehen. Wer als Wissenschaftler heute keine Risiken eingeht, hat keine Relevanz, jedenfalls nicht für die Forschung. Der Zweck der Wissenschaft ist es, Grenzen zu durchbrechen. Als forschender Wissenschaftler ist es wirklich wichtig, diese Leidenschaft zu spüren. Und man muss zwar klug sein, aber kein Genie.

Was ist Ihr Beitrag für die Gesellschaft?

1995, noch bevor ich ein berühmter Wissenschaftler war, brachte ich anderen Leuten bei, was sie brauchten, um in die Welt zu gehen und interessante Arbeit zu leisten. Und auf der Arbeit von damals wird heute noch aufgebaut. Wenn all diese Menschen an den Grundlagen des Wissens arbeiten, entsteht manchmal ein kleiner Funken. Die schneller werdende Ausdehnung des Universums, die ich mitentdeckt habe, war einer dieser Funken. Meine Rolle in unserer Gesellschaft ist es, ein Teil dieses Funkens zu sein, darauf aufzubauen und die Menschen zu verändern und zu motivieren, Großes zu leisten.

Könnten Sie einem sechsjährigen Kind verständlich erklären, woran Sie forschen?

Meine Arbeit als Astronom ist es, in den Himmel zu den Milliarden und Abermilliarden von Sternen aufzusehen und zu fragen, wie lange wir schon hier sind. Wie lange gibt es unsere Erde und die Sonne und das Universum bereits? Wie hat das Universum angefangen, und wie wird es einmal enden? Diese Fragen versteht auch jedes sechsjährige Kind, ob aus Australien oder aus Namibia.

Haben Sie eine Botschaft an die Welt?

Die Wissenschaft gibt uns die Möglichkeit, an allen möglichen Dingen zu arbeiten, auch solchen, die wir noch nicht verstehen. Und sie befähigt Menschen, Experten für Dinge zu werden, die sich als sehr nützlich erweisen. Die meisten Leute sind der Ansicht, dass sie nie einen Nobelpreis gewinnen. Ich habe das ganz sicher nicht erwartet. Aber geh nicht davon aus, dass du nicht einen der großen Durchbrüche erzielst! Wahrscheinlich bekommst du keinen Nobelpreis, aber gib dein Bestes! Du wirst zum Wissen beitragen und dazu, die Welt besser zu machen, und vielleicht bist du derjenige, der den Funken entzündet. Jemand muss die großen Dinge tun, die der Menschheit helfen, sicher in die Zukunft zu kommen. Und das könntest du sein.

»ICH HALTE ES FÜR SEHR WAHRSCHEINLICH, DASS WIR NICHT ALLEINE SIND.«

Avi Loeb | Physik und Astronomie

Professor für Astrophysik
an der Harvard University in Cambridge
USA

Herr Professor Loeb, Sie haben einmal gesagt, Sie würden jeden Morgen mit einer neuen Idee aufwachen. Welche Idee hatten Sie heute?

Heute habe ich mich gefragt, ob die Nähe eines Sterns zu einem anderen darüber entscheiden könnte, ob ein Stern kollabiert. Die meisten massereichen Sterne haben Begleiter. Je mehr Sterne beisammen sind, desto größer die Instabilität. Wenn drei und mehr Sterne einander umkreisen, steigt die Wahrscheinlichkeit, dass sie ineinanderstürzen. Dabei entsteht ein deutlich größerer Stern, der schließlich ein Schwarzes Loch werden könnte.

Warum kommen Ihnen die besten Ideen unter der Dusche?

Dort stört mich niemand. Es entspannt mich, und ich habe Zeit zum Nachdenken. Auch in der Natur zu sein hilft mir beim Denken. Das reicht zurück bis in meine Kindheit. Ich fuhr mit dem Traktor in die Hügel, um in aller Stille Philosophiebücher zu lesen.

Sie wurden 1962 in Beit Hanan, einem Moschaw in Israel geboren. Wie hat die Kindheit auf einem Bauernhof Sie geprägt?

Ich hatte eine schöne Kindheit. Ich spielte auf den Feldern, machte Sport und las später als Teenager über Philosophie, allein oder mit meiner Mutter, die halb Spanierin, halb Bulgarin ist. Meine intellektuellen Interessen habe ich von ihr. Sie gab ihre akademischen Ambitionen auf, als sie meinen Vater kennenlernte, der eine Pecannuss-Fabrik leitete. Sie gründete mit niedrigem Einkommen eine Familie und widmete ihr Leben ihren Kindern. Aber sie kaufte Bücher, unterhielt sich mit mir über Philosophie, und nachdem meine beiden Schwestern ausgezogen waren, nahm sie mich zu Vorlesungen mit. Mit fünfzig hat sie ihren Doktor gemacht. Meine Mutter hatte einen enormen Einfluss auf mein Denken. Wie ich war sie einfach anders. Hochgebildet kam sie von der Universität Sofia in unser Dorf. Sie brachte mir bei, wie man anders denkt und sich auf intellektuelle Tätigkeiten konzentriert. Sehr traurig, dass sie kürzlich gestorben ist. Ich habe sie jeden Morgen angerufen.

Ihr Vater kam aus Deutschland. Hat er Ihnen deutsche Wesenszüge mitgegeben?

Er verließ Deutschland 1935, noch vor dem Krieg. Aber er liebte die deutsche Kultur. Er hörte Strauss, kaufte Autos von VW und besuchte Deutschland. Ich habe nicht seine deutsche Pünktlichkeit geerbt, aber seine Glaubwürdigkeit, seine Ernsthaftigkeit und seine Verbundenheit mit dem Land.

Welche Prinzipien haben Ihre Eltern Ihnen vermittelt?

Ehrlichkeit. Nicht so zu tun, als ob man jemand wäre, der man nicht ist. Freunde zu suchen, denen man vertrauen kann. Ich suche für mein Team immer Menschen aus, denen ich trauen kann. Sie müssen intelligent sein und die Wahrheit sagen. Bei mir bekommen Sie das, was Sie sehen, und diese Qualität schätze ich bei anderen. Es ist wie mit der Ehe: Die wichtigste Sache für Ihre Gesundheit ist die Person, mit der Sie leben.

Wie haben Sie Ihre Frau kennengelernt?

Unsere Mütter kannten sich und haben ein Treffen arrangiert. Wir passten gut zusammen. Wir ergänzen uns und haben viel gemeinsam. Wir verstehen einander. Es ist ein Wunder. Meine Frau sagt mir immer die Wahrheit und vertritt ihre eigene Meinung. Ich mag starke Menschen, die nicht unbedingt meiner Meinung sind.

Was machen Sie, wenn Sie kritisiert werden?

Ich höre zu und lerne daraus. Früher wurde ich wütend, merkte dann aber, dass es nichts brachte. Man muss verstehen, was andere sagen, und davon lernen. Bei der Arbeit fördere ich Vielfalt, indem ich Menschen mit unterschiedlichen Hintergründen einstelle, die verschiedene Perspektiven auf Probleme haben. Ich will keine Menschen, die mir nur nachplappern. Ich mag Menschen, die anders sind.

Sie sind immer anders gewesen. An Ihrem ersten Schultag sahen Sie, wie die anderen Kinder auf und ab hüpften, machten aber nicht mit. Warum?

Ich tue nie etwas, ohne mir zuerst Gedanken darüber zu machen. Der Lehrer dachte, ich sei gut erzogen, tatsächlich überlegte ich aber, ob dieses Hüpfen einen Sinn hat. Es verwundert mich, dass andere Menschen nicht nachdenken, bevor sie handeln. Ich bin da immer anders gewesen. Anders zu sein ist nicht leicht. Die Leute mögen einen dann nicht. Man wird bei jedem Schritt drangsaliert. Ich schütze mich vor Schmerz durch einen starken Willen, sodass es mir egal ist, was andere sagen. Ich habe mir eine Schutzhülle geschaffen, einen Kokon, wie ein verpuppter Schmetterling. Das hat Jahre gedauert. Als ich stark genug war, um unabhängig zu sein, habe ich meine Flügel ausgebreitet und bin geflogen. Doch erst in den letzten Jahren empfinde ich Zufriedenheit darüber, so zu sein, wie ich bin, ohne mir über andere den Kopf zu zerbrechen. Es hat 54 Jahre gedauert, mein Selbstvertrauen zu finden.

Sie waren acht Jahre beim israelischen Militär. Auch da stachen Sie heraus: Unter Tausenden von Soldaten waren Sie einer von zwei Dutzend, die für das Elite-Förderungsprogramm Talpiot ausgewählt wurden.

Mit einem Gewehr herumzurennen hat mich nicht interessiert. Ich wollte geistige Arbeit machen. Zuerst war ich Fallschirmspringer, fuhr Panzer und diente in jeder militärischen Einheit. Dann bekam ich die Erlaubnis,

Physik und Mathematik zu studieren. Eigentlich wollte ich Philosophie studieren. Ich war der erste Teilnehmer des Programms, der promovierte: über Plasmaphysik an der Hebräischen Universität.

So trat die Physik in Ihr Leben. War es Liebe auf den ersten Blick?

Zu jener Zeit wusste ich noch nicht, dass Physik Teil meiner künftigen Laufbahn sein würde. Dann habe ich ein Projekt geleitet, das erste, das von Ronald Reagans sogenanntem Star-Wars-Programm in den 1980ern gefördert wurde. So kam ich nach Washington. Bei einem meiner Aufenthalte empfahl mir ein prominenter Physiker, an das Institute for Advanced Study in Princeton zu gehen. Dort wurde ich Professor John Bahcall vorgestellt, einem Astrophysiker, der mir ein Stipendium über fünf Jahre anbot. Ich sollte mich dann für einen Fakultätsposten in Harvard bewerben. Ich bekam den Job, nachdem ihn ein anderer abgelehnt hatte, und zog 1993 als Assistenzprofessor in der Astronomie nach Harvard. Drei Jahre später hatte ich eine Festanstellung. Also Liebe auf den ersten Blick? Es fühlte sich eher wie eine arrangierte Ehe an, in der man erst später merkt, dass die andere Person tatsächlich die große Liebe ist.

So fing Ihre Karriere in der Astronomie an. Zu Beginn konzentrierten Sie sich auf die wissenschaftliche Version der Genesis. Was hat Sie daran interessiert?

Mich interessierte, wie das erste Licht entstand. Ich war einer der Ersten, die untersuchten, wie und wann sich die ersten Sterne und Schwarzen Löcher formten und welche Auswirkungen dies auf das junge Universum hatte. Ich arbeite gerne alleine an einer Idee, denn dann besteht die Chance, dass ich etwas Neues entdecke. Letztlich bleibt es eine der grundlegendsten Fragen, eine, die wir nicht vollständig verstehen: Wie kam es, dass wir auf diesem Planeten existieren? Ich finde, die Wissenschaft sollte sich nicht auf die Suche nach primitiven Lebensformen anderswo konzentrieren. Meines Erachtens sollten wir nach intelligentem Leben Ausschau halten. Es ist arrogant zu glauben, wir seien besonders oder einzigartig. Als meine Töchter jung waren, dachten sie, die Welt drehe sich nur um sie. Als sie älter wurden, merkten sie, dass es noch andere Kinder gab. Damit unsere Zivilisation reifen kann, braucht sie Beweise für außerirdische Zivilisationen. Ich halte es für sehr wahrscheinlich, dass wir nicht alleine sind.

Sie machten Schlagzeilen, als Sie vorschlugen, 'Oumuamua könnte ein außerirdisches Raumschiff sein.

'Oumuamua war das allererste Objekt von außerhalb des Sonnensystems, das wir in der Nähe der Erde beobachten konnten. Auf der Grundlage von sechs besonderen Eigenschaften stellten wir die These auf, dass es von einer anderen Zivilisation stammen könnte, dass es vielleicht künstlichen Ursprungs ist. Selbst wenn es ein natürliches Objekt ist, lohnt sich die Beschäftigung mit ihm. Wir wollen das im Bau befindliche Vera C. Rubin Observatory nutzen, ein besonders leistungsfähiges Spiegelteleskop, um mehr Objekte dieser Art zu finden und ihren Ursprung zu ermitteln.

Wie sind Sie dazu gekommen, 'Oumuamua und andere Lebensformen aus dieser Perspektive zu betrachten?

Ein Grund war meine Arbeit mit Yuri Milner, einem russisch-israelischen Unternehmer aus dem Silicon Valley.

> »ICH HABE ES GESCHAFFT, IN MEINER EIGENEN BLASE ZU LEBEN UND DINGE ZU TUN, DIE MIR SPASS MACHEN.«

Er schlug mir vor, ein Projekt zu leiten, um eine Sonde zum nächsten Stern zu schicken, der etwa vier Lichtjahre entfernt ist. Ich sagte, ich bräuchte sechs Monate, um daran zu arbeiten. Dann rief er mich an und fragte nach meinen Ergebnissen. Ich war gerade mit meiner Familie in Israel auf dem Weg zu einer Ziegenfarm. Ich wollte keine Ablenkung vom Familienurlaub. Also stand ich um fünf Uhr morgens auf, hockte mich vors Büro, wo es Internet gab, betrachtete die Zicklein, die in der Nacht zur Welt gekommen waren, und tippte meine Präsentation in meinen Laptop.

Zwei Wochen später zeigte ich sie Yuri Milner in seinem Haus. Ich schlug vor, Segel zu nutzen, ähnlich den Segeln eines Segelboots, nur dass sie von Licht statt von Wind angetrieben würden. So bräuchte man keinen Treibstoff mitzunehmen, und es ließe sich durch den Einsatz von Lasern theoretisch ein Fünftel der Lichtgeschwindigkeit erreichen. Das brachte mich auf die Frage, ob andere Zivilisationen dasselbe täten – einen mächtigen Lichtstrahl auf ein Segel richten, um es anzutreiben. Dann dachte ich: Was für Lebensformen gibt es da draußen?

Ihre 'Oumuamua-Hypothese hat viel Aufmerksamkeit bekommen, auch kritische. Brauchen Sie die Bestätigung Ihrer Ideen durch andere?

Ich bin gegen Aufmerksamkeit immun. Ich toleriere sie, weil es wichtig ist, der Öffentlichkeit zu zeigen, wie Wissenschaft funktioniert und dass sie ein menschliches Unterfangen mit Unsicherheiten und manchmal auch Fehlern ist. Viele Wissenschaftler sind von ihrem Ego getrieben. Ich nicht. Mich kümmert nicht, was andere denken. Ich tue nur das, was ich für richtig halte. Als ich jung war, schlug ich immer wieder neue Ideen vor, die oft ignoriert oder abgelehnt wurden, weil sie zu originell erschienen. Nach einiger Zeit dachte ich: Zur Hölle damit, ich mache die Dinge einfach auf meine Art. Tatsächlich sind einige meiner frühen Ideen in den letzten Jahren bestätigt worden. Ein Beispiel: Vor fünfzehn Jahren dachte ich, dass es einen Hotspot geben könnte, einen hellen Punkt um ein Schwarzes Loch herum, wie ein Blitzlicht, das man beobachten kann. Meine Kollegen taten die Idee ab, aber ich entschied, sie weiterzuverfolgen. Kürzlich hat dann ein Team unter Leitung des Max-Planck-Instituts für extraterrestrische Physik in Garching ein Instrument entwickelt, das Strahlungsausbrüche eines Schwarzen Lochs im Zentrum der Milchstraße beobachten konnte, im Einklang mit meiner Hotspot-Idee.

Lustigerweise bin ich inzwischen wegen meiner verschiedenen Positionen hoch angesehen, etwa in meiner Funktion als Direktor des Instituts für Astronomie in Harvard. Ich bin Vorsitzender des Beratungskomitees beim Forschungs- und Entwicklungsprojekt Breakthrough Starshot, das eine lasergetriebene Leichtbausonde zu den nächsten Sternen schicken will. Ich bin außerdem Gründungsdirektor der Black Hole Initiative an der Universität Harvard. Das ist das erste Zentrum zur interdisziplinären Untersuchung von Schwarzen Löchern weltweit. Wie auch immer, wenn ich morgen meinen Job los wäre, würde ich mit Freuden auf den Bauernhof zurückgehen und meine Arbeit dort fortsetzen, ohne jede Aufmerksamkeit.

Wie Sie interessierte sich auch der inzwischen verstorbene Stephen Hawking nicht dafür, was andere denken. Er hat Sie einmal besucht, nicht wahr?

Stephen Hawking kam für drei Wochen zu uns nach Hause, über Pessach. Die Menschen legen sich in Ketten, weil sie zu viel darüber nachdenken, was andere in ihrer Umgebung sagen. Nicht so Stephen Hawking. Er hatte viel Spaß. Er konnte sich zwar körperlich nicht bewegen, aber frei denken, ohne Schranken. Das ist die ultimative Freiheit.

Stephen Hawking hat gesagt, es gebe im Universum keine Möglichkeit für einen Gott. Empfinden Sie Gott, vielleicht in der Natur?

Ich bin immer wieder ergriffen, wie organisiert die Natur ist, wie alles denselben Regeln folgt. Das ist ein außergewöhnliches Mysterium für mich. Man könnte sagen, dass die Natur Gott reflektiert, aber das ist nicht der Gott der Religionen. Für mich geht es darum, etwas anzuerkennen, was größer als alles andere ist. Die Natur repräsentiert für mich genau das, ganz gleich, ob man es Gott oder Natur nennt.

Wenn wir Kinder sind, kümmern sich unsere Eltern um uns. Wenn wir erwachsen werden, wollen wir glauben, es gebe ein göttliches Elternteil, das auf uns aufpasst. Als Wissenschaftler ist es einfacher, innere Ruhe zu finden, wenn man das Universum als Ganzes betrachtet, das große Ganze, und feststellt, dass man nicht so besonders ist.

Wie sieht es mit dem jüdischen Glauben aus?

Ich bin als Jude geboren und bewundere den Reichtum der jüdischen Kultur und der jüdischen Religion, die unter widrigsten Bedingungen Jahrtausende überdauert haben. Vor ein paar Tagen ließ ich mir die Haare schneiden. Der Friseur zeigte auf mein graues Haar und bot an, es zu färben. Auf keinen Fall, sagte ich. Ich bin, wer ich bin. Ebenso bin ich stolz auf meine Wurzeln und darauf, Teil des jüdischen Erbes zu sein.

Was hat Sie noch geprägt?

Eine Kombination von Lebensumständen, Genen und Umwelteinflüssen. Es ist wie beim Kuchenbacken: Alle starten mit denselben Zutaten, aber am Ende kommt ein individueller Kuchen heraus. Ich bin glücklich mit der Wirklichkeit, die ich mir erschaffen habe. Ich habe es geschafft, authentisch und neugierig zu bleiben. Ich tanze nicht nach der Pfeife anderer Leute. In Princeton schaute ich manchmal Geschäftsleuten nach, wie sie in ihrer Anzuguniform zur Arbeit gingen. Wie Pinguine sahen sie aus. Dasselbe zu tun, was alle tun, wäre für mich eine schreckliche Beschäftigung. Ich habe es geschafft, in meiner eigenen Blase zu leben und Dinge zu tun, die mir Spaß machen. Ich mag zum Beispiel Schokolade: Die Hälfte meiner täglichen Kalorien kommt aus Schokolade. Aber ohne Zucker, damit ich kein Gewicht ansetze. Ich mag die Natur, und ich mag es, neue Ideen über den Himmel zu haben. Das Verrückte ist, dass ich dafür bezahlt werde. Stellen Sie sich das vor.

Wenn Sie einmal Muscheln betrachten: Einige haben anfangs eine wunderschöne Form, doch die Wellen nagen an ihnen, bis sie alle gleich aussehen. So ist das Leben. Man ist vielen Kräften ausgesetzt, die einen zu formen versuchen, sodass man wie der Rest aussieht. Mir ist es gelungen, meine Schale, oder mein Skelett, wenn Sie so wollen, unverwechselbar zu erhalten.

Sind Sie manchmal unglücklich?

Ich bin meistens glücklich. Die kurzen Augenblicke, in denen ich unglücklich bin, werden weniger. Natürlich hat mich der Tod meiner Mutter vor Kurzem unglücklich gemacht. Aber der Tod ist ein unausweichlicher Prozess. Diese Muscheln am Strand waren einmal lebendige Wesen, aber jetzt sind sie es nicht mehr. Man hinterlässt eine tote Hülle.

Was wollen Sie noch hinterlassen?

Wichtige Entdeckungen. Ich möchte Zeuge des ersten schlüssigen Beweises sein, dass irgendwo anders Leben existiert. Ich will etwas Neues entdecken. Ich habe große Freude daran, ohne Störung für mich allein nachzudenken, die Natur zu verstehen wie niemand vor mir. Ich möchte über mein Leben als ein Kunstwerk nachdenken.

Warum sollte ein junger Mensch ein wissenschaftliches Fach studieren? Was würden Sie ihm raten?

Wissenschaft ist das Privileg, die kindliche Neugier am Leben zu halten. Als Kinder hatten wir keine Angst, Fehler zu machen oder Risiken einzugehen. Als Wissenschaftler fahren wir fort, Fragen über die Welt zu stellen, und wir werden dafür bezahlt, Antworten zu finden. Es gibt nichts Aufregenderes. Unser Wissen ist eine kleine Insel im Meer der Unwissenheit, in einem Ozean der Unwissenheit. Die Aufgabe des Wissenschaftlers ist, die Landmasse dieser kleinen Insel zu vergrößern. Als ob man ein Entdecker ist, der neues Land findet, das niemand zuvor entdeckt hat.

Mein Rat an junge Menschen ist, der Wahrheit zu folgen und dem inneren Kompass, trotz aller Widerstände in der Welt draußen. Kümmern Sie sich weniger darum, was andere sagen. Die Wahrheit über die Welt lässt sich nicht von dem beeinflussen, was auf Twitter gepostet wird.

»ICH HATTE ALLES AUF EIN EXPERIMENT GESETZT UND MUSSTE ERST MAL VERKRAFTEN, DASS ICH VERLOREN HATTE.«

Wolfgang Ketterle | Theoretische Physik

Professor für Physik am Massachusetts Institute of Technology (MIT) in Cambridge
Nobelpreis für Physik 2001
USA

Professor Ketterle, Sie gelten als fleißig und ehrgeizig. Haben sich diese Eigenschaften durch Ihr ganzes Leben gezogen?

Ja, ich war immer fleißig, ehrgeizig und auch neugierig. Schon als Kind habe ich immer gerne mit Experimentierkästen gespielt, Chemie und Elektronik haben mir Spaß gemacht, und meine Eltern haben mich in meiner Neugier auch unterstützt. Aus Lego-Bausteinen habe ich eine Schaukel gebaut und ein Monster, das von einem Motor angetrieben mit Flügeln gewackelt hat. Wenn in meiner Kindheit zu Hause ein Gerät nicht ging, war ich auch derjenige, der es aufgeschraubt hat. Und wenn meine Mutter einen Stecker repariert hat, habe ich nachgeschaut, ob sie alles richtig verkabelt hatte.

Ihr Lebensweg wirkt zielstrebig und geradlinig.

Mein Weg bis zum Nobelpreis war eher ein Zickzackkurs. Zuerst wollte ich Physiker in der Industrie werden, weil ich lieber Produkte entwickeln wollte, als nur zu forschen. Im zweiten Teil meines Studiums war ich sehr interessiert an theoretischer Physik und habe darin auch meine Diplomarbeit gemacht. Danach habe ich entschieden, dass ich nicht im Elfenbeinturm der akademischen Welt bleiben möchte, und mich für die experimentelle Physik entschieden. Für meine Doktorarbeit habe ich über Moleküle geforscht. Ich ging dann nach Heidelberg, um mich angewandter Forschung zuzuwenden, Verbrennungsforschung mit Lasern in der physikalischen Chemie. Dort hatte ich eine langfristige Stelle, aber ich kam zu dem Schluss, dass ich doch mehr an offenen Fragen arbeiten und in die Grundlagenforschung zurückmöchte. 1990 bin ich mit 32 Jahren mit einem Stipendium ans MIT gekommen und habe mich mit ultrakalten Atomen beschäftigt. Das war ein neues Gebiet, und es gab die Erwartung, dass sich da noch einiges tun würde.

Sie haben einmal gesagt, dass es für Sie und Ihre Familie ein Wechsel ohne Sicherheitsnetz war. Warum haben Sie diesen Schritt gewagt?

Ich wusste, was ich wollte: eine Karriere in der Grundlagenforschung. Entscheidend war, dass ich zuvor als Postdoktorand in Heidelberg ins kalte Wasser gesprungen war. In weniger als einem Jahr habe ich mich dort so gut in die physikalische Chemie eingearbeitet, dass ich neue Akzente setzen konnte. Deshalb hatte ich keine Angst vor einer Postdoktorandenstelle in den USA und war sicher, dass ich mich auch in einem neuen Gebiet beweisen würde. Und dann lief es besser, als ich es mir jemals vorstellen konnte: Nach drei Jahren bekam ich eine Professorenstelle, und nach zwei weiteren Jahren machte ich die Entdeckung, für die ich 2001 den Nobelpreis gewann.

Sie haben eine Traumkarriere hingelegt, vorbei an allen amerikanischen Kollegen. Wie haben Sie als Deutscher alle anderen überholen können?

Ich würde sagen: nicht überholt, aber ganz vorne mitgemischt. Einer der wichtigsten Aspekte am MIT war, dass David Pritchard dort mein Boss und Mentor wurde. In Gruppenbesprechungen mit ihm in den ersten Wochen und Monaten habe ich bewundert, wie schnell er war und wie viel Wissen er im Kopf hatte. Es war meine Herausforderung, mit ihm auf derselben Ebene zu stehen. Innerhalb von einigen Monaten habe ich es mit harter Arbeit geschafft, mit ihm auf Augenhöhe zu diskutieren. Um schnell argumentieren zu können, musste ich Zahlen und Formeln im Kopf haben und ein Gefühl dafür entwickeln. Ich fing an, ein Notizbuch zu führen, und die wichtigen Zahlen zu lernen, bis ich sie im Kopf und auch im Gefühl hatte.

Sie haben den Nobelpreis für die Erzeugung des Bose-Einstein-Kondensats erhalten. Können Sie in einfachen Worten erklären, was das ist?

Bei Bose-Einstein-Kondensaten liegt eine Materie vor, deren Atome sich wie Laserlicht verhalten. Beim Licht gibt es zwei unterschiedliche Arten, nämlich das Licht einer Glühbirne und den Laser. Beim Laser gehen alle Photonen in eine Richtung und alles ist kohärent, bei einer Glühbirne geht Licht in viele Richtungen, alles ist inkohärent und zufallsmäßig verteilt. Genau dasselbe ist über Atome und Moleküle zu sagen. Im normalen Gas bewegen sich Atome und Moleküle durcheinander in alle Richtungen, im Bose-Einstein-Kondensat marschieren sie buchstäblich im Gleichschritt.

Sie haben sich den Nobelpreis mit Ihren Kollegen Eric Cornell und Carl Wieman geteilt, die das Bose-Einstein-Kondensat entdeckt haben. Sie haben es als Erster nachgemacht und sozusagen in die Realität gebracht.

Es gab über mehrere Jahre ein wissenschaftliches Kopf-an-Kopf-Rennen zwischen der Gruppe an der Universität von Boulder und meiner. Am Ende sind sie zuerst über die Zielgerade gekommen, und wir haben das Experiment nicht nachgemacht, sondern es mit anderen, von uns entwickelten Methoden ebenfalls geschafft. Innerhalb von ein paar Monaten sind so zwei unterschiedliche Zugänge gefunden worden.

In der Wissenschaft ist es sehr wichtig, der Erste zu sein, der etwas erforscht und publiziert hat. Wie gingen Sie damit um, dass Sie hier nicht der Erste waren?

Zwischen dem Juli 1995, als die Bose-Einstein-Kondensation in Boulder erzeugt wurde, und dem September, in dem wir unser Ergebnis hatten, hatte ich manchmal schlaflose Nächte. Ich hatte alles auf ein Experiment gesetzt und musste erst mal verkraften, dass ich verloren hatte. Aber dann haben wir unsere Bose-Einstein-Kondensation entdeckt und damit gezeigt, dass unsere ursprüngliche Idee funktioniert hat. Es hat nur ein paar Monate länger gedauert, sie technisch umzusetzen, und wir konnten hundertmal mehr Kondensat zehnmal schneller erzeugen, wir waren also in dem Sinne tausendmal besser. Trotzdem habe ich beschlossen, unsere Apparatur umzubauen und zu verbessern. Im Frühjahr 1996 hatten wir eine Traummaschine, die große Kondensate erlaubte, die reproduzierbar waren. Mit diesen Ergebnissen bin ich zu einer internationalen Konferenz in Frankreich gefahren. Ich war vor meinem Vortrag sehr aufgeregt, und ich habe zum ersten Mal die neue Maschine und die neuen Konzepte gezeigt, und jeder wusste, was wir da erreicht hatten. Für mich war das der Befreiungsschlag und in dem Moment wusste ich, dass ich vorne dran bin. Meine Gruppe hatte mit einem Riesenschritt vorwärts die Führung auf einem neuen Gebiet der Physik übernommen. Deshalb hat das Nobelpreiskomitee dann wohl auch entschieden, den Preis zu teilen.

Hat Sie bei der Nobelpreis-Zeremonie etwas besonders berührt?

Am eindrücklichsten war mein Nobel-Vortrag, in dem ich eine knappe Stunde lang über meine Ergebnisse sprechen durfte. Ich habe zwischen den ganzen Zeremonien daran gearbeitet und überlegt, wie ich ihn so gestalten kann, dass er nicht zu technisch ausfällt, Begeisterung erweckt und auch alle Menschen erwähnt, die zum Gelingen beigetragen haben. Ich habe im Leben nur bei wenigen Vorträgen hinterher eine solche Riesenbefreiung erlebt. Danach war ich mental erschöpft und bin ein paar Stunden später zum Nobel-Konzert gegangen. Ich hatte noch nie Musik erlebt, die so durch meinen Körper ging. Die ganze Spannung war von mir abgefallen, und die Musik war für mich ein dramatisches Erlebnis.

Haben Sie auch mal einen Preis für Ihr hartes und nächtelanges Schaffen zahlen müssen?

Als Wissenschaftler steckt mir manchmal auch spät am Abend noch etwas im Kopf, und ich denke darüber nach und lasse nicht los. Oder ich gehe am Samstag ins Labor, weil etwas während der Woche nicht funktioniert hat. Ich arbeite mit Leidenschaft, und eine ähnliche Intensität spüre ich auch für meine Familie, aber ich weiß, dass ich nicht immer jeder Sache voll gerecht werden kann. Deshalb brauche ich einen Partner, der dies versteht. Meine erste Frau hat das leider sehr eng gesehen und wollte mich ändern. Meine zweite Frau akzeptiert mich so, wie ich bin. Sie ist Professorin für Geschichte an der Suffolk University und weiß, was es bedeutet, an einer Publikation zu arbeiten und Verantwortung für Studenten zu haben.

Wann hatten Sie Angst in Ihrem Leben?

Ein paarmal gab es für mich Situationen mit großer Ungewissheit. In meiner Doktorarbeit stellte sich nach einem Jahr heraus, dass das Thema nicht machbar ist. Plötzlich war ich an einem Punkt, an dem ich nicht wusste, welches mein nächster Schritt sein konnte. Oder 1995, als eine andere Gruppe zuerst die entscheidende Entdeckung machte und mir klar wurde, dass ich vielleicht nie die Anerkennung für die Arbeit von mehreren Jahren bekommen würde und es ein großes Risiko war, alles auf eine Karte zu setzen. In meinem Privatleben war ich in der Situation, vor dem Scheidungsrichter zu stehen und zu wissen, dass ich Teile meiner Familie verlieren kann. Da hatte ich große Angst, weil ich merkte, dass ich die Dinge nicht mehr voll unter Kontrolle habe und eine Entscheidung zu meinen Ungunsten gefällt werden könnte. Ich habe mir klargemacht, dass ich neu anfangen kann, und hatte Optimismus. Die Erschütterung kam eher durch das hässliche Rumgezerre an den Kindern, das mir für mehrere Jahre das Leben schwergemacht hat. Aber ich hatte immer die Gewissheit, dass es nötig und auch für alle richtig war, die Möglichkeit zu haben, ein besseres Leben aufzubauen.

Was ist Ihre Botschaft an die Welt?

Ich würde sagen, dass es fast immer eine gute Lösung für ein Problem gibt, oft sogar eine bessere, als man sich jemals vorgestellt hat. Es treibt die Wissenschaft voran, dass sich überraschende Lösungen bei scheinbar unlösbaren Problemen finden lassen. Aber auch im Familienbereich hilft die Einstellung, dass sich Probleme im Kleinen und im Großen lösen lassen, wenn man bereit ist, anzupacken und Kompromisse zu machen.

»ICH WOLLTE HERAUSFINDEN, WAS GOTT VERSUCHT, VOR UNS ZU VERSTECKEN.«

Ron Naaman | Physikalische Chemie

Professor für chemische Physik am Weizmann-Institut für Wissenschaften in Rehovot
Israel

Professor Naaman, warum haben Sie sich für die Welt der Wissenschaft entschieden?
Ich wollte herausfinden, was Gott versucht, vor uns zu verstecken. Ich wollte ihn zwingen, die Hosen runterzulassen. Als Wissenschaftler hat man das Ziel, zu entdecken, was wir noch nicht wissen, das Großartige zu finden, das die Natur vor uns verbirgt. Und wenn man etwas findet, das die Denkweise der Menschen verändert, leistet man einen gewaltigen Beitrag zu unserer Welt. Das ist mein Triumph.

Eine tolle Motivation für junge Menschen, auch in die Wissenschaft zu gehen.

> Ja! Denn in der Wissenschaft kann man etwas sehr Seltenes erreichen: der weltweit führende Experte auf einem Gebiet zu sein! Ich glaube nicht, dass man das in irgendeinem anderen Beruf so einfach schafft. Wer eine große Karriere will, ist auf dem falschen Dampfer. Aber wer sich ein aufregendes Leben wünscht, ist hier genau richtig. Wie viele Leute meines Alters rennen schon jeden Morgen voller Begeisterung und Vorfreude zur Arbeit? Natürlich kann man schnelles Geld verdienen und schon mit dreißig ein optimiertes Leben haben. Aber was macht man dann mit dem Rest seines Lebens? Als Wissenschaftler erschafft und lernt man immer weiter, es ist nie zu Ende. Das hält einen jung.

Und wie muss man mental gestrickt sein, um in der Wissenschaft Erfolg zu haben?

> Man muss Fragen stellen und Unsicherheit aushalten können. Es ist ein heikler Balanceakt zwischen Sturheit und Hartnäckigkeit. Die Menschheit lässt sich in zwei Kategorien unterteilen: diejenigen, die den normalen Weg wählen, um ihr Ziel zu erreichen, und diejenigen, die immer den nicht normalen Weg nehmen. Wenn man ein kreativer Wissenschaftler sein will, muss man zur zweiten Gruppe gehören. Das ist vielleicht manchmal riskant, aber es ist auch aufregend. Man muss auch anders denken können, weil man ein Problem neu betrachten muss, um auf eine neue Antwort zu kommen.

Ist es eine besondere Gabe, dass Sie anders denken?

> Vielleicht hatte die jüdische Tradition, Kinder zu unabhängigem Denken zu erziehen, einen Einfluss auf meine Denkweise. Und wenn man zu einer Minderheit gehört, lernt man auf jeden Fall, mit Kritik umzugehen und hartnäckig zu bleiben. Denken Sie nur daran, dass Einsteins Doktorarbeit zweimal abgelehnt wurde! Die meisten Menschen geben nach dem zweiten Mal auf, er aber nicht.

Könnten Sie Ihre Forschung bitte erklären?

> Dazu muss ich erst die Eigenschaft der Chiralität (Händigkeit) bei Molekülen erklären. Alle wichtigen Bausteine in der Natur, wie Proteine oder DNA, sind chiral: Sie treten bei ansonsten identischer Struktur in zwei spiegelbildlichen Formen auf, wie unsere linke und rechte Hand. Sie sehen also vollkommen gleich aus, aber wie unsere Hände sind sie nicht identisch. In der Natur, bei Pflanzen, Tieren und Menschen, kommen alle chiralen Moleküle nur in einer Form vor. Wenn man aber diese Moleküle im Labor künstlich herstellt, bekommt man links- und rechtshändige Moleküle im Verhältnis eins zu eins. Nehmen wir ein Medikament ein, das beide Formen enthält, kann das zu Nebenwirkungen führen, und in manchen Fällen, wie beim Thalidomid, können diese Nebenwirkungen verheerende Folgen haben. Die Moleküle müssen daher sortiert werden, damit man eine gereinigte Version mit nur einer Form erhält. Das ist ein sehr schwieriges und teures Verfahren. Dank unserer Forschung ist dieser Trennungsprozess viel billiger und einfacher geworden.

Und wie machen Sie das?

> Wenn Moleküle in die Nähe einer Oberfläche geraten, ordnen sich die Elektronen im Molekül neu an, und das Molekül hat dann einen positiv und einen negativ geladenen Pol. Elektronen haben außer ihrer negativen Ladung noch eine weitere wichtige Eigenschaft: Sie rotieren im Uhrzeigersinn oder im Gegenuhrzeigersinn. Das nennt man ihren Spin. Wir haben herausgefunden, wenn die Elektronen in chiralen Molekülen sich neu anordnen, sammeln sich die mit einer »Rotationsrichtung« an einem elektrischen Pol und die mit der anderen am anderen. Welcher Spin sich an welchem Pol sammelt, hängt von der Form des Moleküls ab, nämlich von seiner Händigkeit. Wenn wir eine magnetische Oberfläche benutzen, werden die Moleküle einer Form je nach der Magnetisierungsrichtung zur Oberfläche hin gezogen. So können wir die beiden Formen trennen.

Das klingt nach einer bahnbrechenden Innovation. Waren Sie da euphorisch?

> Als meine Studierenden mir erzählten, was sie entdeckt hatten, dachte ich, das kann nicht stimmen. Diese Art von Physik gibt es nicht. Wir brauchten zwei Jahre, bis wir selbst unseren Ergebnissen trauten. Wir forschten weiter, aber selbst ich erkannte die Bedeutung nicht. Nachdem wir alles zehnmal überprüft hatten, veröffentlichten wir ein Paper in der Fachzeitschrift »Science«. Genauer gesagt schickten wir das Paper erst an »Nature«, und der Herausgeber schickte es zurück mit der Bemerkung, dass es für die Mehrheit der wissenschaftlichen Community keine Relevanz habe.

Wie hat die wissenschaftliche Community reagiert?

Ein großer Teil der Community glaubte uns nicht. Das war eine harte Zeit, weil wir buchstäblich alleine in der Kälte standen. Das Thema war einfach so absolut neu und anders. Wir reagierten darauf, indem wir den anderen dabei halfen, die Experimente in ihren eigenen Laboren durchzuführen, und eine Gruppe in Münster untermauerte dann tatsächlich unsere eigenen Ergebnisse und zeigte, dass es wirklich einen großen Effekt gibt. Das war 2010, elf Jahre nach unserer Entdeckung. Erst da verstand ich ihre Bedeutung so richtig. Insgesamt war ich zu selbstkritisch. Ich schlief nachts kaum noch, weil ich mir immer Sorgen machte, dass etwas nicht stimmte. Dann gab uns der Europäische Forschungsrat viel Geld, um unsere Forschungen auszuweiten. Danach war es ziemlich eindeutig, dass wir etwas Gewaltiges entdeckt hatten.

Das klingt, als seien Sie nicht sehr selbstsicher gewesen. Wie waren Sie als Kind?

Ich wuchs im alten Israel auf. Meine Großeltern waren nach Israel eingewandert, meine Eltern sind dort geboren. Als ich in der ersten Klasse war, fühlte ich mich wie ein Außenseiter, weil ich als Einziger hebräisch sprach. Alle anderen kamen aus dem Ausland. Und als meine Familie viel auf der ganzen Welt umzog, war ich oft der Fremde. Also lernte ich, eine Fassade der Selbstsicherheit aufzubauen. Aber im Inneren, glaube ich, war ich nicht selbstbewusst. Im Alter von elf Jahren beschloss ich, nicht mehr zu weinen, weil das ein Zeichen von Schwäche war, und ich wollte nicht als schwach angesehen werden. Also weinte ich nie wieder. Aber natürlich bezahlt man einen Preis dafür. Wenn man seine Schwäche nicht zeigt, fühlen die Menschen oft weniger mit einem, und man bleibt isoliert. Doch weil ich damit klarkommen musste, dass die Dinge komplex sind, und man sie lieber schon in jungen Jahren verstehen sollte, lernte ich auch, allein zu sein. Das ist sehr wichtig in der Wissenschaft, weil man mit seinen Gedanken, mit seiner Arbeit und vor allem mit seinen neuen Erkenntnissen allein ist. Man muss es aushalten können, allein in der »Kälte« zu bleiben. Das ist eine sehr wichtige Eigenschaft für einen Wissenschaftler.

Sie haben sicher sehr hart gearbeitet. Wie war das mit Ihrer Work-Life-Balance?

Ich habe vier Kinder. Meine zweite Frau hat noch drei Kinder mit in die Ehe gebracht. Wir haben zwölf Enkel. Das Leben mit der Familie ist mir extrem wichtig. Selbst jetzt, da meine Kinder erwachsen sind, will ich immer für sie da sein. Das war nur möglich, indem ich fast rund um die Uhr wach war. Morgens weckte ich die Kinder, machte Frühstück, schickte sie in die Schule und ging zur Arbeit. Um sechs kam ich nach Hause, aß mit ihnen zu Abend, brachte sie ins Bett und ging wieder ins Labor. Dann arbeitete ich die ganze Nacht und kam morgens wieder nach Hause. Man braucht sehr viel Energie, um das zu schaffen, und ein wirklich gutes Zeitmanagement.

Wie viele Frauen arbeiten in Ihrem Labor?

Ich hatte immer Frauen in meiner Gruppe. Das wahre Problem ist die Anzahl der Aufgaben eines Wissenschaftlers. Das lässt nicht viel Zeit für die Familie, außer man ist zwanzig Stunden pro Tag wach. Ich nenne erfolgreiche Frauen Superfrauen, weil ihr Arbeitspensum für einen Durchschnittsmenschen unmöglich zu schaffen ist. Aber da wir alle mehr Frauen in der Wissenschaft wollen, müssen wir etwas ändern. Indem man Menschen unterschiedlichen Geschlechts und aus unterschiedlichen Kulturen in seine Gruppe holt, bringt man neue Denkweisen hinein – das ist unbedingt nötig.

Was ist Ihre Botschaft an die Welt?

Wir stehen dem Riesenproblem der Erderwärmung gegenüber. Mit der Hilfe der Technologie werden wir damit leben können. Die nötigen Technologien, um die Erderwärmung zu ertragen, gibt es schon, aber alle müssen mitmachen. Die Leute verstehen eines nicht: Wenn wir die Menschen in Afrika reicher machen, gibt es dort mehr Arbeit und damit ein besseres Leben für alle. Wir tun ihnen nicht nur einen Gefallen, sondern jeder von uns wird davon profitieren. Es ist einfach nicht wahr, dass einer nur gewinnen kann, wenn der andere verliert. Wir können alle gewinnen.

Sind Sie heute ein glücklicher Mann?

Ich habe gelernt, niemals aufzugeben, dass es nie zu spät ist, etwas zu korrigieren. Ich bin heute viel selbstsicherer, und wir werden wieder etwas entwickeln, das große Wellen schlagen wird. Selbst wenn mir jemand hundert Millionen Dollar geben würde, ich würde mein Leben kein bisschen ändern!

»ICH SEHE MEINE ROLLE DARIN, JUNGE WISSENSCHAFTLER ZU INSPIRIEREN, DEN WANDEL IN AFRIKA VORANZUTREIBEN.«

Faith Osier | Immunologie

Juniorprofessorin für Medizin an der Ruprecht-Karls-Universität Heidelberg und
Präsidentin der Internationalen Vereinigung der Immunologie Gesellschaften (IUIS)
Leiterin einer Forschungsgruppe im KEMRI-Wellcome Trust Research Programme in Kilifi, Kenia
Deutschland

Sie sind in Kenia geboren und an die medizinische Fakultät der University of Nairobi gegangen. Wie kamen Sie dort zurecht?
Ich fand die medizinische Fakultät ziemlich schwer. In der Highschool war ich noch ein Star, aber an der Universität kamen alle intelligenten Leute des Landes zusammen. Plötzlich fand ich mich in der Mitte oder am unteren Ende des Jahrgangs wieder. Ich musste Strategien entwickeln, um zu überleben, etwa indem ich mich auf Paper aus der Vergangenheit konzentrierte.

Sie haben dann Ihr praktisches Jahr in Mombasa absolviert.

Mein großer Bruder lebte an der Küste in Mombasa, und ich hatte diese romantische Vorstellung, ich könnte nach meinen Patientenbesuchen am Strand spazieren gehen. Doch es stellte sich heraus, dass es am Strand so viele Banditen gab, dass man dort gar nicht hingehen konnte. Mein praktisches Jahr in Mombasa war ebenfalls hart: Hatten wir zunächst nur die Ärzte auf den Stationen des Universitätskrankenhauses begleitet, so wurden wir plötzlich zu richtigen Bereitschaftsärzten, die sich um echte Patienten kümmern mussten – mit all der Verantwortung, die dies mit sich bringt. Ich hörte von zwei britischen Ärzten in einer nahe gelegenen Stadt, die sich auf Malaria spezialisiert hatten und Kinderheilkunde praktizierten. Da mich die Kinderheilkunde schon während meiner Ausbildung am meisten interessiert hatte, besuchte ich sie, und am Ende boten sie mir einen Job an.

Warum sind Sie dann in die Forschung gewechselt?

Ich wollte nicht mein ganzes Leben damit verbringen, Patienten auf der Krankenstation zu versorgen. Wenn ich nachts Bereitschaftsdienst hatte, konnte ich bis zu fünf Kinder, die jeden Augenblick sterben konnten, in die Intensivstation aufnehmen. Der Blick in den Augen der Eltern, wenn sie den Leichnam nach Hause mitnahmen, verfolgt einen für immer. So reifte in mir die Idee, mich mit Prävention zu beschäftigen. Ich fing an zu überlegen: Was wäre, wenn ich verhindern könnte, dass diese Menschen überhaupt ins Krankenhaus müssen?

Sie zweifelten aber daran, ob die Forschung genug einbringen würde?

Ich komme aus einer afrikanischen Familie der unteren Mittelschicht mit sechs Kindern und mit sehr vielen Verwandten, die alle von meinen Eltern abhängig waren. Meine Eltern dachten, dass sie ihr Bestes gegeben hatten, eine Ärztin aus mir zu machen. Es war schwer für sie, als ich ihnen mitteilte, dass ich stattdessen weiterstudieren wollte. Geld war wichtig für meine Eltern. Als Arzt kann man sehr viel Geld verdienen, ein Doktorand verdient hingegen nichts.

Nach meiner Promotion zeigte ich ihnen eine Kopie meiner Doktorarbeit, und sie sagten: »Oh, wie wunderbar.« Aber ich wusste, dass sie tief in ihrem Inneren enttäuscht waren und dachten: Wir haben unser ganzes Geld investiert, um etwas von den Erträgen zu ernten, und jetzt gibt sie uns ein Buch. Am Ende waren sie dann aber doch glücklich, als ich Professorin wurde.

Erzählen Sie mir von Ihren Eltern.

Meine Mutter – sie ist leider schon gestorben – war Englischlehrerin. Ich verdanke ihr viel. Sie war witzig, warmherzig und klug. Sie brachte mir echtes Queen's English bei und gab ihre Liebe zu Büchern an mich weiter. Damals verdiente ein Lehrer nicht viel, hatte aber in der Gesellschaft eine herausgehobene Stellung. Meine Geschwister und ich ärgern uns immer noch, dass meine Mutter alles, was sie hatte, mit dem Rest des Dorfes teilte. Ich hatte kein anständiges Paar Schuhe, bis ich an der Highschool war, weil sie Schuhe für alle anderen im Dorf kaufte!

Mein Vater war Elektrotechnik-Ingenieur und arbeitete bei einer Fluggesellschaft, später bei der Kenya Power and Lighting Company. Dort verdiente er mehr und bekam ein Haus von der Firma gestellt. Mein Vater legte Wert auf eiserne Disziplin. Er sorgte dafür, dass wir hart arbeiteten, und er trieb uns an, vor allem die ältesten drei – ich war Kind Nummer zwei. Mit den drei jüngeren war er entspannter. Heute können wir darüber lachen, aber damals waren wir überhaupt nicht glücklich.

Meine Eltern kamen aus bescheidenen Verhältnissen. Mein Vater ging ohne Schuhe und Essen zur Schule – er litt echte Not. Aber sie schafften es, aus dieser Armutsfalle auszubrechen und sechs Kinder großzuziehen, die College-Abschlüsse haben, unabhängig sind und in der ganzen Welt verstreut arbeiten. Unsere Familienbande sind immer noch eng – wir kümmern uns um unseren Vater und treffen uns jedes Jahr in seinem Haus.

Brachten Ihnen Ihre Eltern bei, wie Sie sich selbst motivieren?

Ja, ihre Energie hat mich dorthin gebracht, wo ich heute bin. Eine Freundin, die Hirnchirurgin in den USA wurde, trieb mich in meiner Highschoolzeit ebenfalls an. Sie weckte uns um drei Uhr morgens, und wir arbeiteten einige Stunden ohne Unterbrechung, während alle anderen noch schliefen. Das ist zur Gewohnheit geworden: Ich gehe immer noch um neun Uhr abends ins Bett und wache um drei Uhr morgens auf. Ich arbeite dann am besten, weil es in meinem Kopf ruhig und niemand anders da ist. Ich kann immer noch sehr diszipliniert sein, wenn ich unter Druck stehe.

Sie mussten Ihr Postgraduierten-Studium in Kinderheilkunde wiederholen, bevor Sie die Prüfungen bestanden. Wie kam es dazu?

Ja, ich habe sie wiederholt, denn wenn ich im praktischen Teil zum dritten Mal durchgefallen wäre, hätte ich von vorn anfangen müssen. Ich war verzweifelt. Ich studierte in Großbritannien, wo viele Themen behandelt wurden, die wir in Kenia nicht hatten. Man musste den theoretischen Teil auswendig lernen, aber er machte nur dreißig Prozent aus. Der praktische Teil war die große Herausforderung, weil ich erst die britischen Umgangsformen am Patientenbett lernen musste. Ich musste lernen, dafür zu sorgen, dass sich die Kinder bei mir wohlfühlen.

Aber am Ende waren Sie erfolgreich.

Ja, und als ich merkte, dass ich es schaffe, sagte ich mir: Gut, jetzt aber nichts wie weg hier. Zu diesem Zeitpunkt war klar, dass ich in die Forschung gehen wollte. Sollte ich dort eine Bauchlandung hinlegen, wollte ich als Ärztin arbeiten, aber nicht als Assistenzärztin. Deshalb spezialisierte ich mich in Kenia bei der Kenya Medical Association auf Kindermedizin, um sicherzugehen, gegebenenfalls als Oberärztin arbeiten zu können.

Sind Sie sofort in die Malaria-Forschung eingestiegen?

Ich wollte Immunologie studieren – und zwar vor allem die Immunreaktion auf Malaria. Deshalb beschloss ich, einen Master in Immunologie an der Universität Liverpool zu machen. Um meine Studiengebühren zu finanzieren, arbeitete ich in Teilzeit als Ärztin in der Notaufnahme. Danach bewarb ich mich für meine Promotion um ein Stipendium des Wellcome Trust. Die Hälfte der Zeit verbrachte ich in Kenia, die andere in London. Meine Postdoc-Studien absolvierte ich in Oxford, Melbourne und Kenia. Am Universitätskrankenhaus von Heidelberg baute ich ein Malaria-Labor auf und stellte zwei Doktoranden aus Kenia ein, die mich unterstützen sollten. Meine Labortechnikerin kam aus Deutschland, was gut war wegen der Sprachbarriere.

Wie war es für Sie, ein neues Labor aufzubauen?

Es war schwierig und aufregend zugleich. Zum ersten Mal hatte ich mein eigenes Labor, in Kenia teilten wir uns nur ein großes Labor. Die wichtigste Lektion aber war, den Wert der Teamarbeit zu erkennen. Wenn man alles selbst macht, brennt man aus. Aber wenn man ein gutes Team hat, das versteht, was zu tun ist, dann erledigt es einfach seine Arbeit.

Malaria ist ein Riesenproblem in Afrika.

Ja, jährlich infizieren sich rund 200 Millionen Menschen in Afrika mit Malaria, eine halbe Million stirbt daran. Am schlimmsten betroffen sind Säuglinge und Kleinkinder, Teenager und Erwachsene leiden nicht so stark darunter. Deshalb versuchen wir herauszufinden, wie der Körper von Kindern reagiert, um etwas für sie zu tun.

In den 1960er-Jahren sammelte man Blutproben von malariaresistenten Menschen, filterte die Antikörper heraus, vermischte sie und setzte diese Substanz als Malaria-Mittel ein: Es funktionierte. Wir haben das Experiment wiederholt, indem wir Afrikaner absichtlich mit dem Erreger infizierten. Die US-Arzneimittelbehörde

FDA hat dieses Verfahren zugelassen. Diejenigen, die viele Antikörper hatten, wurden nicht krank – und das macht mir wirklich Hoffnung! Es gibt Menschen unter uns, die die Malaria-Heilung schon in ihrem Körper tragen. Die Antwort liegt also direkt vor uns.

Was bedeutet das für Ihre Arbeit?

Ich muss auf molekularer Ebene versuchen, den Prozess zu verstehen, wie Menschen resistent werden. Dann kann ich einen Impfstoff entwickeln. Menschen mit Malaria zu infizieren ist eine schwerwiegende Angelegenheit. Das erste Mal haben wir zwei Jahre damit verbracht, mit den Menschen zu sprechen und ihnen zu erklären, wie es ist, von einer malariainfizierten Mücke gestochen zu werden, und dass wir sie mit einem Parasiten infizieren, von dem wir wissen, dass wir ihn behandeln können. Diese Hemmschwelle zu überwinden war nicht leicht. Aber jetzt haben wir die Blutproben, und das ist großartig, denn wir wissen, dass diese Menschen die magische Formel in sich tragen! Ich muss herausfinden, was in den Reagenzgläsern ist, um eine synthetische Version zur Behandlung von Malaria herzustellen. Ich möchte einen Impfstoff für die Menschen in meinem Dorf und all die anderen entwickeln, die nicht dieselben Chancen hatten wie ich.

Wie weit sind Sie von der Produktion eines Impfstoffs entfernt?

Einen genauen Zeitpunkt anzugeben ist schwierig, aber ich denke, dass wir in fünf Jahren einen Impfstoff haben. Wir wissen bereits, welche Proteine für den Erreger wichtig sind, und wollen nun die Antikörper isolieren, die sich an diese Proteine binden. Dann können wir andere Zellen im Körper, etwa die weißen Blutkörperchen, in die Lage versetzen, den Erreger abzutöten. Ich bin begeistert, dass wir die Infektionshürde beim Menschen bereits gemeistert haben. Und nun teste ich, ob wir andere Menschen dazu bringen können, genauso zu reagieren wie diejenigen, die viele Antikörper haben.

Ich gehe davon aus, dass dieser Prozess strengen Richtlinien folgen muss.

Sie müssen die Leitlinien der amerikanischen Arzneimittelbehörde FDA und der Europäischen Arzneimittel-Agentur strikt einhalten. Nach Vorlage der Ergebnisse aus Tierversuchen können Sie mit Tests an menschlichen Probanden beginnen. Zuerst mit wenigen, um zu sehen, ob die Tests sicher sind und wie hoch die korrekten Dosen sein müssen. Es dauert Jahre, bis ein neues Arzneimittel zugelassen wird. Wenn Sie einen Fehler machen oder eine ernsthafte Schädigung auftritt, haben Sie ein großes Problem. Deshalb müssen Sie all diese einzelnen Testphasen durchlaufen, um sicherzugehen, dass Sie langsam so vorgehen, bis es schließlich funktioniert.

Arbeiten andere Forscher an derselben Idee?

Ja, es ist ein richtiges Wettrennen. Diejenigen an der Spitze untersuchen die Sporozoitenphase: Wenn eine Mücke Sie sticht, injiziert sie Ihnen Sporozoiten – das sind die infektiösen Formen des Erregers –, und es gilt zu verhindern, dass diese Ihr Blut erreichen. Der Impfstoff, der gerade in Afrika getestet wird, basiert auf einem Protein aus dieser Phase. Untersuchungen zeigen, dass der Impfstoff nur vier von zehn Probanden schützt. Das ist noch nicht gut genug. Andere Forschungsgruppen werden nächstes Jahr testen, ob einzelne Antikörper die Sporozoiten angreifen und vernichten können. Ich stecke mein Geld in die Blutphase und den Antikörperansatz, der bereits gezeigt hat, dass er funktioniert. Andere Forscher verfolgen wieder andere Ansätze. Das vorläufige Fazit lautet, dass bislang niemand etwas gefunden hat, das wirklich wirkungsvoll ist. Wir sind also noch alle im Rennen. Wer auch immer mit dem Malaria-Impfstoff Erfolg haben wird, kann viel Geld erwarten. Da aber die Armen am stärksten unter Malaria leiden, muss der Impfstoff billig sein, oder jemand anderes muss dafür bezahlen. Aber das Wichtigste ist, zuerst einen Stoff zu finden, der wirkt.

Sie arbeiten parallel in Heidelberg und Kenia. Wie funktioniert das?

Es ist eine gute Kombination, denn es besteht immer eine Verbindung zwischen den Patienten, die das Problem haben, und den Überlebenden, die die Lösung in sich tragen. Wir können auf Technologien und Ressourcen zurückgreifen, um herauszufinden, was einen Patienten zu einem Überlebenden macht, und daraus einen Impfstoff zu entwickeln.

Sie haben einmal gesagt, dass Sie den Braindrain, die Abwanderung kluger Köpfe aus Afrika, stoppen wollen.

Als ich nach Deutschland kam, stieß ich auf einen neuen Begriff, der mir gut gefällt: Brain Circulation – das bedeutet, dass die Menschen umherziehen sollen. Wissenschaft ist international. Die Zeit, die ich im Ausland verbracht habe, war so bereichernd, dass ich junge Wissenschaftler ermutige, nicht immer an ein und demselben Ort zu bleiben. Man kann ja die Nabelschnur, die einen mit zu Hause verbindet, im Kopf behalten.

Warum bekam Ihr Mann keine Arbeitserlaubnis für Großbritannien?

Mein Mann ist Kenianer und arbeitet dort als Bauleiter. Großbritannien verlangt unterschiedliche Papiere, weshalb er seine Ausbildung noch einmal machen müsste, um dort arbeiten zu können. Das war keine gute Situation – ich konnte arbeiten und er nicht. Als ich ein Angebot aus Australien erhielt, sagte ich ihm: »Ich nehme das Baby und gehe, und du kannst deine Arbeit in Kenia fortführen und uns in Australien besuchen.« Ich wollte nicht für ihn verantwortlich sein. Es war eine schwere Zeit als alleinerziehende Mutter mit einem eineinhalb Jahre alten Kind. Ich wollte im Labor arbeiten, war aber die ganze Zeit müde und geistig in keiner guten Verfassung. Ich hätte mir gewünscht, mein Mann hätte bei mir sein können. Nach zwei Jahren kehrten wir zu ihm nach Kenia zurück.

Danach sind Sie nach Heidelberg gegangen?

Ja, es gab ein Angebot, und mein Mann sagte, ich solle es annehmen. Also zog ich nach Heidelberg, diesmal mit ihm und unseren drei Kindern. Er willigte ein, sich um die Kinder zu kümmern. Mama geht also zur Arbeit, während Papa bei den Kindern ist. Ihm war das lieber, als einen nutzlosen Job anzunehmen. Ich reise sehr viel! Die Kinder verstehen, dass ihr Vater die Hauptbezugsperson für sie ist.

Sind Sie eifersüchtig?

Nein, überhaupt nicht. Manchmal fährt mein Mann für einen Monat nach Kenia, und wenn er wiederkommt, bin ich bereits am Durchdrehen, weil mir alles zu viel ist.

Hatten Sie in der Wissenschaft mit Vorurteilen zu kämpfen?

Na ja, wenn Sie erstens eine Frau und zweitens eine Afrikanerin sind, stehen Sie auf der Liste anderer Wissenschaftler nicht gerade ganz oben. Ich finde, dass die Menschen mich unterschätzen und mich behandeln, als wäre ich unbedeutend. Aber ich kämpfe nicht direkt dagegen, sondern lasse es laufen. Am Ende stellen sie fest, dass sie sich nicht mit mir anlegen können. Was zählt, ist meine Forschung und wie gut ich darin bin. Die schmerzhafte Realität ist doch die, dass es da draußen eine Männerwelt gibt und dass Männer sie so lange dominiert haben. Sie begrüßen dich nicht, wenn du zu einer Veranstaltung kommst. Sie lassen dich in der Ecke sitzen, ignorieren dich und reden einfach weiter. Ich habe mich einsam gefühlt, musste aber darüber hinwegkommen, denn ich wollte nicht dasitzen und weinen, weil ich nicht dazugehöre. Inzwischen merke ich, dass es nicht nur negative, sondern auch viele positive Menschen gibt, die mich unterstützen, mich anfeuern und mir sagen: »Mach weiter, wir sind so stolz auf dich.«

Welche Einstellung half Ihnen, dahin zu kommen, wo Sie heute sind?

Ich glaube an das, was ich tue, und gebe mein Bestes. Ich bin die wissenschaftliche Leiter dank eines einfachen Experiments namens ELISA hochgeklettert. Darin nutzt man ein Protein des Malaria-Erregers, um Antikörper im Blut aufzuspüren und zu messen. Ich habe aus diesem Experiment so viel gelernt und sage den jungen Leuten immer: »Ihr habt das, was ihr braucht, bereits in der Hand. Steckt all eure Energie hinein, und es werden sich Türen öffnen.«

Wie lautet Ihre Botschaft an die Welt?

Meine Botschaft lautet: Unterstützt weiterhin die Wissenschaftler darin, Lösungen zu finden, um Krankheiten auszurotten und menschliches Leid zu lindern.

Wie kann der Westen Afrika helfen?

Der Westen kann Ausbildungsmöglichkeiten für afrikanische Wissenschaftler schaffen und sie darin unterrichten, eigene Lösungen zu entwickeln. Es gibt noch immer diese Mentalität aus der Kolonialzeit: Lass uns zu unserem Meister aufschauen. Ich möchte mehr eigenständige Lösungen sehen, die von Afrikanern selbst entwickelt werden.

Wie sieht Ihre eigene Zukunft aus?

Meine Zukunft sieht rosig aus. Ich bin in der einzigartigen Position, Fürsprecherin der afrikanischen Wissenschaft zu sein. Ich sehe meine Rolle darin, junge Wissenschaftler zu inspirieren, den Wandel in Afrika voranzutreiben. Wenn ich dazu beitragen kann, habe ich meinen Teil erfüllt, denn ich weiß, dass die nächste Generation die Dinge für die darauffolgende besser machen wird.

»MEINE BESTEN LEHRER WAREN MEINE STUDENTEN MIT IHREN BOHRENDEN FRAGEN.«

Helmut Schwarz | Chemie

Emeritierter Professor für Chemie an der
Technischen Universität Berlin und langjähriger Präsident
der Alexander von Humboldt-Stiftung
Deutschland

Herr Professor Schwarz, Sie haben als Chemielaborant begonnen, dann aber über den zweiten Bildungsweg studiert und Ihren Doktor gemacht. Warum wollten Sie mehr?
Die Neugierde hat mich angetrieben. Als Laborant habe ich viel Praktisches gelernt, aber die Grenzen waren sehr eng gezogen. Es gab kaum eine Möglichkeit, Fragen zu stellen. Chemie aber bedeutet, sich um Veränderungen zu kümmern. Deshalb suchte ich Unabhängigkeit, wollte etwas Neues kennenlernen. Ich war der einzige von meinen Geschwistern, der von zu Hause weggegangen

ist. Das war nicht vorgesehen in der Familie, allerdings bin ich auch nie daran gehindert worden, meinen Weg zu gehen. Ich bin in der Nachkriegszeit groß geworden, in der die Eltern so viel zu arbeiten hatten, dass sie recht wenig Zeit für ihre Kinder fanden. Mein Vater war Kaufmann, obwohl er an sich lieber Pastor geworden wäre oder Griechisch oder Französisch gelernt hätte. Ein bisschen von dem Trieb, außerhalb des Alltäglichen zu sein, ist wohl in meine Ader hineingekommen. Man muss sein eigener Glücksschmied werden und die Dinge selbst in die Hand nehmen.

Was haben Sie Ihren Studenten mitgegeben? Lehren heißt ja auch Führen.

Am Ende meines Studiums hatte ich einen etwas eigenbrötlerischen akademischen Lehrer, der mir sagte: Wenn Sie bei mir arbeiten, kann ich Ihnen Freiraum geben, aber Sie müssen ihn füllen. Ich habe versucht, dies auch als Prinzip bei meinen Studenten anzuwenden. Als Forscher sollte man auch ein guter akademischer Lehrer sein. Vielleicht war ich oft zu anspruchsvoll mit den Studenten und habe deshalb viele Doktoranden abgeschreckt, weil ich von ihnen verlangt habe, für das zu brennen, was sie tun. Mein Prinzip als Lehrer war, nicht nur zu wiederholen, was in den Büchern steht, sondern auch in Anfängervorlesungen bereits Dinge einzubauen, die ich mir selbst erst zwei Wochen vorher klargemacht hatte. Die Grenzen des Wissens sollten schon recht früh im Studium markiert werden. Meine besten Lehrer waren meine Studenten mit ihren bohrenden Fragen; ich war immer beides, Lehrer und Lernender.

Wo hat es Sie hingeführt, dass Sie sich selbst infrage gestellt haben?

Selbstzweifel sind ein Teil von mir, und dafür kann ich nur dankbar sein. Als meine Doktorarbeit 1972 abgeschlossen war, hatte ich gute Angebote von der chemischen Industrie und anderen Organisationen, aber ich wollte in der Hochschule bleiben, auch mit dem Risiko zu scheitern. Ich wollte etwas tun, für das ich brannte, auch wenn ich manchmal Zweifel hatte, ob diese Entscheidung richtig war, wenn beispielsweise unsere Veröffentlichungen zunächst überhaupt nicht rezipiert wurden. Heute ist mir klar, dass ich immer ein Außenseiter war. Schon von Kindheit an war ich aufmüpfig, war später niemals Teil des Mainstreams, und Sicher-

»HEUTE IST MIR KLAR, DASS ICH IMMER EIN AUSSENSEITER WAR. SCHON VON KINDHEIT AN WAR ICH AUFMÜPFIG.«

heit war nicht maßgeblich für mich. Nur tote Fische schwimmen mit dem Strom; ich schwimme gerne gegen den Strom.

Sie waren in der 1968er-Zeit ein kleiner Revolutionär, bezeichnen sich jetzt aber als altmodisch.

Ja, das bin ich schon rein äußerlich. Bis vor Kurzem gab es in meinem Büro keinen Computer, und ein Mobiltelefon besitze ich nicht. Ich brauche nicht mehr als Bleistift, Papier und Gesprächspartner. Mein Labor allerdings ist technisch »state of the art« und eine der teuersten Einrichtungen, die es in der Chemie gibt. Mein Prinzip ist, dass man nicht alles bis ins Detail hinein selber vollziehen muss, sondern dass man versuchen sollte, die Doktoranden und Postdoktoranden in ihrer Wildheit zu bestärken, ihnen Freiräume zu schenken. Gleichzeitig will ich eine Gruppe auch zusammenführen und ihr zeigen, wie sinnvoll und bereichernd es ist, Teil eines Teams zu sein.

Wie wählen Sie Ihre Doktoranden aus?

Im ersten halben Jahr muss ich wie beim Bergsteigen der Bergführer für sie sein. Danach kommt eine Übergangszeit, und nach einem Jahr müssen die Doktoranden dann mein Bergführer sein. Wenn das nicht passiert, sind wir das falsche Paar. Ich habe für deutsche Verhältnisse in über vierzig Jahren relativ wenige Menschen zur Promotion geführt, etwa fünfzig, und hatte vielleicht vierzig Postdoktoranden. Aber nahezu alle, die diese zwei Jahre »überlebt« haben, sind Juwelen. Als Lehrer habe ich versucht, sie ein bisschen zu formen und ihnen Mut zu machen, denn ich selbst bin für manche Experimente und Publikationen maßlos kritisiert worden. Als junger Privatdozent habe ich auf einer Tagung einmal neue Forschungsergebnisse vorgestellt. Kaum war ich fertig, als ein einflussreicher Kollege aufsprang und sagte, das sei alles Scharlatanerie. In aller Öffentlichkeit so was gesagt zu bekommen, muss man als junger Mensch erst einmal aushalten. In der Wissenschaft braucht man Rückgrat.

Wenn Sie publiziert haben, wurde Ihr Name als erster oder letzter genannt?

Ich wurde bei ganz wenigen Arbeiten an erster Stelle genannt, in der Regel war ich an der letzten. Die letzte Position ist deshalb wichtig, weil mit ihr die gesamte Institution und das Thema über die Veröffentlichung hinaus verknüpft werden, und ich war derjenige, der das institutionelle Gedächtnis für die gesamte Einheit darstellte. Das mindert nicht den Beitrag der anderen, und ich habe es meinen Mitarbeitern immer selbst überlassen, in welcher Reihenfolge sie genannt werden wollen. Es gibt allerdings prominente Kollegen, die sich immer an die erste Stelle setzen, auch wenn sie nur etwas marginal beigesteuert haben. Aber für mich war immer klar, dass ich zuletzt komme.

Immer mehr Universitäten kooperieren mit großen Firmen. Warum setzen Sie sich noch immer für die Grundlagenforschung ein?

Zusammenarbeit ist essenziell, aber sie darf niemals dazu führen, dass die Grundlagenforschung eingeschränkt wird. Alles, was praktische Bedeutung hat, kann auf sie zurückgeführt werden. Kein GPS ohne Einsteins unter praktischen Gesichtspunkten komplett irrelevante Allgemeine Relativitätstheorie! Grundlagenforschung ist ein allgemeines Gut und hier werden Freiräume geschenkt, über Dinge nachzudenken, bei denen nicht sofort bewiesen werden muss, dass sie ein bestimmtes Problem lösen oder gesellschaftlich nützlich sind. Es gibt eine unendlich lange Kette von Erkenntnissen, die auf Grundlagenforschung beruhen, und schon deshalb muss dieser Freiraum geschützt werden und erhalten bleiben.

Sie hatten mal eine »Liebesaffäre« mit den Fußballmolekülen. Können Sie das in einfachen Worten beschreiben?

Wenn zwei schnell fahrende Autos aufeinanderstoßen, fliegen sie auseinander oder werden völlig deformiert. Es ist unmöglich, dass die beiden Objekte in der Kollision ihre ursprüngliche Form behalten. Aber bei einem Fußballmolekül, das mit einem kleinen Atom zusammenstößt, ist es uns gelungen, dass das Atom die molekulare Fußballhülle durchdringt und das Molekül seine ganze Schönheit behält. Dieser Befund widersprach vollkommen allen bekannten Experimenten. Ich bin in dieses Gebiet mehr oder weniger hineingestoßen worden. Anfang der 90er-Jahre kam ein Gastprofessor aus Kanada zu mir, zeigte mir eine kleine Flasche mit Fußballmolekülen und fragte, ob wir damit nicht experimentieren möchten. Ich war sehr skeptisch, aber hinter meinem Rücken experimentierten meine Mitarbeiter. Eines Tages fand ich auf meinem Schreibtisch einen Zettel mit Signalen darauf und habe sofort erkannt, dass hier etwas Sensationelles stattgefunden hatte. Das Ergebnis ging mir wochenlang durch den Kopf, und eines Nachts kam das Heureka. Ich habe alles aufgeschrieben, und am nächsten Morgen wurden noch einige Experimente

> »ICH HABE IMMER WIEDER FESTGESTELLT, WIE HART IN DER WISSENSCHAFT DER KONKURRENZKAMPF DARUM IST, WER DER ERSTE IST.«

durchgeführt. Dann war alles klar. Der Kollege, der das schwarze Pulver mitgebracht hat, war zu der Zeit auf einem Kongress in Amerika, und wir haben ihm die Ergebnisse per Fax zugeschickt. Nach seinem Vortrag schrieb er mir, dass während der Beschreibung des Experiments zwei Kollegen den Saal verlassen hatten. Mir war sofort klar, dass diese das Experiment nachmachen und die Ergebnisse schnell publizieren wollten. Innerhalb von einem Tag hatte ich dann ein Manuskript geschrieben und es an die Zeitschrift »Angewandte Chemie« geschickt. Drei Wochen später kam die Arbeit heraus, und zwei Wochen danach erschienen in anderen Zeitschriften die Arbeiten der beiden Kollegen. Ich habe immer wieder festgestellt, wie hart in der Wissenschaft der Konkurrenzkampf darum ist, wer der Erste ist.

Sie haben sich auch politisch in den Wissenschaften engagiert und waren zehn Jahre Präsident der Humboldt-Stiftung. Warum war Ihnen das so wichtig?

Da in der Humboldt-Stiftung das Amt des Präsidenten ein Ehrenamt ist, konnte ich nach wie vor Lehrer und Forscher bleiben. Zudem gab es eine politische Komponente, die ich befördern wollte, weil ich ein gewisses Ansehen als Wissenschaftler für die Stiftung einsetzen konnte. Ich wollte die Humboldt-Stiftung im Bewusstsein der Parlamentarier verankern, damit es eine kontinuierliche, auskömmliche Förderung gibt und das Prinzip der Stiftung, Personen und nicht Projekte zu fördern, wie eine Art Satzung unverändert festgehalten wird.

Neben dem Leben als Wissenschaftler sind Sie auch Opernliebhaber. Warum gerade Oper?

Die Oper zieht mich an, weil sie das Gesamtkunstwerk überhaupt darstellt. Diese Mischung von Text, Leben, Musik oder szenischer Darstellung, das gibt es nur in der Oper. Da ich auch glaube, dass es eine große Rolle spielt, wie ein Professor seine Vorträge hält, habe ich mich nicht gescheut, für meine Vorlesungen Anregungen von dem Stil zu holen, wie ein Claudio Abbado dirigiert, oder davon, wie Carlos Kleiber nur einen Finger zu heben brauchte, um eine gebannte Atmosphäre zu erzeugen. Ich lese auch gerne Gedichte von Bertolt Brecht oder Paul Celan, und auf die »Wahlverwandtschaften« oder auf die Lektüre von Thomas Manns Schriften möchte ich nicht verzichten.

Wodurch sind Sie das geworden, was Sie heute sind?

Durch meine Umgebung und die Menschen, auf die ich neugierig war. Mir ist klar geworden, wie viel man lernen kann, wenn man sich anderen Menschen öffnet und ihnen dafür später etwas zurückgibt. Meine Prinzipien sind Optimismus, Selbstkritik, Ehrlichkeit und Respekt.

Warum sollte ein junger Mensch Wissenschaft studieren?

Wissenschaft stellt eine der wenigen Möglichkeiten dar, wirklich Neues zu gestalten. Der wichtigste Beweggrund für mich war immer Neugierde. Ein Wissenschaftler muss sich für Dinge interessieren, die er nicht versteht und er muss bereit sein, mit Rückschlägen zu leben, und wissen, dass dem Zufall eine große Rolle zukommt. Es muss auch eine gewisse Art Besessenheit dabei sein, um nicht zu früh aufzugeben. Außerdem Belastbarkeit, und natürlich schaden eine gewisse Begabung und Klugheit auch nicht. Ich würde ferner raten, sich nicht von irgendwelchen Moden abhängig zu machen. Die wichtige Frage sollte stets sein: Interessiert mich das? In der Humboldt-Stiftung und in dem Kranz von Forschungs- und Förderorganisationen habe ich ferner gelernt, dass in diesem Haifischbecken eine gewisse Lebenslist nicht schadet.

Sie nehmen Probleme auch mit ins Bett. Kommen Sie überhaupt zum Schlafen?

Über Jahrzehnte bin ich mit fünf Stunden Schlaf ausgekommen. Ich bin zwischen elf und zwölf ins Bett gegangen und meistens gegen vier, fünf Uhr schon wieder aufgestanden. Ja, ich nehme die Probleme tatsächlich mit ins Bett. Einmal habe ich knapp drei Jahre an einem Problem gearbeitet und x-mal versucht, es zu Papier zu bringen, und es war immer noch nicht stimmig. Damals ging ich in ein Konzert. Die Musiker waren blasiert und haben gelangweilt gespielt, und ich war irgendwie auch gelangweilt, aber völlig entspannt. Und plötzlich wusste ich die Antwort auf das Problem, an dem ich seit über zwei Jahren saß. In der Pause bin ich dann gegangen und habe zu Hause sofort alles niedergeschrieben.

Wie viele Ihrer Träume haben sich erfüllt?

Ich hätte mir sicherlich nicht träumen lassen, was ich alles erreichen würde. Das war mir alles nicht in die Wiege gelegt, und es hätte kaum besser sein können. Die Arbeit in der Humboldt-Stiftung stellte die Krönung dar, weil hier Wissenschaft und Wissenschaftsförderung ideal zusammengeführt wurden. Ich kann auch nur dankbar sein, dass ich als Lehrer mit einer ungewöhnlichen Zahl von Talenten zusammenkam, die mir meine eigene Begrenzung immer wieder klargemacht haben. Manchmal hätte ich mir gewünscht, im akademischen Bereich eine Umgebung zu haben, die noch etwas mehr von dem Ideal einer Universität hat. Die intellektuelle Atmosphäre ist doch sehr stark verschwunden an den Universitäten; aber es war ja meine Entscheidung, nicht woanders hinzugehen.

Warum sind Sie nicht gegangen? Haben Sie sich nicht getraut?

Es gab eine Gemengelage aus diversen Gründen. Als junger Dozent war ich 1981 auf einem Vortrag an der ETH Zürich, wo es viele Kollegen gab, die ich bewunderte. Ich habe en passant gesagt, dass dies einer der Plätze sei, zu denen ich barfuß gehen würde. Zwölf Jahre später kam dann ein Angebot aus Zürich, in dem es hieß: Nun komm! Du musst nicht barfuß kommen, im Gegenteil. 1992/93 war aber gerade die Berliner Akademie gegründet worden, und es war klar, dass ich darin eine Rolle spielen sollte. Außerdem hatte mir 1990 die DFG den Leibniz-Preis verliehen, bei dem es die Bedingung gab, die riesige Geldsumme in fünf Jahren ausgeben zu müssen, weil sie sonst verfällt. Und die DFG sagte mir, dass sie die Fünf-Jahres-Grenze aufhebt, wenn ich bleiben würde. Aber vielleicht hatte ich auch etwas Schiss in der Hose, weil die Erwartungshaltung an mich ungeheuer groß gewesen wäre.

Sie sind einerseits bescheiden, haben aber auch Ihre Eitelkeiten. Wo haben Sie Ihre Eitelkeit bestätigt gefühlt?

Einmal kam eine junge Frau aus Heidelberg zu mir und sagte, sie möchte bei mir ihre Doktorarbeit anfertigen. Ich hätte vor zwei Jahren in Heidelberg einen Vortrag gehalten, und danach sei klar gewesen: Wenn sie promoviere, dann bei Herrn Schwarz. Es ist für das Ego schön, ein Kompliment zu bekommen. Das tut gut.

Die Chemie ist ein zwiespältiger Bereich, der sowohl positiv als auch negativ eingesetzt werden kann. Wo sehen Sie Ihre Verantwortung für die Zukunft?

Es wird in den nächsten zwanzig Jahren in der Welt kaum ein zentrales Problem geben, das ohne die Beteiligung der Chemie gelöst werden kann. Da die Chemie sich mit dem Verändern der Stoffe beschäftigt und Menschen in der Regel die Veränderung fürchten, hat es die Chemie nicht leicht. Wenn es jedoch gelänge, klarzumachen, dass die Chemie gemeinsam mit anderen wissenschaftlichen Gebieten wirklich helfen kann, Probleme zu lösen, dann wäre dies ein riesiger Schritt vorwärts.

Was ist Ihre Botschaft für die Welt?

Mehr Vertrauen in die Sinnhaftigkeit des Neuen haben, mehr Vertrauen in das, was Menschen tun. Offen sein für das Unbekannte und Fremde.

Was ist Ihr Albtraum?

Zu vergessen. Demenz. Erinnerung ist das, wofür ich am dankbarsten bin. All das zu vergessen, wer man ist, wie man etwas geworden ist und was – das wäre eine persönliche Katastrophe.

Was haben Sie über sich selbst gelernt?

Manchmal hatte ich zu viel Hybris, war zu ungeduldig und habe anderen zu viel zugemutet. Ich bin kleiner geworden im Wachsen, das hat mir gutgetan.

»IN DER WISSENSCHAFT BRAUCHT MAN RÜCKGRAT.«

»MAN KOMMT IN DER WISSENSCHAFT NICHT WEITER, WENN MAN DAS GLEICHE MACHT WIE VIELE ANDERE.«

Bernhard Schölkopf | Informatik und Künstliche Intelligenz

Direktor am Max-Planck-Institut für Intelligente Systeme, Tübingen, und
Professor für Empirische Inferenz an der Eidgenössischen Technischen Hochschule (ETH) Zürich
Deutschland

Herr Professor Schölkopf, Sie haben Physik, Mathe und Philosophie studiert. Warum haben Sie die faktischen Fächer gerade mit Philosophie ergänzt?
Ich habe angefangen mit Physik, weil ich wie viele Wissenschaftler verstehen wollte, was die Welt zusammenhält. Im Studium habe ich aber gemerkt, wie viel noch nicht verstanden ist und dass vor allem in der Quantenmechanik die Frage des Messprozesses, bei dem das Subjekt in die Welt eingreift, noch offen war. So kam ich darauf, dass die Suche nach wahrnehmbaren Strukturen in der Welt genauso interessant ist wie die Grund-

lagenfragen der theoretischen Physik, und bin bei der Philosophie gelandet. Die Theorie des maschinellen Lernens ist die Formalisierung eines Zweiges der Philosophie, die sich damit beschäftigt, wie wir verlässlich Strukturen in der Welt entdecken. Auf gewisse Weise ist es so, dass wir nur Strukturen entdecken können, die wir selbst für möglich halten und in diesem Sinne schon in uns tragen. Dabei ist es schon extrem schwer, meine eigenen Strukturen zu erkennen. Mir fällt es auch schwer, Gesichter zu unterscheiden. Schon als Kind hieß es deshalb über mich, ich sei ein bisschen abwesend.

Waren Sie als Kind auch eher zurückgezogen?

Ich habe mich schon früh für Astronomie und andere wissenschaftliche Themen interessiert. Dabei bin ich nicht in einer besonders intellektuellen Umgebung groß geworden. Ich kann mich erinnern, dass manche Freunde meiner Eltern mich »Professor« genannt haben. Aber es gab keine negativen Bemerkungen oder Druck, dass ich mich in eine spezielle Richtung entwickeln sollte, auch wenn mein Vater, der Bauunternehmer war, womöglich erwartete, dass ich, mein Bruder oder meine Schwester irgendwann die Firma übernehmen würde. Was wir alle drei nicht getan haben.

Sie haben in Cambridge und in den USA gearbeitet. Warum sind Sie von dort wieder zurückgekommen?

Ich erhielt die Möglichkeit, eine Direktorenstelle beim Max-Planck-Institut in Tübingen anzutreten. Ich war noch sehr jung, und in der Berufungskommission hat mich ein Kollege angesprochen, ob ich das überhaupt schon wolle und es nicht zu früh sei. Da habe ich ihn gefragt, ob er mir versprechen könne, dass sie mir das gleiche Angebot in fünf Jahren noch mal machen würden. Und er hat gesagt: »Das kann ich leider nicht.« Da habe ich zugesagt, und zufällig und eher untypisch für einen Wissenschaftler bin ich dadurch fast an meinem Heimatort gelandet.

Sie sind sehr früh in das Thema »Künstliche Intelligenz« eingestiegen.

Als in den 60er-Jahren erstmals zu KI geforscht wurde, herrschte ein großer Optimismus, aber bald zeigte sich, dass die großen Versprechungen nicht erfüllt wurden. Das Paradoxe ist, dass die Informatik eigentlich aus der KI als Disziplin geboren wurde, viele Informatiker aber mit dem Begriff KI lange nichts zu tun haben wollten.

»WISSENSCHAFT BEEINFLUSST SCIENCE-FICTION, ABER SCIENCE-FICTION NIMMT AUCH WISSENSCHAFT VORWEG UND WIRKT AUF WISSENSCHAFTLER.«

Auch ich habe den Begriff in meinem Bereich des maschinellen Lernens an sich nicht verwendet. Das maschinelle Lernen hat viel mehr mit Mustererkennung zu tun, während die KI damals noch dachte, die Intelligenz ließe sich in Systeme explizit einprogrammieren. Bei den existierenden biologischen Intelligenzsystemen, also den Menschen und Tieren, ist es aber sehr unwahrscheinlich, dass die Intelligenz einprogrammiert worden ist. Ich denke eher, dass Lernen eine zentrale Rolle einnimmt.

Was sind die Schlüsseldisziplinen beim maschinellen Lernen?

Wir geben Algorithmen vor, aber die Information, die in dem gelernten System drinsteckt, kommt nur noch zu einem geringen Teil davon, sondern eher von den Beobachtungsdaten. In diesem Sinne sind es lernende Systeme, auch wenn wir die entscheidende Struktur vorgeben, wie das Lernen stattfindet. Es ist Mustererkennung durch Lernen, und die funktioniert schon in vielen Fällen besser als bei Menschen. Allerdings fließen in die Algorithmen auch menschliche Vorurteile und Fehleinschätzungen ein, die Einfluss auf die Ergebnisse haben. Das ist ein Problem. Wir wissen auch noch lange nicht, wie das Lernen in biologischen Systemen funktioniert. Wenn es darum geht, Wissen von einem Problem auf ein anderes zu übertragen, sind Menschen noch immer viel besser als die derzeitigen Maschinen.

Wie ist Ihre Haltung dazu, dass inzwischen so viele Daten gesammelt werden, dass wir immer leichter manipuliert werden können?

Die Möglichkeiten sind durch die automatische Informationsverarbeitung größer geworden, und durch die neuen Methoden werden die Maschinen intelligenter und dadurch besser auf den Einzelnen zuschneidbar. Diese Entwicklung hat aber schon Mitte des 20. Jahrhunderts angefangen, und vieles davon hat der Science-Fiction-Autor Isaac Asimov vorweggenommen. Und wir erleben jetzt, dass es tatsächlich so realisiert wird. Wissenschaft beeinflusst Science-Fiction, aber Science-Fiction nimmt auch Wissenschaft vorweg und wirkt auf Wissenschaftler. Ich habe auch als Kind schon gern Science-Fiction gelesen. Vorherzusehen, was an Negativem passieren könnte, ist manchmal leichter, aber ich bin grundsätzlich optimistisch. Die industriellen Revolutionen müssen auch ein Schock für die Menschen damals gewesen sein, aber heute würden wohl die wenigsten gern in die Zeit davor zurückgehen. Und in fünfzig Jahren, wenn viele Krankheiten durch KI-Methoden besser behandelbar sind, werden unsere Kindeskinder hoffentlich sagen, dass die Art und Weise, wie wir Krebs behandelt haben, vorsintflutlich war.

In Zukunft werden viele Jobs verloren gehen, die mit einfachen Arbeiten zu tun haben. Es wird also eine Massenarbeitslosigkeit geben. Kommt es dann nicht zum Aufstand in der Gesellschaft?

Die Gefahr besteht. Jede Technologie führt zu wirtschaftlichen Interessen, und schon bei der ersten industriellen Revolution gab es Aufstände, und die Menschen haben mechanische Webstühle zertrümmert, weil sie Angst hatten, ihre Berufe zu verlieren. Bei jedem großen Schritt in der Geschichte gab es Gewinner und Verlierer, und es gab Ströme von Menschen, die in andere Länder gezogen sind. Wenn man andererseits die Erfindung des Autos nimmt, ist es erstaunlich, wie weit wir dessen Auswirkungen auf das menschliche Leben akzeptieren. Ich als Wissenschaftler kann nicht vorhersehen, was passieren wird, ich kann nur versuchen, meinen Teil beizutragen.

Welche Verantwortung haben Sie?

Maschinelles Lernen und KI lassen sich auch für Waffensysteme einsetzen. Keiner kann wirklich vorhersehen, wie sich die technische Möglichkeit solcher Systeme tatsächlich auf die Kriegsführung auswirken wird. Ich weiß nicht, ob KI die Kriegsführung sicherer oder gefährlicher macht oder ob Kriege überhaupt weniger wahrscheinlich werden, aber ich bin besorgt. Alle sollten sich dessen bewusst sein, dass es eine gefährliche Entwicklung ist. Bei den meisten Menschen gibt es ein Gefühl von Verantwortung, dass man andere Leben nicht riskiert und nicht tötet. Bei autonomen Waffensystemen wäre es denkbar, dass die Hemmschwelle beim Töten weiter sinkt.

Könnte ein Roboter auch ausrasten?

Im Moment noch nicht, aber im Endeffekt sind auch Menschen sehr komplexe Maschinen. Jedes menschliche Verhalten hat irgendeine biologische Funktion – und damit auch das Ausrasten. Vielleicht ist es wichtig, um in Konfliktsituationen seine Kinder verteidigen zu können. Wenn KI so weiterentwickelt würde, dass sie im

Zweifel Kinder verteidigen muss, müsste sie vielleicht auch ausrasten können. Es sollte aber nicht das Ziel sein, eine Intelligenz zu bauen, die die menschliche kopiert. Manche denken, dass wir kurz davor stehen, Systeme zu entwickeln, die intelligenter sind als ein Mensch, diese Systeme wiederum andere bauen, die noch intelligenter sind, und es dann bald eine Superintelligenz gibt und wir ausgespielt haben. Ich halte das für naiv; vielleicht wie die Vorstellung, dass ein System, das kleiner als eine Hand ist, problemlos ein noch kleineres System bauen könnte, bis wir irgendwann bei beliebig kleinen Systemen ankommen.

Wie weit ist es möglich, unsere soziale Intelligenz tatsächlich in einem Roboter wiederzugeben?

Dafür bräuchte es intelligentere Computer, die nicht nur aus Input-Output-Beispielen lernen, sondern auch kulturell. Wir Menschen lernen auch, indem wir andere beobachten, und es gibt allerlei komplexe kulturelle Signale, die wir dabei verwenden. Für uns ist kulturelles Lernen extrem wichtig, und im Moment wissen wir überhaupt nicht, wie wir so was auf Computer übertragen sollten.

Sundar Pichai, der CEO von Google, hat davon gesprochen, dass KI unser menschliches Wesen noch viel stärker verändern würde als die Entdeckung des Feuers oder die Elektrifizierung.

Informationsverarbeitung ist viel dichter an dem, was uns zu Menschen macht, als Energieverarbeitung. Wir verändern die Welt so stark, weil wir besonders gut Informationen verarbeiten können, nicht weil wir stärker oder schneller sind als andere Tiere. Die maschinelle Konkurrenz in diesem Feld hat deshalb für unser Selbstverständnis vielleicht größere Auswirkungen als frühere industrielle Revolutionen. Riskant wäre es, dazu schon eine Vorhersage abzugeben. Es lässt sich selbst mit dem heutigen Wissen schwer sagen, ob die Erfindung des Feuers oder die des Ackerbaus wesentlicher für die Entwicklung der Menschen war.

2017 entfielen unter allen weltweiten KI-Investitionen 48 Prozent auf Start-up-Unternehmen in China, 2016 waren es nur elf Prozent. Wie sehen Sie diese Entwicklung?

In den USA gibt es viele Investitionen aus der Industrie, weil Firmen Geschäftsmodelle betreiben, die auf Daten beruhen, und KI nun eine Methodik bereitstellt, intelligente Datenverarbeitung zu automatisieren und hochzuskalieren. In China ist die Trennung zwischen Industrie und Regierung weniger klar. Es ist durchaus auch eine Strategie der Regierung, in diesem Bereich der Technologie eine Führerschaft zu entwickeln, aber es gibt auch klare wirtschaftliche Interessen, denn China ist auf seine Art genauso kapitalistisch wie der Westen. Allerdings ist die Sorge berechtigt, dass die Informationsverarbeitung auch benutzt werden soll, um Menschen zu kontrollieren. Die Gesichtserkennung ist schon jetzt recht genau. In Zukunft könnte es bald ausreichen, sein Gesicht zu zeigen, um seine Identität preiszugeben.

Fällt Europa und speziell Deutschland aktuell nicht immer mehr zurück in diesem wissenschaftlichen Rennen?

Diese Sorge habe ich. Deutschland hatte zwar relativ früh Anteil an der Entwicklung von KI, in der moderneren KI hat sich aber mehr in den USA und in England getan, und inzwischen tut sich mehr in China. Beim Max-Planck-Institut war ich der erste Wissenschaftler, der maschinelles Lernen erforscht hat, und ich bin seinerzeit an ein biologisches Institut berufen worden. Daraus ist später das neue Institut entstanden, das jetzt in diesem Bereich der modernen KI in Deutschland wahrscheinlich die erste Adresse ist. Aber die jungen Wissenschaftler heutzutage können über das Internet leicht den internationalen Stand überprüfen, und die Doktoranden gehen dorthin, wo die Post abgeht. So gehen viele in die USA.

Auch Sie haben sich der Industrie nicht verweigert. Wie kommt es, dass Sie auch für Amazon arbeiten?

Bei AT&T Bell Laboratories sind wesentliche Teile meiner Doktorarbeit entstanden, später war ich bei Microsoft Research. Es gibt viel Spitzenforschung in industriellen Labors, in denen viele Top-Wissenschaftler zusammensitzen und sich intensiv austauschen. Wir brauchen mehr als nur das Max-Planck-Institut und die Universität, wenn wir als Standort kompetitiv bleiben wollen. Und Amazon hat sich als Erstes realisieren lassen. Ich will mit den bestmöglichen Wissenschaftlern zusammenarbeiten, um wirklich neue Erkenntnisse zu erhalten.

Können Sie die Entwicklung Ihrer Arbeit erklären?

Als ich in das Feld kam, waren die neuronalen Netze sehr populär, aber nur mit vielen Tests zum Laufen zu bringen. Über Wladimir Vapnik habe ich dann von der statistischen Lerntheorie erfahren. Damals hatte gerade die Entwicklung von Systemen begonnen, die nicht linear waren, was bei komplexen Daten wichtig ist, weil die Gesetzmäßigkeiten der Welt nicht linear sind. Durch eine mathematische Vorverarbeitung der Daten ließ sich der nicht lineare Fall auf den linearen zurückführen, bei dem sich maschinelle Lernsysteme besonders gut trainieren und analysieren ließen. Darüber hat sich dann das neue Feld der Kernmethoden aufgetan, und parallel dazu entwickelten sich probabilistische Verfahren, die stärker mit Wahrscheinlichkeitstheorie zu tun haben. Durch die Größe der Datenmengen wurden zuletzt auch die neuronalen Netze wieder interessant, die sehr gute Ergebnisse liefern. Die Kausalität, mit der ich mich in den letzten zehn Jahren vor allem beschäftigt habe, ist aus der klassischen KI entstanden. Ich suche jetzt nach kausalen Strukturen, die zwar statistische Gesetzmäßigkeiten erzeugen, aber fundamentaler, flexibler und besser auf neue Situationen übertragbar sind. Außerdem versuche ich, maschinelle Verfahren zu entwickeln, die kausale Strukturen lernen und nicht nur statistische.

Wie würden Sie sich selbst beschreiben?

Nachdenklich, zurückhaltend, ein bisschen verquer. Ich hoffe, dass ich vielleicht auch auf eine gewisse Weise originell bin. Man kommt in der Wissenschaft nicht weiter, wenn man das Gleiche macht wie viele andere. Ich bin eher jemand, der versucht, in der Masse zu verschwinden, aber ich stehe zum Beispiel zu meinen langen Haaren. Auch wenn sie inzwischen nicht mehr besonders originell sind, vielleicht bin ich damit jetzt eher ein Dinosaurier. Meine Kinder fragen mich auch, warum ich nicht mal meine Haare abschneide.

Sie haben früher Klavier gespielt. Findet das in Ihrem Leben noch statt?

Ich habe ein Klavier daheim, aber es ist schwer, das Niveau zu halten. Meine Kinder lernen jetzt auch Klavier, sodass wir uns zumindest gegenseitig animieren. Ich singe auch in einem Chor und finde, jeder Mensch sollte singen. Das Erlebnis der Musik ist fundamental anders, wenn man an der Entstehung beteiligt ist. Wir haben mal ein Stück gesungen, bei dem am Ende unerwartet ein ganz anderer harmonischer Raum besucht wurde. Das hat ein Gefühl hervorgerufen, wie ich es später noch

»FÜR UNS IST KULTURELLES LERNEN EXTREM WICHTIG, UND IM MOMENT WISSEN WIR ÜBERHAUPT NICHT, WIE WIR SO WAS AUF COMPUTER ÜBERTRAGEN SOLLTEN.«

mal bei der Geburt meines ersten Kindes hatte. Musik kann Türen öffnen, die die meiste Zeit verschlossen sind.

Gab es in Ihrem Leben auch irgendwann mal ein Tal?

Ich hatte eine Zeit lang gesundheitliche Probleme, und es gab auch hin und wieder persönliche Täler. Es ist nicht so leicht, mit einem Wissenschaftler zusammen zu sein, vor allem wenn er manchmal etwas abwesend ist. Ich glaube, dass ich manches nicht wahrnehme, und auch im Beruf priorisiere ich oft nicht die richtigen Dinge, obwohl ich ein gutes Gespür dafür habe, was wichtig ist. Aber es gelingt mir nicht immer, die anderen davon zu überzeugen. An sich kann ich mich aber nicht beklagen. Mich treibt das Gefühl an, Neues zu entdecken.

Sie interessieren sich nicht nur für Astronomie, Sie haben auch einen Stern entdeckt.

Ich hatte vor Jahren angefangen, mit Astronomen in New York zusammenzuarbeiten. Wir haben Methoden entwickelt, um nach Exoplaneten zu suchen, also nach Planeten, die um andere Sterne kreisen, und auch eine Reihe entdeckt. In jüngster Zeit war einer dieser Exoplaneten der erste potenziell bewohnbare, auf dem Wasserdampf gefunden wurde. Für mich ist die Astronomie und die Wahrnehmung des Sternenhimmels eine andere Tür zur Wirklichkeit.

»MIT NICHTEXPERTEN ZU REDEN ERINNERT EINEN AN DAS GROSSE GANZE.«

Martin Rees | Astronomie

Emeritierter Professor für Kosmologie und Astronomie an der University of Cambridge
Ehemaliger Präsident der Royal Society
Großbritannien

Professor Rees, würden Sie für uns einen Blick in die Kristallkugel werfen?
Ich kann nicht all die spannenden neuen Entwicklungen in der Technik vorhersagen. Aber ich bin sicher, dass die Weltbevölkerung bis 2050 auf neun Milliarden anwachsen wird. Dann wird es fünfmal so viele Afrikaner wie Europäer geben.
Wird dieses Ungleichgewicht Probleme verursachen?
Afrika kann seine Wirtschaft nicht so entwickeln, wie es die ostasiatischen Länder getan haben, weil die Industrieproduktion mittlerweile von Robotern übernommen

wird. Und wenn Afrika sich wirtschaftlich nicht ausreichend entwickeln kann, wächst das Risiko einer Instabilität. Jeder in Afrika besitzt ein Mobiltelefon und weiß, was ihm entgeht. Das könnte zu Unmut führen. Prinzipiell liegt es im Interesse der reicheren Weltgegenden, dass Afrika nicht zurückbleibt.

Haben Sie weitere Prognosen?

Ich bin sicher, dass die Welt in Zukunft aufgrund des Klimawandels wärmer wird. Der einzige Weg, die CO_2-Emissionen zu verringern, ist, die Forschung und Entwicklung an CO_2-freien Energien zu beschleunigen – Solar-, Wind-, auch Kernenergie –, dazu Energiespeicher wie bessere Batterien. Wenn die Kosten für nichtfossile Energien sinken, können Länder wie Indien einen direkten Entwicklungssprung zu sauberer Energie machen, sofern diese günstig genug ist.

Sie schlagen für eine bessere Zukunft unter anderem vor, Fleisch künstlich herzustellen.

Wenn neun Milliarden Menschen 2050 auf diesem Planeten ein gutes Auskommen haben sollen, müssen wir neue Technologien für saubere Energie installieren und unsere Lebensmittel nachhaltig produzieren. Das bedeutet: weniger Fleisch essen, mehr vegetarisch. Wir sollten stark in künstliches Fleisch investieren. Es gibt bereits technisch einfache Ansätze für Lebensmittel, die ein wenig nach Fleisch schmecken. Eine Hightechversion ist in der Entwicklung: Man beginnt mit einer einzelnen Zelle, ohne dass ein Tier involviert ist, und züchtet daraus etwas, das chemisch mit Fleisch identisch ist. Das sind nur Beispiele, die zeigen, was möglich ist, um ein gutes Auskommen für alle zu erreichen – durch klug eingesetzte Technologien und ohne zwanzig Tonnen CO_2 pro Person und Jahr freizusetzen wie heute. Es ist noch nicht zu spät, die richtigen Schritte einzuleiten.

Was hat sich seit Beginn Ihrer Laufbahn in den 1960ern geändert?

Das war eine spannende Zeit. 1965 hatten wir erste starke Belege dafür, dass das Universum mit dem Urknall begonnen hat – besonders aufgrund der Strahlung, die den ganzen Weltraum durchdringt. Die vergangenen fünf Jahre waren aber genauso spannend. Inzwischen werden erstaunlich regelmäßig Planeten in anderen Sonnensystemen entdeckt, es gibt den ersten direkten Nachweis von Gravitationswellen, und man kann mit einer Ungenauigkeit von nur wenigen Prozent beschreiben, welche Bedingungen wann in der Geschichte des Universums herrschten. Wir haben auf allen Wellenlängen viel stärkere Teleskope zur Verfügung, leistungsfähigere Computer, die große Datensätze verarbeiten – ein europäischer Satellit hat Daten von 1,7 Milliarden Sternen gesammelt. Ein Computer kann zum Beispiel im virtuellen Raum berechnen, was passiert, wenn Sterne und Galaxien kollidieren. Die Technik hat der Wissenschaft also einen großen Schub gegeben.

Inzwischen ist das erste Bild von einem Schwarzen Loch gemacht worden, richtig?

Wir hatten seit vierzig Jahren Anhaltspunkte für Schwarze Löcher, aber es ist schön, jetzt ein hochauflösendes Bild davon zu haben. Das ist eine enorme technische Leistung, die Daten von vielen Teleskopen in aller Welt zusammenzufügen, was für das Bild nötig war.

Sind Sie vom Urknall immer noch fasziniert?

Die große Herausforderung ist nun, die eher exotisch anmutende Physik der frühesten Phase des Universums zu verstehen. Innerhalb von fünfzig Jahren sind wir von der Ungewissheit, ob es überhaupt einen Urknall gab, dazu gekommen, die erste milliardstel Sekunde mit angemessener Genauigkeit zu diskutieren. Das ist ein großer Schritt vorwärts. Es ist nicht vermessen anzunehmen, dass wir in den nächsten fünfzig Jahren einen weiteren großen Sprung machen.

Sie sind erst spät zur Astronomie gekommen. Warum?

Ich habe Physik und Mathematik studiert, weil ich gut darin war. Ehrlich gesagt habe ich mich nicht besonders zur Astronomie hingezogen gefühlt. Dann schrieb ich mich in eine Doktorandengruppe in Cambridge ein, die spannende Forschung in einer interessanten Zeit und in einer intellektuell guten Umgebung machte. Wenn in der Wissenschaft Neues passiert, haben junge Leute die Chance, schnell etwas Bedeutendes beizusteuern. In diesem Sinne hatte ich Glück.

Können Sie mir von Ihrer Kindheit erzählen?

Ich war Einzelkind, meine Eltern waren Lehrer. Ich hatte Glück, dass ich in einer netten Umgebung auf dem Land groß geworden bin und eine gute Erziehung bekommen habe. Deshalb konnte ich zur Universität gehen. Sich auf Mathematik zu konzentrieren war allerdings ein Fehler.

Inwiefern?

Nun, ich bin kein geborener Mathematiker, auch wenn ich einige Anwendungen finden konnte, die mir gefallen und nützen. Meine Art zu denken ist eher die eines Ingenieurs: nämlich versuchen zu verstehen, wie die Dinge funktionieren. Ich mag es, zu spekulieren und Menschen Dinge zu erklären. Aus diesem Grund hat sich meine Laufbahn entsprechend entwickelt.

Ich habe in meinem Beruf auch viel Glück gehabt. Die Menschen sollten nicht übersehen, welch wichtige Rolle Glück im Leben eines jeden spielt.

Sie sprechen oft von Glück. Steckt Glück hinter Ihrer reibungslosen Karriere?

Alles in allem habe ich Glück gehabt – einen Arbeitsplatz als Forscher in einem spannenden Gebiet zu finden, und das hauptsächlich in Cambridge. In den Ring steigen zu können und an Debatten über Astronomie und Kosmologie teilzunehmen. Wenn die Geschichte der Astronomie geschrieben wird, werden die letzten fünfzig Jahre eines der aufregendsten Kapitel in der Wissenschaftsgeschichte überhaupt sein. Ich weiß nicht, wie viel ich persönlich beigetragen habe, aber ich war Teil einer Gemeinschaft, die viel geleistet hat, um zu verstehen, woher wir kommen und wie das Universum funktioniert.

Sie hatten also nie eine persönliche Krise?

Ich hatte mehrere Krisen, aber ich habe sie alle gemeistert. Wichtig ist, durchzuhalten und nicht aufzugeben, wenn es schlecht läuft. Niemals wegen Streit verbittern, sondern versöhnlich sein.

Sie sind Mitglied der britischen Labour Party, richtig?

Ich unterstütze die Labour Party entschieden. Es deprimiert mich zu sehen, wie der öffentliche Sektor schrumpft und nicht wächst. Großbritannien muss mehr von Skandinavien lernen, weniger von den USA.

Politik hat mich immer interessiert, und ich hatte in meiner Laufbahn Gelegenheit, mich in größere politische Themen, in Wahlkämpfe und öffentliches Engagement einzubringen.

Wie stehen Sie zum Brexit?

Der Brexit ist eine sehr unglückliche Episode der britischen Politik. Ich lehne ihn vehement ab, weil er sich sehr schlecht auf Großbritannien auswirken wird. Man wird uns als weniger offen gegenüber Ausländern ansehen, was ein Jammer ist, weil das eine unserer Stärken in der Wissenschaft war. Mehr noch, wir leben in einer instabilen Welt, und es ist der schlechteste Zeitpunkt, die europäische Einheit zu schwächen. Wir wollen natürlich immer noch international sein, schließlich ist die Wissenschaft international. Aber wenn Menschen keine Garantie bekommen, dass sie ihre Familien nachholen können, werden sie zögern, hierherzukommen, um hier zu arbeiten oder zu studieren.

Sie sind Mitglied der Päpstlichen Akademie der Wissenschaften. Wie sehen Sie das Zusammenspiel von Wissenschaft und Religion?

Die Päpstliche Akademie der Wissenschaften ist eine internationale Gruppe von siebzig bis achtzig Wissenschaftlern aller Glaubensrichtungen oder ganz ohne Religionszugehörigkeit – nur wenige sind katholisch, und alle interessieren sich zuerst für die Forschungsergebnisse. Ich bin froh, dabei zu sein, denn die Akademie hatte zuletzt durchaus positiven Einfluss, vor allem

»DIE GESELLSCHAFT VON HEUTE IST ZERBRECHLICH.«

2014, als führende Wissenschaftler und Ökonomen Fragen des Klimawandels diskutierten. Die Ergebnisse sind dann in die päpstliche Enzyklika »Laudato si'« von 2015 eingeflossen und es gab großen Zuspruch. Der Papst wurde mit stehenden Ovationen in der UNO empfangen. Dieses Dokument hat den Weg zum Abkommen der Pariser Klimakonferenz 2015 bereitet.

Ich frage mich oft, warum Wissenschaftler Politiker umwerben.

Wenn Wissenschaftler direkt mit der Politik sprechen, hat das keine große Wirkung. Der beste Weg ist, indirekt über die Presse zu gehen, über die Mobilisierung der Öffentlichkeit. Der Papst hat eine Milliarde Anhänger. Er ist ein gutes Beispiel dafür, wie Wissenschaftler eine charismatische Person nutzen können, um ihrer Stimme mehr Gehör zu verschaffen. Politiker planen nicht langfristig, außer wenn sie nicht fürchten müssen, Stimmen zu verlieren. Nehmen Sie David Attenbouroughs BBC-Serie »The Blue Planet«, die sieben Millionen Zuschauer hatte. Die Sendung hat die Öffentlichkeit für Plastikmüll in den Ozeanen sensibilisiert. Unsere Politiker erkannten, dass sie hierzu Gesetze erlassen konnten, ohne Stimmen zu verlieren. Politiker entscheiden nach dem, was die Wähler wollen. Deshalb ist es wichtig, dass Wähler von charismatischen Figuren beeinflusst werden, etwa vom Papst. Am Ende braucht es nur ein paar entschlossene Menschen, um die Welt zu verändern.

Wie wichtig sind ethische Grenzen für Wissenschaftler und für die Gesellschaft?

Wir brauchen eine ethische Bewertung von wissenschaftlicher Arbeit. Erstens gibt es unethische Experimente, vor allem mit Menschen und Tieren. Zweitens sind wir verpflichtet, die Vorteile der Technik zu nutzen und die Nachteile zu minimieren. Denn künftig wird es alle möglichen Debatten über Ethik und Sicherheit geben, besonders in der Genetik. Wissenschaftler haben die besondere Verpflichtung sicherzustellen, dass die Öffentlichkeit ein Experiment oder ein gefährliches Phänomen wirklich versteht. Erst recht, wenn ein ethisches Dilemma droht. Wissenschaftler mögen als Erste begreifen, was möglich ist, aber sie sollten nicht entscheiden, was wirklich zu tun ist, oder so arrogant sein zu glauben, sie nähmen eine privilegierte Rolle ein in politischen Auseinandersetzungen und Debatten.

Haben Sie viel Einfluss?

Ich bin seit den 1980ern in Konferenzen involviert gewesen und in politische Diskussionen über so verschiedene Themen wie Klima und Energie. Insofern habe ich etwa so viel Einfluss wie der durchschnittliche Politiker. Bis zu meinem sechzigsten Lebensjahr bekleidete ich nur im Bereich der Astronomie offizielle Positionen. Dann wurde ich Präsident der Royal Society, unserer nationalen Akademie der Wissenschaften, und Mitglied im House of Lords, unserem Oberhaus, sowie Leiter des größten Colleges in Cambridge. Das war schon ein gewisser Stress, weil ich nicht mehr genug Zeit für die Wissenschaft hatte.

Wie haben Sie als Präsident der Royal Society agiert?

Meine beiden Vorgänger begannen damit, sich mehr in Politik und Öffentlichkeit zu engagieren, internationaler zu sein. Ich habe versucht, das fortzusetzen.

Wie fühlt es sich an, Lord zu sein?

Ich mache das in Teilzeit, verbringe also nicht viel Zeit im House of Lords. Aber es ist ein Privileg, dort zu sein. Ich bin mehr in allgemeine Politikfragen eingebunden, als dies für einen Wissenschaftler üblich ist.

Ich habe gehört, dass Sie Ihren Studenten raten, Science-Fiction zu lesen.

Ja, sie können von der Science-Fiction Anregungen bekommen. Wir müssen unsere Fantasie stimulieren, um originell zu sein. Es besteht die Gefahr, dass Wissenschaftler sich zu sehr auf Details konzentrieren. Mit Nichtexperten zu reden erinnert einen an das große Ganze.

Wie sieht es mit außerirdischem Leben aus? Sind wir allein?

Wir könnten in den nächsten zwanzig Jahren eine Antwort finden. Wissenschaftler erforschen, wie das Leben auf der Erde begann – die Darwin'sche Evolutionstheorie sagt uns, wie aus den ersten Lebensformen unsere gegenwärtige Biosphäre entstanden sein könnte. Aber wir kennen noch nicht die Kette der chemischen Reaktionen, die zu den ersten Gebilden mit Stoffwechsel und Fortpflanzung führten, zu dem, was wir heute als Lebewesen ansehen. Wenn wir das wissen, werden wir sehen, ob auf der Erde etwas Unglaubliches geschehen ist oder etwas, das wahrscheinlich auch anderswo unter ähnlichen Bedingungen entstanden ist. Wir werden sehen, ob die Chemie von DNA und RNA einzigartig ist oder ob Leben auch mit einer anderen Chemie entstehen kann – vielleicht sogar ohne Wasser. Wir werden auch andere Teile des Sonnensystems erkunden, in denen Leben existieren könnte. In den letzten zwei Jahrzehnten haben wir festgestellt, dass die meisten Sterne nicht nur Lichtpunkte sind, sondern von einer Entourage aus Planeten umkreist werden. Die nächste Generation von Teleskopen kann erfassen, ob es auf solchen Planeten eine Biosphäre und Lebensformen gibt.

Sie haben in einem Ihrer Bücher, »Unsere letzte Stunde«, geschrieben, dass die Wissenschaft die Menschheit bedroht. Sie geben uns eine 50:50-Chance zu überleben. Erklären Sie das doch bitte.

Als ich 2003 das Buch schrieb, kannten schon alle die atomare Bedrohung. Biotechnik, Cybertechnik und Genetik haben ein enormes Potenzial, aber auch eine Schattenseite: Sie benötigen keine speziellen riesigen Forschungseinrichtungen wie für die Herstellung von Atomwaffen. Sie geben kleinen Gruppen Macht, die diese missbrauchen können. Das ist eine meiner größten Sorgen. Inzwischen könnte zudem die Überbevölkerung einen ökologischen Kipppunkt aktivieren. Es wird auch schwer, ethisch motivierte Regulierungen etwa beim sogenannten »human enhancement« durchzusetzen, also bei der medizinisch-technischen Optimierung menschlicher Leistungsfähigkeit. Das führt letztlich zu einem Spannungsfeld aus Freiheit, Sicherheit und Privatsphäre. Insgesamt wird das eine holprige Fahrt in diesem Jahrhundert. Wir wissen nur noch nicht, wie tief die Schlaglöcher sind.

Besteht nicht auch das Risiko einer natürlichen Pandemie?

Ja, es könnte sich auf natürlichem Wege eine besonders ansteckende Form des Grippevirus entwickeln. Die Weltgesundheitsorganisation beobachtet dieses Risiko. Die Gesellschaft von heute ist zerbrechlich: Wir sind deutlich weniger resilient als die Menschen früher, weil wir höhere Erwartungen haben und an ein bequemes Leben gewöhnt sind, in dem alles funktioniert. Deshalb sind die Folgen einer Pandemie schwerwiegender als früher. Sollte eine Pandemie so groß sein, dass Krankenhäuser damit nicht mehr zurechtkommen, könnte die Gesellschaft zusammenbrechen. Wir sind heute angesichts solcher Bedrohungen verletzlicher als in früheren Jahrhunderten.

Haben Sie nicht ein neues Institut für Forschungsrisiken gegründet?

Ja, in Cambridge, an der Nummer eins der Universitäten in Europa. Wir schulden es den Menschen, das Talent und die Leistungsfähigkeit dort auch für die Risikoforschung einzusetzen. Es wird nicht genug an einer bestimmten Klasse von Risiken geringer Wahrscheinlichkeit geforscht, die dennoch das Potenzial zur Katastrophe haben.

Das sieht nach einem umtriebigen Ruhestand aus.

Ich bin mit 68 in den Ruhestand gegangen, bin also nicht mehr in leitender Verantwortung. Ich habe nicht einmal einen Sekretär. Das ist auch richtig, weil so junge Menschen ihre Chance bekommen. In den USA gibt es keine Altersgrenze, da haben es die Jungen schwerer. Ich reise, schreibe Bücher, halte Vorträge, denke nach und forsche, ich arbeite also ziemlich hart. Die geistigen Fähigkeiten nehmen mit dem Alter ab, aber noch lerne ich mehr, als ich vergesse. Insgesamt sind die letzten fünf Jahre meines Lebens genauso erfüllend gewesen wie die Jahre davor.

Welchen Rat würden Sie jungen Menschen geben?

Sich ein Gebiet auszusuchen, in dem sie glauben, etwas bewirken zu können, und worin sie gut sind. Wenn sie sich für Naturwissenschaften interessieren, sollten sie ein Gebiet wählen, wo gerade viele neue Entwicklungen stattfinden.

Und welche Botschaft würden Sie an die Welt richten?

Wir müssen langfristig denken und die Folgen unseres Handelns für künftige Generationen erkennen.

Wie würden Sie Ihre Persönlichkeit zusammenfassen?

Neugierig, aber wütend über die Diskrepanz zwischen der Welt, wie sie sein könnte, und der Welt, wie sie ist. Ich begeistere mich für politische Auseinandersetzungen, fürs Lernen, und ich genieße soziale Aktivitäten.

»JE BEDEUTENDER EINE ENTDECKUNG, DESTO UNERWARTETER KOMMT SIE.«

Tim Hunt | Biochemie

Emeritus Group Leader am Francis Crick Institute in London
Nobelpreis für Medizin 2001
Großbritannien

Herr Dr. Hunt, Sie haben einmal gesagt: »Wenn ich den Nobelpreis gewinnen kann, kann das jeder.« Glauben Sie das wirklich?
Ja, ich denke, das ist so, denn in meinen Augen hat es im Wesentlichen mit Glück zu tun. Die Leute denken, dass man für eine Entdeckung einen weißen Kittel anziehen und Flüssigkeiten von einem Reagenzglas ins andere schütten muss, aber dem ist überhaupt nicht so. Zu Entdeckungen kommt es, wenn etwas Unerwartetes geschieht. Je bedeutender eine Entdeckung, desto unerwarteter kommt sie. Ich hatte einfach Glück.

Entdeckungen sind also eine Sache des Zufalls?
Natürlich müssen Sie nach etwas Ausschau halten, aber für gewöhnlich schauen Sie in die falsche Richtung. Meine große Entdeckung fand zu einer seltsamen Zeit statt. Ich stolperte über die Tatsache, dass ein besonderes Protein plötzlich verschwand, und das galt zu dem Zeitpunkt als unmöglich. Ich hatte bereits über die Zellteilung nachgedacht, und dies war der entscheidende Hinweis. Ich merkte beinahe sofort, dass ich auf etwas viel Interessanteres gestoßen war, als was ich zuvor gemacht hatte. Die Erfahrung war ein gutes Beispiel für das Diktum von Pasteur, der Zufall begünstige den vorbereiteten Verstand.

Sie waren bereits bekannt dafür, ungewöhnliche Ansätze zu wählen.
Nun, ich lasse mich leicht ablenken. Deshalb glaube ich, dass ich kein großer Wissenschaftler bin. Einige Menschen sind fantastisch: Sie sezieren Probleme wie ein Messer, das durch Butter schneidet – ich habe diese Fähigkeit nicht. Aber eine der Sachen, die Sie in der Wissenschaft lernen, ist, dass es viele unterschiedliche Charaktere braucht.

Sie haben einmal gesagt, dass diese Entdeckung sich anfühlte, als würde sie zu hundert Prozent Ihnen gehören. War sie deshalb so aufregend?
Normalerweise machen die Masterstudenten die grundlegende Arbeit, aber in diesem Fall war es wirklich die »Entdeckung des Entdeckers«. Ich war derjenige, der hier experimentierte. Es war eigentlich das einzige Mal, dass ich einen Heureka-Moment hatte, als ich das Ergebnis sah. Ich erkannte plötzlich etwas von fundamentaler Bedeutung: Ein Protein verschwand. Damit hatte ich eine ganze Reihe von Hinweisen aufgeschlüsselt, auch wenn dies nach damaliger Lehrmeinung »unmöglich« war. Aber die Lehrbücher lagen falsch, was oft passiert.

Um die Tragweite der Entdeckung zu begreifen, mussten Sie allerdings hellwach sein.
Nein, es war einfach da, schwarz auf weiß vor meinen Augen. Dafür musste man kein Genie sein. Obwohl mein erstes Experiment nicht besonders eindeutig war, weil ich den Ablauf nicht aufmerksam genug verfolgt hatte. Das Problem war, dass Sperma mächtige verdauungsfördernde Enzyme enthält, die deaktiviert werden müssen, um Ergebnisse zu erhalten. Ein Verfahren, das wir ausprobierten, war, die Proben in Reinigungsmittel und Mercaptoethanol, einer schwefelhaltigen Verbindung, zu kochen. Ich verlor meinen Geruchssinn, weil das Labor dermaßen nach diesem ekelhaften Gemisch stank. Ich konnte danach keine Rosen mehr riechen – das war bitter.

Paul Nurse hat zur selben Zeit ebenfalls an der Zellteilung gearbeitet. Gab es einen Austausch zwischen Ihnen?
Wir arbeiteten auf sehr verschiedene Weise an sehr verschiedenen Systemen, aber wir sprachen oft miteinander. Ich ging ihn besuchen, und wir tauschten Notizen aus. Es war ein großer Spaß, weil wir wirklich verwirrt waren. Rückblickend waren wir unglaublich langsam, wir hätten diese Probleme lange vorher lösen können. Aber es ist schwer zu vermitteln, wie vernebelt alles ist, wenn man nicht versteht, was vor sich geht.

Ich bin sicher, dass sich viel verändert hat, seit Sie in die Forschung gegangen sind.
In mancher Hinsicht hat sich gar nicht so viel geändert, in anderer unerhört viel. Jemand hat mir einen DNA-Sequenzierer gezeigt, der so groß wie ein Keks ist. Man kann das menschliche Genom auf diesem kleinen Chip im Prinzip in einem Rutsch auslesen. Wir mussten uns damals eine Methode zur Sequenzierung erarbeiten, die ziemlich mühsam war und zwei Wochen dauerte und heutzutage längst überholt ist. Heute verlassen sich die Leute stark auf Computer und solche Dinge, aber ich denke, dass man sich dadurch ein wenig von dem Problem entfernt. Die Leute glauben, dass, wenn sie Tonnen von Daten sammeln, die nicht einmal gleich zuverlässig

> »DAS BESTE AM NOBELPREIS IST, HERAUSZUFINDEN, WIE ES IST, IHN ZU BEKOMMEN.«

sind, die Wahrheit sie aus diesen Daten anspringen wird. Aber vielleicht bin ich ein Dinosaurier.

2001 bekamen Sie mit Paul Nurse und Lee Hartwell für die »Entdeckung zur Kontrolle des Zellzyklus« den Nobelpreis. Können Sie uns die Bedeutung dieser Entdeckung erklären?

Zuerst müssen Sie sich die Bedeutung der DNA für das Leben klarmachen. Entscheidend an der DNA ist, dass sie sämtliche Anweisungen enthält, um ein menschliches Wesen zu produzieren, sowie sämtliche Anweisungen, um sich selbst zu kopieren. Auf diese Weise kann der nächste Mensch weitermachen und dasselbe tun. Dieser Satz von Anweisungen muss unverfälscht in jede Zelle des Körpers gebracht werden. Der Schlüssel liegt also in der Kontrolle des Zellzyklus – es geht darum, wie man sicherstellt, dass jede Zelle eine komplette Kopie dieser Anweisungen bekommt. Das ist bemerkenswert. Uns wurde klar, dass es für diesen Prozess einen Regulator geben muss, der eine vollständige Zustandsänderung in Zellen auslöst, die sich zu teilen beginnen. Diese Zustandsänderung wird von einem Enzym katalysiert, dessen eine Hälfte ich entdeckte. Meine Nobelpreiskollegen entdeckten die andere Hälfte. Der Akt der Entdeckung war unglaublich befriedigend. Ungewöhnlich war, wie wenige Forscher zuvor daran gearbeitet hatten, weil sie einfach nicht gesehen hatten, wie man das Problem angehen könnte.

Und wie war es, den Nobelpreis zu bekommen?

Ich sage immer: Das Beste am Nobelpreis ist, herauszufinden, wie es ist, ihn zu bekommen. Nicht, dass man ihn bekommt.

Sie müssen doch gewusst haben, dass Sie ein geborener Problemlöser sind.

Oh, das weiß ich nicht so recht. Ich mag Probleme und kleine Tricks, um sie zu lösen. Was Spaß macht, ist, aus einem Vortrag oder einem Buch über etwas völlig anderes oder aus einer Nebenbemerkung Hinweise auf die Lösung des eigenen Problems zu ziehen. Das ist mir oft passiert. Und meine Güte, kann man viele Fehler machen! Versuchen Sie wenigstens, denselben Fehler nicht zweimal zu machen – das ist entscheidend. Das macht auch einen Wechsel der Forschungsgebiete so beängstigend. Sie wissen, dass Sie auf dem neuen Gebiet so lange kein Experte sind, bis Sie jeden einzelnen Fehler gemacht haben, den man machen kann.

Trotzdem betonen Sie die Bedeutung von Spaß und glücklichen Umständen.

Die Wissenschaftler, die ich bewundere, sind ein wenig spielerisch. Und doch muss man in seinem Metier geerdet sein. Ich sage den Menschen, sie sollen mit beiden Beinen auf dem Boden stehen, ihre Augen auf den Horizont richten und hart arbeiten.

Rührt diese Haltung von Ihrer Kindheit her? Sie wuchsen nach dem Krieg auf, richtig?

Das Leben war damals ziemlich hart. Man musste den Teller komplett leer essen, weil das alles war, was man bekam. Ich kann mich an eine Zeit erinnern, in der wir noch keinen Kühlschrank hatten. War das eine Aufregung, als der erste Kühlschrank kam, denn nun konnte Mutter Eiscreme zubereiten! Das Haus hatte keine Zentralheizung, nur einen Kohleofen. Wenn es schneite, mussten wir mit dem Kinderwagen Kohle nach Hause

»ICH MAG PROBLEME UND KLEINE TRICKS, UM SIE ZU LÖSEN.«

karren. Aber ich hatte eine gute Kindheit und immer Freunde. Ich war ein sehr glücklicher kleiner Junge. Was für eine wunderbare Erinnerung, wie ich zu den Wiesen am Hafen rannte, um zu angeln. Unser Haus war immer offen. Meine Mutter war ein geselliger Mensch, die Küche war immer voller Leute. Mein Vater hatte viele gelehrte Freunde, und diese fremd anmutenden Mittelalterhistoriker kamen zum Mittagessen. Eine der Sachen, die ich dabei lernte, war, ganz offen und ehrlich mit Menschen zu sein. Wenn Sie ihnen alles erzählen, werden sie auch Ihnen alles erzählen.

Hatte die Tatsache, dass Sie in einem religiösen Haushalt aufwuchsen, eine bleibende Wirkung auf Sie?

Nun, wir gingen jeden Sonntag zur Kirche, und tatsächlich gab es eine Zeit, in der ich wirklich gläubig war. Für mich war die jungfräuliche Geburt von Christus ein Glaubensgrundsatz. Ich verlor meinen Glauben als Teenager, aber rückblickend kann ich sagen, dass einige meiner Experimente von meiner religiösen Erziehung inspiriert waren. Ich las zum Beispiel ein Buch über die Eier von Seeigeln und dachte: Es gibt die jungfräuliche Geburt unter Seeigeln! Grundsätzlich ist es aber sehr schwer für Biologen, an Gott zu glauben. Für Physiker ist es viel einfacher, weil sie einen mystischeren Blick auf das Universum werfen können.

Sie haben sich bereits in jungen Jahren für Biologie interessiert. Stimmt es, dass Sie mit dem Haustier Ihres Bruders experimentiert haben?

Mein jüngster Bruder hatte ein Kaninchen. Als es starb, nahm ich es mit in die Schule, um es zu sezieren. Das war wirklich eine Offenbarung, weil ich etwas Neues sah. Die Nieren sahen völlig anders aus als die Leber, und es war unglaublich, wie viel Gedärme darin waren. Es war grandios. Ich wollte immer Wissenschaftler werden. Tatsächlich wollte ich gerne Physiker oder Ingenieur werden, aber ich merkte früh, dass ich darin nicht gut war. Ein Freund von mir wurde ein preisgekrönter Physiker, der an der Streuung von Laserlicht arbeitete. Es lag ihm einfach. Mir lag hingegen das biologische Denken. Physik überstieg mein Fassungsvermögen, viel zu schwierig, alles widersprach der Intuition. Tatsächlich war ich selten, wenn überhaupt, der Klassenbeste.

Haben Ihre Professoren Ihnen viel Freiheit gelassen, als Sie im Labor arbeiteten?

Ja, niemand hat mir je gesagt, was ich zu tun habe. Das war manchmal gut, manchmal schlecht. Denn es bedeutete, dass man selbst für das verantwortlich war, was geschah, und das war ein wenig nervenaufreibend. Am Anfang meiner Laufbahn dachte ich oft: Oh Gott, das war's. Ich habe das Problem gelöst – was soll ich denn jetzt noch machen? Am Ende taucht immer etwas auf, aber die Zeit dazwischen kann elend und deprimierend sein. Als ich meine Abschlussarbeit schrieb, hatten meine Freundin und ich uns gerade getrennt. Es war schrecklich. Ein Labor ist ein sehr sozialer Ort, aber wenn Sie Ihre Abschlussarbeit schreiben, sitzen Sie in einem Raum und schreiben. Ich glaube, es dauerte drei Monate, um diese verdammte Arbeit zu schreiben. Es war äußerst mühsam. Das Leben ist hart. Die Höhepunkte sind wahrlich erhebend, die Tiefpunkte können einen aber auch ziemlich runterziehen. Es ist sehr wichtig, Freunde zu haben, die einem helfen, wenn es nicht gut läuft, und mit denen man feiern kann, wenn es gut läuft. Aber im Wesentlichen kommt es darauf an, an einem ergiebigen Problem zu forschen. Man kann sich alle möglichen Probleme vorstellen, aber entweder sind sie trivial oder höchstwahrscheinlich unlösbar. Ein gutes Problem zu finden ist sehr schwer. Sie müssen zu sich selbst sagen können: »Ich werde meine ganze Erfahrung zur Lösung dieses Problems aufwenden, und ich werde andere davon überzeugen, es genauso zu machen.«

Haben Sie in Ihrer Karriere je etwas bereut?

Ich glaube, ich habe viel Glück im Leben gehabt. Ich bedaure sehr wenig. Ich habe getan, was ich getan habe. Es sind alles Bausteine im großen Gebäude der Erkenntnis. Ich habe ein oder zwei Beiträge geleistet, aber ehrlich gesagt hätte ich es nicht getan, wäre es jemand anderem gelungen, oder? Das bleibt an der Sache stets etwas mysteriös.

2015 haben Sie auf der Weltkonferenz der Wissenschaft in Seoul etwas Kontroverses gesagt: »Lassen Sie mich über meine Probleme mit Mädchen sprechen. Drei Dinge können passieren, wenn sie im Labor sind: Sie verlieben sich in sie, sie verlieben sich in Sie, und wenn Sie sie kritisieren, fangen sie an zu weinen.« Danach wurden Sie zum Rücktritt von Ihrer Position an der Universität aufgefordert. Ich kann mir vorstellen, dass das eine schwierige Zeit für Sie war.

Da ist etwas in mir zerbrochen. Vor allem, weil ich mich aus dem ERC Scientific Council zurückziehen musste, was mir sehr viel bedeutete. Ich habe an diesem Punkt geweint. Aber ich war auch dumm. Ich gab ein Interview am Telefon, in der Abflughalle, aber ich wäre besser still gewesen. Ich gab mehrere Interviews, ohne zu bemerken, was sich da im Hintergrund zusammenbraute. Als ich in Heathrow landete, klingelte mein Telefon, und meine jüngere Tochter sagte: »Dad, geht es dir gut?« Ich sagte: »Ja, alles in Ordnung. Warum?« »Du bist auf den Titelseiten aller Tageszeitungen.« »Was?« Ich hatte ja keine Ahnung.

Sie müssen diese Sätze bereut haben.

Nun, ich musste zugeben, dass ich diese Sätze gesagt hatte. Ihr Sinn war aber völlig missverstanden worden. Beispielsweise hieß es, ich hätte mich für nach Geschlechtern getrennte Labore ausgesprochen. Das war lächerlich. Die Menschen verlieben sich, und es ist ein Problem, wenn man sich verliebt, dies aber nicht erwidert wird. Das kann natürlich Jungen auch passieren, oder? Ich finde, man sollte solche Sachen offen diskutieren können.

Ihre Universität sagte: Entweder Sie treten zurück oder ...

... oder wir feuern dich. Es war irre. Andererseits geben sie immer noch gerne damit an, dass ich Nobelpreisträger bin. Sie hätten gerne die Medaille ohne ihre Kehrseite.

Der Vorfall muss auch für Ihre Familie schwer gewesen sein.

Es war vor allem für meine Frau schmerzlich und für mein jüngeres Kind, das damals ein Teenager war. Aber viele kamen mir auch zu Hilfe. Ich bekam ein oder zwei Hassmails, aber die meisten sagten: »Sie waren der wunderbarste Lehrer und haben mich wirklich inspiriert.« Und ähnliche Sachen. Das hat mich bewegt. Glücklicherweise hatte ich eine gute Freundin, Fiona Fox vom Science Media Centre, die mir half. Sie sagte: »Lies nicht alles und halt erst mal den Mund.« Daran hielt ich mich.

Hat Sie das in der Gesellschaft isoliert?

Ich wurde zu einem Ausgestoßenen, ja. Es gab tatsächlich einen Moment, in dem ich an Suizid dachte, weil es das alles nicht wert war. Aber dieser Augenblick ging vorüber. Ich lebe noch und habe im Prinzip so weitergemacht wie vorher.

War Ihre Karriere an diesem Punkt ruiniert?

Ja, aber sie war schon vorher zu Ende, deshalb hat es nicht viel ausgemacht. Meine Frau ist Provost am Okinawa Institute of Science and Technology. Das heißt, sie muss die ganze Drecksarbeit machen. Ich kümmere mich um den Haushalt. Ich stehe früh auf und gehe mit dem Hund. Ich koche das Mittagessen, ich koche das Abendessen. Es ist ein schlichtes Leben.

Sie sind also nicht verbittert?

Nein. Ich stehe mit Freunden in Verbindung, und wenn ich gelegentlich ein gutes Paper lese, schicke ich eine E-Mail und schreibe: »Donnerwetter, was für eine schöne Arbeit.« Es gab Phasen in meiner Karriere, als ich unter einem ziemlichen Konkurrenzdruck stand, und ich mochte das nicht. Ich finde, Zusammenarbeit macht viel mehr Spaß als Wettbewerb. Wenn Konkurrenz bedeutet, dass man sich ständig umschauen muss, heißt das, dass man sich nicht mehr auf sein Thema konzentriert. Das ist sehr unangenehm. Aber es gibt Menschen, die darin aufgehen. Es gibt solche und solche.

> »ZUSAMMENARBEIT MACHT VIEL MEHR SPASS ALS WETTBEWERB.«

»SIE MÜSSEN EINE WIRKLICH GROSSE FRAGE STELLEN, DIE SIE BEANTWORTEN WOLLEN UND DIE SIE ANTREIBT.«

Carla Shatz | Neurowissenschaften

Professorin für Biologie und Neurobiologie an der Stanford University
Kavli-Preisträgerin für Neurowissenschaften 2016
USA

Professorin Shatz, erzählen Sie mir von den Jahren, die Sie geprägt haben.
Ich glaube, diese Jahre sind noch nicht vorbei. Das Wunderbare an der Arbeit in der Wissenschaft ist, dass man immer weiter lernt. Solange man fortfährt, neue Erkenntnisse aufzusaugen und sogar sein Leben neu auszurichten, wird es nie langweilig. Meine Familie war sehr intellektuell. Mein Vater war Luft- und Raumfahrtingenieur. Er interessierte sich für Systemanalyse und -steuerung und nahm am »Space Race«, am Wettlauf zum Mond, teil. Das wiederum weckte mein Interesse

an Astrophysik – tatsächlich dachte ich, dass ich Astrophysikerin würde, bis ich auf die Universität ging und entdeckte, dass dies nicht meine Sache war.

Meine Mutter war Malerin. Sie hat einen Master in bildender Kunst. Sie setzte ihr unglaubliches Talent dafür ein, mich und meinen Bruder großzuziehen. Dadurch weckte sie meine Begeisterung für die Welt und für visuelle Wahrnehmung. Ich glaube, dass ich deshalb zu verstehen versuche, wie wir sehen und wie unser Gehirn die visuelle Welt für die Wahrnehmung analysiert und wieder zusammenfügt. Eine der Sachen, die unsere Eltern uns beibrachten, war, sich nicht darum zu sorgen, was andere denken. Das war gut, weil es mir ermöglichte, Wissenschaftlerin zu werden. Der kleine Haken daran ist, dass ich wirklich ein Nerd war. Wie viele junge Nerds war ich etwas einsam. Es war wunderbar, als ich dann an der Universität auf Menschen traf, die wie ich waren.

Aber davor fühlten Sie sich ein wenig wie eine Außenseiterin?

Auf jeden Fall. Eine große Unterstützung war für mich das intellektuelle Leben zu Hause, als ich klein war. Unsere Tischgespräche am Abend waren nicht trivial. Wir stritten auf intellektuellem Niveau. Meistens gewann mein Vater. Ich werde nie das eine Mal vergessen, als wir hin und her argumentierten. Am Ende sah mein Vater mich an und sagte: »Weißt du was? Ich glaube, diesmal hast du gewonnen.« Das war wirklich wichtig für mich.

In Ihrer Jugendzeit wurden noch andere Erwartungen an Frauen gestellt. Man ging davon aus, dass sie heiraten und Kinder bekommen.

Ich habe geheiratet. Es war Liebe, aber ich wollte auch meine Eltern glücklich machen. Dasselbe galt für meinen Mann. Ich fand – tatsächlich fanden wir das beide –, dass wir mit Kindern warten sollten, bis ich eine Festanstellung hatte. Wir beschlossen, eine Familie zu gründen, wenn ich Mitte dreißig wäre. Und dann fanden wir heraus, dass ich keine Kinder bekommen konnte. Heutzutage gibt es da so viele Möglichkeiten. Wenn man jung ist, kann man seine Fruchtbarkeit untersuchen lassen. So weiß man Bescheid und kann planen. Und es gibt heute auch viel mehr Möglichkeiten, Unfruchtbarkeit zu behandeln. Aber eben noch nicht zu meiner Zeit. Tatsächlich glaube ich, dass die Spannungen, die dies in unserer Beziehung auslöste, zu unserer Scheidung führten. Ich muss sagen, ich bin froh, dass mein Mann wieder geheiratet hat und glücklich mit seinen drei biologischen Kindern ist. Das war wirklich eine traumatische Zeit in meinem Leben. Meine Stimmbänder waren chronisch entzündet. Mein Körper wusste mehr als ich.

Haben Sie damals gedacht, dass das ein zu hoher Preis für Ihre Karriere ist?

Auf keinen Fall. Ich glaube aber, wenn ich zurückblicke, dass ich meine persönlichen Probleme besser hätte in den Griff bekommen können. Damit meine ich, dass ich vielleicht mehr Coaching gebraucht hätte. Ein wichtiger Aspekt daran ist, dass ich nur Männer als Coach hatte, keine Frauen. Es gab keine weiblichen Coaches.

Die Menschen, an denen ich mich in meiner Karriere und in meinem Leben orientiert habe, waren erstaunliche Persönlichkeiten, etwa David Hubel und Torsten Wiesel, die meine Doktorarbeit betreuten. Sie bekamen beide den Nobelpreis, der für Erkenntnisse in Physiologie oder Medizin vergeben wird. Beide hatten Frauen, die ausschließlich oder viel stärker eine Nebenrolle einnahmen. Was diese Frauen für ihre Männer taten, war fantastisch. Aber sie waren keine Rollenvorbilder für mich. In dem Lebensabschnitt, in dem ich eigentlich hätte schwanger werden und Kinder bekommen sollen, gab es überhaupt keine Rollenvorbilder. Ich weiß, dass Frauen – ich beobachte das noch heute – mit großer Wahrscheinlichkeit in die Rolle wechseln, ihre Partner zu unterstützen, selbst wenn sie sehr starke Frauen sind. Und mit großer Wahrscheinlichkeit lassen sie sich nicht auf kontroverse Diskussionen darüber ein. Obwohl ich keine Familie habe, meine wissenschaftlichen Kinder – meine Studenten – sind erstaunlich gewesen.

> »WIR STRITTEN AUF INTELLEKTUELLEM NIVEAU. MEISTENS GEWANN MEIN VATER.«

Es gibt keinen einzigen Studenten, von dem ich nichts gelernt hätte.

Sie waren die erste Frau, die in Harvard einen Doktortitel in Neurobiologie gemacht hat. Sie waren die Erste, die eine Professur für Grundlagenforschung in Stanford bekommen hat. Und die Erste, die das Harvard-Institut für Neurobiologie leitete.

Ja. Ich werde oft gefragt, ob ich mich anders fühlte oder wie ich behandelt wurde. Ich muss sagen, dass das Institut an der Harvard Medical School großartig war. Ich fühlte mich nicht anders behandelt als irgendeiner der männlichen Doktoranden zu der Zeit. Rückblickend habe ich zwei Dinge gelernt. Erstens gab es in dem Institut Menschen, die sehr engagiert dafür sorgten, dass das Institut eine vielfältige Gruppe junger Studenten so ausbildet, dass sie in die Welt hinausgehen können. Ich denke, dass sie mich deshalb aufnahmen. Zweitens gab es, wie mir David Hubel viele Jahre später erzählte, eine große Diskussion darüber, ob sie eine Frau zur Promotion zulassen sollten oder nicht. Das war in den späten Sechzigern, frühen Siebzigern. Die Frage war für sie, ob sie ihre Zeit verschwendeten, wenn sie einen klugen Kopf ausbildeten, der dann ging, um Kinder zu bekommen. Aber sie ließen sich darauf ein. Das war ein erster großer Schritt.

Als ich dann für meinen ersten Job als Assistenzprofessorin nach Stanford ging, gab es schon wieder keine Frauen. Im selben Jahr kam dann eine andere Frau – sie war berühmt für ihre Grundlagenarbeiten zur Biologie der Muskelstammzellen. Ihr Name ist Helen Blau. Wir wurden beide zur selben Zeit eingestellt, als Experiment. Das wussten wir aber nicht. Keiner sagte uns das. Es stellte sich aber heraus, dass das Institut eine zusätzliche Stelle bekam, wenn es eine Frau anwarb. Ich kam dann voran und schlug mich gut. Ich war die erste Frau, die zur Professorin in der Grundlagenforschung der medizinischen Fakultät befördert wurde. Mir und Helen – ihre Beförderung erfolgte kurze Zeit später – wurde dann eröffnet, dass wir Experimente waren. Wir wurden beide Mitglieder in der Nationalen Akademie der Wissenschaften. Heute witzeln wir, dass wir wohl keine allzu riskanten Investitionen waren. Aber ich bin dankbar, dass man uns die Chance gab.

Glauben Sie, dass Frauen härter arbeiten müssen, um so erfolgreich wie Männer zu sein?

Ich stimme der Einschätzung, dass Frauen für den Erfolg mehr als Männer tun müssen, vollends zu. Die Hürde ist, oder war, höher. Es hat aber auch mit der Einstellung zu tun, mit einer optimistischeren Einstellung. Anstatt jedes Mal wütend zu werden, wenn ich eine Hürde nehmen musste, dachte ich: Oh, ich habe es geschafft! Weiter jetzt.

Unsere Studenten sind oft sehr überrascht, wenn sie hören, was meine Frauengeneration durchmachen musste. Sie halten viel mehr für selbstverständlich. Als meine Kollegin Helen Blau hier in Stanford eine Familie gründete, gab es noch so gut wie keinen Mutterschaftsurlaub. Um ein Kind zu bekommen, musste man eine Auszeit aufgrund von Arbeitsunfähigkeit beantragen. Wenn ich das heute erzähle, sind die Leute sprachlos.

Sie wurden für die Entdeckung der Entwicklung von Neuronen und des Sehsinns vor der Geburt berühmt.

»ES GAB EINE GROSSE DISKUSSION DARÜBER, OB SIE EINE FRAU ZUR PROMOTION ZULASSEN SOLLTEN ODER NICHT.«

Wir entdeckten, dass im Gehirn eines Babys schon im Mutterleib eine Kommunikation zwischen Hirn und Auge stattfindet, die ganze Zeit. Als ob die neuronalen Schaltkreise für den Sehsinn trainiert werden. An diesem Prozess sind Neuronen beteiligt, die mit Nervenzellen im Gehirn kommunizieren. Das führte dann zu der Idee: Zellen, die gemeinsam feuern, vernetzen sich. Wir entdeckten, dass Zellen in Aktivitätswellen feuern, die im Auge entstehen, und diese Wellen werden ins Gehirn geschickt, um die frühen neuronalen Schaltkreise aufeinander abzustimmen und zu testen. Das war völlig unerwartet. Das geschieht permanent in jedem Baby in der Hirn- und Augenentwicklung, in jedem Tier, das zwei Augen hat. Wenn wir auf die Welt kommen und die Augen öffnen, verschwindet dieser Prozess.

Offensichtlich können wir auch als Erwachsene lernen und uns erinnern, aber was ist anders an dem Gehirn, das sich noch in der Entwicklung befindet? Warum ist es so plastisch? Das ist die Frage, die mich antrieb. Die Betreuer meiner Doktorarbeit, David Hubel und Torsten Wiesel, hatten etwas Derartiges schon geahnt, weil sie das Phänomen des Grauen Stars bei Kindern studierten. Wenn Sie als Erwachsener Grauen Star bekommen, nachdem Ihr Sehsinn Ihr ganzes Leben perfekt funktioniert hat – etwa indem ein Auge Probleme durch eine Eintrübung der Linse hat –, kann ein Augenarzt in einer einfachen Prozedur die alte Linse entfernen und eine neue einsetzen. Sie können dann mit der neuen Linse wieder sofort klar sehen, selbst wenn Sie zehn Jahre Grauen Star hatten.

Kinder, die mit angeborenem Grauen Star auf die Welt kommen, können jedoch dauerhaft erblinden, wenn die Sehbehinderung nicht sofort mit einer neuen Linse korrigiert wird. Das ist seltsam, oder? Wie kann es sein, dass nach einer Korrektur des Auges das Kind nicht sehen kann, ein Erwachsener aber schon? Das brachte Hubel und Wiesel dazu, Grauen Star bei Kindern an Tiermodellen zu untersuchen. Sie fanden heraus, dass es in der Entwicklung eine kritische Phase gibt, in der das Gehirn lernen muss, beide Augen zusammen zu nutzen. Das ist rätselhaft. Wir haben zwei Augen. Jedes Auge sieht die Welt perfekt. Aber wir sehen nicht doppelt, es sei denn, es liegt eine Erkrankung vor. Warum? Weil das Gehirn lernen muss, die Bildinformationen beider Augen zu einem Bild zu verschmelzen. Und das geschieht in der kritischen Entwicklungsphase. In der geht es um alles oder nichts.

Sie haben auch Lernprozesse im Gehirn von Erwachsenen untersucht.

Was ist am erwachsenen Gehirn, geschweige denn am alternden, anders als an einem, das sich in der Entwicklung befindet? Als ich meine Laufbahn begann, war ich zunächst an der Gehirnentwicklung interessiert. Für mich war es ein Witz, dass man als Erwachsener nicht mehr Französisch ohne Akzent erlernen kann. Was ist am Gehirn eines Kindes so anders, dass es nicht Französisch, sondern auch Englisch, Deutsch, Mandarin, was auch immer lernen kann? Kinder sind vor der Pubertät wie Schwämme. Ihre Gehirne können enorme Mengen an Information aufnehmen, speichern und ohne Anstrengung wiedergeben. Könnte man eine Pille herstellen, die die kritische Entwicklungsphase des Gehirns wieder öffnet, sodass man Französisch ohne Akzent lernen kann? Wir begannen deshalb, nach Molekülen zu suchen, die für die Entwicklungsplastizität in der kritischen Phase wichtig sein könnten und diese im erwachsenen Gehirn vielleicht wieder schließt. Möglicherweise ließe sich diese Phase wieder öffnen.

Dies ist ein gutes Beispiel für ein völlig unerwartetes Ergebnis eines Experiments. Wir suchten nach diesen Molekülen und entdeckten einen Kandidaten, den man im Gehirn überhaupt nicht vermutet hatte. Es war ein berühmtes Molekül des Immunsystems, genannt MHC-I, das steht für »Major Histocompatibility Class 1«-Gen. Es handelt sich um ein Protein, das für das Funktionieren des Immunsystems absolut wesentlich ist. Wir machten die unerwartete Entdeckung, dass dieses Molekül auch die synaptischen Verbindungen zwischen Neuronen reguliert.

Als wir das Gen in einer Maus abschalteten, stellten wir fest, dass die kritische Phase im Mäusegehirn nicht endete. Das Gehirn behielt in der erwachsenen Maus seine jugendliche Plastizität. Anders gesagt, die Maus konnte noch im Erwachsenenalter »Französisch lernen«.

Als wir begriffen, dass dies nicht nur im Mäusegehirn, sondern wahrscheinlich auch im menschlichen geschieht – in dem wir das gleiche Molekül entdeckten –, fragten wir uns, ob diese Erkenntnis für die Erforschung der Alzheimer-Krankheit relevant sein könnte. Denn unsere Erinnerungen werden in den Synapsen, den Verbindungen zwischen den Neuronen, gespeichert, und diese sind für das Funktionieren unseres Gehirns entscheidend. Wir entwickeln neue Synapsen, um neue Erinnerungen zu speichern. Durch die Alzheimer-Krankheit gehen diese Synapsen verloren. Weil dort die Erinnerungen gespeichert sind, ist das ein ernstes Problem. Wir fragten uns, ob sich mithilfe unserer Erkenntnis der Synapsenverlust bei Alzheimer verhindern ließe.

Gab es Situationen, in denen Sie sich unsicher fühlten?

In Amerika hängt die Finanzierung von Laboren von unserer Fähigkeit ab, um externe Fördergelder zu konkurrieren. Wir stehen also dauernd im Wettbewerb. Dadurch wird man an die Risse in der eigenen Rüstung erinnert, und das macht unsicher. Es entsteht eine Art innere Unruhe, der wir alle ausgesetzt sind. Ich empfinde das heute sehr intensiv, vor allem während ich älter werde. Für meine Kollegen der vorherigen Generation gab es noch ausreichend Fördergelder – sogar für betagte Wissenschaftler –, und sie hatten die Sicherheit, ihre Arbeit fortsetzen zu können. Das gilt heute nicht mehr. Nicht einmal für Nobelpreisträger.

Was war der Höhepunkt Ihres Lebens?

Ein Höhepunkt für mich, meinen Bruder und meine Schwägerin, die heute meine engste Familie sind, war, als ich den Kavli-Preis für Neurowissenschaft bekam. Es ist eine der höchsten internationalen Auszeichnungen – eine Art norwegischer Nobelpreis. Wie großartig das war, wurde mir erst wirklich bewusst, als ich den Preis in Empfang nahm und die umwerfende Party sah, die Anerkennung, die sie mir geben wollten. Da begann ich darüber nachzudenken, was ich geleistet hatte.

Was wäre ein Albtraum für Sie?

Ich verrate Ihnen, was es ist, weil ich mich davor fürchte: der Verlust meines Gedächtnisses und meines Selbst. In irgendeiner Art dement zu werden wäre der ultimative Albtraum für mich. Ich glaube, das gilt für sehr, sehr viele Menschen.

Welchen Rat würden Sie einer Frau geben, die heute eine wissenschaftliche Karriere beginnen will?

Sie müssen leidenschaftlich sein und Ihrer Leidenschaft folgen. Sie müssen eine wirklich große Frage stellen, die Sie beantworten wollen und die Sie antreibt. Der andere Punkt wäre: Es ist wirklich wichtig, dass Sie das Zwei-Körper-Problem mit Ihrem Partner lösen. Um eine Balance zwischen Karriere und Familie zu finden, müssen Sie immer miteinander reden. Hören Sie der anderen Person aufmerksam zu, und hören Sie auch, was diese nicht sagt. Für mich ist das genauso wichtig. Sie sollten auch unbedingt über Ihre Fruchtbarkeit im Bilde sein, damit Sie wissen, wann. Falls und wann. Das meine ich nicht als Witz. Wir lachen darüber, aber es ist wirklich wichtig. Sie sind Wissenschaftler, finden Sie es heraus.

> »HÖREN SIE DER ANDEREN PERSON AUFMERKSAM ZU, UND HÖREN SIE AUCH, WAS DIESE NICHT SAGT.«

»DAS GEHEIMNIS LIEGT DARIN, DIE KINDLICHE NEUGIER NIE ABZULEGEN.«

Patrick Cramer | Molekularbiologie

Professor für Biochemie und Direktor des Max-Planck-Instituts
für biophysikalische Chemie in Göttingen
Deutschland

Herr Professor Cramer, in den 1990er-Jahren sind Sie nach Bristol gegangen, weil Sie sich an deutschen Universitäten nicht entfalten konnten. Brauchten Sie als Kind schon viel Freiraum?

Als Kind hatte ich jedes Jahr ein anderes Hobby. Ich war eher schwierig, habe viel provoziert und wollte alles immer selbst machen und verstehen, wie die Welt funktioniert. Ohne dass ich davon eine Ahnung hatte, habe ich versucht, ein Radio zu basteln oder eine kaputte Modelleisenbahn zu reparieren. Eines Tages haben meine Eltern mir einen Chemie-Baukasten geschenkt, und da hat es dann wirklich gezündet. Ich hatte auch einen Chemielehrer, der immer bereit war, in der Pause noch mit mir zu sprechen, weil ich alle möglichen Fragen hatte. Einen Sommer lang hatte ich auch ein ziemlich bizarres Hobby, als ich versucht habe, alle Elemente des Periodensystems zu sammeln. Eisen oder Kupfer waren leicht zu finden, aber der Lehrer hat mir damals noch Silicium dazugegeben.

Waren Sie auch oft in der Natur?

Ich war immer der Entdecker auf den Sonntagsspaziergängen mit meinen Eltern. Anfangs, als ich mich noch mehr für Chemie als für Tiere und Pflanzen interessierte, haben mich Moleküle und Atome fasziniert, diese kleinste, unsichtbare Welt, aus der sich alles erklärt. Aber irgendwann im Studium habe ich gemerkt, dass die Moleküle der Natur viel schöner, größer und komplizierter sind und über viel mehr Funktionen verfügen als die der nichtbelebten Natur. Daher kam dann mein Interesse an der Biologie.

Sie gelten mit Jahrgang 1969 als Teil der neuen Generation bei den Wissenschaften und werden als selbstbewusst, leistungsorientiert, offen und global beschrieben. Was ist da dran?

Das sind alles Eigenschaften, die ich brauche, um erfolgreich zu sein, angefangen mit dem sehr guten Selbstbewusstsein, das ich von meinen Eltern mitbekommen habe. Ich habe auch einen wirklichen Bruch mit der älteren Generation vor mir erlebt. Als Student wurde ich von den damaligen Professoren nicht wirklich als zukünftiger Wissenschaftler wahrgenommen. Im ersten Semester in Stuttgart waren wir 193 Studenten, und in der ersten Vorlesung hieß es, dass nur fünfzig oder sechzig von uns weitermachen würden. Es wurde sehr stark selektiert und die jungen Studenten eher als Arbeitskräfte verstanden. Als Professor habe ich versucht, etwas anzuwenden, was ich im angelsächsischen Raum gelernt habe: die einzelnen Studierenden früh anzuschauen und ihnen sofort das Selbstbewusstsein zu vermitteln, dass sie etwas zur Wissenschaft beitragen können.

Wissenschaftler werden sehr daran gemessen, wie viele Zitationen sie haben. Wie beurteilen Sie dieses System?

Es erfreut vor allem diejenigen, die nach einfachen Urteilskriterien suchen. Mithilfe des H-Faktors lässt sich bequem entscheiden, wem mehr Geld zusteht. Allerdings können auch leicht die hochinnovativen Denkansätze und Resultate von Menschen, die komplett »outside of the box« denken und noch keine Anhänger haben, übersehen werden. In der Max-Planck-Gesellschaft versuchen wir vor allem zu erfassen, ob eine Person an einer wichtigen Frage arbeitet und ob ihr Ansatz neuartig ist. Wenn wir denken, dass dabei in einigen Jahren ein großer Durchbruch gelingen kann, ist uns das wichtiger als diese primären quantitativen Parameter.

Entscheidend ist, immer der Erste zu sein. Wie haben Sie diese Rivalität erlebt?

Sie hat auch bei mir persönlich zu großen Belastungen geführt. Ich hatte bis vor wenigen Jahren kaum Urlaube, in denen ich nicht an irgendeinem Manuskript arbeiten musste – manchmal sogar auf dem Handy, um in einem wissenschaftlichen Wettrennen um die Erstpublikation zu siegen. Die Autoren hatten die besten Jahre ihres Lebens damit verbracht, um die Goldmedaille zu gewinnen, und das durfte nicht daran scheitern, dass ich gerade in Urlaub war. Die Journale bestimmen nach wie vor über Karrieren, und eine Publikation kann über eine Stelle entscheiden.

Sie sollen in Stanford bei Roger Kornberg maßgeblich an den Kapiteln mitgearbeitet haben, für die er den Nobelpreis gewonnen hat.

Ich bin Ende der 1990er-Jahre nach Stanford gegangen, als ich erfahren habe, dass Kornberg und seine Gruppe

> »DIE JOURNALE BESTIMMEN NACH WIE VOR ÜBER KARRIEREN, UND EINE PUBLIKATION KANN ÜBER EINE STELLE ENTSCHEIDEN.«

in der Lage waren, RNA-Polymerase, das sind Moleküle, die Gene ablesen können, zu kristallisieren. Ich war jung und hatte nichts zu verlieren. Mithilfe der sogenannten Kristallschrumpfung konnte ich auch tatsächlich erfolgreich die Strukturfrage klären, was viele Kollegen damals für technisch unmöglich gehalten hatten. Wir haben 2000/2001 drei Paper publiziert, und damit war für mich die Sache eigentlich abgeschlossen. Ich hatte nie erwartet, dass ich zu Nobelpreisehren komme. Die Gruppe um Kornberg hatte über ein Jahrzehnt Vorarbeiten geleistet, ohne die ich es nicht hinbekommen hätte. Ich habe auch von Kornberg einiges gelernt, vor allem, dass bei wissenschaftlicher Arbeit alles im Kopf passiert: welches Experiment ich angehe, was die offenen Fragen sind und wie ich sie adressiere. Und am Ende, als entscheidende Denkleistung: Was diese Daten bedeuten und wie sie den Menschen zu vermitteln sind.

Können Sie erklären, woran Sie jetzt forschen?

Am besten geht das mit einem Beispiel, das jeder kennt. Das Leben entsteht aus der befruchteten Eizelle, und am Anfang hat also nur eine Zelle alle Informationen, die nötig sind, um einen ganzen Organismus hervorzubringen und über viele Jahre zu erhalten. Die eine Eizelle differenziert sich in verschiedene Zelltypen, das heißt, das gleiche Erbgut ist in der Lage, verschiedenste Zelltypen auszubilden. Und das geht nur deshalb, weil unterschiedliche Gene aktiv sind, was zum Kernthema der Transkription führt. Sie ist der erste Schritt in der Ausprägung der Gene. Es gibt viele verschiedene Moleküle, die diesen komplizierten Prozess der Transkription zuwege bringen, und die Regulation dieses Prozesses ist nicht nur für die Entwicklung und den Erhalt des Organismus sehr wichtig, sondern auch für das Verständnis von Krankheiten. Wir wissen zum Beispiel, dass in Tumoren die Gen-Transkription regelrecht verrückt spielt.

Wie gehen Sie mit Unsicherheit um, wenn etwas nicht gelingt?

Meine Formel war immer: Wenn ich nicht bereit bin, auch die Frustration über Jahre zu ertragen, werde ich ziemlich sicher nichts Bahnbrechendes finden. Privat bin ich hohe Risiken eingegangen: Ich bin fünfzehn Mal in meinem Leben umgezogen, und meine beiden Kinder sind im Ausland geboren worden, als meine Frau und ich nur von Stipendien gelebt haben. Das war keine einfache Zeit. Wir hatten keine Ahnung, ob wir je nach Europa zurückkommen. Heute habe ich eine Daueranstellung und viel weniger persönliche Risiken in meinem Beruf.

Sie haben geschrieben, dass Sie viele schlaflose Nächte wegen Ihrer Forschung hatten.

Es hat die schönen schlaflosen Nächte gegeben, in denen ich so fasziniert war von den Forschungsergebnissen, die ich am Tag zuvor erzielt hatte, dass mein Gehirn weitergearbeitet hat. Dann habe ich nachts manchmal Sachen aufgeschrieben oder hatte am frühen Morgen die Einsicht, welches Experiment ich durchführen musste. Dann gibt es aber auch die anderen schlaflosen Nächte, die ich jetzt auch manchmal habe, weil ich in verschiedenen Gremien bin, Menschen begutachte und versuche, es allen recht zu machen.

Hatten Sie auch mal eine Krise in Ihrem Leben?

Ja, es gab eine. An der Universität München habe ich sehr viele Aufgaben übernommen. Ich hatte insgesamt

> »WENN ICH NICHT BEREIT BIN, AUCH DIE FRUSTRATION ÜBER JAHRE ZU ERTRAGEN, WERDE ICH ZIEMLICH SICHER NICHTS BAHNBRECHENDES FINDEN.«

neun Servicefunktionen und wollte das auch alles gut machen. Aber am Ende war es einfach zu viel. Nach einem Jahrzehnt brauchte ich einen Ortswechsel und ein neues Umfeld. Ich musste wie mit einem Reset-Knopf neu überlegen, was ich mit den nächsten zehn Jahren anfangen wollte. Das war vielleicht eine kleine vorgezogene Midlife-Crisis. Loszulassen hat mir sehr geholfen. Dadurch hatte ich den Freiraum, noch mal etwas Neues in Göttingen zu machen, und so habe ich die Krise überwunden.

Wann haben Sie in Ihrem Forscherleben ein erhabenes Gefühl gehabt?

Bei meiner Arbeit in Stanford habe ich oft nachts am Synchrotron, einem riesigen Teilchenbeschleuniger, gearbeitet, der sich oberhalb des Silicon Valley in den Hügeln befindet. Eines Nachts habe ich ein Messergebnis erhalten, bei dem ich in der Sekunde, als es auf den Bildschirm kam, begriff: Du hast dieses Ding geknackt. Da bin ich aufgesprungen wie als Kind und aus dem Teilchenbeschleuniger raus auf einen der Hügel gelaufen. Dort habe ich hinuntergeschaut auf das Silicon Valley, über dem ganz langsam die Sonne aufging, und wusste, dass es noch ein, zwei Jahre dauern würde, aber dass ich das Problem, wie das Molekül aussieht, das unsere Gene aktiviert, lösen werde. Das war so ein erhabenes Gefühl.

Was zeichnet einen erfolgreichen Wissenschaftler aus?

Das Geheimnis liegt darin, die kindliche Neugier nie abzulegen. Sein Leben lang offen zu sein, das macht das Leben erst lebenswert. Eine gewisse Verbissenheit in der Arbeit gehört dazu. Als Mensch würde ich mir aber nie anmaßen zu denken, dass ich alles verstehen oder erkennen kann. Ich werde im Gegenteil immer demütig und fühle mich klein und bescheiden, wenn ich sehe, wie wundervoll und präzise alles um uns herum in der Natur funktioniert. Erfolg in der Wissenschaft wird aber auch nur denjenigen beschert sein, die mit anderen Menschen umgehen können. In meinem Labor schaue ich mir jeden Mitarbeiter genau an. Einige brauchen viel Betreuung und können dann zu Höchstleistungen auflaufen, andere brauchen maximale Freiheit und fühlen sich eingeschränkt, wenn ich zu oft Hilfestellung gebe.

Was hat Sie zu dem gemacht, der Sie jetzt sind?

Das Wichtige für mich war die Erfahrung der unterschiedlichen Wissenschaftssysteme: das britische System mit der Teestunde, bei der ich mit den Nobelpreisträgern in Cambridge ganz zwanglos und ohne Hierarchie sprechen kann, das amerikanische System, das sehr locker ist, aber trotzdem extrem intensive Arbeit bedeutet, aber auch die Internationalität eines europäischen Forschungslabors und der Vergleich zwischen Universitäten und einem außeruniversitären System wie der Max-Planck-Gesellschaft. Ich versuche, das Beste aus den Systemen zu kombinieren.

Sie haben einmal gesagt, dass die Digitalisierung erst der Anfang sei und dass wir irgendwann digitale Wesen sein würden.

An sich bin ich nicht so fortschrittsgläubig. Was ich kritisiere, ist die Überängstlichkeit gegenüber neuen Technologien in Europa. Europäische Wissenschaftler sollten überlegen, wie die Technologie Gutes für uns als Menschheit tun könnte, und dann aktiv mitgestalten – und nicht alles nur ablehnen und warten, bis sie in Asien oder den USA entwickelt worden ist. Meine Befürchtung ist, dass Europa eine Art Neuschwanstein wird, das der Rest der Welt nur noch als Museum betrachtet, in dem eine gigantische Wissensgeschichte zu bewundern, aber das nicht mehr am Puls der Zeit ist.

Wir haben als Forscher eine besondere Verantwortung, unser Wissen dem Rest der Gesellschaft zu vermitteln, die dann als Ganzes überlegen muss, was daraus gemacht werden soll.

Warum sollte ein junger Mensch Wissenschaft studieren?

Das nach wie vor Schönste an der Wissenschaft ist, etwas sehen zu können, das vorher noch nie jemand gesehen oder verstanden hat. Der Erste zu sein, der sich mit einer ungeklärten Frage beschäftigt, und den wunderschönen Moment einer zufälligen Entdeckung zu erleben, entschädigt für alle Mühen. Deshalb würde ich jungen Menschen raten, das zu tun, was sie brennend interessiert. Nur über Motivation entsteht auch die Fähigkeit zur Leistung.

Die Wissenschaftswelt ist immer noch sehr männlich ausgerichtet. Wie können mehr Frauen an Toppositionen in der Wissenschaft gelangen?

Ich suche proaktiv junge Frauen, die exzellent in ihrem Bereich sind, und bemühe mich, sie als neue Kolleginnen zu gewinnen. Das ist in manchen Fällen leider nicht erfolgreich, weil die allerbesten Wissenschaftlerinnen sehr hofiert werden und sich dann im Einzelfall für andere Institutionen entscheiden. Aber mein Tipp ist trotzdem, nach den besten Wissenschaftlerinnen zu suchen und sie früh zu fördern. Gerade Nominierungen für Preise und Forschungsgelder sind auch ganz wichtig, weil sie die Sichtbarkeit erhöhen. Wir müssen alle mehr nominieren.

Sie haben das amerikanische System ebenso kennengelernt wie das deutsche. Aus amerikanischer Sicht haben Wissenschaftler mit einer festen Professur in Deutschland bis zum Lebensende ausgesorgt, während sie in den USA immer wieder geprüft werden.

Beide Systeme haben Vor- und Nachteile. Dass sich jemand auf einem deutschen Lehrstuhl zur Ruhe setzt, ist recht selten, weil jeder vorher auf Herz und Nieren überprüft wird, was seine Triebfeder ist. Außerdem gibt es natürlich auch ein deutsches Kontrollsystem. Ich werde als Direktor der Max-Planck-Gesellschaft alle drei Jahre begutachtet, stehe dann sozusagen wie ein Schuljunge vorne an der Tafel und muss berichten, was ich geleistet habe und in Zukunft machen will. Die Amerikaner stehen unter einem höheren Druck, weil mit der Prüfung sogar Teile ihres Gehalts verbunden sind. Entsprechend tief fallen sie, wenn sie ihre Förderung verlieren. Dieses System hat den Vorteil, dass jeder sich ständig hinterfragen muss, aber auch den Nachteil, dass Zeiträume für große Projekte oft zu kurz sind. Es kommt vor, dass Wissenschaftler für ein Vorhaben zehn, fünfzehn Jahre benötigen, und die können im amerikanischen System gar nicht überleben.

Bei der Zahl der Nobelpreisträger hat Amerika aber deutlich die Überhand.

Das hat viele historische, aber auch kulturelle Gründe. Wir sollten uns viel mehr mitfreuen, wenn ein Kollege einen Preis erhält – da gibt es vielleicht in den USA eine etwas bessere Kultur. In Sachen »corporate identity« können wir auch noch besser werden in Europa. Wer in Harvard ist, ist stolz darauf und sieht Harvard als seine Mannschaft an. Jeder Nobelpreis für Harvard ist auch eine kleine Trophäe für ihn selbst. Für viele Menschen ist sehr wichtig, bei einem erfolgreichen Verein zu sein, und so viel Erfolg und Energie gibt es nur in größeren Verbünden.

Was ist Ihre Botschaft an die Welt?

Wir brauchen Persönlichkeiten, die zu partizipativer Führung imstande sind. Der Trick ist, Mitarbeiter nicht nur für meine Sache zu gewinnen, sondern sie auch gestalterisch einzubeziehen und dadurch über das, was ich selbst könnte, hinauszuwachsen. Die klassische hierarchische Struktur hat sich komplett überholt, weil sie das kreative Potenzial nicht ausschöpfen kann.

»MEINE BEFÜRCHTUNG IST, DASS EUROPA EINE ART NEUSCHWANSTEIN WIRD.«

»ICH BIN NICHT LEICHT EINZUSCHÜCHTERN, WENN ICH SICHER BIN, DASS ICH RECHT HABE.«

Dan Shechtman | Physik

Emeritierter Professor für Materialwissenschaften am Technion in Haifa
Nobelpreis für Chemie 2011
Israel

Herr Professor Shechtman, Sie betonen, dass auch die soziale Kompetenz für einen erfolgreichen Wissenschaftler wichtig ist. Warum?
Ungeachtet des Bildungsniveaus sind die erfolgreichsten Menschen jene mit sozialer Kompetenz. Sie wissen, wie sie ihre Sache erklären müssen, wie sie Aufmerksamkeit erlangen und wie sie einem etwas verkaufen. Wenn ich einen Vortrag halte, versuche ich, mit jedem im Publikum in Blickkontakt zu kommen. Das sind manchmal tausend Zuhörer. Ich möchte, dass jeder das Gefühl hat, ich würde zu ihm sprechen. Anderen Menschen zu-

zuhören ist auch sehr wichtig. Wenn jemand mit Ihnen spricht, denken Sie nicht über Ihre nächste Reaktion nach, hören Sie zu! Sie müssen Vertrauen erzeugen. Die Menschen mögen Sie, wenn sie zu Ihnen aufschauen und Ihnen vertrauen können. Meine Frau ist Psychotherapeutin, und sie hat mein Verhalten korrigiert, indem sie sagte: »Das hast du sehr gut gemacht« oder »Da hast du nicht das Richtige gesagt.«

Sie haben vier Kinder, und Ihre Frau ist ebenfalls Akademikerin. Wie haben Sie sie in ihrer Karriere unterstützt?

Meine Frau hat sich am Anfang unserer Ehe unseren Kindern gewidmet und dafür ihre Karriere einige Zeit hintangestellt. Sie arbeitete als Beraterin in einer Grundschule, um wieder zu Hause zu sein, wenn die Kinder von der Schule kamen. Ich habe sie aber immer ermutigt, höhere Abschlüsse zu machen. In meinen ersten Jahren als Postdoc in den USA machte sie einen Masterstudiengang und während meines Sabbaticals ihren Doktor. Die Leute sagen immer: »Oh, sie hat die Kinder alleine großgezogen«, aber während ihrer Abschlüsse habe ich mich um die Kinder gekümmert. Als die Kinder erwachsen genug waren, hat sie ihre Universitätskarriere begonnen. An der Universität sagte man ihr: »Sie sind jetzt zu alt.« Sie antwortete nur: »Das werden wir sehen.« Sie promovierte dann schneller als jeder andere, weil sie das echte Leben kannte.

Sind Sie ein bunter Paradiesvogel in der Scientific Community?

Ich mag diesen Begriff. Ja, ich halte mich schon für bunt. Ich mache viele Dinge, die nicht direkt mit meiner wissenschaftlichen Expertise zu tun haben. Vor 32 Jahren habe ich am Technion in Haifa einen neuen Kurs eingerichtet, Technologisches Unternehmertum. Schon damals wusste ich, dass die Zukunft in Hightech-Start-ups liegen würde. Deshalb wollte ich allen Technion-Studenten das nötige Wissen vermitteln: Wo bekommt man Geld, wie verhandelt man mit Behörden? Es war der bestbesuchte Technion-Kurs aller Zeiten. Viele Studenten saßen auf dem Boden. 25 Prozent von ihnen waren später an Start-ups beteiligt. Es war ein Riesenerfolg. Vor drei Jahren habe ich den Kurs übergeben, aber jeder am Technion weiß, das ist Danny Shechtmans Baby. Mehr noch, in einem Radiointerview habe ich gesagt, dass wir Wissenschaft schon im Kindergarten vermitteln sollten. Wir brauchen so viele Kinder wie möglich, die in die Wissenschaft gehen. Oft hört man, die Welt bewege sich auf eine Situation zu, in der die Arbeitslosigkeit ungeheuer groß wird. Falsch! Probleme werden nur die Ungebildeten haben. Diese schöne neue Welt wird für Ingenieure und Wissenschaftler wunderbar sein. Länder, die nicht genügend Forscher haben, werden zurückfallen.

Jedes Land sollte also Forschung stärker fördern?

Nicht nur das. Sie müssen auch neue Ideen unterstützen. In dieser Hinsicht gibt es große Unterschiede zwischen Deutschland und Israel. Deutschland ist eine sehr hierarchische Gesellschaft mit verschiedenen Schichten. Wenn ein Ingenieur eine Idee hat, kann er darüber mit seinem Chef sprechen, der es seinem Chef weitergibt, und so weiter. Wenn die Idee den CEO erreicht, ist der Name des Ingenieurs verloren gegangen. In Israel ist das ganz anders. Da können Sie Ihren CEO direkt anrufen, und wenn dieser die Idee interessant findet, sagt er vielleicht: »Ich gebe Ihnen eine Million Dollar. Fangen Sie an und entwickeln Sie Ihre Idee.« Wenn Sie dann Erfolg haben, werden Sie Partner in einer Ausgründung. Das ist Unternehmertum innerhalb einer Organisation. In Israel wird jemand mit einer Idee sofort seinen CEO anrufen, in Deutschland eher nicht.

Was hat Sie zu einem Studium des Maschinenbaus inspiriert?

Als ich jung war, habe ich viele Bücher gelesen. Ich kannte ganze Lexika auswendig. Und ich mochte besonders Abenteuerromane. Einer war »Die geheimnisvolle Insel«

»DEUTSCHLAND IST EINE SEHR HIERARCHISCHE GESELLSCHAFT MIT VERSCHIEDENEN SCHICHTEN.«

von Jules Verne, er handelt von fünf Männern, die auf einer Insel gestrandet sind. Der Anführer ist ein Ingenieur, und er kann aus dem, was die Insel bietet, alles machen. Ich wollte so werden wie er. Deshalb begann ich nach meinem Wehrdienst Maschinenbau am Technion in Haifa zu studieren. Als ich meinen Abschluss hatte, herrschte gerade eine schwere Rezession, und ich konnte keinen Job finden. Also dachte ich mir: »Ich mache meinen Master, und nach zwei Jahren finde ich sicher einen Job.« In diesen zwei Jahren verliebte ich mich in die Wissenschaft. Das besiegelte mein Schicksal.

Am 8. April 1982 machten Sie die bahnbrechende Entdeckung der Quasikristalle. Können Sie mir mehr darüber erzählen?

Ich war in einem Sabbatical in den USA und arbeitete daran, neue Legierungen aus Aluminium und Übergangsmetallen zu entwickeln. Ich begann, Aluminium-Mangan-Legierungen in verschiedenen Zusammenset-

> »MEIN GRUPPENLEITER SAGTE, ICH SEI EINE SCHANDE FÜR SEINE GRUPPE UND SOLLE SIE VERLASSEN.«

zungen mittels schneller Aushärtung zu erzeugen. Sehr systematisch, jeden Tag eine andere Legierung. Am Nachmittag des 8. April 1982 legte ich eine Legierung aus Aluminium und Mangan unter ein Transmissionselektronenmikroskop, machte einige Aufnahmen und sah etwas Seltsames: ein zehnfach rotationssymmetrisches Beugungsmuster, das eigentlich als unmöglich galt. Ich dachte, das könnte von einem Phänomen herrühren, das man Kristallzwilling nennt. Mit anderen Worten: Vergiss es, das ist nicht interessant. Ich suchte den ganzen Nachmittag nach der Zwillingskristallstruktur, konnte aber keine finden. Mir wurde klar, dass das hier etwas Besonderes sein musste. Die Reaktionen auf meine Entdeckung waren von Anfang an gemischt. Einerseits bekam ich Unterstützung, etwa von John Cahn, der auch Co-Autor der Veröffentlichung wurde, andererseits hagelte es Ablehnung. Mein Gruppenleiter zum Beispiel sagte, ich sei eine Schande für seine Gruppe und solle sie verlassen.

Können Sie mir Ihre Entdeckung erklären?

Die meisten Metalle und Keramikverbindungen, die wir nutzen, sind kristallin. Das heißt, dass die Atome regelmäßig und periodisch angeordnet sind. Was bedeutet Periodizität? Gleiche Abstände zwischen zwei beliebigen Atomen in jedweder Richtung. Alle Kristalle, die ich bis 1982 untersucht hatte, waren so. Ich hatte etwas entdeckt, das als unmöglich galt: Kristalle, die nicht periodisch sind. Sie haben eine spezielle Ordnung, Quasiperiodizität genannt. Das ist eine hübsche Ordnung, aber sie ist nicht periodisch. Meine Entdeckung war ein

»POLITIKER, WÄHLER, GESELLSCHAFT, SIE ALLE TRAGEN VERANTWORTUNG. WIR NICHT.«

Paradigmenwechsel in der Kristallografie. Bald nach meiner ersten Veröffentlichung wiederholten einige Gruppen mein Experiment und erhielten dieselben Ergebnisse. In kürzester Zeit bildete sich eine große Community aus jungen Forschern und machte aus meiner Entdeckung die Wissenschaft der quasiperiodischen Kristalle. Ich bekam dafür viele Preise, unter anderem den Chemie-Nobelpreis 2011.

Dennoch hielt Linus Pauling, ein anderer Nobelpreisträger, Ihre Entdeckung für völligen Unsinn.

Linus Pauling war wohl der größte Chemiker in den USA im 20. Jahrhundert. Er bekam zweimal den Nobelpreis. Der Unterschied zwischen Gott und Linus Pauling ist, dass Gott nicht glaubt, er wäre Linus Pauling. Linus Pauling hingegen ... Er lag nicht nur bei den Quasikristallen falsch, er irrte sich mehrmals im Leben. Es ist in Ordnung, sich zu irren, aber wenn man berühmt ist, sollte man vorsichtiger sein mit dem, was man sagt. Er bekämpfte mich und die Community der quasiperiodischen Materialien über zehn Jahre. Von 1984, als ich mein erstes Paper veröffentlichte, bis 1994. Er hat nur damit aufgehört, weil er starb. Ich habe ihm einmal einen einstündigen Vortrag über Quasiperiodizität in seinem Haus in Palo Alto gehalten. Als ich fertig war, sagte er: »Doktor Shechtman, ich weiß nicht, wie Sie das machen.« Er verstand nämlich nichts von Elektronenmikroskopie. Er mag ein großer Chemiker gewesen sein, aber ich war Experte in Elektronenmikroskopie.

Wie haben Sie diese feindselige Atmosphäre ausgehalten?

Ich bin nicht leicht einzuschüchtern, wenn ich sicher bin, dass ich recht habe. In der ersten Klasse der Grundschule war die gesamte Klasse gegen mich. Ich baute mich auf und sagte: »Ihr habt alle unrecht.« Denn sie hatten nicht recht. Die ganze Klasse nicht. Weil ich mich oft überprüfe, bevor ich etwas sage, kann ich mir trauen. Ich folge nicht der Herde. Vielleicht liegt das in meinen Genen. Mein Großvater kam 1906 nach Israel, um als Pionier das Land aufzubauen. Er war ein Sturkopf mit eigenen festen Prinzipien. Man konnte ihm nicht mit Unsinn kommen. Von ihm habe ich mitgenommen: Glaube nichts, was andere dir sagen. Bilde dir deine eigene Meinung und vertrete sie. Du musst sachkundig und sachlich sein. So war sein Charakter. Ich bin allerdings viel gnädiger als er.

Sie haben einmal in einem Interview gesagt, Frauen seien weniger engagiert und weniger wettbewerbsorientiert.

Einige von ihnen sind sehr kompetitiv, aber normalerweise vertraue ich Frauen als Mitarbeitern. Ich kenne einige, mit denen ich in Laufe des Lebens zusammengearbeitet habe. Ein Beispiel: Ich habe eine Verwaltungsreferentin, die sehr vertrauenswürdig ist. Ich vertraue ihr, dass sie sich gut um all meine Reisen und die ganze Korrespondenz kümmert. Ich weiß, dass etwas richtig gemacht wird, wenn ich ein Wort sage.

Was würden Sie jungen Wissenschaftlern raten?

Wenn Sie als junger Wissenschaftler experimentieren, schreiben Sie alles, was Sie tun, in ein Logbuch, weil es eines Tages sehr wichtig sein könnte. Wenn Sie in der Wissenschaft erfolgreich sein wollen, brauchen Sie ein breites Wissen in Biologie, Chemie, Physik und Mathematik. Dann können Sie wählen, was Sie tun wollen, und darin ein Experte werden. Versuchen Sie, die Nummer eins in irgendetwas zu werden, und ich verspreche Ihnen eine großartige Karriere in der Wissenschaft. Ich

»WEIL ICH MICH OFT ÜBERPRÜFE, BEVOR ICH ETWAS SAGE, KANN ICH MIR TRAUEN.«

war ein Experte in Elektronenmikroskopie. Manche Leute brauchen lange, um eine Probe gut vorzubereiten. Ich mache das in fünf Minuten, aber ich habe Jahre gebraucht, um dahin zu kommen.

Wie sehen Sie die Verantwortung von Wissenschaftlern?

Wir schulden niemandem Verantwortung. Wissenschaftler sind ganz und gar objektiv. Wir versuchen, die Welt zu verstehen, und entwickeln Werkzeuge, um Anwendungen für die Gesellschaft zu schaffen. Die Verantwortung liegt bei den Oberhäuptern der Gesellschaft. Politiker, Wähler, Gesellschaft, sie alle tragen Verantwortung. Wir nicht. Das ist meine Meinung. Was ethische Fragen angeht, gibt es ein paar Linien, die ich nicht überschreiten würde. Experimente an Menschen sind nicht in Ordnung, außer sie werden streng kontrolliert und überwacht. Ich glaube, niemand wird etwas dagegen haben, Toten Gewebeproben zu entnehmen. Ich hätte nichts dagegen, wenn Teile meines Körpers für Studien verwendet werden, denn verwesen werde ich sowieso.

Sind Sie religiös?

Ich bin nicht religiös, aber ich respektiere meine Wurzeln und feiere Festtage auf traditionelle Art. Ich habe die Bibel in meinem Büro, und ich kenne sie ziemlich gut. Als ich sehr jung war, beneidete ich religiöse Menschen. Denn wer glaubt, ist stärker, weil er einen definierten Verhaltenskodex hat. Ich war nie so. Ich habe immer gezaudert, welchen Weg ich einschlagen soll. Mit der Zeit habe ich meinen eigenen Ethikkodex entwickelt, wie meine Kollegen. Wir hören Menschen zu und stellen sicher, dass wir andere Menschen nicht verletzen. Das ist es, was die moderne Gesellschaft tun sollte. Die Menschen sollten einen Verhaltenskodex dazu internalisieren, was gut und was schlecht ist.

Gibt es in Ihrem Leben etwas, das Sie ändern möchten?

Ich glaube, diese Frage kann man nicht beantworten. Unser Leben wird vom Zufall bestimmt. Die Menschen erkennen es nur nicht. Sie denken, sie hätten alles unter Kontrolle. Ich kann alles in meinem Leben zu bestimmten Wendepunkten zurückverfolgen – einem einminütigen Gespräch, das meinen Lebensweg veränderte. Das ist mehrere Male passiert. Hätte ich mich anders entschieden, würde ich nicht hier sitzen. Ich habe diese Wendepunkte erkannt, und ich sage immer, dass andere sie auch erkennen müssen, wenn sie etwas ändern wollen. Das Leben ist ein außerordentliches Geschenk, und man sollte es weise leben, weil es ein Verfallsdatum hat.

Denken Sie manchmal über den Tod nach?

Ja, aber ich fürchte mich nicht davor. Ich habe ein erstaunliches Leben und viel Glück gehabt. Das Geschenk, das ich bekam, war enorm und nicht immer leicht. Ich hatte viele Schwierigkeiten, vor allem in meiner Jugend. Ich hatte Asthma, eine schreckliche Krankheit. Es fühlt sich an, als ob man erstickt. Ich war überzeugt, ich sollte besser keine Kinder haben, weil sie das Asthma erben könnten, und ich wollte nicht, dass sie leiden. Aber dann verschwand mein Asthma von einem Tag zum anderen, als wäre es nie da gewesen. Dieser Tag war der Tag meiner Hochzeit. Ich hatte meine Mutter verlassen – das hatte geholfen. Ich weiß nicht, ob das wirklich der Grund ist, aber so erkläre ich es mir. Ich hatte noch zehn Jahre meine Medikamente bei mir, für alle Fälle. Aber das Asthma war ein für alle Mal verschwunden, und keines meiner Kinder hat es geerbt.

> »WER GLAUBT, IST STÄRKER, WEIL ER EINEN DEFINIERTEN VERHALTENS-KODEX HAT. ICH WAR NIE SO.«

»ICH GLAUBE NICHTS, WAS ANDERE SAGEN. ICH ÜBERPRÜFE ES IMMER SELBST.«

Aaron Ciechanover | Biochemie

Professor für Biologie an der medizinischen Fakultät am Technion in Haifa
Nobelpreis für Chemie 2004
Israel

Professor Ciechanover, warum haben Sie eine Naturwissenschaft studiert?
Eigentlich habe ich nie eine Naturwissenschaft studiert, sondern Medizin. Das war der Traum meiner Mutter. Es war sehr, sehr schwer, auf die medizinische Hochschule zu kommen. Man musste ein Genie sein, und in der Mitte meines Medizinstudiums merkte ich, dass es nicht das Richtige für mich war. Man muss Krankheiten begleiten, und das bedeutet, dass man das Ende eines Prozesses betrachtet. Ich interessierte mich aber viel mehr für die Mechanismen, die Krankheiten verursachen. Ich

beschloss, ein Jahr Biochemie zu studieren. Ich mochte das Fach sofort und wollte zuerst Wissenschaftler und dann Professor werden und etwas bewirken. So geht es im Leben, man kommt von einer Erfahrung zur nächsten. Genießen wir es, bis wir sterben. Und die Glücklichen unter uns können sogar etwas zur Gesellschaft beitragen.

Das haben Sie getan. Können Sie uns Ihre Forschung erklären, für die Sie 2004 den Nobelpreis bekamen?

Was wir entdeckt haben, könnte man die »Müllabfuhr des Körpers« nennen. Unser Körper spricht seine eigene Sprache, die Sprache der Proteine. Diese können durch verschiedene Einflüsse geschädigt werden: Strahlung, Mutationen, die Temperatur oder Sauerstoff. Dann müssen sie entsorgt und ersetzt werden. Eine Anhäufung von geschädigten Proteinen kann zu Krankheiten wie Krebs oder Hirnerkrankungen führen. Selbst gesunde Proteine, die ihre Funktion erfüllt haben und nicht mehr gebraucht werden, müssen beseitigt werden. Zum Beispiel Antikörper, die im Winter gegen Grippeviren gekämpft haben: Wenn das Virus besiegt ist, müssen wir aufhören, Antikörper zu produzieren und die Fabrik, in der sie entstehen, schließen. Diese besteht auch aus Proteinen. Wir haben den Mechanismus entdeckt, mit dem Proteine abgebaut werden. Diese Erkenntnis hat zu einigen erfolgreichen Krebsmedikamenten geführt, die inzwischen seit mehreren Jahren auf dem Markt sind. Dadurch wurden Menschenleben gerettet, und für viele Menschen in aller Welt hat sich die Lebensqualität verbessert. Und das ist nur die Spitze des Eisbergs. Wir stehen noch am Anfang, und weitere Medikamente gegen andere Krankheiten sind in der Entwicklung.

Gab es einen Augenblick, in dem Sie gesagt haben: »Ich hab's geschafft!«?

Nein. Es gab Momente des Erfolgs, aber der Forschungsprozess selbst hat kein Ende, so wie die Natur kein Ende hat. Weil Israel ein kleines Land mit begrenzten Ressourcen ist, beschlossen wir, mit unserer Forschung nicht dahin zu gehen, wo alle Wissenschaftler hingehen. Wir wählten unsere Nische in der Biologie, weil diese nicht so überfüllt war. Wir ließen uns von einer Ausgangsfrage leiten, deren Bedeutung wir zu Beginn gar nicht voll erfassten. Dann begannen wir, uns dem Kern des Problems zu nähern, wie bei einer Zwiebel, Schicht für Schicht. Das war ein Marathon über vier, fünf Jahrzehnte. Wir sind keine Sprinter.

Erfolg kommt nicht aus dem Nichts. Sie müssen sehr hart arbeiten. Wie sah Ihre Work-Life-Balance aus?

Ich habe wahnsinnig geschuftet. Das ist eigentlich mehr als Arbeit. Als Wissenschaftler ist man eins mit seiner Tätigkeit. Man muss einen sehr besonderen Menschen als Partner fürs Leben finden. Ich hatte Glück, dass meine Frau meine Bedürfnisse verstand. Einen Teil meiner Forschungsarbeit machte ich in den USA, und sie blieb mit unserem neugeborenen Baby alleine zurück. Sie verfolgte ihre eigene Karriere als Ärztin, und sie beschwerte sich immer bei mir: »Du hast vielleicht mitbekommen, was ich dir gesagt habe, aber du hörst nie richtig zu.« Sie hatte recht, ich war von meiner Arbeit absorbiert. Ich bin ein wenig besessen, eigentlich mehr als ein bisschen. Die Wissenschaft ist meine Welt. Ich vergleiche sie immer mit einem Kuchen, der mit Kirschen und Schlagsahne verziert ist. Das Innere meines Kuchens ist die Wissenschaft, und die Verzierung besteht aus Musik und Spielzeugen, vielleicht sogar Menschen, Essen, Geschichte, Philosophie und Religion. Ich glaube, dass die Welt aus vielen Dingen außerhalb der Wissenschaft besteht. Mein Appetit auf Erkenntnis ist groß, und so verschlinge ich die Welt.

Haben Sie erwartet, den Nobelpreis zu bekommen?

Ja und nein. Ab einem gewissen Punkt gab es Gerüchte, und wir hatten schon einige renommierte Preise bekommen. Die Medikamente waren auf dem Markt, wir wurden zu allen wichtigen Konferenzen eingeladen. Da

»ES IST, ALS OB MAN GEGEN GOTT SCHACH SPIELT UND VERSUCHT, IHN UND DIE EVOLUTION ZU SCHLAGEN.«

war schon dieses Rauschen, und wir merkten, dass wir im Rennen sind. Aber wir hatten auch Angst, daran zu denken, weil die Enttäuschung dann riesig ist. Also versuchten wir, Abstand davon zu nehmen.

Nur wenige Frauen haben den Nobelpreis bekommen, und nicht viele Frauen sind überhaupt in der Wissenschaft.

Das stimmt, aber ich glaube, es wird besser. Wir sollten aber aufpassen, dass wir nicht das Kind mit dem Bade ausschütten und sagen: »Okay, ab jetzt bekommen nur noch Frauen den Nobelpreis!« Frauen sollten ihre Anerkennung nicht bekommen, weil sie Frauen sind, sondern für das, was sie erreicht haben.

Können Sie den Augenblick beschreiben, als Sie erfuhren, dass Sie den Preis gewonnen haben?

Es war in den Ferien, ich war also zu Hause. Tatsächlich erwartete ich keinen Anruf mehr. Man muss wissen, dass das Nobelkomitee eine strenge Prozedur einhält. In der ersten Oktoberwoche werden die Preisträger bekannt gegeben: in Medizin am Montag, in Physik am Dienstag und in Chemie am Mittwoch. Der Medizin-Nobelpreis war bereits bekannt gegeben worden. Meine Studenten waren am Montag in mein Büro gekommen und sagten traurig: »Nein, dieses Mal nicht.« Ich dachte dann nicht mehr daran. Aber dann wurde ich am Mittwoch angerufen, dem Tag des Chemie-Preises. Ich vermute, das Komitee betrachtet Chemie in einem größeren Zusammenhang.

Hat der Preis Ihr Leben verändert?

Wir waren die ersten Nobelpreisträger aus Israel, es lud uns also eine Menge Verantwortung auf. Aber da ich nicht meine Neugier auf Forschung aufgegeben habe, hat sich nicht viel geändert. Die Leute sagen mir immer: »Jetzt, wo du den Nobelpreis hast, kannst du dich zurücklehnen und das Leben genießen.« Aber ich setze meine Reise durch die Wissenschaft fort. Tatsächlich bin ich beschäftigter als vorher. Ich habe sehr interessante Menschen getroffen, etwa den Papst oder Rabbi Menachem. Diese Menschen haben unterschiedliche Visionen, und es ist wunderbar, sich mit ihnen auszutauschen. 1977 hatte ich eine lange Begegnung mit dem unglaublich charismatischen Rabbi Menachem. Das war einige Jahre, bevor wir unsere Entdeckung machten. Er war auch Ingenieur und wollte die Philosophie hinter unserer Entdeckung verstehen. Ich erklärte ihm, was wir herausgefunden hatten. Ich nannte es Zerstörung um der Neuerschaffung willen. Er war interessiert daran, warum die Evolution – für ihn war es natürlich Gott – diesen Weg gewählt hatte, auf dem wir zwischen Zerstörung und Neuerschaffung pendeln. Ich halte es für äußerst wichtig, seinen eigenen Horizont durch Begegnungen mit diesen einflussreichen Menschen zu erweitern.

Aber diese Begegnung mit Rabbi Menachem war eine ganz besondere für Sie?

Ja, denn ich bin stolzer Jude und sehr stolzer Israeli. Nicht, dass ich an Gott glaube im herkömmlichen Sinne des Wortes. Aber Rabbi Menachem war eine einflussreiche moralische Instanz. Ich traf ihn an einem wichtigen jüdischen Feiertag, und ich erinnere mich, wie alle feierten und Lärm, Gesang und Jubel um ihn herum war. Er widmete sich mir mehrere Stunden, üblicherweise hatte er für seine Anhänger zehn Sekunden. Vor seiner

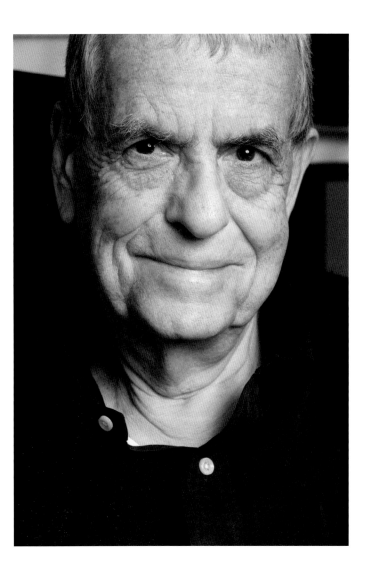

»DIE LEUTE SAGEN MIR IMMER: ›JETZT, WO DU DEN NOBELPREIS HAST, KANNST DU DICH ZURÜCKLEHNEN UND DAS LEBEN GENIESSEN.‹«

Synagoge in Brooklyn warteten jeden Tag tausend Menschen in der Schlange. Es ist erstaunlich, solche Führungspersönlichkeiten zu treffen. Man merkt, wie wichtig sie sind und dass sie heute fehlen. Für mich ist Angela Merkel die letzte Führungspersönlichkeit auf der Welt. Einen Teil der Kraft des Nobelpreises macht aus, dass er einem eine Autorität verleiht, weil der Preis so bekannt ist. Die Menschen hören einem zu, und ich nutze diese Möglichkeit. Ich weiß aber nicht, ob ich ein Anführer bin. Ich gebe mein Bestes.

Ich habe gelesen, dass Sie nicht gläubig sind. Stimmt das?

Natürlich bin ich jüdisch. Aber es gibt so viele Götter auf der Welt, dass wahrscheinlich nicht nur ein einziger Gott über uns thront. Die Religion hat uns verschiedene Mittel an die Hand gegeben, um moralisch zu agieren, so etwa die Zehn Gebote. Sie hat aber leider auch größtes Blutvergießen über uns gebracht. Deshalb erzähle ich Kindern immer, dass Gott in unseren Herzen sein sollte, und dass wir an das glauben sollten, was auch immer uns zusagt. Solange wir nicht mit Gewalt anderen unsere Meinung aufzwingen, ist alles in Ordnung. Im Sinne des Talmud bin ich allerdings ausgesprochen ungläubig. Ich glaube nichts, was andere sagen. Ich überprüfe es immer selbst, und es ist nur in Ordnung, wenn ich mich selbst davon überzeugt habe. Zu zweifeln ist von fundamentaler Bedeutung für einen Wissenschaftler, und der Talmud lehrt die Juden, Fragensteller zu werden.

Die richtigen Fragen zu stellen und zu zweifeln sind also die Hauptprinzipien der Wissenschaft?

Auf jeden Fall. Und Sie müssen das, was Sie tun, mit Leidenschaft tun. Bleiben Sie hartnäckig und seien Sie bereit, immer wieder zu scheitern, denn es ist ein langfristiges Spiel. Aber es ist auch ein unglaublicher Spaß. Es bereichert einen. Es ist, als ob man gegen Gott Schach spielt und versucht, ihn und die Evolution zu schlagen, was nicht einfach ist. Natürlich muss ich bescheiden sein und begreifen, dass wir nur einen winzigen Teil des Geheimnisses geknackt haben. Wir fügen unsere Erkenntnisse hinzu, und jemand nimmt sie auf, wenn sie wichtig sind. Es ist wie ein sehr kompliziertes Puzzle aus Millionen Teilen.

Warum sollten junge Menschen eine Naturwissenschaft studieren?

Wenn Sie ein Zeichen setzen wollen, tun Sie etwas, hinter dem Sie mit Leidenschaft stehen. Ich sage jungen Menschen immer: »Hören Sie nicht auf Ihre Mutter. Schließen Sie die Augen und fragen Sie sich, was Sie gut können, und dann tun Sie es. Sie können alles sein.« In meinem Fall ist die Wissenschaft die Antwort. Wir leben in einer faszinierenden Welt, und ich habe das Bedürfnis zu verstehen, was hinter allem steckt. Wir haben innerhalb von hundert Jahren die Lebenserwartung von fünfzig auf achtzig Jahre erhöht, dank Wissenschaft, Röntgenstrahlen, Medikamenten, Ernährung, Impfungen, Antibiotika. Alles ist Wissenschaft. Leider ist der Fortschritt ein zweischneidiges Schwert und kann auch für zerstörerische Werkzeuge genutzt werden. Deshalb sollten wir vorsichtig sein, wie wir die Wissenschaft einsetzen. Ich denke, dass die Demokratie das optimale Mittel ist, um sie zu regulieren, weil sie Kontrollmechanismen entwickelt hat.

Lassen Sie uns über Verantwortung reden. Edward Teller, der Vater der Wasserstoffbombe, sagte: »Wir haben keine Verantwortung. Die Politiker sind verantwortlich.«

Ich glaube, er hatte teilweise recht. Wir sollten nicht sagen: »Du als Wissenschaftler bist verantwortlich.« Diese Bürde ist zu schwer. Denken Sie an das »gene editing«, das Verändern von Genomen, an all die neuen Technologien. Wissenschaftler können nicht für alle Konsequenzen Verantwortung übernehmen. Aber diese einfach den Politikern vor die Füße zu werfen ist auch zu kurz gedacht. Wir müssen unsere Zukunft gestalten und steuern, was geschieht, als eine Gesellschaft, die aus Politikern, Klerikern, Soziologen, Psychologen, Gesetzgebern und Wissenschaftlern besteht. Da wir Teil der Gesellschaft sind, tragen wir eine Verantwortung, und da wir diejenigen sind, die verstehen, was vor sich geht, sollten wir die Vor- und Nachteile erklären, um fatale Entscheidungen zu verhindern, so wie in den USA hinsichtlich des Klimawandels. Die Wissenschaft ist also kein unabhängiger, isolierter Elfenbeinturm ohne Verantwortung.

Gab es bei Ihnen Momente des Scheiterns?

Tatsächlich gab es mehr Fehlschläge als glückliche Momente. Eines der Rezepte für Erfolg ist deine Einstellung zum Scheitern. Ich habe eine positive: Ich nenne es nicht Scheitern, sondern Lektion. Kram deine theoretischen Überlegungen hervor und analysiere, was passiert ist. Ändere den vorherigen Schritt und geh wieder weiter. Es ist ein fortlaufender Prozess, und indem man vor- und zurückgeht, schreitet man voran. Ich denke, dass es ohne Scheitern keinen Erfolg gibt.

Wie sehen Sie die Zukunft der Wissenschaft?

In Biologie und Medizin werden die kommenden Themen die Heilung von Krebs und von Alterserkrankungen wie Alzheimer sein, die zu einer großen Last für die Gesellschaft werden. Das neue Verfahren der gezielten Veränderung der DNA wirft enorme moralische Fragen auf. In welchem Ausmaß werden wir Menschen manipulieren? Sollten wir nur Fehler korrigieren, wie verheerende Krankheiten, oder sollten wir den Menschen verbessern, was sehr nah an rassistischen Konzepten wie denen der Nazis ist? Die Gentechnik muss beschränkt werden. Aber wenn man verhindern kann, dass man ein geistig zurückgebliebenes Kind bekommt, sollten wir den Defekt mithilfe dieser Technologie korrigieren.

Viele Menschen fürchten sich vor der Gentechnik.

Zuerst muss man die Fakten wissen. Der Teufel steckt im Detail. Wenn Sie nicht wissen, was los ist, halten Sie sich mit Ihrer Meinung lieber zurück. Ich urteile nicht über die Musik von Beethoven, weil ich sie nicht verstehe. Ich genieße sie, aber ich verstehe sie nicht. Wenn eine gentechnisch veränderte Pflanze mit einem Zehntel des normalen Wasserbedarfs wachsen oder Insekten widerstehen kann, müssen weniger Menschen hungern. Die Menschen müssen darüber aufgeklärt werden, worüber sie reden, bevor sie über das Schicksal von Hunderten von Millionen Menschen in Indien, China und anderswo entscheiden.

Welche Botschaft möchten Sie an die Welt richten?

Wir leben in einer brutalen Epoche. Ich würde gerne eine Welt des Friedens erleben. Zuallererst sollten wir aufhören, einander umzubringen. Zweitens sollten wir uns um die Bedürftigen kümmern. Ein Drittel der Weltbevölkerung hat kein fließendes Wasser oder genug zu essen. Das ist das wirkliche Problem. Die Errungenschaften von Wissenschaft und Technik erreichen nur die Privilegierten. Warum betreiben wir Wissenschaft, wenn nur eine Minderheit der Weltbevölkerung davon profitiert? Warum haben wir diese enorme Ungleichheit? Ich würde sagen: erstens das Töten einstellen, zweitens mehr reden und für die Grundbedürfnisse eines jeden sorgen. Ich spreche nicht von Mercedes-Autos, ich spreche über Lebensmittel, Immunisierung, Mücken, Wasser. Diese Welt würde ich gerne erleben.

»WARUM BETREIBEN WIR WISSENSCHAFT, WENN NUR EINE MINDERHEIT DER WELTBEVÖLKERUNG DAVON PROFITIERT?«

»MIT BESSERER BILDUNG WERDEN DIE MENSCHEN OFFENER, FRIEDVOLLER UND LIEBEVOLLER.«

Jian-Wei Pan | Quantenphysik

Professor für Physik an der Chinesischen Universität
für Wissenschaft und Technik in Hefei
Zeiss Research Award 2020
China

Herr Professor Pan, Sie haben zwölf Jahre in deutschsprachigen Ländern gelebt, sprechen aber selbst kein Deutsch. Wie kommt das?
Ich verstehe nur ein wenig Deutsch, was schade ist. Ich zog 1996 nach Österreich und machte meinen Doktor an der Universität Wien. Mein Doktorvater war Anton Zeilinger. Er versuchte mich zu überreden, Deutsch zu lernen, aber ich habe Tag und Nacht im Labor gearbeitet und einfach nicht die Zeit dafür gehabt. Ich wollte all meine Zeit der Forschung widmen. Ich blieb als Forschungsmitarbeiter in Wien, bevor ich an die Universi-

tät Heidelberg ging, um meine eigene Arbeitsgruppe zu gründen.

Als Sie Ihren Doktor machten, war Anton Zeilinger einer der führenden Wissenschaftler in der Quantenphysik. Heute nennt man Sie den »Vater der Quantenphysik«. Wie hat er das aufgenommen?

Am Anfang haben wir uns ein wenig missverstanden. Wir standen in Konkurrenz zueinander, als ich meine eigene unabhängige Gruppe gründete. Wir erkannten aber bald, dass Zusammenarbeit sinnvoller ist. Ich erinnere mich genau, wie ich im März 2007 zu einer Versammlung der American Physical Society flog und ein Treffen mit Anton Zeilinger vereinbarte. Ich sagte ihm: »Wir sollten wahrscheinlich in der einen oder anderen Form an dem Experiment im freien Raum zusammenarbeiten« und begann, Bodenstationen sowohl in China als auch in Wien zu planen. Anton Zeilinger ist ein brillanter Wissenschaftler auf Gebieten wie der Multi-Photonen-Verschränkung. Mein Team demonstrierte 2004 eine Verschränkung von fünf Photonen. Nachdem ich meine Technik zur Verfügung gestellt hatte, gelang meinen österreichischen Kollegen dasselbe mit sechs Photonen. Zehn Jahre später, 2017, haben wir dank unserer Zusammenarbeit erfreuliche Ergebnisse bei der Quantenschlüsselverteilung über Kontinente hinweg erzielt.

Erzählen Sie mir von Ihrer Jugend.

Ich bin in Dongyang in der Provinz Zhejiang geboren als jüngstes von drei Kindern, mit zwei älteren Schwestern. Meine Mutter war Lehrerin für Mathematik, Chemie und Physik und weckte mein Interesse an diesen Fächern. Mein Vater arbeitete für eine staatliche Firma. Davor hatte er als Lehrer gearbeitet und tatsächlich meiner Mutter in der Schule Chinesisch beigebracht. Er lehrte mich viel über Literatur, Kultur und die chinesische Sprache.

Haben Ihre Eltern Ihnen Druck gemacht?

Meine Familie entsprach nicht der traditionellen chinesischen. Meine Eltern haben mir überhaupt keinen Druck gemacht. Ich habe mich lange mit ihnen unterhalten, als ich über die richtige Universität nachdachte. Damals begann sich die wirtschaftliche Situation in China zu bessern, und ich fragte sie: »Soll ich losgehen und Geld verdienen? Soll ich Ökonomie studieren? Wenn ich ehrlich bin, würde ich lieber Physik studieren, weil das so interessant ist.« Sie ermutigten mich, zu tun, was ich will, und sagten: »Wenn du Physik magst, solltest du Physik studieren. Mach dir keine Sorgen wegen des Geldes.«

Sie sind 1970 geboren. Welche Erfahrung haben Sie mit der Kulturrevolution gemacht?

Als ich in die Schule kam, war die Kulturrevolution fast vorbei. Wenn man jung ist, bekommt man nicht viel mit, aber hinterher begriff ich, was für eine schreckliche Zeit es gewesen war. Mein Großvater väterlicherseits war ziemlich wohlhabend, während die Familie meiner Mutter bitterarm war. Mein Großvater mütterlicherseits starb in jungen Jahren. Meine Großmutter musste zwei Kinder alleine durchbringen. Während der Kulturrevolution änderten wir unseren Nachnamen zum Mädchennamen meiner Mutter, um die Familie zu schützen. Später habe ich meinen Nachnamen wieder in Pan geändert.

Ich vermute, Sie sind jetzt selbst wohlhabend.

Professoren werden in China gut bezahlt, das stimmt. Ich bin auch Vizepräsident der Chinesischen Universität für Wissenschaft und Technik, wo ich meinen Bachelor und meinen Master gemacht habe. Die Position umfasst spezielle Auflagen für meine Patente, weshalb ich wohl bis zum Ruhestand warten muss, um an ihnen Geld zu verdienen.

Was hat Sie dazu gebracht, den Quantensatelliten »Micius« zu entwickeln?

Wir haben »Micius« entworfen, um die Langstrecken-Quantenkommunikation voranzutreiben. Nach einigen Hundert Kilometern wird das Lichtsignal nämlich schwächer und reicht aufgrund von großen Photonenverlusten nicht mehr weiter. Dass man das Signal nicht verstärken kann, macht die Quantenkommunikation einerseits sicher, andererseits begrenzt es die Reichweite.

Wir begannen mit satellitenbasierter Quantenkommunikation durch den leeren Raum, weil die Atmosphäre in der Vertikalen viel geringere Störungen verursacht, als wenn man versucht, sie in Bodennähe horizontal zu durchdringen. Wir bewiesen, dass das Laserlicht des Satelliten die Atmosphäre durchdringen und die Bodenstationen erreichen kann. Wir starteten das Projekt 2002, mit Unterstützung der Chinesischen Akademie der Wissenschaften, und entwickelten nach fast zehn Jahren in Bodenversuchen »Micius«, den ersten Quantensatelliten der Welt. Er wurde 2016 in die Umlaufbahn geschossen.

Wofür wird »Micius« eingesetzt?

Zunächst für wissenschaftliche und nicht für praktische Anwendungen – wir wussten anfangs noch nicht, ob wir Erfolg haben würden. Derzeit führen wir Grundlagenforschung durch und nutzen den Satelliten, um den Einfluss der Gravitation auf die Quantenphysik zu untersuchen.

»Micius« kann nicht gehackt werden. Das ist sicher für militärische und wirtschaftliche Zwecke interessant.

Ja, im Prinzip schon, aber, wie ich schon sagte, interessiert mich ausschließlich die Entwicklung der wissenschaftlichen Technik. Wir teilen all unsere Erkenntnisse mit unseren internationalen Kollegen. Deshalb könnte die chinesische oder die US-Armee ein ähnliches System entwickeln. Darüber habe ich keine Kontrolle. Eine sichere Kommunikation ist keine Waffe, sie sorgt vielmehr für eine uneingeschränkte Privatsphäre.

Sie würden also gerne sichere Kommunikation und uneingeschränkte Privatsphäre ermöglichen?

Meines Erachtens hängt das sehr stark von der vorherrschenden Politik ab. Ich vermute, dass die Regierung keinen vollen, unbegrenzten Schutz der Privatsphäre durchsetzen wird und dass sie alle künftigen Firmen, die Quantenschlüsselverteilung betreiben, selbst leiten wird. Nur diejenigen werden Zugang dazu bekommen, die als unbedenklich eingestuft worden sind. Wenn die Technik in falsche Hände gerät, ist sie außer Kontrolle.

Massenüberwachung und Gesichtserkennungskameras geben der Regierung sehr viel Kontrolle. Wird sich das in Zukunft ändern?

Ich stelle mir vor, dass alle in schwarzer Kleidung herumlaufen und maskiert sind. Dann kann einen niemand identifizieren, wenn man durch die Straße geht. Das wäre allerdings auch langweilig. Es gibt immer eine gute und eine schlechte Seite an der Wissenschaft.

Mit wem arbeiten Sie an »Micius« zusammen?

Wir arbeiten mit der Österreichischen Akademie der Wissenschaften zusammen und haben Pläne für Kooperationen mit Italien, Deutschland, Schweden und Singapur. Wir wären bereit, mit den USA zusammenzuarbeiten, wenn sie eine Bodenstation hätten. Bislang haben wir Schwierigkeiten in der internationalen Kooperation gehabt, vor allem mit unseren US-Kollegen. Ich für meinen Teil denke, dass alle von der Wissenschaft profitieren sollten, und würde es gutheißen, wenn Wissenschaftler aus der ganzen Welt zusammenarbeiteten, um die Entwicklung voranzutreiben. Die Quantentechnik hat Zukunft, aber es ist zu früh, die Kooperation jetzt einzustellen. Es ist noch ein weiter Weg.

In der Vergangenheit haben Europa und die USA die Quantenphysik dominiert. Nun geht Chinas Stern auf. Erwarten Sie ein weltweites Rennen um die Quantenphysik?

Die USA haben ihre National Quantum Initiative, Europa hat das Quantum Flagship-Projekt gestartet. In China dauert unsere Evaluation noch an. Wir warten auf die offizielle Genehmigung von der Zentralregierung. Auch wenn wir als Erste begonnen haben, liegen wir im Moment ein wenig hinter Europa und den USA, die sehr stark bei der für Quantencomputer wichtigen Supraleitung sind. Ich glaube, dass wir sehr bald ein nationales Projekt in China beginnen.

In gewisser Weise ist es ein weltweites Rennen, aber wir müssen nach wie vor zusammenarbeiten. Mich beunruhigt, dass mehr und mehr Staaten in den letzten zehn Jahren begonnen haben, sich selbst zu isolieren. Das ist nicht die richtige Richtung für die Zukunft.

Haben Sie Industriekooperationen?

Normalerweise bestärkt unsere Universität Wissenschaftler im Technologietransfer und weniger darin, eigene Firmen zu gründen. In China kann man allerdings Firmen gründen, die in Teilen dem Staat, den Wissenschaftlern und Privatunternehmen gehören. Für die künftige Entwicklung ist das gesünder.

Was ist für China die drängendste Herausforderung: Klimawandel, Umwelt, Medizin oder Nachhaltigkeit?

China steht vor denselben Problemen wie der Rest der Welt. Ich denke, der Schwerpunkt liegt in der Energietechnik. Wenn wir ausreichend saubere Energie haben, können wir auch das Umwelt- und das Klimaproblem lösen. Unsere Universität konzentriert sich auf Energie, Medizin und Informationstechnik. Unsere Priorität ist dabei die Grundlagenforschung.

Welche Botschaft haben Sie für die Welt?

Die Welt sollte mehr auf Bildung achten. Mit besserer Bildung werden die Menschen offener, friedvoller und liebevoller. Ich glaube immer noch, dass die Welt mithilfe von guter Bildung und Wissenschaft eine strahlende Zukunft vor sich hat.

»FORSCHER SEIN KANN MAN NICHT LERNEN, DAS IST EINE INTUITION.«

Detlef Günther | Chemie

Professor am Laboratorium
für Anorganische Chemie der Eidgenössischen Technischen Hochschule (ETH)
Zürich und Vizepräsident der ETH
Schweiz

Herr Professor Günther, Sie bezeichnen den 9. November mit dem Fall der Mauer als Ihren zweiten Geburtstag. Warum ist Ihnen das Datum so wichtig?
Der 9. November war der Beginn der Freiheit. Plötzlich konnte ich die ganze Welt sehen, und das wollte ich unbedingt. Ich habe immer vom Grand Canyon geträumt, und nun war er erreichbar. Für meine gesamte Familie war es ein großer Feiertag.
Sie waren schon als Kind freiheitsliebend. Wie hat Ihr Vater diesen Drang so gelenkt, dass Sie nicht auffällig wurden?

Er hat uns gezeigt, wie wir die Welt erobern können. Schon zu DDR-Zeiten sind wir mit viel Entdeckerlust durch die Tschechoslowakei, Ungarn, Rumänien und Bulgarien gereist. Wir waren nur insofern auffällig, als wir Westverwandtschaft hatten, aber wir haben nicht gegen Gesetze verstoßen. Als ich einmal nach ein paar Bier mit dem Moped nach Hause gefahren bin, bekam ich unheimliche Schelte von meinem Vater, weil er Angst hatte, dass man ihn wegen Verfehlungen seiner Kinder erpressen könnte. Meine Eltern wollten uns schützen, und darin haben sie sich nie auseinanderdividieren lassen.

Sie haben in Halle Chemie studiert und ein Stipendium von der Leopoldina bekommen. Das haben Sie aber ausgeschlagen und sind stattdessen an die Memorial University nach Neufundland gegangen. Warum hat es Sie in die Ferne getrieben?

Ich konnte überhaupt kein Englisch, und mir war klar, dass ich mich in der Wissenschaftsgemeinde nie hätte ausdrücken können, wenn ich die Sprache nicht fließend beherrscht hätte. Ich hätte nicht die Lockerheit gehabt, um Vorträge zu halten und meine Resultate zu verteidigen. Deshalb habe ich entschieden, nach Kanada zu gehen. Dort hatte ich einen Chef, der mit einem wunderbaren Satz einen Paradigmenwechsel bei mir ausgelöst hat: »I think you can do it« statt: Du musst. Das hat mein ganzes späteres Leben geprägt. Durch das Vertrauen meines Professors habe ich gemerkt, dass ich selber etwas kann. Er hat in mir die innere Motivation für meine Forschung geweckt. Von da an habe ich angefangen, fünfzehn Stunden und länger zu arbeiten und morgens zu einer Zeit aufzustehen, wenn alle noch schliefen. Der Professor hat mich herausgefordert, aber nie gepusht. Ich wusste auch, dass ich ihm, solange er am Tag im Haus war, jederzeit Fragen stellen konnte. Er war mein wissenschaftlicher Vater.

Sie sind von Kanada an die ETH Zürich geholt worden, wo Sie seit 2015 Vizepräsident für Forschung und Wirtschaft sind. Daneben haben Sie eine eigene Forschungsgruppe. Ist das nicht ein bisschen viel?

Die ETH ist für mich der Taj Mahal of Chemistry. Aus Dankbarkeit, dass ich an dieser Hochschule lehren und forschen darf, habe ich immer gedacht, dass ich ihr auch etwas zurückgeben muss. Wann immer eine Auf-

»›I THINK YOU CAN DO IT‹ STATT: DU MUSST. DAS HAT MEIN GANZES SPÄTERES LEBEN GEPRÄGT.«

gabe zu verteilen war, habe ich sie mit Freude angenommen, und manchmal war mein Teller ziemlich voll. Mit einer eigenen Forschungsgruppe treffe ich aber bessere Entscheidungen, weil ich noch direkter in der Wissenschaft bin, und sie gibt mir Kraft. Ich will mir das auch nicht nehmen lassen, auch wenn es vielleicht nicht von allen so gern gesehen wird. Die Wissenschaft bleibt für mich eine Leidenschaft. Manchmal gibt es Situationen, in denen alles über mir zusammenzubrechen scheint, und ich bin privat etwas verarmt, weil ich meine Freundschaften nicht pflegen kann. Aber meine Familie ist nicht zu kurz gekommen, und für meine Kinder war ich in den wichtigen Momenten immer da.

Was war der wichtigste Forschungsgegenstand in Ihrem Leben?

Das Wichtigste war, dass ich ganz am Anfang an eine Methode geglaubt habe, als noch kein Mensch annahm, dass sie jemals so an Bedeutung gewinnen würde: Wir haben mit UV-Laserstrahlung Material verdampft und dieses dann mit induktiv gekoppelter Plasma-Massenspektrometrie gemessen. Wir konnten so fast das gesamte Periodensystem analysieren. Das erste UV-Lasersystem für quantitative Spurenelemente in Zürich aufzubauen, grundlegend zu untersuchen und zu zeigen, was man damit machen kann, war unser großer Beitrag für die Wissenschaft. Ich habe dabei viel Vertrauen genossen. Über ein Jahr floss in das Labor nur Geld hinein, ohne ein Resultat. Es war wie eine Befreiung, als tatsächlich alles geklappt hat, was wir uns überlegt hatten.

Wurden Sie an der ETH als junger Wissenschaftler eher akzeptiert als an deutschen Universitäten?

Ja, eindeutig. Ich musste mich nicht erst in der Hierarchie anstellen, sondern wurde sofort erst in den Erdwissenschaften und dann im Laboratorium für Anorganische Chemie integriert und akzeptiert. Als ich erste Auszeichnungen bekam, haben sich die Kollegen auf eine Weise mit mir gefreut, dass meine Freude noch größer war. Auch als Vizepräsident bemühe ich mich, Preisträgerinnen und Preisträgern persönlich zu schreiben und zu gratulieren. Der Abschied vom Egotrip in der Wissenschaft funktioniert zunehmend besser. Talentierte junge Akademiker sollten viel früher als Kollegen akzeptiert werden. Wir Wissenschaftler sollten einander mehr Respekt zollen und lernen zu teilen. Es ist verständlich, wenn ich in meinem Gebiet der Beste sein will. Aber warum sollte ich nicht mit einem Teil meiner Expertise zu etwas Größerem beitragen?

Sollten die vielen Wissenschaftsorganisationen in Deutschland mehr gemeinsam forschen?

Heutzutage machen die komplexen Fragestellungen es zwingend notwendig, dass die einzelnen Forschungsbereiche zusammenwachsen. Es braucht immer die Grundlagenwissenschaften für Neues, aber auch angewandte Forschung und als Beschleuniger für die Umsetzung von Forschungsresultaten die Zusammenarbeit mit der Industrie. Da sollte Deutschland die bisherige Aufgabenteilung vielleicht nochmals überdenken. Wir können heute nicht ohne ein Energiekonzept neue Ernährungskonzepte aufstellen, und ohne Ernährungskonzepte für die wachsende Bevölkerung können wir nichts für das Klima tun. Alles gehört eng zusammen.

Warum schafft es Europa nicht, sich auf gemeinsame Ziele zu einigen?

Die Heterogenität und auch die unterschiedliche Geschichte der Staaten haben eine akademische Identität behindert. Es ist besser geworden, aber die ökonomischen Unterschiede sind noch sehr groß, und bei jedem Projekt wird wieder diskutiert, ob alles fair verteilt ist. Europa hat noch kein Selbstbewusstsein, auch wenn es durchaus viele Durchbrüche erzielt hat und extrem stark in der Grundlagenforschung ist. Die Europäer sollten sich gut überlegen, in welchen Gebieten sie in Zukunft stark sein wollen.

Bewirkt die Zusammenarbeit mit der Industrie nicht gewisse Abhängigkeiten?

Forschung ist nie ein Selbstzweck, wie die aktuelle digitale Transformation zeigt, und viel langfristig angelegte Forschung lässt sich zu einem bestimmten Zeitpunkt mit der Industrie umsetzen. Durch Verträge ist sauber geregelt, dass unsere Autonomie nicht infrage gestellt ist. Die ETH bestimmt allein, welche Projekte sie mit Finanzierung aus der Industrie durchführen möchte, und es gibt verschiedene Wege, wie man sich dann den Nutzen teilt. Wir haben auch eine Ethikkommission, in der Projekte evaluiert werden. Es gab Vorschläge – wie die Gesichtserkennung für militärische Anwendungen –, auf die wir nicht eingegangen sind, weil wir gesagt haben: Das ist für uns eine klare rote Linie, und die sollten wir nicht überschreiten. Wir arbeiten aber zum Beispiel seit über zehn Jahren mit Disney in Bereichen zusammen, wo es um Animationen und Gesichtserkennung geht.

»DIE EUROPÄER SOLLTEN SICH GUT ÜBERLEGEN, IN WELCHEN GEBIETEN SIE IN ZUKUNFT STARK SEIN WOLLEN.«

Sie kooperieren mit vielen anderen Ländern, speziell mit China, und hatten selbst eine Professur in Wuhan. Was erwarten Sie von der chinesischen Wissenschaft?

In China ist viel härtere Arbeit nötig, um aus der Masse hervorzustechen. Ob sich dadurch bessere Ideen entwickeln, ist eine andere Frage, aber Kraft ist Masse mal Beschleunigung. In meinem Feld gibt es viel Kreativität, die mit verbesserten Ausrüstungen immer weiter gestiegen ist. Die Chinesen sind nicht nur fleißig, sondern auch strategisch unterwegs. Als ich vor fünfzehn Jahren prophezeit habe, sie seien die Erfindungsgeister von morgen, wurde ich noch belächelt. In einigen Bereichen werden sie die Führung übernehmen.

Sie erwähnten einmal, dass ein neues Zeitalter angebrochen sei und ein großer Umbruch stattfinde. Können Sie den definieren?

Die Digitalisierung wird alle Bereiche unserer Forschung und der Gesellschaft extrem stark verändern, und es ist nicht eine Frage, ob, sondern wie schnell. Außerdem meldet die heutige Generation völlig neuartige Ansprüche an. Dabei spielt das Wohlfühlen-Wollen oder die Work-Life-Balance eine große Rolle. Wir müssen als Wissenschaftler noch bessere Vorbilder sein, um die Begeisterung für die Forschung in den Studierenden nicht zu verlieren.

Welches Wertesystem vermitteln Sie Ihren Kindern?

Ich habe ihnen nie umstandslos etwas Größeres finanziert, sondern immer betont, dass sie auch selbst dafür verantwortlich sind, wie viel sie sich leisten können. Erst kommt die Arbeit und dann die Überlegung, was sich daraus machen lässt. Das ist mir schon von meinen Eltern vorgelebt worden. Mein Vater war gern bereit, etwas dazuzugeben, aber wir Kinder mussten den ersten Schritt machen.

Welche Werte haben Ihnen die Eltern noch mitgegeben?

Bei meinem Vater durfte man nie unpünktlich sein. Einmal hat er mich an einem wichtigen Fußballspiel nicht teilnehmen lassen, weil ich fünf Minuten zu spät zu Hause war. Ich habe zugesehen, wie der Bus ohne mich abgefahren ist, nachdem mein Vater vor der Tür gesagt hatte, dass ich nicht mitkäme. Das hat mich mein ganzes Leben begleitet. Sehr wichtig war auch Ehrlichkeit. Egal wie schlimm etwas war, Vater konnte mit allem leben, außer mit Lügen. Geprägt hat mich auch, wie er als Tierarzt auf Bauernhöfe ging und jedem den gleichen Respekt entgegengebracht hat. Das habe ich dann selber gelernt, schon als ich noch als Schüler in einer Werkstatt für Landmaschinentechnik gearbeitet habe, wo Arroganz und Überheblichkeit unmöglich gewesen wären. Wenn heute einer meiner Doktoranden in der Werkstatt einen dringenden Auftrag abgäbe und ihn drei Tage nicht abholen oder sich auch nur nicht bedanken würde, hätte er nicht nur Stress in der Werkstatt, sondern auch mit mir.

Sie müssen eine große Schar von Egos zusammenhalten. Wie schaffen Sie das?

Das Wichtigste ist die persönliche Interaktion, die Art, wie ich auf die Menschen zugehe. Auch diese Gesprächskultur habe ich von meinem Vater gelernt. Wenn er dickschädelige Bauern davon überzeugen musste, dass er der Richtige war, um ein Tier zu behandeln, hat er nicht sofort über Krankheiten gesprochen. Er hat zuerst gefragt, wie die Ernte war und was die Kinder machen. Und das Prinzip des behutsamen Vorgehens versuche ich bei Wissenschaftlern mit ihren Eitelkeiten zu beherzigen.

Was haben Sie bei Ihrer Arbeit über sich selbst gelernt?

Mein Geduldsfaden ist nicht so dick, wie ich es mir schöngeredet habe. Ich werde manchmal ungeduldig, wenn etwas länger dauert, kann mich aber so weit zusammennehmen, um nicht sofort eingeschnappt zu reagieren. Ich habe gelernt, nicht permanent gewinnen zu wollen.

Sie haben einmal gesagt, dass Sie nicht unter jemand arbeiten konnten. Warum ist Ihnen das so schwergefallen?

Ich wollte mich nicht wieder einsperren lassen wie in der DDR. Und wollte meine wachsenden Ideen nicht für jemand anders umsetzen, sondern immer für das Team meiner Forschungsgruppe. Ich wollte Verantwortung, egal wie hoch das Risiko war. Forscher sein kann man nicht lernen, das ist eine Intuition, und ich war der Geist, der stets bereit war, auch für andere Aufgaben die Hand zu heben.

Wie konnten Sie Ihre Eitelkeit befriedigen?

2003 bekam ich mit vierzig Jahren den European Plasma Award, und im selben Jahr erhielt ich die außerordentliche Professur an der ETH. Das war nie in meiner Lebensplanung gewesen und das allererste Mal, dass ich tiefe Dankbarkeit empfand. Ein Schlüsselerlebnis war auch mein erster Plenarvortrag in Amerika, bei dem ich vor gefülltem Saal eine Konferenz für ein Fachgebiet eröffnen durfte. Da fühlte ich, dass ich akzeptiert wurde.

Sie bestimmen als Vizepräsident mit, in welche Richtung geforscht werden soll. Was haben Sie für Ziele?

Wir haben drei Schwerpunkte an der ETH: Cyber Security und Daten, Energie und Umwelt sowie Medizin. Zur ETH gehört eine Forschungskommission, die neue Projekte beurteilt und überlegt, wo es bessere Infrastruktur braucht und wo Forschungsgebiete mehr zusammenarbeiten müssten. Das kann ich in meiner Position etwas steuern. Es gibt aber immer einen Dialog mit den Departementen, den Professoren und der Forschungskommission, um festzustellen, ob wir es nur mit einem Hype zu tun haben oder ob sich ein Projekt zu etwas Größerem entwickeln könnte.

Sie legen viel Wert auf die Spin-offs der ETH. Warum sind Sie so stolz darauf?

Wir haben nicht die Kultur eines Silicon Valley. Dort setzen viele risikobereite junge Menschen ihre Ideen in der eigenen Firma um. Aber an der ETH steigt die Zahl der Spin-offs auch seit Jahren, und man glaubt in einer anderen Form wieder an den Weg vom Tellerwäscher zum Millionär. Wir haben ungefähr 220 Erfindungsmeldungen im Jahr, daraus entstehen 80 bis 100 Patente, von denen 30 Ideen in Firmen umgesetzt werden. Und das nimmt stetig zu und stärkt die Reputation der ETH als innovative Hochschule.

Wie viel bekommt ein Forscher für ein Patent und wie viel die Universität?

Alles geistige Eigentum gehört der ETH Zürich. Von Lizenzen erhalten die Erfinder, die Forschungsgruppe und die ETH üblicherweise je ein Drittel. Das ist eine faire Aufteilung. Dahinter steckt die Überlegung: Wenn ich ihnen gar nichts gebe, schreibt keiner mehr ein Patent, aber wenn ich ihnen zu viel gebe, haben sie kein Interesse mehr, sich noch um die Hochschule zu kümmern.

Der Druck, Resultate zu liefern, führt zu immer mehr Fälschungen. Wie müsste die Wissenschaft darauf reagieren?

Wir brauchen eine zentrale Stelle für solche Anschuldigungen, um sie in transparenten Prozessen zu bearbeiten. Einige junge Wissenschaftler sind sich nicht darüber im Klaren, was es für Konsequenzen hat, wenn sie heute an irgendeiner Stelle einen falschen Weg gehen. Die gesamte Wissenschaftsgemeinde erfährt innerhalb von wenigen Sekunden davon, und sie bekommen nie wieder einen Fuß auf den Boden. Doping ist auch in der Wissenschaft nicht erlaubt.

Was ist Ihre Botschaft an die Welt?

Bildung sichert die Zukunft! Ohne die Lehre und Forschung mit Vorbildwirkung werden wir unsere anderen Probleme nicht lösen können. Wir wollen die nächste Generation in eine vernünftige Welt entlassen, mit Grundwerten wie Achtung, Respekt, Empathie. Das können wir nur, wenn wir es jetzt vorleben.

> »ICH WOLLTE VERANTWORTUNG, EGAL WIE HOCH DAS RISIKO WAR.«

»ICH MÖCHTE EINEN WEG FINDEN, DAS ALTERN UMZUKEHREN, SODASS WIR WIEDER JÜNGER WERDEN.«

George M. Church | Genetik

Professor für Genetik an der Harvard Medical School und für Gesundheitswissenschaften und Technologie in Harvard und am Massachusetts Institute of Technology (MIT)
USA

Herr Professor Church, mit Ihrer schillernden Persönlichkeit ragen Sie aus der Scientific Community heraus. Was macht Sie so anders?

Ehrlich gesagt bin ich schon immer eine Art Außenseiter gewesen. Tatsächlich stimmte mit meinem Gehirn einiges nicht, als ich jünger war: Ich hatte eine Zwangsstörung, eine Hyperaktivitätsstörung, eine Lese- und Rechtschreibstörung, und ich litt an Narkolepsie. Ich bemühte mich, normal zu sein, aber sobald ich den Mund aufmachte, merkten die Leute, dass ich nicht normal bin. Ich benutzte intellektuelle Begriffe, die ich mir von meiner Mutter abgeschaut hatte, und das kam im ländlichen Florida nicht so gut an. Meine Strategie war, still zu sein, und das gab mir Zeit, zu beobachten und zuzuhören. So wurde ich ein guter Beobachter. Beobachtungen sind natürlich ein Schlüsselelement in Wissenschaft und Technik. Ich glaube immer noch, dass man nicht zu viel auf die Meinungen anderer geben sollte. Aber man sollte zuhören, woher Menschen kommen, und versuchen, sie zu verstehen.

Sie sind auch sehr abenteuerlustig.

Heute gehe ich mit meinem Körper weniger Risiken ein, weil die Gesellschaft zu viel in mich investiert hat. Das darf ich nicht wegwerfen. Im Reich der Technik bin ich aber nach wie vor abenteuerlustig! Ich mache Dinge, die andere für unmöglich halten. Ich halte mich aber nicht für besonders mutig, denn ich habe herausgefunden, dass diese Dinge in Wahrheit ziemlich leicht sind.

Für Sie sind sie vielleicht leicht, für alle anderen sind sie außergewöhnlich. Was ist zum Beispiel mit den Mini-Gehirnen, die Sie bauen?

Wir bauen Miniatur-Gehirne – oder Hirnkomponenten –, indem wir Hautzellen von mir in Stammzellen verwandeln, aus denen dann Hirnzellen werden. Es fühlt sich schon seltsam an, wenn man seine Zellen außerhalb des eigenen Körpers beobachtet, wie sie nützliche Dinge tun und neue Formen annehmen. So etwas hat es noch nie gegeben. Es fühlt sich gut an, Teile des eigenen Körpers der Gesellschaft zu schenken. Und wenn ich sterben sollte, würden diese Zellen mich überleben.

Welche Idee steckt hinter diesen Mini-Gehirnen?

»DIE SYNTHETISCHE BIOLOGIE ERMÖGLICHT, DINGE ZU ERSCHAFFEN, DIE NIE ZUVOR EXISTIERT HABEN.«

Ziel ist, eine Testumgebung für neue Therapien zu schaffen. Ob es Zell-, Gen- oder andere Therapien sind, etwa mit kleinen Molekülen, oder ob es sich um Transplantationen handelt – wir können diese dann an menschlichen Gehirnen ausprobieren, denn Tiergehirne sind kein perfektes Replikat. Zeit und Anstrengung vorausgesetzt, werden diese aus menschlichen Zellen produzierten Testgehirne immer zuverlässiger einen Menschen repräsentieren können.

Haben Sie vor, eines Tages eine vollständige Kopie Ihrer selbst anzufertigen?

Das gehört noch ins Reich der Science-Fiction. Unsere Arbeit ist wirklich armselig verglichen mit einem richtigen menschlichen Gehirn. Künstliche Intelligenz kann der menschlichen nicht das Wasser reichen.

Sie machen also bis auf Weiteres einen Bogen um Science-Fiction?

Na ja, für einige ist das, was ich mache, bereits Science-Fiction. Beispielsweise ein menschliches Genom für annähernd null Dollar sequenzieren zu können, wohingegen die Kosten ursprünglich auf drei Milliarden Dollar veranschlagt wurden.

Woher kommt dieser enorme Preisunterschied?

In den Achtzigern veröffentlichten wir das erste Verfahren zur Genomsequenzierung und halfen bei der Gründung des Humangenom-Projekts mit, dass die vollständige Information des Genoms entschlüsseln sollte. Damals hätte das drei Milliarden Dollar für ein minderwertiges Genom gekostet. Mir war klar, dass wir die Kosten senken müssen, um das Projekt realisieren zu können. Einige der Technologien, an denen ich arbeitete, wurden ab 2004 einsetzbar, sodass wir heute ein gut sequenziertes Genom für 300 Dollar bekommen. Der Kunde zahlt dafür null Dollar – das System neutralisiert die Kosten. Wir sind also von drei Milliarden Dollar für ein schlecht sequenziertes zu null Dollar für ein gut sequenziertes Genom gekommen.

Was hat Sie dazu bewegt, das menschliche Genom zu kartieren?

Ich wollte eine Technologie entwickeln, mit der man die Genome aller Menschen sequenzieren und vergleichen kann, um herauszufinden, welche Krankheiten sich mithilfe etwa der humangenetischen Beratung verhindern lassen. Durch die niedrigen Kosten haben wir inzwischen eine Million Genome. Damit können wir ernsthaft beginnen, Diagnoseverfahren und Therapien einzusetzen. Wir würden gerne auch Krankheiten heilen oder verhindern, und da kommt eine synthetische Komponente ins Spiel. Die synthetische Biologie ermöglicht, Dinge zu erschaffen, die nie zuvor existiert haben – es ist, als ob Sie Kunst mit Zukunftstechnologien machen.

Damals hat Ihre Entdeckung hohe Wellen geschlagen. Wie sieht es jetzt aus?

Wir müssen die Bekanntheit steigern und die Kosten senken, sodass jeder Interessierte sein Genom sequenzieren lassen kann. Bisher hat dies eine Million von sieben Milliarden Menschen auf diesem Planeten getan. Das ist deutlich mehr als null Menschen vor einigen Jahren, aber noch ziemlich wenig verglichen mit sieben Milliarden Genomen in der Zukunft.

Was ist mit den Menschen, die nicht wollen, dass jeder im Internet ihre DNA einsehen kann?

Wir haben einen Weg gefunden, wie diese Arbeit auf einem Computer verschlüsselt ablaufen kann. Niemand sonst außer Ihnen kann dann Ihre DNA lesen.

Wie reagieren Menschen, die ihre eigene DNA sehen?

Einige wollen mehr über ihre Vorfahren herausfinden. Amerikaner sind oft überrascht, dass sie eine ganz andere Abstammung haben, als sie dachten. Die meisten interessieren sich aber für die medizinischen Aspekte. Sie wollen wissen, ob sie Risikofaktoren für bestimmte Krankheiten haben und wie sie ihre Lebensqualität unmittelbar verbessern können. Natürlich profitiert im Moment nur eine kleine Gruppe von der Präventivmedizin, aber man weiß ja nie, ob man vielleicht dazugehört. Und wenn man etwas entdeckt, könnte es das Leben drastisch beeinflussen. Zurzeit lassen sich 300 schwere Erkrankungen, die Kinder betreffen, mittels Präventivmedizin verhindern.

Begrüßen Sie das Interesse der Pharmaindustrie und von Versicherungen?

Es könnte eine Win-win-Situation sein. Auf der einen Seite nützt es den Versicherungen, wenn Sie ein langes, gesundes Leben haben, auf der anderen Seite wollen wir nicht, dass wir aufgrund unserer Gene diskriminiert werden. Deshalb gibt es in den USA Gesetze dagegen. Die Pharmaindustrie könnte mit der Kenntnis unserer Genome bessere Medikamente entwickeln. Tatsächlich haben viele neue Medikamente sowohl eine diagnostische als auch eine therapeutische Komponente. Aber man muss aufpassen, dass die Pharmaindustrie eine Krankheit nicht ignoriert, nur weil sie so selten ist. Der US Orphan Drug Act ermöglicht ihr, für seltene Medikamente viel Geld zu nehmen. Das könnte ein Problem darstellen hinsichtlich der Chancengleichheit beim Zugang zu neuen Technologien. Medikamente für die Gentherapie sind die teuersten Präparate: Eine Dosis kostet bis zu einer Million Dollar. Ich hoffe, dass wir diesen Preis senken können, aber wenn die Mittel teuer bleiben, ist das ein Problem.

Sie versuchen auch, den Alterungsprozess zu stoppen?

Ich möchte einen Weg finden, das Altern umzukehren, sodass wir wieder jünger werden. Ich arbeite am Altern seit über zehn Jahren. Dafür schaue ich zum Beispiel auf Komponenten der mitochondrialen Funktionen, die bereits in klinischen Studien getestet werden. In gewisser

»WISSENSCHAFT HAT ELEMENTE DES GLAUBENS IN SICH, UND VIELE RELIGIONEN HABEN EINE TATSACHENBASIS.«

Weise sind wir alle nur Atome. Wir wollen die Atome, die für unser Gedächtnis und unsere Erfahrungen verantwortlich sind, nicht schädigen, und jene Atome bearbeiten, die uns eine höhere Lebensqualität ermöglichen.

Wie sieht es damit aus, Ihr eigenes Leben zu verlängern?

Es geht eigentlich nicht um mich. Ich versuche, allen anderen zu helfen. Ich glaube aber, dass viele Menschen, mich eingeschlossen, gerne ihre Urenkel sehen und bis ins nächste Jahrhundert leben würden, um hoffentlich zu erleben, dass die Welt besser geworden ist. Es ist schwer zu sagen, wann man bereit wäre, so etwas aufzugeben – wenn man sich jung und glücklich fühlt, warum sollte man freiwillig sterben wollen?

Machen Sie sich keine Sorgen um unbeabsichtigte Folgen?

Einige sorgen sich, dass eine immer ältere Bevölkerung zu einer demografischen Krise führen könnte. Meines Erachtens brauchen wir aber viele Menschen, um das Universum zu bevölkern – ein großes Vakuum, das gefüllt werden will.

Sie experimentieren auch damit, Schweine für die Organtransplantation tauglich zu machen.

Die Idee ist tatsächlich sehr alt, aber jetzt ist ihre Zeit gekommen. Das gilt für vieles, was wie Science-Fiction klingt: Die Ideen sind alt, und der schwierige Teil war, herauszufinden, wie man sie umsetzt. Zurzeit testen wir Organe von Schweinen an Affen, bevor wir mit Menschen weitermachen können. In ein bis zwei Jahren können wir Organe von Schweinen in Menschen transplantieren.

Es ist schon verrückt, wenn man bedenkt, was vor zwanzig Jahren unvorstellbar war und jetzt geschieht.

Richtig. Es ist eine exponentielle Entwicklung, das heißt, es geht auf vielen miteinander verbundenen Gebieten immer schneller voran, bei Computern, Elektronik, DNA und Entwicklungsbiologie. Das liegt zum Teil an meiner Arbeit.

Gibt es noch etwas, was Sie erschaffen wollen?

Wenn wir armutsbedingte Krankheiten beseitigen könnten, könnten wir die Armut selbst verringern. Ich würde gerne Strategien entwickeln, um Menschen an Neues anzupassen, etwa an Weltraumreisen. Und ich würde gerne bessere Computer bauen, vielleicht Biocomputer.

Was sagen Sie zu dem Wissenschaftler, der in China ein Baby mit verändertem Genom erzeugt hat? Gibt es eine Grenze, die wir nicht überschreiten sollten?

Jede neue Therapie überschreitet eine Grenze, die vorher bestand. Die Menschen sollten auf die Daten schauen, anstatt auf ihre eigenen Erwartungen zu hören. Angenommen, die Daten sind nicht gefälscht und die Babys sind real – dann können wir hoffentlich etwas daraus lernen.

Wo liegt für Sie die Verantwortung des Wissenschaftlers?

Ich bin an der vordersten Front der Technik. Also muss ich von dieser Front berichten und darüber nachdenken, was schiefgehen könnte.

Aber fühlen Sie sich nicht manchmal, als ob Sie Gott spielen?

Nie! Ich bin Ingenieur. Die meisten Menschen im Laufe der Geschichte waren entweder selbst Ingenieure oder haben von Ingenieuren profitiert. So sind wir. Wir erschaffen keine Universen – das ist jenseits unserer Möglichkeiten. Wir machen kleine Dinge mit dem Universum, das wir bereits haben.

Aber glauben Sie an Gott?

Ich hatte eine stark religiöse und spirituelle Erziehung und habe immer eine natürliche Neugier für Religionen gehabt. In meiner Jugend waren wir nur von religiösen Gemeinschaften umgeben, das hat großen Eindruck auf mich gemacht. Ich habe mich für moralische Dilemmata interessiert. Wenn Ihnen zum Beispiel Ihre Eltern befehlen, jemanden zu töten, gehorchen Sie dann dem Gebot »Du sollst Vater und Mutter ehren« oder dem Gebot »Du sollst nicht töten«? Mich als Kind durch solche Paradoxien zu arbeiten hat mir ein ethisches Gerüst gegeben. Je älter ich werde, desto mehr lerne ich über die Schnittmenge von Wissenschaft und Glaube. Meine Wissenschaft hat Elemente des Glaubens in sich, und viele Religionen haben eine Tatsachenbasis. Viele Wissenschaftler bestreiten das, aber wir glauben daran, dass wir Gutes tun und lediglich der Beweis aussteht, dass es gut ist. Es gibt viel Ehrfurcht in der Welt, und mein Eindruck ist, dass die Ehrfurcht wächst, je mehr man die Welt begreift.

Wir sind also Teil von etwas Größerem?

Gewiss, das vorstellbare Universum könnte größer als das tatsächliche Universum sein. Selbst wenn es nur ein Universum gibt, einen Urknall, ist das für uns schwer zu begreifen. Ich denke deshalb, dass es zugleich größer und kleiner als unsere Vorstellungskraft ist.

Hatten Ihre Eltern großen Einfluss auf Sie in Ihrer Jugend?

Meine Mutter war eine außergewöhnliche Frau, sie war Anwältin und Psychologin. Sie hat mich sehr geprägt. Ich hatte drei Väter. Der erste war Air-Force-Pilot, der zweite Anwalt, der dritte Arzt. Zwischen ihnen gab es lange Phasen, in denen meine Mutter alleinerziehend war. Ich hatte nicht viel Gelegenheit, meine Väter kennenzulernen – sie arbeiteten hart und reisten viel. Und als ich dreizehn war, bin ich ausgezogen. Mein richtiger Vater lebte nur sechs Monate mit uns. Es hat lange gedauert, zu rekonstruieren, wie er war – charismatisch und sehr entspannt mit anderen Menschen. Als ich dreizehn war, lud er mich nach San Antonio ein. Er arbeitete dort als Ansager bei einer Wasserski-Show. Er hatte keine Scheu, in der Öffentlichkeit zu sprechen. Aber ich war zu Tode erschrocken, als er in der ersten Show plötzlich verkündete: »Hier ist George Church im Publikum. Bitte steh auf.« Ich stand da, während er eine Geschichte zu mir erfand. Ich war bei ihm kurz vor seinem Tod, bis zum Ende. Seine geistigen Fähigkeiten hatten seit einiger Zeit nachgelassen, und schließlich wusste er nicht einmal mehr, wer ich bin.

Erzählen Sie mir von Ihrer Schulzeit.

Sie war unglaublich armselig! Bis zum Alter von dreizehn lebte ich in Florida, wo man Schulbildung offenbar nicht viel Wert beimaß und die Naturwissenschaften kaum unterrichtete. Im Grunde hatte ich keine intellektuellen Herausforderungen, bis ich nach Boston zog.

Welche guten Seiten hatte Florida?

Ich konnte viel wilde, natürliche Umgebung erleben und riskante Erfahrungen machen. Wir gingen giftige Klapperschlangen und Wassermokassinottern suchen und schwammen durch haiverseuchte Gewässer. Ich wurde einmal fast vom Blitz getroffen! Ich wollte nur für den Augenblick leben.

Eine harte Schule des Lebens, wenn ich das richtig verstehe.

Ich versuchte eigentlich, um Gefahren einen Bogen zu machen, aber einige Male erwischte es mich doch. Ein paar Schlägertypen verpassten mir ein blaues Auge, einmal brach sich einer sogar die Hand an meinem Gesicht. Ich schlug jedoch nie zurück – ich schaute sie nur überrascht an, worauf sie aufhörten. Ich bin noch immer strikt gegen Gewalt und würde alles tun, um Gewalt zu verhindern. So wie ich auch alles dafür tun würde, dass jeder Mensch die gleichen Chancen hat.

Passen Sie auf sich auf?

Ich schlafe im Durchschnitt ungefähr fünfeinhalb Stunden und bin Veganer. Ich laufe auch zur Arbeit, denn als Narkoleptiker darf ich nicht Auto fahren.

Wie geht es Ihrer finanziellen Gesundheit?

Meine persönlichen Bedürfnisse sind gering. Ich bin in der glücklichen Lage, ausreichende finanzielle Mittel zu haben. Ich brauche Geld, um meine Forschung zu unterstützen. Deshalb versuche ich, alles Geld, das meine Firmen verdienen, in meine Forschung zu stecken.

Was ist neben der Wissenschaft noch wichtig für Sie?

Nur die Wissenschaft, unsere Spezies und meine Familie – mehr im Grunde nicht.

Warum würden Sie junge Menschen ermutigen, ein Studium zu ergreifen?

Ich finde Wissenschaft unendlich faszinierend: Sie beobachten nicht nur Dinge, Sie verändern Dinge, und Sie können anderen Menschen helfen. Und es gibt jede Menge Gelegenheiten, Risiken einzugehen.

Gibt es irgendeine Weisheit, die Sie gerne weitergeben würden?

Folge deinem Herzen und deinen Leidenschaften. Kümmer dich um andere Menschen, denk gründlich über die Zukunft nach, und lerne aus der Vergangenheit.

»DIE EVOLUTION LEHRT UNS, DASS MAN AUSSTIRBT, WENN DIE DIVERSITÄT VERLOREN GEHT.«

Frances Arnold | Biochemie

Professorin für Chemietechnik und Biochemie
am California Institute of Technology
Nobelpreis für Chemie 2018
USA

Frau Professorin Arnold, Sie sind mit vier Brüdern und einem Kernphysiker als Vater aufgewachsen. Hat Sie diese Familiensituation für Ihre wissenschaftliche Arbeit abgehärtet?
Ich glaube, ich habe eher meine Brüder abgehärtet. Meine Jugend war durchdrungen von Physik und Mathematik, und ich ging davon aus, dass ich etwas in diesem Bereich machen würde. Es war eine freundschaftliche Konkurrenz, und ich habe natürlich gewonnen. In den späten 1960er-Jahren brannten bei uns die Städte: die Bürgerrechtsproteste, die Proteste gegen den Vietnam-

krieg. Eine ganze Generation junger Menschen glaubte ihren Eltern plötzlich nicht mehr. Meine Eltern waren hin- und hergerissen, weil sie vier weitere Kinder hatten und dachten, dass ich mit meinen Protesten, dem Trampen und verschiedenen anderen Dingen einen schlechten Einfluss auf meine Brüder hätte. Sie wollten nicht, dass meine Brüder mir nacheiferten. Sie sagten mir: »Entweder du benimmst dich jetzt, oder du gehst.« Ich antwortete: »Dann gehe ich!«

Ich wollte meinen eigenen Weg finden. Ich war erst fünfzehn, wusste aber, dass ich meinen Lebensunterhalt selbst verdienen konnte. Ich arbeitete in einer Pizzeria, als Cocktail-Kellnerin, als Taxifahrerin. Unabhängigkeit war das, was ich brauchte.

Ich liebe das Abenteuer. Ich habe nie Angst davor gehabt, etwas selbst zu machen oder zu erkunden: Mit neunzehn zog ich nach Italien, bereiste später mit dem Bus Südamerika, schlief in Billighotels und aß an Essensständen auf der Straße. Einige Male hatte ich eine Lebensmittelvergiftung. Ich wollte die Welt sehen. Neugier und Abenteuerlust trieben mich an, aber meine Furchtlosigkeit war ganz entscheidend.

Wie begannen Sie Ihre Karriere?

Ich fing als Maschinenbauingenieurin an, weil die Anforderungen hierfür in Princeton am niedrigsten waren. Lange Zeit wusste ich nicht, welchen Weg ich einschlagen wollte. Ich hatte zwar nie die Absicht, später als Ingenieurin zu arbeiten, aber ich landete in einem sehr guten Institut. Es gab keinen Grund, das Fach zu wechseln, weil ich auch andere interessante Kurse belegen konnte, wie russische Literatur, Italienisch, Ökonomie, Kunstgeschichte.

Dann hatte ich auf einmal einen Abschluss in Maschinenbau sowie in Luft- und Raumfahrttechnik und merkte, dass wir lernen müssen, nachhaltig zu leben. Wir hatten die Ölkrisen in den 1970er-Jahren: Damals stellten viele Ingenieure fest, dass wir neue Arten der Energieerzeugung finden und weniger Abfall erzeugen sollten. Präsident Carter gab als Ziel für das Jahr 2000 einen Anteil von zwanzig Prozent an erneuerbaren Energien aus. Ich wollte Teil dieser Entwicklung sein und nahm einen Job am Solar Energy Research Institute an. Dieser dauerte aber nur ein Jahr, weil es einen Regierungswechsel gab und damit eine andere Ausrichtung der Energiepolitik.

Nach der Wahl von Ronald Reagan zog ich in den Westen, um einen Master an der Universität von Berkeley zu machen. Es war der Beginn der DNA-Revolution, als die Welt eine andere wichtige Entdeckung machte: Wir können den Code des Lebens manipulieren. Ich wurde Biochemikerin, genauer gesagt Biochemie-Ingenieurin. Aber ich hatte nie zuvor Chemie studiert, und ich hatte auch keine Ahnung von Biologie. Als Masterstudentin stürzte ich mich nun auf diese neuen Gebiete.

Das war zu jener Zeit ungewöhnlich für eine Frau, noch dazu eine junge. Wie reagierten Ihre Kollegen?

In meiner Position am Caltech* war ich eine Ausnahme, aber nicht die einzige. Es gab andere Professorinnen in Chemie und Biologie. Ich war aber erst die neunte, die eingestellt wurde. Ich war jung, dreißig, und hatte eine Stelle als Assistenzprofessorin – als erste Frau in Chemieingenieurwesen. Es war ein gewisser Kampf, mich dort zu behaupten, aber ich hatte genug Unterstützer, um ihn zu gewinnen. Der Rest ist Geschichte.

Sie wollten offenbar Ihre Experimente »schnell und billig« durchführen.

Meine ersten Experimente klappten nicht, es war frustrierend. Ich versuchte es auf die elegante Art, indem ich zunächst überlegte, welche Versuchsänderungen zielführend sein könnten. Meine Kollegen hingegen versuchten, analytisch zu verstehen, wie die biologischen Prozesse funktionierten – doch ihnen gelang auch nicht mehr. Leicht verzweifelt, weil ich nicht vorankam, entschied ich mich, mir vom System sagen zu lassen, was wichtig ist, indem ich Zufallsmutationen erzeugte und diese schnellstmöglich analysierte. Ich wollte in der Welt der Biologie die Ingenieurin sein und die Moleküle des Lebens so umgestalten, dass sie für den Menschen nützlich sein konnten. Ich wollte neue Proteine konstruieren, und zwar diese großen, komplizierten Moleküle, die die Lebensreaktionen steuern.

Einige meiner Kollegen in der Biochemie mochten die Art nicht, wie ich vorging. Die Biochemiker versuchten es aus einer Art Designer-Perspektive heraus. Aber keiner wusste, wie man Moleküle designt. Ich hingegen argumentierte aus dem Blickwinkel des Ingenieurs: Es kommt weniger darauf an, wie es funktioniert, als dar-

---

* California Institute of Technology

auf, dass es funktioniert. Und: Kann man die Molekülentwicklung schnell hinbekommen, einfach damit es klappt? Also arbeitet man »quick and dirty«. Wie das genau funktioniert, kann man später herausfinden.

Sie arbeiteten damals Tag und Nacht?

Ich arbeitete wirklich sehr viel. Aber nach vier Jahren am Caltech, in den 1990er-Jahren, bekam ich meinen ersten Sohn. Jeder mit einem Baby merkt, dass man nicht zugleich zwanzig Stunden am Tag arbeiten und sich um ein Kind kümmern kann. Ich musste mir meine Zeit effizienter einteilen und meiner Forschungsgruppe mehr Verantwortung übertragen – den Studenten, die sich dem Projekt angeschlossen hatten –, damit ich abends zu meinem Mann und meinem Baby nach Hause gehen und am nächsten Morgen wieder im Labor sein konnte. Zu Hause zu bleiben fiel mir schwerer, als zur Arbeit zu gehen! Ich war nach jeder Geburt ein bis zwei Wochen später zurück im Institut, mit einem Baby im Arm.

In den 1980er-Jahren änderte sich die Haltung gegenüber Frauen in der Wissenschaft, die Kinder bekommen. Mehr Frauen im Wettbewerb um wissenschaftliche oder andere Karrieren bedeutete, dass es weniger traditionelle Ehen gab. Ohne Ehefrau zu Hause, die sich um die Kinder kümmerte, kamen aber auch die Männer ins Schlingern. Doch es gab nun auch mehr Möglichkeiten der Kinderbetreuung. Wir müssen Frauen in Wissenschaft und Technik mit offenen Armen aufnehmen – und natürlich auch Mütter. Das Gleiche gilt für junge Väter. Ich finde, dass diese Haltung enorm nutzbringend für Frauen ist – und für Männer, denn eine Familie zu gründen bedeutet heute mehr Partnerschaft, als es vielleicht früher der Fall war.

Sie haben zahlreiche Auszeichnungen bekommen, darunter die National Medal of Technology. Sie waren die erste Frau, die den Millennium Prize for Technology erhalten hat. 2018 wurde Ihnen der Nobelpreis für »gerichtete Evolution« verliehen. Können Sie uns bitte erklären, was darunter zu verstehen ist?

Die gerichtete Evolution ähnelt dem Züchten, nur auf molekularer Ebene. Ein Bauer kann eine bessere Apfelsorte züchten, ein Hundezüchter eine neue Hunderasse. Auf meinem Forschungsgebiet erschaffen wir neue biologische Moleküle, indem wir DNA im Reagenzglas züchten. Gerichtete Evolution nutzt die Werkzeuge der Molekularbiologie, um bessere Biomoleküle, etwa Enzyme, zu erzeugen.

Wenn Sie früher ein schnelleres Rennpferd züchten wollten, mussten Sie sorgfältig zwei Elternteile für Ihr Pferd auswählen. Dann hofften Sie darauf, dass unter den Nachkommen ein Sieger war. Wenn ich heute auf molekularer Ebene züchten will, kann ich drei Elternteile nehmen oder die DNA von 33 Elternteilen mischen. Ich kann Arten mischen, Zufallsmutationen erzeugen und deren Ausmaß festlegen. Ich habe Kontrolle über die zugrunde liegenden evolutionären Prozesse, die zuvor, als diese Technologien nicht verfügbar waren, niemand hatte. Das warf die zentrale Frage auf: Wie schafft man es, dass man etwas bekommt, das besser ist als das, womit man angefangen hat – und zwar innerhalb eines gegebenen Zeitrahmens? Ich habe den Nobelpreis vermutlich erhalten, weil ich genau das herausgefunden habe.

Wir haben zahlreiche Enzyme entwickelt, die in der Industrie eingesetzt werden. Die Studenten meiner Gruppe haben Firmen gegründet, die an nachhaltiger Chemie arbeiten, etwa an Flugzeugtreibstoff aus erneuerbaren Rohstoffen. Sie produzieren auch ungiftige Varianten von Pestiziden oder nützliche Chemikalien, ohne viel Abfall dabei zu erzeugen. Der Rest der Welt hat diese Verfahren übernommen, um pharmazeutische Produkte auf saubere Art herzustellen, um Waschmittel mit Fleckenlösekraft zu produzieren und damit den Energiebedarf zu senken, um Textilien anzufertigen und um bessere klinische Diagnosen zu ermöglichen. Die gerichtete Evolution bringt für solche und viele andere neue Anwendungen bessere Enzyme hervor.

Sie haben selbst ein Unternehmen gegründet.

Alle sagen: »Oh, meine Technologie ist nützlich.« Wenn sie aber keiner anwendet, ist sie nicht hilfreich. Wie bekommt man die Menschen dazu, Erfindungen anzuwenden? Ein Weg ist, sie anderen zur Verfügung zu stellen. Wenn keine bereits existierende Firma das übernimmt, muss man eine neue gründen und die Technologie selbst verbreiten. Meinen ersten großen Ausflug in die Unternehmerwelt habe ich mit Pit Stemmer, einem Freund, unternommen. Er hat Maxygen gegründet, um die gerichtete Evolution in der Praxis anzuwenden. Ich war in seinem ersten wissenschaftlichen Beirat. Dort lernte ich von den Leuten, die wussten, wie man Start-ups aufzieht. Jetzt eröffne ich selbst Firmen. Mein erstes Start-up gründete ich 2005 – also vor fünfzehn Jahren –, und seitdem sind einige weitere dazugekommen.

Sie müssen sehr gut organisiert sein.

Ich bin hyperorganisiert. Ich stehe gewöhnlich morgens um fünf oder sechs Uhr auf. Zuerst arbeite ich zu Hause und versuche, vieles zu erledigen. Telefonieren, Paper redigieren, Briefe schreiben. Dann gehe ich ins Caltech und verbringe den Nachmittag mit Gesprächen mit Studenten, in Meetings der Forschungsgruppen, mit Besuchern oder Vorlesungen. Anschließend fahre ich nach Hause, esse mit meiner Familie, falls jemand da ist, und entspanne ein wenig, höre Hörbücher, gehe spazieren, mache Yoga. Dann gehe ich ins Bett. Nachts arbeite ich nicht. Das habe ich ein, zwei Jahre gemacht, bevor ich Kinder bekam. Aber seit dem ersten Kind 1990 habe ich nur noch selten nachts gearbeitet.

Privat haben Sie immer wieder harte Zeiten durchgemacht. Ihr erster Ehemann starb an Krebs.

Wir ließen uns fünf Jahre nach der Hochzeit scheiden. Die Ehe hielt nicht, weil er in die Schweiz zog und ich nicht nachkommen wollte. Es war eine sehr schwierige Zeit, mit einem kleinen Kind. Er musste aber in die Schweiz gehen. Kurz danach traf ich jedoch einen wunderbaren Mann und bekam zwei weitere Kinder. Es war eine schöne Beziehung, solange sie andauerte. Aber auch er starb 2010.

Ihr zweiter Ehemann beging Suizid. Das muss sehr hart für Sie gewesen sein.

Ja. Er litt an einer starken Depression. Das ist etwas, was ich nicht verstehe. Das letzte Mal, als ich deprimiert war, war ich zwölf. Ich habe inzwischen begriffen, dass ich Kontrolle über mich selbst habe, und das ist das Einzige, was ich wirklich kontrollieren kann. Wir hatten uns zwei Jahre vor seinem Suizid getrennt. Er hinterließ mir drei Kinder, die ich allein großziehen musste.

Dann gab es eine weitere Tragödie: Ihr Sohn starb bei einem Unfall.

Ja. Es hat mir das Herz gebrochen. Ich vermisse ihn jeden Tag. Er war sehr liebevoll und zugewandt, ein wunderbarer, begabter Mensch. Er war zwanzig Jahre alt.

Gab es schöne Momente, die diese Schicksalsschläge aufgewogen haben?

Bei der Nobelpreis-Zeremonie waren drei meiner vier Brüder, ihre Frauen, meine beiden Söhne und Alanna, die Frau meines Sohnes James, dabei. Tatsächlich verbrachten wir eine ganze Woche gemeinsam in Stockholm. Ehemalige Studenten kamen, Freunde, Kollegen. Ich konnte den Stolz und das Glück in ihren Augen sehen. Ich war so glücklich wie lange nicht mehr.

Man hat Sie anfangs als ehrgeizig, ja sogar aggressiv beschrieben – Eigenschaften, die man Männern normalerweise nicht vorhält.

Ich war ehrgeizig und aggressiv, aber ich musste es sein. Einmal fragte mich der Caltech-Präsident: »Warum sind Sie so arrogant?« Ich sagte: »Meine Güte, Herr Präsident, wenn ich es nicht wäre, würde ich hier nicht überleben.« Es war damals meine Überlebensstrategie – ich glaubte an das, was ich tat, selbst wenn andere nicht daran glaubten, und ich ließ mich nicht herumschubsen. Es hat mir in dieser Phase meines Lebens sehr geholfen, aber heute nicht mehr. Ich muss mich nicht mehr verteidigen. Und so versuche ich mittlerweile, meine Ecken und Kanten zu glätten, die ich nicht mehr benötige. Natürlich musste ich damals stur sein. Sonst hätte ich längst aufgegeben. Ich bin ein ungeduldiger Mensch, aber daran arbeite ich ebenfalls.

Die Ecken und Kanten sind ein Zeichen von Resilienz. Ich tue mir nicht leid. Das würde nichts bringen. Als ich an Krebs erkrankte oder mein Sohn starb, hätte ich jammern können: »Oh, ich Arme.« Stattdessen sagte ich mir: »Oh, ich Arme, aber jetzt vorwärts.«

Ich mag das Leben, meine Familie, meine Studenten, meine Arbeit. Ich glaube, dass es wichtig ist, sich nicht so sehr auf die schlechten, sondern vor allem auf die guten Dinge zu konzentrieren. Es gibt keine Garantie dafür, dass das Leben leicht ist. Ab einem bestimmten Alter hat man alles erlebt. Man hat geliebte Menschen verloren, vielleicht seinen Job – Dinge, die einem viel bedeutet haben. Gibt man deshalb auf? Nein. Wenn man Kinder hat oder Studenten, die einen ständig im Blick haben, wie kann man dann aufgeben?

Einige Frauen mussten mit sexueller Belästigung zurechtkommen. Wie erging es Ihnen damit?

Es gab sicher unerwünschte Annäherungsversuche, aber ich hatte immer das Gefühl, alles unter Kontrolle zu haben. Wenn mir nicht gefiel, was der eine oder andere ältere Professor zu mir sagte, entgegnete ich ihm, er solle in den See springen. Auf der anderen Seite genoss ich auch mehr positive Aufmerksamkeit als Frau – es gab ja so wenige in der Wissenschaft –, und das konnte von Vorteil sein. Ich habe den Spieß umgedreht und mir gesagt: Nutze es zu deinem Vorteil, lass dich davon nicht negativ beeinflussen. Ein Beispiel: Wenn ich vor Publikum sprechen musste, das noch nie eine Ingenieurs-Professorin gesehen hatte, kam automatisch die Frage auf: »Was macht sie hier?« Also müssen Sie besser sein. Ich merkte, dass ich meinen Vortrag auf einem höheren Niveau präsentieren musste als ein Mann. Ich sorgte dafür, dass sie mir zuhörten, wenn ich anfing zu sprechen, und auch dann noch, wenn ihre anfängliche Neugier verflogen war.

Wenn junge Menschen – besonders Frauen – überlegen, ein naturwissenschaftliches Fach zu studieren, was sollten sie Ihres Erachtens am besten tun?

Was immer sie wollen. Ich würde ihnen sagen, dass ich eine wissenschaftliche Karriere großartig finde. Sie bietet Flexibilität, vor allem in der Universitätsforschung, was gut ist, wenn man Kinder haben möchte. Diese Flexibilität schätze ich sehr. Doch nicht jeder ist für die Forschung an einer Universität geeignet. Sie kann sehr stressig sein. Nicht jeder will dafür verantwortlich sein, eine Gruppe zu leiten, Ideen zu entwickeln und Fördergelder zu organisieren. Jeder ist anders.

Ich betone das immer wieder: Wenn Sie denselben Weg gehen wie die anderen, vergessen Sie trotzdem nicht Ihren eigenen Weg! Dieser Mangel an Vielfalt erstickt die Innovation. Die Evolution lehrt uns, dass man ausstirbt, wenn die Diversität verloren geht. Um innovativ zu sein oder herauszufinden, was man gern macht, muss man viele verschiedene Dinge ausprobieren. Das hat mir sehr geholfen.

Welche Botschaft an die Welt haben Sie?

Kümmern Sie sich um die Menschen um Sie herum: Es wird Ihnen Kraft geben und Glück bringen und Sie beflügeln, kreativ zu sein. Bleiben Sie stets neugierig.

Ich habe viele Menschen kommen und gehen sehen. Ich wünsche mir, dass mich die, die noch da sind, in guter Erinnerung behalten. Ich möchte, dass man sich an mich erinnert, wie ich mich an meine Großmutter und an meinen Sohn erinnere. Und dass ich einen positiven Einfluss hinterlasse, der die Menschen glücklicher macht.

Was haben Sie von der Natur gelernt?

Die Biologie kann alles. Die Natur ist der beste Chemiker auf dem Planeten (und vermutlich im Rest des Universums). Sie hat nicht nur all diese wunderbaren Lebensformen erschaffen und die Chemie, aus denen sie bestehen. Sie hat auch den gestalterischen Prozess der Evolution erfunden. Das ist der Zaubertrick, der der Natur einen riesigen Vorteil verschafft. Jetzt kann ich das auch.

Ich bin keine Schöpferin, ich bin eine Entwicklerin, eine Züchterin. Die Natur erschafft. Ich nehme das, was sie erschafft, und mache daraus neue Dinge, die für uns nützlich sind.

»VERSCHIEDENE MOLEKÜLE UND GENE, DIE LEBEN ERMÖGLICHEN, BEDROHEN ES AUCH.«

Robert Weinberg | Molekularbiologie

Professor für Biologie am Massachusetts Institute of Technology (MIT) in Cambridge
Robert-Koch-Preis 1983 und Otto-Warburg-Medaille 2007
USA

Herr Professor Weinberg, Sie hatten vor Jahren eine entscheidende Idee, wie gesunde Zellen zu Krebszellen werden. Was genau ist an jenem Tag passiert?
Ich war wegen einer Konferenz auf Hawaii, schwänzte sie aber mit einem Kollegen. Wir fuhren auf einen Vulkan hinauf, und als wir in den Krater hinabstiegen, sagten wir: »Eigentlich müsste es eine Reihe von Grundprinzipien geben, anhand derer man viele Arten von menschlichen Krebsarten verstehen könnte, auch wenn sie äußerlich sehr unterschiedlich sind und sich scheinbar nicht ähneln.«

Ein ganz normales Gespräch für eine Vulkanwanderung ...

Nun, ich glaube, es gibt viele informelle Situationen, ob man in der Natur wandert oder durch eine überfüllte Stadt spaziert, in denen einem plötzlich bestimmte Ideen in den Sinn kommen. Offensichtlich hatten wir uns schon mit dem Thema beschäftigt, und nun gab es eine Gelegenheit, bei der wir laut dachten.

Diese Unterhaltung entwickelte sich ziemlich schnell zu einer erfolgreichen wissenschaftlichen Veröffentlichung, nicht wahr?

Man hatte mich gebeten, einen Überblicksartikel für die erste Ausgabe des neuen Jahrtausends der Zeitschrift »Cell« zu schreiben. Ich erzählte meinem Freund und Kollegen Doug Hanahan davon. »Das wäre eine gute Gelegenheit für uns, die kleine Anzahl der Grundprinzipien zu beschreiben, die allen menschlichen Krebsarten gemein sind.« Der Artikel trug den Titel: »The Hallmarks of Cancer« (»Die Kennzeichen von Krebs«). Die meisten Überblicksartikel verschwinden wie Steine, die in einen Teich geworfen werden. Aber dieser erregte unerwartet große Aufmerksamkeit.

Das ist fast zwei Jahrzehnte her. Wie hat sich Ihre Arbeit seitdem verändert? Und könnten Sie uns kurz beschreiben, was Sie heute wissen?

Wir wissen inzwischen enorm viel über die Details und die molekularen Defekte in Krebszellen. Vieles davon haben wir in den vergangenen zwei Jahrzehnten herausgefunden. Derzeit forscht mein Labor daran, wie Krebszellen, die sich in einem bestimmten Gewebe zum Primärtumor entwickelt haben, herausfinden, dass sie zu entfernt gelegenen Geweben im Körper, zu anderen Organen, wandern und dort neue Tumore bilden können, also Metastasen.

Bei all den Wissenschaftlern, die Krebs erforschen, ist es schwer zu glauben, dass noch immer so viele Menschen daran sterben.

Man muss sich klarmachen, dass es sich beispielsweise bei Herz-Kreislauf-Erkrankungen im Grunde genommen um eine Krankheit handelt. Krebs hingegen steht für 200 oder 300 unterschiedliche Erkrankungen, und jede Form verhält sich etwas anders. Krebs verändert sich permanent, wie ein Chamäleon. Ein Tumor, der anfangs auf eine Behandlung reagiert, kann in der Folge eine Resistenz entwickeln.

»DIE MENSCHLICHE INTERAKTION IM LABOR IST EBENSO WICHTIG WIE DIE WISSENSCHAFTLICHE.«

Gibt es irgendeinen Grund zur Hoffnung?

In bestimmten Bereichen der Krebsbehandlung wurden große Fortschritte erzielt. Nehmen Sie die Sterblichkeitsrate bei Brustkrebs: Sie hat um 30 bis 35 Prozent abgenommen. Bei Lungen-, Bauchspeicheldrüsen- und Magenkrebs hat sich hingegen nicht viel verändert. Wir wissen noch immer nicht, wie diese Tumoren wirksam bekämpft werden können.

Wann haben Sie sich für ein wissenschaftliches Studium und speziell für die Krebsforschung entschieden?

Manche Menschen haben langfristige Ziele im Leben. Ich gehöre nicht dazu. Ich dachte zu Beginn meines Studiums, ich würde Arzt werden. Dann hörte ich, dass Ärzte die ganze Nacht wach bleiben müssen, um nach ihren Patienten zu sehen. Ich brauche meinen Schlaf, deshalb war das nichts für mich. Stattdessen wurde ich Biologe. Schließlich untersuchte ich krebsauslösende Viren, was allmählich in die Erforschung von Krebszellen überging, die durch andere Faktoren als Viren entstehen.

Aber warum Krebs?

Ich bin nicht in die Krebsforschung gegangen, um die Menschheit von dieser Geißel zu befreien. Ich tat es, weil es sich um ein sehr komplexes und hochinteressantes wissenschaftliches Thema handelt, das Aufmerksamkeit und Energie verdient.

Hat Sie in Ihrer Jugend jemand für Wissenschaft begeistert?

Im Bachelorstudium am MIT orientierte ich mich in Richtung Biologie. Ich besuchte einen sehr inspirierenden Kurs über Molekularbiologie. Da begriff ich, dass man die gesamte Biosphäre verstehen kann, wenn man etwas über DNA, RNA und Proteine lernt. Das war eine wichtige Erkenntnis für mich.

Ihre Eltern sind vor dem Zweiten Weltkrieg nach Amerika gekommen. Wie war Ihre Jugend damals?

Ich wuchs in dem Bewusstsein auf, eher Europäer als Amerikaner zu sein. Ich hatte den Eindruck, dass die Menschen in Pittsburgh sehr provinziell waren im Vergleich zu meinen kosmopolitischen und gebildeten Eltern. Meine Mutter sprach Französisch und etwas Englisch, mein Vater ein wenig Englisch. Mir wurde beigebracht, dass ich, solange Krieg herrschte, auf der Straße nicht Deutsch sprechen sollte, einfach weil der Krieg im Gange war. Ich bin zweisprachig aufgewachsen, was ein großer Vorteil war.

Welche Bedeutung hatte der Krieg für Ihre Familie?

Es war traumatisch, von einigen der Erfahrungen zu hören, die meine Eltern zwischen 1933 und 1938 gemacht hatten. Mein Großvater verlor fünf Geschwister im Krieg. Meine Eltern haben mir erzählt, dass es unerheblich war, ob jemand erfolgreich oder nicht, wohlhabend oder eher arm war – jeder wurde ins Konzentrationslager geschickt. Ich wuchs mit dem Gefühl auf, dass das Leben und die Existenz irgendwie sehr unsicher sind.

Der dünne Firnis der Zivilisation.

In der Tat. Ich würde nicht sagen, dass ich argwöhnisch oder paranoid war, aber vielleicht war ich übervorsichtig. Mein Vater sagte immer zu mir: »Es ist in Ordnung, erfolgreich zu sein, aber steck deinen Kopf nicht aus der Menge heraus, sei nicht sichtbar.«

Wie haben Sie sich dann im Laufe Ihres Lebens verhalten?

Ich habe hart gearbeitet. Es trieb mich dazu, interessante Dinge in der Wissenschaft zu tun, aber ich achtete immer darauf, kein Angeber zu werden. In unserer Familie wurden diejenigen, die sich zu wichtig nahmen, nicht respektiert. Meine Eltern schätzten bei anderen Menschen zwei Eigenschaften: Intelligenz und einen Sinn für Humor. Selbst wenn jemand nicht so intelligent war, konnte er das durch Humor ausgleichen.

Achten Sie auf diese Eigenschaften, wenn Sie jemanden zum Vorstellungsgespräch in Ihr Labor einladen?

Das Wichtigste, das ich als Laborleiter tun kann, ist, die richtigen Personen einzustellen – nämlich die, die motiviert sind und sich mit den anderen verstehen. Die menschliche Interaktion im Labor ist ebenso wichtig wie die wissenschaftliche. Es lohnt sich, ein bisschen Zeit in eine Entscheidung zu investieren, mit der man über viele Jahre leben muss.

> »ICH WUCHS MIT DEM GEFÜHL AUF, DASS DAS LEBEN UND DIE EXISTENZ IRGENDWIE SEHR UNSICHER SIND.«

»WISSENSCHAFT ÄHNELT SCHON EIN BISSCHEN EINEM BERUF FÜR MANISCH-DEPRESSIVE, WEIL ERFOLGE UND DIE EIGENE STIMMUNG IMMER AUF UND AB SCHWINGEN.«

Hatten Sie das auch im Kopf, als Sie sich zur Heirat entschlossen haben?

Manchmal muss man seine Augen schließen und einen existenziellen Sprung wagen. Ich lernte eine Frau kennen, die ich sehr anziehend fand und die ganz eindeutig die richtige für mich war. Das war vor mehr als vierzig Jahren, und ich habe die Entscheidung nie bereut. Jemanden ins eigene Labor aufzunehmen ist nicht ganz so bedeutsam, wie sich für einen Lebenspartner zu entscheiden, aber es kommt dem nahe. Manche Mitarbeiter sind fünf, sechs, sieben Jahre in meinem Labor, und ich muss sie jeden Tag sehen.

Was für eine Art Chef sind Sie?

Mir ist wichtig, den Mitarbeitern klarzumachen, dass ich ihre Arbeit ernst nehme. Sie sollen wissen, dass sie nicht nur ein Paar anonyme Hände sind, sondern dass ich geistig bei ihnen bin. Manchmal kommen sie in mein Büro, und wir plaudern eine halbe Stunde. Ich frage sie, was sie gerade machen und welche Probleme sie haben.

Sind Sie ein Mensch, der Abstand von seiner Arbeit nehmen kann?

Ich bin nicht komplett von meiner Arbeit besessen. Manchmal fahren meine Frau und ich in unsere Hütte in den Wäldern von New Hampshire. Wenn ich an der Hütte, im Garten oder im Wald arbeite, kann ich die Biologie tagelang vergessen. Ich bin ein einigermaßen guter Schreiner, Klempner und Elektriker. Ich arbeite gern mit den Händen. Die Biologie war nie mein Ein und Alles. Wenn ich eines Tages tot bin, wird niemand auf meinen Grabstein schreiben: »Er veröffentlichte 483 Paper, viele davon in ›Cell‹, ›Nature‹ und ›Science‹.« Das interessiert niemanden.

Haben Sie sich je gefragt, ob Sie auf dem richtigen Weg sind?

Ich hatte hier und da leise Zweifel. Aber weil mir insgesamt das, was ich tat, Freude bereitete, haben sie mich nie aufgezehrt. Wissenschaft ähnelt schon ein bisschen einem Beruf für Manisch-Depressive, weil Erfolge und die eigene Stimmung immer auf und ab schwingen. Aber so ist das Leben. Es ist keine ununterbrochene Serie von Erfolgen.

Hatten Sie je höhere Ziele?

Nein. In meiner wissenschaftlichen Arbeit hatte ich vielleicht Ziele für die folgenden ein bis zwei Jahre, aber nie für fünf oder zehn Jahre. Wie schon gesagt, ich bin damit groß geworden, dass das Leben unsicher ist und die Zukunft sich nicht vorhersagen lässt. Ich habe immer sehr opportunistisch gedacht: Was können wir als Nächstes tun, das interessant wäre?

Was haben Sie gemacht, als Sie erfuhren, dass Sie den Breakthrough Prize bekommen mit einem Preisgeld von drei Millionen Dollar?

Meine Frau und ich haben eine Million Dollar an eine wohltätige Organisation gespendet, und ein Teil des Geldes ging für Steuern drauf. Wir haben immer gut gelebt, deshalb, ob Sie es glauben oder nicht, hat das Geld keinen großen Unterschied gemacht. Ich habe mich nie

»KREBS BEDEUTET ENTROPIE, CHAOS.«

allzu sehr für Geld interessiert, solange genug da war. Ich bin kein guter Geschäftsmann, das war ich nie. Die Anerkennung war schön, aber als alles vorüber war, ging es wieder um den Arbeitsalltag im Labor. Am MIT ist jeder ziemlich versiert. Glücklicherweise gibt es hier keine Kultur der Verehrung erfolgreicher Menschen. Wir haben mehrere Nobelpreisträger hier, und wir nennen sie alle beim Vornamen.

Gleichzeitig hat Ihre Arbeit die Gesellschaft stark beeinflusst.

Ein Teil der Arbeit, die mein Labor geleistet hat, war wichtig für die Behandlung von Brustkrebs und die Entwicklung der modernen Krebsforschung. Ich bin zufrieden damit. Viele in meinem Labor haben aber an Problemen gearbeitet, die für Krebspatienten nicht unmittelbar anwendbar waren. Bei manchen Ergebnissen dauerte es zehn, fünfzehn Jahre, bis sie sich anwenden ließen. Man muss bereit sein, eine von Neugier getriebene Forschung durchzuführen, aus der dann Produkte, Preise und Vorteile für die Gesellschaft als Ganzes resultieren können, die man aber nicht immer voraussehen kann.

Was wäre Ihre Botschaft an die Welt?

Versuchen Sie, etwas zu tun, das Ihnen Spaß macht und interessant ist, und wenn Sie können, etwas in der Welt zu bewirken. Machen Sie etwas, das Ihren Geist beschäftigt, Ihre Hände am Arbeiten hält und Sie mit vielen anderen Menschen zusammenbringt. Genießen Sie deren Gesellschaft. Es ist sinnvoll, anderen zu helfen und sie zu unterstützen.

Was ist mit CRISPR/Cas, dem Verfahren für das Editieren von Genomen lebender Organismen? Ist das der Königsweg, Krebs zu besiegen?

Im Moment lautet die Antwort: auf keinen Fall. Das Problem mit all den Gentherapien und dem Verändern von Genen ist, dass ein vorhandener Tumor mit einem Durchmesser von einem Zentimeter bereits eine Milliarde Zellen hat. Wenn Sie das Verhalten des Tumors mittels CRISPR/Cas verändern wollen, müssen Sie die Gene in jeder einzelnen Krebszelle verändern. Das ist derzeit außerhalb unserer Fähigkeiten. Wir können nicht Gene in Zellen ändern, die sich im Gewebe ausgebreitet haben, und das gilt auch für lebende Tumoren. Aber es hilft dabei, bestimmte Laborexperimente schneller voranzubringen.

Sie haben einmal gesagt, dass die genetischen Mutationen, die die Evolution des Menschen vorangebracht haben, auch sein Untergang sein könnten. Was meinen Sie damit?

Einige Veränderungen in unseren Genomen haben in den vergangenen 100 Millionen Jahren ausgeklügelte Organismen hervorgebracht, aber eben auch Krebs. Unsere Zellen teilen sich andauernd. Und bei jeder Teilung besteht die Gefahr, dass sich Krebs entwickelt. Wir leben mit einer immanenten Gefahr. Das Leben ist ein zweischneidiges Schwert: Verschiedene Moleküle und Gene, die Leben ermöglichen, bedrohen es auch.

Im Prinzip bekommen Menschen also Krebs, wenn sie nur lange genug leben?

Ja. Früher oder später wird die eine oder andere Zelle im Körper eine Krebszelle werden. Wenn Sie nicht an einer Herzkrankheit sterben, an einer Immunkrankheit, einer Infektion oder einem Unfall, werden Sie früher oder später Krebs bekommen. Krebs bedeutet Entropie, Chaos. Krebs ist für einen komplexen, langlebigen, großen Organismus unvermeidlich.

Denken Sie selbst oft daran, an Krebs zu sterben?

Nein, nicht allzu oft. Es könnte so kommen, aber man muss etwas fatalistisch sein. Man hat mir gesagt, dass ich nicht ewig leben werde.

»NIEMAND WIRD AUF MEINEN GRABSTEIN SCHREIBEN: ›ER VERÖFFENTLICHTE 483 PAPER‹.«

»JEDER WICHTIGE DURCHBRUCH IN DER WISSENSCHAFT IST TEIL EINER VIEL LÄNGEREN GESCHICHTE.«

Peter Doherty | Immunologie

Professor für Mikrobiologie und Immunologie an der University of Melbourne
Nobelpreis für Medizin 1996
Australien

Herr Professor Doherty, ich habe gehört, es gibt eine Menge Rivalität und Eifersucht in der Wissenschaft.
Oh ja, es ist heftig. Wissenschaftler sind auch keine besseren Menschen als alle anderen und ganz besonders, was Eifersucht und Rivalität angeht. Manchmal verreißt ein Reviewer dein Paper, und die Gründe haben wenig mit der Qualität der Arbeit zu tun. Es ist ein hartes Geschäft, weil es auf Daten und Evidenz basiert, und trotzdem kann es sehr giftig zugehen. Und es gibt auch kein Konzept der Güte in der Wissenschaft, so etwas wie den hippokratischen Eid »Richte keinen Schaden an.«

Warum haben Sie sich entschlossen zu studieren?

Meine Eltern gingen beide mit fünfzehn von der Schule ab. Meine Mutter machte eine Ausbildung zur Musiklehrerin, und mein Vater ging in den öffentlichen Dienst. Ich bin in einem Vorort von Brisbane aufgewachsen, wo die Arbeiterklasse und die untere Mittelklasse wohnten. Dort begriff ich, was Faschismus bedeutet, denn genau da kommt er her. Ich wollte also unbedingt da weg, und das ist der Grund, warum ich auf die Universität ging. Ich war kein besonders guter Student, weil ich insgesamt sehr wenig wusste. Ein Cousin von mir war in der medizinischen Forschung. Aber außer ihm kannte ich nur eine Handvoll studierter Leute, zum Beispiel den Arzt und den Zahnarzt bei uns im Viertel. Nicht mal unsere Lehrer waren alle auf der Uni gewesen.

Sie sind der einzige Tiermediziner, der je einen Nobelpreis bekam. Wie ist das passiert?

Es war die Zeit des Club of Rome, und ich hatte mich für Tiermedizin entschieden, weil ich den Hunger bekämpfen und etwas Gutes tun wollte. Ich war altruistisch, jung und sehr naiv. Eigentlich hätte ich dafür Medizin studieren sollen, aber ich wollte meine Zeit nicht mit kranken Menschen verbringen, als Sechzehnjähriger fand ich die ganz schrecklich. Also erforschte ich neun Jahre lang Krankheiten von Hühnern, Schafen und Schweinen. Mir wurde dann klar, wenn ich besser verstehen wollte, wie Infektionen ablaufen, musste ich mehr über Immunität lernen. Also ging ich an ein medizinisches Forschungszentrum und lernte etwas über zelluläre Immunität. Und dort machten Rolf Zinkernagel, ein junger Schweizer Arzt, und ich die große Entdeckung, für die wir zwanzig Jahre später den Nobelpreis bekamen. Und ich ging nie in die Tiermedizin zurück. Ich war sozusagen vom Schafdoktor zum Zelldoktor geworden.

War diese Entdeckung ein Zufall?

Man kann ja nicht beschließen, etwas zu entdecken. Aber vielleicht haben wir diese Entdeckung gemacht, weil ich in der Pathologie gearbeitet hatte und Rolf in der Bakteriologie. Wenn man zwei unterschiedliche Gebiete kombiniert, findet man manchmal etwas Unerwartetes. Und mein Ansatz war einer, den andere eher nicht gewählt hätten. Als wir daher die Ergebnisse bekamen, sahen wir sofort etwas vollkommen Unerwartetes. Und das brachte uns auf den Gedanken: Wenn das stimmt, wäre das eine große Erkenntnis. Und es stimmte tatsächlich. Natürlich wussten wir nicht, dass wir dafür einmal den Nobelpreis bekommen würden.

Könnten Sie in einfachen Worten beschreiben, was Sie herausgefunden haben?

Wir sahen uns einen bestimmten Teil des Immunsystems an, die zytotoxischen T-Lymphozyten. Diese sind darauf programmiert, andere Zellen zu töten, wenn sie abnorm oder infiziert sind. Wir bemerkten, dass die T-Zellen infizierter Mäuse keine virusinfizierten »Zielzellen« eines anderen Mausstamms töten konnten. Und als wir dieses unerwartete Ergebnis weiterverfolgten, entdeckten wir, dass die T-Zellen ein Schlüsselmolekül an der Oberfläche der Zielzelle »prüfen«, den Haupthistokompatibilitätskomplex (oder Hauptgewebeverträglichkeitskomplex) MHC, bevor sie aktiv werden. Wir nahmen an, dass das Virus aus dem normalen »Selbst«-MHC-Molekül ein »verändertes Selbst«-Molekül gemacht und damit einen Unterschied zwischen einer infizierten und einer gesunden »Selbst«-Zelle erzeugt hatte. Später fand man heraus, dass sich ein kleiner Teil des Virus, ein Peptid, an das MHC-Protein bindet und es so zu einem »Nicht-Selbst« macht. Die T-Zellen reagieren dann, als hätten sie ein »fremdes« MHC eines anderen Organismus vor sich, und stoßen die infizierte Zelle wie transplantiertes Gewebe oder ein fremdes Organ ab. Diese Erkenntnis, dass der MHC im Prinzip der Marker des »Selbst« ist, veränderte unser generelles Verständnis von zellvermittelter Immunität und was sie neben Infektionen auch mit Transplantationen, Autoimmunität, der Impfstoffentwicklung und in jüngster Zeit mit der Krebsimmuntherapie zu tun hat. Die Technologie war damals, als wir die Entdeckung machten, noch nicht weit genug, um die molekularen Mechanismen dahinter zu verstehen, aber wir entwickelten eine Theorie, wie die Zellimmunität funktioniert und warum wir das sehr breit gefächerte MHC-System haben. Sie erwies sich im Wesentlichen als korrekt. Wir haben einige sehr treffende Vermutungen angestellt.

Haben Sie Ihre Erkenntnisse sofort veröffentlicht?

Das war in den frühen 1970ern, da gab es noch keine E-Mails und keine schnelle Kommunikation. Wir hatten also etwa sechs Monate, um unsere Geschichte auszuformulieren. Und dann veröffentlichten wir drei oder vier Paper schnell hintereinander. In der Wissenschaft hat nichts Bestand, bis es veröffentlicht ist. Ich sage zu den jungen Leuten immer: »Was nicht veröffentlicht ist, existiert nicht! Es hat keinen Sinn, später zu sagen: ›Genau das dachte ich auch.‹ Veröffentlichen ist die Grundlage der Wissenschaft. Wenn ihr ein Ergebnis bekommt, das ihr nicht erwartet, seid ihr vielleicht ganz begeistert, aber ihr müsst nach den Daten gehen. Vergesst eure Freundin oder euren Freund und lebt mit euren Daten. Das ist jetzt euer Leben! Versucht zu ignorieren, was andere Leute vor euch schon gedacht haben. Ihr werdet nichts Neues finden, wenn ihr dieselben Wege einschlagt wie alle anderen.«

Sie hätten es nicht geschafft, wenn Sie sich nicht so auf Ihre Arbeit konzentriert hätten.

Als wir diese Entdeckung machten, arbeiteten wir rund um die Uhr. Und das war schrecklich für unsere Frauen Penny und Katherine, weil wir kleine Kinder hatten. Danach habe ich versucht, eine bessere Work-Life-Balance hinzubekommen, aber im Leben eines Wissenschaftlers gibt es immer Zeiten, in denen man wie besessen von etwas ist und die Arbeit immer im Hinterkopf rumort. Ziemlich oft kommt man so auch auf Lösungen. Manchmal macht man gerade etwas ganz anderes, am Strand spazieren gehen oder Ski fahren, das die ganze Aufmerksamkeit fordert, und plötzlich hat man eine Idee. Sehr interessant, wie das Gehirn so funktioniert.

Man braucht also Auszeiten für die besten Ergebnisse?

Ich sage zu den Leuten im Labor immer: »Arbeitet nicht andauernd, das ist kontraproduktiv. Macht Sport, pumpt Sauerstoff in eure Lunge und euer Hirn – und trefft euch auch mal mit anderen.« Tolle Beispiele sind da einige Top-Wissenschaftlerinnen, die wegen ihrer Familienpflichten oft kürzer arbeiten, dafür aber sehr effizient. Frauen sind oft sehr gut organisiert und gut im Multitasking. Aber mir ist es egal, ob jemand ein Mann oder eine Frau ist, Kollegen müssen vor allem kollegial sein. Ich habe Respekt vor jedem, der klug ist, seine Arbeit macht und mit dem man gut zusammenarbeiten kann.

Welche Eigenschaften braucht ein guter Wissenschaftler?

Die Wissenschaft ist so leistungsorientiert, wie man sich es nur vorstellen kann. Trotzdem kämpfen sich manche ohne viel Inspiration nach oben. Nicht unbedingt, weil sie so gute Wissenschaftler sind, sondern eher auf den üblichen Wegen zur Macht: Sie sind gute Manager oder können gut Gelder hereinholen. Das nimmt immer mehr zu. Solche Menschen will ich nicht unbedingt um mich haben. Da läuft es mir kalt den Rücken herunter.

Gab es in Ihrem Leben schon mal eine Krise?

Wir machten unsere Entdeckung an der Australian National University. Dann ging ich in die USA, und als ich versuchte, in einer leitenden Position an die ANU zurückzukehren, hat das nicht funktioniert. Teilweise auch bedingt durch meine Aktivitäten in einer Gruppe von Reformern landeten wir in einer Krisensituation, die sowohl mir als auch meiner Frau schadete. Ich lernte auf die harte Tour, dass es sehr schwierig ist, etwas in einem System zu ändern, in dem es vielen Leuten gut geht, ohne dass sie selbst viel dazu beitragen. Das ist nur möglich, wenn man nicht aus einer Machtposition heraus agiert. Ich war übermäßig optimistisch und sehr naiv. Ich hatte mich darauf gefreut, nach Australien zurückzukommen, aber ich war nicht sehr willkommen. Das war eine harte Erfahrung. Nach dem Nobelpreis zurückzukommen war ein viel positiveres Erlebnis.

Was ist Ihr Beitrag zur Gesellschaft?

Ich habe eine große Entdeckung gemacht, die dazu beitrug, die heutige Funktionsweise der Medizin zu verändern. Viele moderne Medikamente und Therapien, darunter die wirksamsten gegen rheumatoide Arthritis und Krebs, Autoimmunerkrankungen verschiedenster Art, sind immunologische Reagenzien, die mit T-Lymphozyten hergestellt werden, oder sie basieren auf einer Beeinflussung der Killer-T-Zellen, an denen wir gearbeitet haben. Unsere Arbeit war also ein Schritt auf dem Weg zu neuen Behandlungen, um die Menschen tatsächlich von Krebs zu heilen. Jeder wichtige Durchbruch in der Wissenschaft ist Teil einer viel längeren Geschichte. Das große Glück in der Wissenschaft ist es, Entdeckungen zu machen. Oft sind sie klein und werden nicht besonders beachtet. Aber manchmal haben wir auch Glück.

Aber die Welt spricht nur über die Besten.

Der Nobelpreis bedeutet nicht, dass man der beste Wissenschaftler der Welt ist. Er ehrt vielmehr Entdeckungen, die auf irgendeine Weise spektakulär sind. Ich hätte genauso gut auch den Rest meines Lebens an Kühen forschen können. Das wäre auch keine schlechte Beschäftigung gewesen!

»MEIN ANTRIEB WAR IMMER, KRANKEN MENSCHEN ZU HELFEN.«

Françoise Barré-Sinoussi | Virologie

Emeritierte Professorin für Virologie am Institut Pasteur in Paris
Mitglied der Französischen Akademie der Wissenschaften
Nobelpreis für Medizin 2008
Frankreich

Frau Professorin Barré-Sinoussi, haben Sie sich je vor Augen geführt, wie groß der Einfluss war, den Ihre Forschung auf das Leben anderer hatte?
Ich war nicht allein. Es heißt nicht umsonst HIV/AIDS-Community, und diese umfasst Wissenschaftler, Aktivisten, Patientenvertreter, Ärzte, Pfleger, das ganze medizinische Personal. Wir sind zahllose Menschen, die seit 1981 für dasselbe Ziel kämpfen. Wir arbeiten alle intensiv zusammen und sind jeweils ein kleines Puzzlestückchen. Das ist alles, was ich bin: Teil eines Puzzles.

Ist das nicht zu bescheiden?

Nein, das ist die Realität.

Sie hatten in Ihrer Karriere mit vielen Vorurteilen zu kämpfen. Welche Art von Vorurteilen war das beispielsweise?

Man sagte mir, dass Frauen in der Wissenschaft nie etwas erreicht hatten, ich sollte meine Karriere also besser überdenken. »Vergiss deine Träume«, hieß es, »Frauen sollten zu Hause bleiben und sich um die Kinder kümmern.«

Gut, dass Sie nicht darauf gehört haben. Sie machten weiter und bekamen den Nobelpreis für die Entdeckung von HIV.

So war die Geisteshaltung, als ich in den frühen 1970er-Jahren Wissenschaftlerin wurde. Seitdem hat sich natürlich viel geändert.

Welches Denken war nötig, um solche Hindernisse zu meistern?

Der Schlüssel ist die richtige Motivation. Ebenso Geduld und der Wille, anderen zu geben. Das war entscheidend für mich. Wenn Sie Wissenschaft nur aus Spaß betreiben oder um vor allem Paper zu veröffentlichen oder Ihren Lebenslauf zu verbessern, ist das weniger motivierend, als Verfahren zu entwickeln, die das Leben von Patienten verbessern. Mein Antrieb war immer, kranken Menschen zu helfen.

Sie hatten sich Ihrer Arbeit so sehr verschrieben, dass Sie fast Ihre eigene Hochzeit verpasst haben. Erzählen Sie uns doch bitte diese Geschichte.

Ich war hier am Pasteur-Institut. Gegen elf Uhr rief mich mein Verlobter an und sagte: »Du weißt schon, dass hier die ganze Familie versammelt ist, weil wir heute heiraten wollen.« Ich sagte: »Oh Gott, es ist schon elf! Ich komme!« Ihn hat das überhaupt nicht überrascht. Ich hatte natürlich nicht vergessen, dass wir heiraten. Ich hatte einfach nur das Zeitgefühl verloren.

Meistens sind es männliche Wissenschaftler, die eine Frau zu Hause haben, die sich um alles kümmert. Bei Ihnen war es anders: Ihr Mann hat eine Frau, die sehr mit ihrer Arbeit beschäftigt ist. Wie ist er damit umgegangen?

Sehr gut. Er liebte selbst seine Freiheit. Deshalb sind wir wahrscheinlich so gut miteinander ausgekommen. Er wusste, dass es für mich in einer Beziehung wichtig ist, weiterhin das tun zu können, was ich gern tue. Anderen Leuten erzählte er immer: »Ich weiß, dass ich auf ihrer Liste nicht die Nummer eins bin. Nummer eins sind ihre Eltern. Nummer zwei ist ihre Katze. Nummer drei ist das Labor. Ich bin Nummer vier.«

Das war zu jener Zeit eine sehr fortschrittliche Einstellung.

Mein Vater hatte die komplett gegenteilige Haltung. Er sagte oft zu meinem Mann: »Ich verstehe nicht, wie du das Leben, das sie dir bietet, akzeptieren kannst. Wenn ich an deiner Stelle wäre, würde ich das nicht akzeptieren. Du hast nicht den Mut, sie zu korrigieren.« Mein Mann entgegnete: »Das ist meine Sache, nicht deine.«

Sie hatten anfangs Probleme, ein Labor zu finden, in dem Sie arbeiten konnten. Warum?

Damals war es nicht üblich, so junge Studenten wie mich in einem Labor aufzunehmen. Ich war nur zwei Jahre an der Universität gewesen. In den 1970er-Jahren arbeiteten Studenten erst in einem Labor, nachdem sie ihren Master gemacht hatten. Zum Glück fand ich eines, das Pasteur-Institut, das mich als Volontärin akzeptierte. Sie arbeiteten dort an einer Virenfamilie namens Retroviren.

HIV ist ein Retrovirus. Ihre frühe Arbeit am Pasteur-Institut war also das Sprungbrett zu Ihrem späteren Erfolg. Was passierte als Nächstes auf Ihrem Weg zur Entdeckung des HIV-Virus?

AIDS wurde 1981 zuerst in den USA identifiziert. 1982 rief uns ein französischer Arzt im Pasteur-Institut an und fragte, ob wir Interesse hätten, die Ursache von AIDS herauszufinden. Luc Montagnier, der den Anruf entgegennahm, kam zu mir und fragte, ob unser Labor das übernehmen wolle. Ich sagte: »Natürlich muss ich erst mit meinem Chef sprechen, aber wenn er einverstanden ist, können wir loslegen. Wir haben die Werkzeuge, um zumindest zu versuchen, herauszufinden, ob ein Retrovirus involviert ist.« Wir versuchten, das Virus aus einem Patienten zu isolieren, der noch nicht AIDS hatte, aber bereits Symptome zeigte, die wir damals »Pre-AIDS-Symptome« nannten. Hierfür mussten uns Ärzte sämtliche Symptome der Patienten beschreiben – die komplette Entwicklung der Krankheit, wie sie im Krankenhaus ablief. Durch diesen Informationsaustausch konnten wir unseren Untersuchungsansatz entwerfen, mit dem wir versuchten, die Ursache zu identifizieren. Schließlich erhielten wir Lymphknotengewebe aus einer Biopsie, setzten eine Gewebekultur an und konnten so das Virus isolieren.

Wie empfanden Sie diesen Moment?

Es war nicht dieser eine Moment. Den gibt es nicht in der Wissenschaft. Es sind immer mehrere aufeinanderfolgende Momente, die sich zu einer Entdeckung aufbauen. Das erste Anzeichen, dass in der Zellkultur ein Virus sein könnte, war die Entdeckung eines Enzyms, das in Verbindung mit der Familie der Retroviren stand. Aber es gab noch sehr viel zu tun. Schließlich sahen wir durch das Mikroskop und fanden Teilchen – Virenteilchen von derselben Größe, wie sie Retroviren haben. Doch selbst da hatten wir noch nicht den Beweis, dass dieses Virus die Krankheit verursachte. Es war ein langer Prozess, bis wir endlich die Aussage treffen konnten: »Ja, dieses Virus ist tatsächlich der Auslöser der Krankheit.« Das war nicht vor 1983, und bestätigt wurde es erst 1984.

Wie war das, als Sie Ihre Ergebnisse vorstellten?

Einige Leute glaubten mir nicht. Mehrere Wissenschaftler meinten, die Aussage müsse erst von anderen bestätigt werden. Wir mussten wirklich daran arbeiten, die wissenschaftliche Community zu überzeugen. Schließlich gelang es einem anderen Team in den USA, das Bob Gallo leitete, das Virus zu isolieren und damit zu bestätigen, dass es die Ursache von AIDS ist.

Wenn Sie von Robert Gallo sprechen: Nach Ihrer Entdeckung passierte etwas Merkwürdiges. Die Mitarbeiter seines Labors behaupteten, sie hätten das Virus entdeckt. Es folgte ein erbitterter Rechtsstreit. Sogar die damaligen Präsidenten der USA und von Frankreich, Ronald Reagan und Jacques Chirac, wurden hineingezogen.

Ich werde dazu keine Einzelheiten nennen. Es war ein Streit zwischen Institutionen, und er ist vorbei. Seitdem ist es anerkannt, dass die Entdeckung in Frankreich erfolgte und nicht in den USA. Ich weigere mich, darüber zu reden, aber ich erzähle Ihnen gern, warum ich mich weigere.

Warum?

Als ich während dieses – sagen wir: franko-amerikanischen – Konflikts Pressekonferenzen gab, waren manchmal Patienten anwesend, die mich unterbrachen und sagten: »Hören Sie auf! Wir glauben euch Wissenschaftlern nicht mehr. Alles, was euch interessiert, ist, gegeneinander zu kämpfen.« Einige Patienten weigerten sich, zum Arzt zu gehen, weil sie der medizinischen oder wissenschaftlichen Community nicht mehr trauten. Die Wirkung war verheerend.

War dies der Auslöser, der Sie in eine Depression fallen ließ?

Meine Depression kam später, 1996. Das hatte damit zu tun, dass mehr als zehn Jahre lang ein schrecklicher Druck auf der wissenschaftlichen und medizinischen Community gelastet hatte, Maßnahmen gegen HIV und AIDS zu ergreifen. Für mich war es das erste Mal, dass ich in direkten Kontakt mit Patienten kam, die an der Krankheit litten, an der ich arbeitete. Einige wurden gute Freunde, und ich musste mit ansehen, wie sie starben. Als Wissenschaftlerin wusste ich, dass die Entwicklung einer Therapie Zeit brauchte. Aber als Mensch konnte ich nicht akzeptieren, dass 30 oder 35 Jahre alte Menschen unter solch schrecklichen Bedingungen starben.

Wie sind Sie da wieder herausgekommen?

Ich musste mich im Krankenhaus behandeln lassen. Es dauerte über ein Jahr, bis ich ganz genesen war. In der Zwischenzeit versuchte ich, so viel wie möglich zu ar-

beiten, obwohl ich in keiner guten Verfassung war. Ich erinnere mich daran, dass ich einen amerikanischen Kollegen anrief und ihn bat, nach Paris zu kommen, um mein Labor zu leiten. Was er dann auch tat.

Es gibt eine Geschichte über einen Patienten, der Ihre Hand gehalten hat. Möchten Sie sie erzählen?

Das war in den 1980er-Jahren. Ich hielt ein Seminar am San Francisco General Hospital ab. Im Anschluss fragte mich einer der Ärzte, ob ich bereit wäre, einen Mann zu treffen, der mit AIDS im Sterben lag und mich sehen wollte. Ich ging also auf die Intensivstation. Er war in einer schrecklichen Verfassung und hatte Probleme zu sprechen. Ich konnte nur raten, was er sagte, indem ich von seinen Lippen las. Als er »Danke« sagte, fragte ich: »Warum?« Er sagte: »Nicht für mich, für die anderen.« Daran werde ich mich mein Leben lang erinnern. Er starb am nächsten Tag. Wenn man eine solche Erfahrung macht, verändert das die eigene Motivation. Man hört auf, Dinge für sich selbst zu tun, und versucht, Menschen die Werkzeuge an die Hand zu geben, die sie brauchen, um am Leben zu bleiben.

Ich habe gelesen, dass rund 35 Millionen Menschen an AIDS gestorben sind.

Ja, und derzeit leben 37 Millionen mit HIV. Diese Menschen leben, aber nur 60 Prozent von ihnen sind in Behandlung. Das ist inakzeptabel.

Wie reagieren Sie, wenn Leute sagen, dass Sie nicht nur Wissenschaftlerin, sondern auch Aktivistin sind?

Selbstverständlich bin ich Aktivistin. Es ist so viel Arbeit in die Entwicklung eines Diagnoseverfahrens und einer Behandlung geflossen, und mittlerweile gibt es sogar ein Verfahren zur Prävention. Der wissenschaftliche Fortschritt ist enorm, aber trotzdem sterben weiterhin Menschen an AIDS. Wie soll ich das akzeptieren können? Ich kann es nicht. Es ist eine Frage der Gleichheit. Jeder hat das Recht zu leben.

1985 sind Sie zum ersten Mal in Afrika südlich der Sahara gewesen. Was haben Sie dort erlebt?

Das Erste, was mir auffiel, war das Leiden. Einige Menschen hatten Polio und konnten nicht laufen. Sie liefen auf ihren Händen durch die Straßen. Andere sahen ebenfalls schlecht aus, nicht wegen HIV, sondern wegen anderer Krankheiten. Und doch fiel etwas sofort auf: wie sie das Leben genossen. Sie hatten ein Lachen im Gesicht. Sie machten Musik und tanzten. Das war mein erster Schock: Wie konnten die Menschen in dieser schlechten körperlichen Verfassung so glücklich aussehen? Sie hatten die kurzen Momente des Glücks zu ihrem Lebensziel gemacht.

Wie wurden HIV-Patienten damals behandelt?

Wir besuchten ein Krankenhaus und sahen, dass viele Menschen an HIV/AIDS starben, das Krankenhaus aber nichts dagegen unternehmen konnte. Das war in den 1980er-Jahren. Es gab noch keine Therapie, aber diese Menschen bekamen überhaupt keine Behandlung, weder Medikamente, die ihnen das Sterben erleichterten, noch eine palliative Betreuung. Die Ärzte konnten den Sterbenden nur die Hand halten. Das mit anzusehen war für viele – nicht nur für mich – der Moment der Entscheidung, mit Afrika zusammenzuarbeiten.

Würden Sie sagen, dass diese Erfahrung Sie dazu bewegt hat, noch härter zu arbeiten?

Nun, ich arbeitete bereits ziemlich hart, deshalb kann ich dazu nichts sagen. Aber es brachte mich dazu, mich noch intensiver mit HIV zu beschäftigen, ganz sicher. Für meinen Mann war es ein Albtraum. Ich habe ihn kaum gesehen, weil ich nun nicht nur viel arbeitete, sondern auch viel reiste.

Es heißt, das Nobelkomitee habe Sie nicht finden können, als es Ihnen mitteilen wollte, dass Sie den Preis gewonnen haben. Stimmt das?

Ja. Ich war zu der Zeit in Kambodscha und half, die bilaterale Arbeit an HIV/AIDS zwischen Frankreich und Kambodscha zu koordinieren. Wir waren mitten in einem sehr wichtigen Meeting zu einer klinischen Studie, als der Anruf kam. Mein Telefon klingelte, es war eine Journalistin des staatlichen französischen Radiosenders. Ich dachte zuerst, dass sie wegen eines weiteren Dramas anrief.

Ihr Mann, der für den Sender arbeitete, war kurz zuvor gestorben.

Richtig. Sie sagte mir nicht sofort, weswegen sie anrief. Sie fragte: »Wissen Sie es schon?« Ich antwortete: »Nein, ich weiß von nichts. Was ist passiert?« Sie fing am Telefon an zu weinen. Ich rief ihr zu: »Hören Sie auf! Sagen Sie mir endlich, was los ist.« Als sie ihre Fassung wiedergewonnen hatte, sagte sie: »Sie haben den Nobelpreis gewonnen.« Ich entgegnete: »Ich glaube Ihnen nicht« und legte auf.

Sie legten auf?

Ich legte auf. Dann klingelte mein Telefon erneut. Wir waren mitten in diesem Meeting, deshalb sagten meine Kollegen: »Françoise, gib uns dein Telefon.« Als dann klar wurde, was geschehen war, wurden Essen und Blumen gebracht. Man organisierte sogar eine Feier in der französischen Botschaft in Kambodscha. Es war wirklich ein sehr, sehr bewegender Moment.

Was brauchte es, um das zu erreichen, was Sie erreicht haben?

Zum einen Geduld. Äußerste Geduld. Einer meiner Kollegen, der wusste, dass ich Katzen liebe, sagte einmal zu mir: »Ich frage mich, ob du in einem anderen Leben nicht eine Katze wärst, weil du so geduldig bist. Deine Beobachtungen ziehen sich über Monate und Jahre dahin. Du musst immer ganz sicher sein, bevor du bereit bist zuzuschlagen.« Ich fand den Vergleich gut.

Haben Sie je an sich als Wissenschaftlerin gezweifelt?

Das muss man, sonst ist man kein guter Wissenschaftler. Als Wissenschaftler muss man sich immer hinterfragen, ob man die richtige Richtung eingeschlagen hat. Es ist wie ein Spiel. Sie wissen nicht, wann Sie gewinnen, aber Sie wissen, dass Sie jederzeit verlieren können. Das bedeutet für mich, Zweifel zu hegen. Wenn Sie sich Ihrer Sache zu sicher sind, dann sind Sie kein guter Wissenschaftler.

Blicken wir noch einmal zurück auf die Zeit, als Sie an HIV geforscht haben. Hatten Sie da Zweifel?

In der Wissenschaft stellen Sie eine Hypothese auf, entscheiden sich für einen Ansatz, um diese zu verifizieren, und sammeln dann die Ergebnisse. Zu der Zeit damals waren alle unsere Ergebnisse positiv. So etwas war vorher noch nie passiert. Es war wunderbar – irgendwie zu wunderbar. Ich wusste, dass diese »Glückssträhne« irgendwann aufhören würde. Und das tat sie natürlich auch. Besonders als wir mit der Arbeit an einem Impfstoff begannen. Daran sind wir gescheitert. Da merkten wir, dass alles sehr viel komplexer ist, als wir gedacht hatten.

Waren Sie glücklich, als Sie das Virus endlich entdeckt hatten?

Glücklich? Nein. Menschen starben. Wie konnte ich da glücklich sein, wenn Menschen starben? Mein Gefühl sagte mir: Wir müssen uns beeilen. Wir können nicht zusehen, wie die Menschen sterben.

Was empfanden Sie, als schließlich eine wirksame Therapie entwickelt worden war?

Es war so eine Erleichterung. Zuerst für die Patienten, dann für uns. Zehn Jahre waren seit der Entdeckung der Krankheit und der Entwicklung der Therapie vergangen. Plötzlich hatten wir die Daten, die besagten, dass mit einer Kombination aus verschiedenen Behandlungsmethoden Menschen mit HIV weiterleben können.

Wie geht es jetzt weiter, da die Ausbreitung von HIV verhindert werden kann?

Dieses Virus ist extrem schwierig zu bekämpfen. Mit unserem Wissen, den Behandlungsverfahren und den Technologien von heute ist das nicht möglich. Wir müssen aber in Zukunft eine langfristige Remission* erreichen. Darüber hinaus sind gerade wunderbare Verfahren in der Entwicklung, etwa Implantate, die antiretrovirale Medikamente abgeben. Das ist großartig, aber noch nicht genug. Ich bin etwas beunruhigt, was die Zukunft anbelangt, weil wir gerade sehen, dass sich in Afrika und Asien erste Resistenzen gegen die Wirkstoffe entwickeln. Ich mache mir Sorgen, dass sie sich ausbreiten. Eine wieder aufflammende HIV-Epidemie wäre schrecklich. Es wäre der größte Fehlschlag meines Lebens.

Wie verbringen Sie Ihren Ruhestand?

In Frankreich wird Ihr Labor geschlossen, wenn Sie in den Ruhestand gehen. So ist die Gesetzeslage. Aber ich habe immer noch sehr viel zu tun. Ich bin Präsidentin einer NGO in Frankreich, die Wissenschaftler und Gemeinschaften unterstützt, die an der Behandlung und Prävention von HIV beteiligt sind. Außerdem bin ich Ehrenpräsidentin des International Institut Pasteur Network sowie Mitglied vieler wissenschaftlicher Beiräte.

Wie lautet Ihre Botschaft an die Welt?

Das Leben ist kurz – und das Leben ist das Einzige, was zählt. Ich möchte anderen sagen, dass sie tolerant sein sollen, denn das ist wichtig für den Frieden. Ebenso wichtig ist es, gegen Ungleichheit zu kämpfen. Die Wissenschaft kann jeden Fortschritt erreichen, den sie will. Aber wenn sich Menschen nicht gegenseitig akzeptieren oder helfen, wird dieser Fortschritt nur sehr langsam vonstattengehen.

---

* Bei einem HIV-Patienten in Remission ist die Viruslast so weit reduziert, dass der Erkrankte auch ohne Medikamente gut leben kann.

»DAS SCHLIMMSTE WÄRE, WENN ICH ALLES VERSTEHEN WÜRDE.«

Klaus von Klitzing | Physik

Emeritierter Professor für Physik und Direktor am Max-Planck-Institut für Festkörperforschung
Mitglied der Deutschen Akademie der Naturforscher Leopoldina
Nobelpreis für Physik 1985
Deutschland

Herr Professor von Klitzing, Sie haben am 5. Februar 1980 um zwei Uhr morgens den Quanten-Hall-Effekt entdeckt und damit eine universale Bezugsgröße geschaffen, die nach Ihnen »Von-Klitzing-Konstante« genannt wurde. Wie würden Sie einem Nichtwissenschaftler erklären, was Sie entdeckt haben?
Ich ziehe gern den Vergleich mit der Geschwindigkeit: Wenn ich verschiedene Geschwindigkeiten messe, vom Fußgänger, vom Auto und vom Flugzeug, sind die alle unterschiedlich. Wenn ich aber Lichtgeschwindigkeit messe, komme ich immer zum selben Ergebnis, weil

jede elektromagnetische Strahlung dieselbe Geschwindigkeit hat. Die Lichtgeschwindigkeit ist eine Naturkonstante. Und ich habe einen naturelektrischen Widerstand entdeckt, der ebenfalls ein Fundamentalwert ist. Das war die Überraschung in dieser Nacht: Ich habe ein Experiment gemacht und gesehen, dass ich dasselbe Ergebnis für unterschiedliche Proben aus England, aus Amerika und aus Deutschland erhalte. Das war unerwartet. Es war tatsächlich ein Zufall, der zu der Entdeckung führte. Allerdings wusste ich gleich, wie ich präzise Messungen vornehmen konnte. Innerhalb einer Stunde solch genaue Daten zu haben, das hätte nicht jeder gekonnt.

Außerdem haben Sie auch sofort sauber getrennt, welche Arbeit Sie gemacht haben und welche Ihr Doktorand.

Wir haben im Institut immer zu mehreren an den Projekten gearbeitet. Ich hatte ein Teilgebiet, das ich abdeckte, und mein Mitarbeiter hat andere Proben bearbeitet. Wir hatten uns schon vorher darüber geeinigt, weil wir uns verständigen mussten, wessen Name unter einer Veröffentlichung stehen würde. Direkt am Morgen haben wir festgehalten, was von den Ergebnissen sein Arbeitsgebiet und welche meines betrafen, damit später keine Komplikationen auftreten. Deswegen ist der Mitarbeiter nachher auch bei Veröffentlichungen untergegangen – es gab aber nie Streitigkeiten.

Als Sie 1985 den Nobelpreis bekamen, waren Sie mit 42 Jahren noch ein vergleichsweise junger Preisträger. Damals haben Sie in einem Interview gesagt, dass Ihre Familie Sie quasi nur drei bis vier Tage im Jahr gesehen hat. Sie haben offensichtlich extrem und obsessiv geforscht.

Meine Frau wusste schon, als sie mich geheiratet hat, dass ich ein fanatischer Wissenschaftler bin. Wir haben uns überhaupt nur kennengelernt, weil mich der Sicherheitsdienst an der Universität in Braunschweig eines Nachts bei der Arbeit im Labor entdeckt und rausgesetzt hat. Ich bin dann tanzen gegangen und dabei meiner Frau begegnet. Es stimmt schon: Da ich in der Grundlagenforschung an der Spitze sein wollte, reichten 90 Prozent Engagement eben nicht. Es mussten 120 Prozent sein. Ich habe das freiwillig gemacht, weil ich Spaß am Forschen habe. Wenn etwas funktionierte, habe ich eben auch Nächte durchgearbeitet. Ich sage auch jedem in der Spitzenforschung, dass es dort nur eine Medaille gibt – die Goldmedaille. Der Zweite fällt als Erfinder hinten ab.

Geht es in der Wissenschaft immer darum, der Erste zu sein?

Bei wissenschaftlichen Veröffentlichungen spielt das Einreichungsdatum eine wichtige Rolle, um Prioritäten zu sichern. Früher war es noch einfacher. Nach meiner Entdeckung habe ich als Erstes ein Manuskript an alle Konkurrenten geschickt, damit sie wussten, was ich erreicht hatte. Das war auch beruhigend für mich, denn als ich meinen ersten Artikel bei einem Fachmagazin eingereicht habe, wurde er abgelehnt. Erst als ich durch Zufall einen Begutachter getroffen und ihm meine Ergebnisse gezeigt habe, hat er begeistert den Redakteur angerufen und gesagt: Das muss veröffentlicht werden. Dieser Verlauf hat mich aber nicht aufgeregt, denn damals hat der Citation Index noch keine Rolle gespielt. Die Hauptsache war, dass ich in der Community anerkannt war.

Eric Kandel hat gesagt, dass seine Frau einmal sonntags in der Labortür stand und sagte, dass es so nicht weitergehe. Haben Sie ein Gleichgewicht zwischen Forschung und Familienleben hinbekommen?

> »DA ICH IN DER GRUNDLAGEN-FORSCHUNG AN DER SPITZE SEIN WOLLTE, REICHTEN 90 PROZENT ENGAGEMENT EBEN NICHT. ES MUSSTEN 120 PROZENT SEIN.«

Meine drei Kinder wurden im Vier-Jahres-Abstand geboren, sodass meine Frau immer mit ihnen beschäftigt war. Deshalb habe ich ihr gesagt, dass sie nicht mehr Lehrerin sein, sondern unsere Schulkinder vernünftig erziehen solle. Damit fand sie auch ihre Erfüllung. So gesehen hatte ich Glück, aber ich habe die Familie schon vernachlässigt. Heute versuche ich, ein bisschen zurückzuzahlen, indem ich meine Frau ab und zu auf internationale Kongresse mit einem schönen Beiprogramm mitnehme und ein wenig bei meinen Enkeln nachhole, was ich verpasst habe. Aber für die nächsten ein, zwei Jahre bin ich eigentlich schon wieder mit Terminen ausgebucht. Zum Glück reise ich gerne.

Wie haben Sie mit der Unsicherheit gelebt, nicht zu wissen, ob ein Experiment gelingt oder nicht?

Das ist doch gerade das Spannende, dass das Ergebnis eines Experimentes offen ist und man etwas daraus lernt. Insofern geht es nicht um das Gelingen. Wichtig ist, dass man richtige Fragen stellt und durch die Experimente neue Erkenntnisse gewinnt, auf denen man aufbauen kann. Aber wir können nie sagen, dass etwas die richtige und endgültige Wahrheit ist. Das feuert mich als Wissenschaftler aber an. Das Schlimmste wäre, wenn ich alles verstehen würde. Aber ich bin optimistisch, dass die Natur uns noch genug Fragen stellt.

Sind Sie jemals an Grenzen gestoßen?

Ich war eigentlich immer erfolgreich. Bei Experimenten stoße ich zwar oft sehr schnell an äußere Grenzen, entweder wegen der Apparate oder weil das Geld nicht reicht oder weil mein Verständnis noch nicht weit genug geht. Aber mit Misserfolgen bin ich immer vorangekommen, weil sie mir neue Erkenntnisse geliefert haben.

Hatten Sie auch mal eine Phase des Zweifels?

Meine größte Krise hatte ich, als ich meine Doktorarbeit und Habilitation hinter mir hatte. Zu dieser Zeit waren die Aussichten, Professor zu werden, nicht so gut. Ich habe mich deshalb auch in der Industrie beworben, und eine Firma hat mich abgelehnt mit der Begründung, ich habe zu viel Forschung betrieben und würde bei ihnen unzufrieden sein. Es war der größte Tiefschlag in meinem Leben: Ich bekam keinen Job, weil ich überqualifiziert war. Nach dem Nobelpreis habe ich einigen Firmen einen Dankesbrief geschrieben. Hätten sie mich genommen, hätte ich nie meine Entdeckung gemacht.

Welche weiteren Ziele haben Sie sich nach dem Nobelpreis gesetzt?

Nach dem Nobelpreis kann es eigentlich nur bergab gehen. Wenn man zu hoch gehoben wird, kann man auch wieder tief fallen. Deshalb wollte ich unbedingt bodenständig bleiben und weiterhin nicht das machen, was andere von mir erwarten. Mein Ziel war, meine Möglichkeiten zu nutzen, um eine Atmosphäre zu schaffen, die jungen Studenten ähnliche Chancen geben konnte wie mir. Ich hatte als junger Wissenschaftler enorme Freiheiten, und es lag allein an mir, wenn etwas nicht klappte. Natürlich bringt der Nobelpreis auch eine enorme Verantwortung mit sich, aber für mich war er auch eine Befreiung: Ich war unabhängiger und konnte meinen eigenen Weg verfolgen.

Warum sollte ein junger Mensch Naturwissenschaften studieren?

> »ES IST DIE HÖCHSTE AUSZEICHNUNG FÜR MICH, DASS MEINE KONSTANTE EINFACH DA IST UND MICH ÜBERLEBEN WIRD.«

Wir haben viele drängende Probleme in der Welt, die sich nicht mit Geld, sondern nur mit naturwissenschaftlichem Denken lösen lassen. Mein Beitrag zur Gesellschaft ist, dass ich durch neue Erkenntnisse einen wirklichen Beitrag zum Fortschritt liefere. Ein junger Mensch sollte jedoch nur dann Wissenschaften studieren, wenn er begeistert bei der Sache ist. Studenten müssen schon etwas leisten. Unser Wohlstand beruht auf naturwissenschaftlichen Erkenntnissen, und gerade die Verbindung zwischen Physik, Chemie und Biologie trägt wesentlich zum Fortschritt bei. Daran teilzuhaben ist einfach fantastisch. Anders als in der Industrie, wo ein Problem oft nur halb gelöst wird, bevor das nächste Projekt kommt, können wir in der Wissenschaft Themen auch umfassender behandeln und unerwartete Entdeckungen machen.

Die Naturwissenschaften sind noch eine sehr männliche Welt. Wie viele Frauen hatten Sie in Ihrer Gruppe?

Frauen, die in der Wissenschaft geblieben sind, gab es nicht viele, höchstens etwa zehn Prozent. Die haben dann auch meistens nicht geheiratet, sondern sind voll in der Wissenschaft aufgegangen. Das Dumme in der Grundlagenforschung ist, dass man den Anschluss verliert, wenn man mal ein Jahr aussetzt, so heftig ist der Kampf. Da inzwischen nicht mehr nur die Frau für die Kinder verantwortlich ist, können nun aber auch Mütter erfolgreich in der Spitzenforschung tätig bleiben. Ich war das erste Mal noch sehr erstaunt, als auch männliche Mitarbeiter sagten, dass sie ihren Kinderurlaub nehmen wollen. Mittlerweile habe ich mich aber daran gewöhnt und habe mich dieser richtigen Entwicklung angepasst.

Welche Verantwortung haben Sie als Naturwissenschaftler für das, was Sie erforschen?

Erkenntnisgewinn lässt sich nicht verhindern. Die Entdeckung der Kernspaltung zum Beispiel wäre auch durch Gesetze nicht zu verhindern gewesen. Dass sie den Bau von Atombomben oder die Kernenergie möglich macht, sind Fragen, die meiner Meinung nach nicht direkt in der Forschung gelöst werden können. Dafür müssen auf einer anderen Ebene ethische Grenzen diskutiert und politische Gesetze entwickelt werden, wie eine Erkenntnis angewandt werden darf.

Sollten die Forscher nicht ihre Stimme stärker erheben, statt alles den Politikern zu überlassen?

Die Stimme der Wissenschaftler spielt für Wahlen keine Rolle. Selbst beim Klimawandel, bei dem sich 97 Prozent der Wissenschaftler über die Auswirkungen einig sind, ignorieren das ja einige Politiker. Unsere Macht ist sehr begrenzt. Wir müssen aber intensiv diskutieren, welche Projekte wir überhaupt vorantreiben wollen, und Empfehlungen für gesetzliche Regelungen geben. Im Moment sehe ich das Problem der nuklearen Aufrüstung mit all ihren Gefahren wieder kommen, nur weil wir uns in der Welt nicht über die Gesetze einig sind, die wir akzeptieren wollen. Das ist eine ganz schlechte Entwicklung.

Was ist Ihre Botschaft an die Welt?

Es wird mehr und mehr versucht, die Menschen zu manipulieren. Deshalb ist es wichtig, sich um unabhängige Informationen zu bemühen und verschiedene Quellen zu nützen, um sich der Wahrheit anzunähern. Und dann sollte man das eigene Hirn gebrauchen, um eigene Fragen zu stellen und eigene Entscheidungen zu treffen.

Wie befriedigen Sie Ihre Eitelkeit?

Eitelkeit hat einen negativen Beigeschmack, aber wie jeder Mensch möchte ich anerkannt sein. Wenn ich eingeladen werde, irgendwo sprechen soll und Menschen begeistert sind, weil sie mit mir zusammentreffen, sind das für mich die schönsten Erlebnisse. Deshalb muss ich dafür sorgen, weiterhin anerkannt zu sein und Standards zu setzen. Ich bin preußisch erzogen worden, da gab es viele Standards wie Pünktlichkeit oder die Anerkennung der Mitmenschen und ihrer verschiedenen Eigenschaften. Das ist ein hoher Wert, der heutzutage anscheinend nicht mehr überall üblich ist. Auch Korrektheit war mir immer sehr wichtig. Nach dem Nobelpreis habe ich in der Familie den Wunsch geäußert, dass keines der Kinder Physiker werden soll, sonst hätte immer der Vorwurf im Raum gestanden: Der Papa hat da irgendwas manipuliert. Meine Kinder haben dann Biotechnologie, Maschinenbau und Informatik studiert.

Warum haben Sie sich für Physik entschieden?

Ich habe erst Mathematik studiert, weil meine Eltern und Lehrer mich dafür begeistert haben. Das war mir aber dann zu trocken, und ich merkte, dass ich meine Kenntnisse viel besser bei praktischen Problemen in der Physik einsetzen konnte. So habe ich nach zwei Semestern umgeschwenkt. Mein Werdegang zeigt aber trotzdem, wie wichtig gute Lehrer sind, um Schüler zu motivieren. Deswegen habe ich auch den Klaus-von-Klitzing-Preis ins Leben gerufen, um Lehrern, die noch dauerhafte Begeisterung wecken können, zu zeigen, wie wertvoll und wichtig ihre Arbeit ist. Eltern, Lehrer, auch schon Kindergärtnerinnen sind die Basis für die Zukunft in den Naturwissenschaften.

Haben Ihre Eltern auch Ihre Neugierde befördert?

Ich wurde sicher von meiner Mutter beeinflusst, die sich auch für Naturwissenschaft interessierte. In der adligen Familie meines Vaters waren dagegen alle immer nur Gutsbesitzer, Forstwirte oder beim Militär. Dadurch, dass mein Vater Forstmeister war, habe ich aber schon früh sehr viel im Wald gearbeitet und war dort mit naturwissenschaftlichen Fragen konfrontiert. Zur Mathematik gekommen bin ich, weil ich für meinen Vater Messdaten addiert habe und immer fünf Pfennig für eine Seite bekam. Wenn man einen Wald schlägt, werden die Bäume nach Länge und Durchmesser vermessen, und es wird ausgerechnet, wie viel Festmeter Holz das sind. So habe ich schon als Kind gelernt, wie man optimal zwanzig Zahlen zusammenzählt. Als Protestant in einer katholischen Umgebung war ich auch unter den Kindern im Dorf ausgegrenzt und musste mich stärker mit mir selbst beschäftigen. Das hat mich angespornt, mir selbst mathematische Aufgaben zu stellen, um mich herauszufordern. Der Kampf gegen die Natur und ihre Probleme bewies mir, dass ich intelligenter bin und diese Probleme lösen kann. Diese Kraft war schon in mir, als ich erst fünf Jahre alt war.

Manche Forscher sagen, dass sie sich wie Gott fühlen. Geht es Ihnen auch so?

Ich musste als Kind für die Adventszeit immer Sprüche aus dem Alten Testament lernen, sonst gab es keine Apfelsinen. Aber ansonsten hat Religiosität in meinem Leben kaum eine Rolle gespielt. Ich bin auch gegenüber Religionen distanziert, weil viele Probleme in der Welt durch ihre Machtausübung entstanden sind. Trotzdem glaube ich, dass die Gesellschaft nicht ohne Religionen auskommt. Der normale Mensch braucht eine Stütze, und ich habe auch keine andere Patentlösung.

2018 wurde beschlossen, dass die Von-Klitzing-Konstante einen für ewige Zeiten festgelegten Wert haben wird und sogar eine Neufestlegung des Kilogramms darauf aufbaut. Sind Sie damit gewissermaßen unsterblich geworden?

Meine Entdeckung war nicht allein dafür verantwortlich, dass das Kilogramm nun neu bestimmt wird. Aber es ist die höchste Auszeichnung für mich, dass meine Konstante einfach da ist und mich überleben wird. Deshalb habe ich nicht die Panik, die viele am Lebensende haben. Ich habe keine Angst vor dem Tod, weil ich weiß, dass ich etwas hinterlasse, das immer existieren wird. Also muss ich nicht mehr dafür kämpfen, dass ich künftigen Generationen in Erinnerung bleibe.

> »SCHON KINDERGÄRTNERINNEN SIND DIE BASIS FÜR DIE ZUKUNFT IN DEN NATURWISSENSCHAFTEN.«

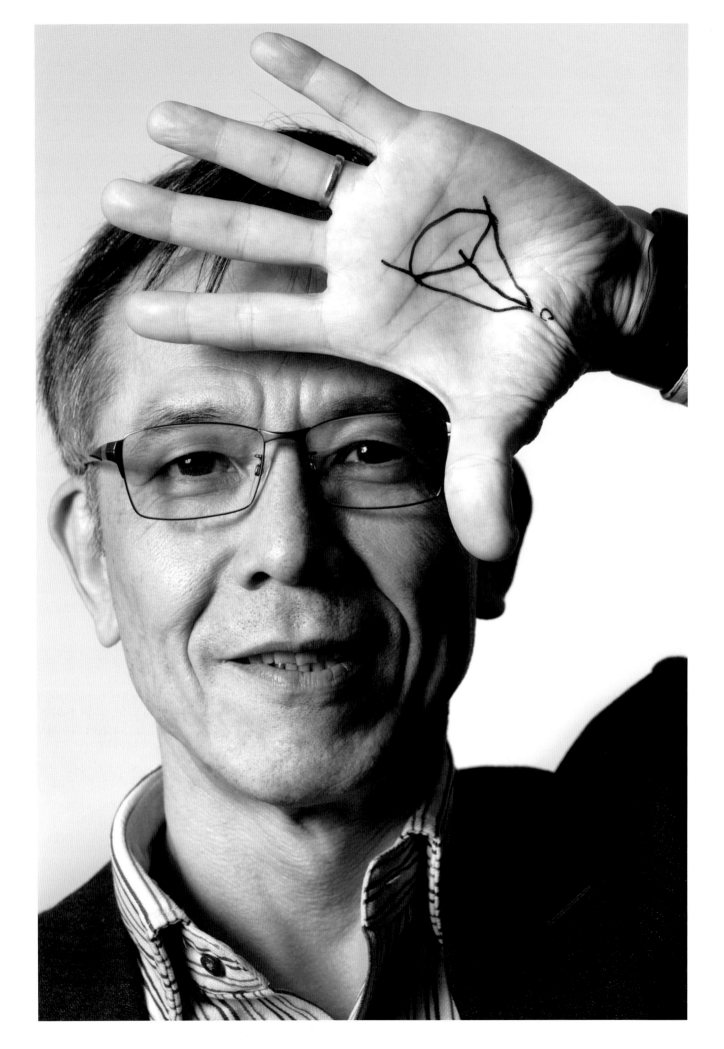

»SCHÖNHEIT IST NICHTS, WONACH MAN SUCHT, SONDERN ETWAS, DAS MAN ERHÄLT, WENN DAS ERGEBNIS PERFEKT IST.«

Shigefumi Mori | Mathematik

Professor für Mathematik und Generaldirektor am Institute for Advanced Study
und Direktor am Research Institute for Mathematical Sciences an der Universität Kyoto
Fields-Medaille 1990
Japan

Professor Mori, Sie sind 1951 in Nagoya in Japan geboren. Erzählen Sie mir bitte ein wenig von Ihrer Familie.
Meine Eltern hatten eine kleine Firma, die Textilien verkaufte, beide arbeiteten dort. Deshalb hatten sie nicht viel Zeit für mich und schickten mich nachmittags in eine private Vorbereitungsschule. In jenen Tagen störten die Menschen sich nicht an großer Konkurrenz und sortierten die Kinder nach ihren Noten. Ich schaffte es nie, unter den ersten dreißig zu sein, Lernen machte mir einfach keinen Spaß. Mathematik war eigentlich das einzige Fach, das mich je berührte. Wir mussten Quiz-

aufgaben lösen, und alle, die die richtige Lösung hatten, bekamen ein Stück von einem riesigen Kuchen. Und eines Tages war ich der Einzige mit der richtigen Antwort. Also bekam ich den ganzen Kuchen. Der Lehrer musste mich tatsächlich nach Hause begleiten und meinen Eltern erklären, warum ich so einen großen Preis mitbrachte. Denn normalerweise war ich faul und schnitt nicht so gut ab. Aber diese spezielle Aufgabe hatte meine Neugier geweckt, und ich strengte mich sehr an, sie zu lösen. Als der Lehrer meinen Eltern von meinem Erfolg erzählte, lobten sie mich zum ersten Mal. Das war ein besonderer Augenblick für mich.

Auf diese Weise entdeckten Sie Ihre Liebe zur Mathematik?

Ich kam zum ersten Mal auf den Gedanken, dass ich vielleicht etwas mit Mathematik machen wollte. Später in der Highschool las ich ein Buch über Mathematik und stieß auf die Zahl Pi, eine geradezu magische Zahl. Sie gehört zu den transzendenten Zahlen. Ich wollte verstehen, wie man das beweist. Also verbrachte ich einen ganzen langen Tag in der Schulbibliothek, las über Pi und war fasziniert. Die Art, in der der mathematische Beweis geführt worden war, war jenseits aller meiner Erwartungen. Ich glaube, dass diese Faszination mich weiter in Richtung Mathematik geführt hat. Niemand in unserer Familie hatte bis dahin je studiert. In die Wissenschaft zu gehen war ihnen völlig fremd.

Sie studierten in Nagoya und wurden Assistent an der Universität Kyoto.

Ursprünglich wollte ich an der Universität Tokio studieren, aber die Aufnahmeprüfungen wurden wegen Studentenprotesten abgesagt. Also ging ich nach Kyoto. Die Studenten besetzten aber auch diesen Campus, und ich konnte keine Kurse in Infinitesimalrechnung oder linearer Algebra besuchen.

Haben Sie sich an den Protesten beteiligt?

Die interessierten mich nicht. Stattdessen organisierte ich mit einigen Freunden ein eigenes Seminar. Jeder musste ein Kapitel eines Mathematikbuchs lesen und den anderen den Inhalt erklären. Wir stellten Fragen, wiesen auf Fehler hin und begannen eine lebhafte Diskussion. Wir konnten sogar einen Lehrer überzeugen, unser Seminar als Tutor zu betreuen.

Nach Ihrer Promotion gingen Sie in die USA nach Harvard. Das war ein großer Schritt in eine andere Welt.

Mein Doktorvater, Professor Nagata, arrangierte das. Ich beschloss, es zu versuchen. Trotzdem hatte ich Angst. Am Ende gewann meine Neugier die Oberhand, und so begann ich als Assistenzprofessor in Boston. 1980 kehrte ich aus den USA zurück und passte nicht mehr so richtig in das japanische System in dem Sinne, dass ich zu stolz geworden war, wie man in Japan sagen würde. Ich zog nach Nagoya, wo sie meinen bevorzugten Arbeitsplatz akzeptierten: die Cafeteria. Vielleicht war ich ein schwieriger Professor für meine Studenten und verlangte zu viel von ihnen. Es dauerte eine Weile, bis ich mich wieder an den japanischen Stil gewöhnt hatte.

Zumindest hatten Sie genug Zeit, sich nach einer Frau umzusehen.

Es war eine arrangierte Ehe, und meine Frau fand mich wohl auch ganz annehmbar. Wir heirateten, als ich 1980 aus Harvard zurückkam. Einige Monate später ging ich wieder in die USA mit meiner Frau. Unser erster Sohn wurde geboren, als wir in Princeton waren, 1981. Aber ich war nur an meiner Forschung interessiert und dachte nicht viel über meine Familie nach. Wenn ich heute zurückblicke, bin ich meiner Frau dankbar und weiß, was ich ihr schulde.

Sie waren von Ihrer Forschung vollkommen besessen?

Das ist der richtige Ausdruck. In Princeton fand ich ein Thema, an dem ich arbeiten wollte, und forschte bis 1988. Während ich forschte, kümmerte ich mich um nichts anderes, aber irgendwie schaffte meine Frau es, mich in Museen und Ausstellungen mitzuschleppen. Ursprünglich interessierte mich das nicht sehr, aber heute genieße ich es, sie zu begleiten. Wenn ich ins Ausland fahre, nehme ich sie immer mit. Während ich arbeite, sucht sie interessante Kunstorte heraus.

Sie haben gesagt: »Ich bin keine positive Person.« Warum?

Weil es wahr ist. Nur dank der Hilfe meiner Frau habe ich gelernt, das Leben zu schätzen. Das war schwierig für mich. Heute verstehe ich, dass es verschiedene Betrachtungsweisen gibt, und versuche, die guten Seiten zu sehen und zu würdigen. Meine Frau malt gerne. Irgendjemand hat einmal gesagt, in der Kunst gehe es nicht darum, zu reproduzieren, was man sieht, sondern das Unsichtbare sichtbar zu machen. Das gilt auch für die Wissenschaft. Mein Gebiet, die algebraische Geometrie, untersucht Figuren mithilfe von Gleichungen.

Um adäquate Symbole zu finden, habe ich auch Gemälde studiert. Es gibt definitiv einen Zusammenhang zwischen algebraischer Geometrie und abstrakten Gemälden wie jenen von Paul Klee.

Mathematische Erkenntnisse sind oft nicht leicht zu verstehen. Können Sie uns trotzdem Ihre Forschung in verständlichen Worten beschreiben?

Eine der Sachen, die ich erforschte, war ein einfacher Weg, algebraische Varietät in einer algebraisch definierten Figur auszudrücken, etwa in einem Kegel. Dieses Verfahren wurde ursprünglich von Heisuke Hironaka entdeckt. Ich fand heraus, dass in dieser kegelartigen Figur einige kantenartige Formen stecken, die eine geometrische Bedeutung haben. Eine algebraische Varietät ist eigentlich etwas, das man nicht sehen kann. Es ist eine höhere Dimension, aber in algebraischer Geometrie drücken wir dies in einem einfacher erscheinenden Kegel aus, der wie eine Eiswaffel geformt ist. Deshalb vergleiche ich es mit kubistischen Gemälden. Der Kubismus stellt auch Objekte dar, indem er vereinfachte Figuren nutzt.

So haben Sie das Konzept der minimalen Modelle entwickelt, für das Sie die Fields-Medaille bekamen?

Eine algebraische Varietät kann in vielen leicht unterschiedlichen Formen erscheinen, und wir wollen die Essenz dieser Varietät untersuchen. Ein Weg, das zu tun, ist, die unerheblichen Teile zu entfernen und sie in ihrer einfachsten Form zu studieren. Das wird minimales Modell genannt. Der Weg, ein minimales Modell zu erhalten, wird von dieser Art von Kegel geleitet. Ich entdeckte etwas, das extremale Strahlen genannt wird. Algebraische Varietäten lassen sich nicht greifen, aber ein Kegel und ein extremaler Strahl lassen sich darstellen. Durch sie kann ich eine geometrische Struktur erkennen. Diese nehme ich, führe eine Operation an der Originalform durch, und indem ich dies mehrmals wiederhole, gelange ich zum minimalen Modell, zur einfachsten Form.

Kamen Ihnen manchmal Zweifel, wenn jemand Ihr Vorgehen für unmöglich hielt?

Am Anfang habe ich alle Berechnungen per Hand gemacht. Nach einigen Beispielen konnte ich die Berechnungen nicht mehr abschließen. Deshalb lernte ich programmieren, kaufte einen Computer und fand noch viel mehr Beispiele. Das überzeugte mich, dass ich auf der richtigen Spur war, und ich machte damit weiter. In der Forschung muss man stur sein. Wenn ich eine Richtung einschlage, muss ich sie beweisen oder widerlegen. Ich bin nie Moden gefolgt, nur meiner Neugier. Dann bin ich am besten, das entspricht meiner Persönlichkeit

Was hat Sie an der Wissenschaft so fasziniert?

Dass ich eine Lösung allein durch scharfes Nachdenken finden kann. Das gilt besonders für die Mathematik, und es ist absolut verblüffend. Indem ich meine Art, zu denken und Dinge zu betrachten, ändere, werden sie plötzlich ganz einfach. Ein großer Mathematiker wurde einmal nach mathematischen Ideen gefragt. Er sagte, er könne sie nicht definieren. Aber er könne beurteilen, ob etwas eine mathematische Idee ist oder nicht, denn eine mathematische Idee bedeutet Schönheit. Schönheit ist nichts, wonach man sucht, sondern etwas, das man erhält, wenn das Ergebnis perfekt ist.

Sollte ein guter Student viele Fragen stellen?

Es ist wichtig, neugierig zu sein und Fragen zu stellen. Tatsächlich mag ich Studenten, die mir nicht die ganze Zeit zuhören. Ich war auch so. Wenn in einer Vorlesung etwas mein Interesse an einer speziellen Frage weckte, hörte ich auf zuzuhören. Ich musste weiter über diesen einen Punkt nachdenken und vergaß die Vorlesung völlig. Es ist wichtig, dass Studenten und Kinder ihre eigenen Gedanken haben und nicht dem Trend folgen.

Haben Sie eine Botschaft für die Welt?

Heutzutage wollen die Menschen sofort Ergebnisse sehen. Aber in der Mathematik dauert es, eine nützliche Anwendung zu entwickeln. Aber wenn Sie einmal eine gefunden haben, ist sie in der Regel von Dauer. Es ist also wichtig, Geduld zu haben. Das wird aber immer schwieriger. Bürokraten wollen schnelle Ergebnisse, weil sie hohe Investitionen getätigt haben, aber das funktioniert in der Mathematik nicht. Sie ist eher langsam, und ich bin es auch.

Was macht Sie im Leben glücklich?

Dass ich das getan habe, was ich tun wollte, und dass ich meiner Forschung nachgehen konnte. Wenn ich nicht über Mathematik hätte nachdenken können, wäre ich wohl nicht glücklich. Die Mathematik ist mein Leben. Und als ich diese sehr befriedigende Position angeboten bekam, als Präsident der Internationalen Mathematischen Union, war das die Gelegenheit, etwas zurückzugeben.

»LASST IN EUREM LEBEN EIN BISSCHEN PLATZ FÜR ZUFÄLLIGKEITEN.«

Cédric Villani | Mathematik

Professor für Mathematik und ehemaliger Direktor des Institut Henri Poincaré in Paris
Fields-Medaille 2010
Frankreich

Herr Villani, nach einer herausragenden Karriere in der Mathematik, einschließlich Verleihung der renommierten Fields-Medaille, sind Sie in die Politik gegangen. Was hat Sie zu diesem Wechsel bewogen?
Ich wollte mich immer der Welt öffnen. Ich bin viel gereist und habe mich schon während meiner Arbeit als Wissenschaftler politisch engagiert. Als ich begann, mich für die Verbesserung der Europäischen Union einzusetzen, lernte ich Menschen kennen, die mit Politik zu tun hatten, darunter Emmanuel Macron. Er stand Europa sehr positiv gegenüber und hatte viel Energie.

Damals gründete Emmanuel Macron eine neue Partei, En Marche, und heute sind Sie Abgeordneter dieser Partei in der Nationalversammlung. Und jetzt wollen Sie Bürgermeister von Paris werden.

Ich hatte nicht geplant, mich in die Nationalversammlung wählen zu lassen. Das passierte fast aus Versehen, weil ich die Partei stark unterstützte. Für das Amt des Bürgermeisters von Paris zu kandidieren war dagegen eine sehr bewusste und entschlossene Entscheidung. Denn ich will all meine Fähigkeiten, mein Wissen und meine Überzeugungen zugunsten dieser Stadt einsetzen. Ich verdanke Paris so viel. Es hat mich zu dem gemacht, der ich heute bin, und ich möchte der Stadt jetzt etwas zurückgeben. Vor allem möchte ich sie mit Wissenschaft und Technologie nach vorn bringen. Ich will auch strukturelle, zentrale Themen für die Zukunft von Paris zur Sprache bringen, die die traditionellen Parteien nicht angehen wollen. Ein wissenschaftlich basierter Ansatz für die ökologische Umstrukturierung, ein Schwerpunkt auf Wissen, Wissenschaft, Kultur und Bildung, mehr Demokratie in der Regierung und vor allem die starke Überzeugung, dass Paris wachsen muss, um die wichtigen Herausforderungen von heute anzugehen, sowohl die großen Ziele als auch die alltäglichen Probleme.

Glauben Sie, dass Sie als Politiker oder als Wissenschaftler mehr Einfluss haben?

Viele Menschen denken, dass es die höchste Berufung auf der Welt ist, Wissenschaftler zu sein, und dass die Politik nichts Respektables hat. Sicher ist nur: Als ehemaliger Wissenschaftler kann ich eine andere Wirkung ausüben als andere Politiker. Die Menschen vertrauen Politikern nicht. Sie wollen jemanden, der aufrichtig und engagiert ist und der einen anderen Beruf hatte, bevor er in die Politik ging. Und sie wollen jemanden, der seine Energie nicht in Angriffe und Verrat steckt, sondern in die Lösung von Problemen.

Ihre Kleidung ist übrigens ziemlich speziell, ein bisschen wie im 19. Jahrhundert. Sie tragen auch gern Spinnenbroschen. Warum ist Ihnen Ihre Erscheinung wichtig?

Tatsächlich stammt das Outfit von einem Schneider aus dem 21. Jahrhundert. Dieses hier wurde sogar von einem jungen Künstler für mich entworfen – es ist sehr modern. Aber es stimmt, ich habe eine besondere Verbindung zu Spinnen. Das gehört zu meiner Identität.

2010 bekamen Sie die Fields-Medaille, die manchmal auch »Nobelpreis der Mathematik« genannt wird. Ausgezeichnet wurden Sie für Ihre Arbeit zur Landau-Dämpfung und zur Boltzmann-Gleichung. Könnten Sie erklären, was das bedeutet?

Wir sagen gern, dass die Medaille besser als der Nobelpreis ist, weil sie nicht von einer Akademie verliehen wird, sondern von der Internationalen Mathematischen Union. Sie wird alle vier Jahre an vier Preisträger vergeben, von der Community an die Community. Das ist wirklich etwas Schönes. Aber ja, zusammen mit meinen Kollegen habe ich an einer Gleichung gearbeitet, die die Eigenschaften von Plasma beschreibt. Sagen wir, wir haben ein Plasma und wenden ein elektrisches Feld darauf an, das eine Störung verursacht. Die Frage ist: Wenn das elektrische Feld verschwindet, wie löst sich dann die Störung auf? Dieses Thema wird schon lange untersucht, und Clément Mouhot und ich haben vor allem eine mathematische Erklärung der sogenannten »Landau-Dämpfung« geliefert, benannt nach dem russischen Physiker Lew Landau. Diese Gleichung hat Auswirkungen auf Physik und Technik und auch anderen mathematischen Physikern weitergeholfen.

Und könnten Sie kurz erklären, was die Boltzmann-Gleichung ist?

Die Boltzmann-Gleichung beschreibt die Entwicklung eines Gases. Stellen wir uns Gas in einem Kasten vor. Wir glauben zu wissen, was dieses Gas ist, nämlich ein Haufen Moleküle. Aber es ist doch komplexer, nicht? Schließlich bewegen sich die Moleküle mit unterschiedlichen Geschwindigkeiten in alle Richtungen. Wie kann man also die Entwicklung des Gases vorhersagen? Die Antwort liegt in der Boltzmann-Gleichung, die uns sagt, dass der Ausgangszustand des Gases seinen zukünftigen Zustand vorhersagt. Diese Gleichung wurde in den 1870er-Jahren von dem österreichischen Physiker Ludwig Boltzmann nach den herausragenden Ideen von Maxwell entwickelt und begründete die moderne statistische Theorie der Gase. Das Konzept war damals revolutionär. Wer an Atome glaubte, galt zu der Zeit noch als verrückt! Die Atomtheorie wurde nur als Theorie angesehen, als Traum. Erst vierzig Jahre später wurde die Existenz von Atomen bewiesen und nur weitere dreißig Jahre später die Atombombe gebaut. Das zeigt uns, dass die theoretische Wissenschaft, die man ja gern als unnütz abtut, tatsächlich gewaltige Auswirkungen auf die Welt haben kann.

Waren Sie schon als Kind so mathematikbegeistert?

Ja, ich habe Mathematik schon als kleiner Junge geliebt. Sie hat mir Spaß gemacht. Wenn man an einem Problem sitzt, ist das wie ein Rätsel – und das Wichtigste dabei ist, die Lösung steckt in einem selbst. Die Leute glauben immer, Mathematik ist abstrakt, aber sie ist etwas sehr Konkretes. Haben Sie je ein Atom gesehen? Haben Sie schon mal ein Dreieck gesehen? Ja! Und wir können so viel mit Dreiecken, Kreisen und Linien machen. Wir können etwas zeichnen. Wir können Dinge denken und beweisen. In gewisser Hinsicht sind diese Vorstellungen viel vertrauter als etwas, das man nie mit eigenen Augen gesehen hat.

Sie waren also schon als junger Forscher besessen?

Ja, man muss viel denken. Aber ich bin von vielem besessen. Aktuell tauche ich tief in die Politik ein. Zu anderen Zeiten war es die Leitung meines Instituts. Wieder ein andermal entdeckte ich meine Liebe zu Afrika und war besessen von der Entwicklung der Wissenschaft dort. Als Student ging ich eine Zeit lang jeden Tag ins Kino und sah mir irgendeinen Film an. Und es gab eine Zeit, in der ich mindestens eine Stunde täglich Klavier üben musste, sonst war ich nicht glücklich. Und natürlich war ich oft besessen davon, mathematische Probleme zu lösen, zum Beispiel die Boltzmann-Gleichung.

Sie waren verheiratet, und Sie haben Kinder. Über Ihre Frau sagten Sie einmal: »Sie nahm viel hin, ohne zu murren. Ich lief in einem dunklen Zimmer im Kreis, während sie das Abendessen kochte – das ist ein bisschen viel.« Ich kann mir vorstellen, dass Besessenheit mit persönlichen Opfern einhergehen kann, oder?

Manchmal war es sehr schwierig, und manchmal fand sie es toll. Es gab Höhen und Tiefen. Die Wahrheit ist: Die Fähigkeit, eine Besessenheit für ein Projekt zu entwickeln, gehört zu den Dingen, die mich am meisten weitergebracht haben, und nicht nur in der Wissenschaft. Und jetzt, da ich in der Politik bin, sind meine Kinder schon Teenager. Ich bin froh, dass ich viel Zeit mit ihnen verbracht habe, als sie kleiner waren. Die unzähligen Stunden, in denen ich ihnen Geschichten erzählt habe, gehören zu meinen wichtigsten Erlebnissen.

Bedauern Sie manchmal, kein Forscher mehr zu sein?

Keine Minute. Forscher, die den Sprung in die Politik wagen, gibt es nur sehr wenige. Es ist eine ziemliche Herausforderung, Teams zusammenzustellen und zu verstehen, wie Institutionen funktionieren, an verschiedenen Themen zu arbeiten und vor allen möglichen Leuten zu sprechen – ganz zu schweigen von den regelmäßigen Fernsehauftritten, denen vielleicht Millionen Menschen zusehen. Es ist eine echte Herausforderung, und ich wünschte, mehr Wissenschaftler würden diesen Weg einschlagen.

Sie sagten einmal: »Wenn man sich nicht verwundbar machen kann, führt man nicht das richtige Leben.« Gab es schon solche Situationen in Ihrem Leben?

Das ist eines der wichtigsten Dinge, die das Leben mich gelehrt hat. Manchmal muss man sich verwundbar machen, um stärker zu werden. Die Bürgermeisterkandidatur ist so eine Situation. Die Kampagne war sehr öffentlich, mit reichlich plötzlichen Wendungen, Heimtücke, Missverständnissen, Fehlkommunikation und sogar einigen Katastrophen ... Wir wissen gerade nicht einmal, ob der erste Wahlgang gültig war oder nicht! Andererseits war es jenseits der massiven Schwierigkeiten ein außergewöhnliches menschliches Abenteuer und eine hervorragende Lernerfahrung. Ich bin täglich Kritik und Beleidigungen und Angriffen ausgesetzt. Die Leute kommentieren mich, meine Art zu sprechen, die Strategien, die ich vorschlage. Das ist eine sehr gefährliche Situation! Aber ich muss da durch, weil es eine Gelegenheit ist, mich selbst auf die Probe zu stellen. Als Forscher habe ich das oft getan. Manchmal habe ich Ergebnisse vorzeitig angekündigt und mich selbst unter großen Druck gesetzt. Ich wechselte auch immer wieder die Forschungsrichtung und begab mich auf Gebiete, auf denen ich kein Experte war, aber schnell einer werden musste.

Könnten Sie Ihre Persönlichkeit in vier Worten beschreiben?

Freiheit, Empathie, Wagemut, Neugier.

Was ist Ihre Botschaft an die Welt?

Steckt euch nicht selbst in eine Schublade. Bleibt in Bewegung. Wenn ihr etwas schon wisst, macht den nächsten Schritt. Und lasst in eurem Leben ein bisschen Platz für Zufälligkeiten.

»ICH WAR VON MEINEN WISSENSCHAFTLICHEN PROJEKTEN BESESSEN.«

Christiane Nüsslein-Volhard | Biologie und Biochemie

Professorin für Biologie und Leiterin der Emeritus-Forschungsgruppe
am Max-Planck-Institut für Entwicklungsbiologie in Tübingen
Nobelpreis für Medizin 1995
Deutschland

Frau Professorin Nüsslein-Volhard, Ihr ganzes Berufsleben galten Sie als »schwierig«. Warum?
Zu Beginn meines Berufslebens war ich häufig die einzige Frau. Ich war oft in der Defensive und fühlte mich häufig nicht respektiert. Ich war oft viel zu direkt und kritisch, wenig konziliant, wenn mich etwas ärgerte. Auch habe ich damals viele Spielregeln der Männer noch nicht gekannt. Ich scheue mich nicht vor unpopulären Entscheidungen. Aber ich musste gewisse Umgangsformen im Geschäftsleben lernen.

Was sind die Spielregeln der Männer?

Sie schützen sich gegenseitig, sagen sich Kritik nicht direkt, und sie sind vielleicht sogar höflicher miteinander. Man sollte immer darauf achten, dass das Gegenüber nicht das Gesicht verliert. Wenn man einem Mann sagt, dass er Blödsinn gemacht hat (auch wenn das für alle offensichtlich sein sollte), wird er das einer Frau nie verzeihen. Ich bin manchmal wie ein Elefant im Porzellanladen rumgetappt.

Haben Sie die Regeln inzwischen gelernt?

Ich habe sie immer noch nicht so richtig drauf und kann oft meinen Mund nicht halten. Wenn ich gegen Widerstand die eigenen Überzeugungen rüberbringen möchte, rege ich mich häufig ziemlich auf, das ist nicht gut, denn es wird als »emotional« abgetan. Ich taktiere nicht, und möchte am liebsten direkt sagen, was ich für richtig halte, aber ein bisschen mehr Diplomatie wäre manchmal hilfreich.

Sie waren als Kind schon eine Ausnahmeerscheinung: Kaum jemand in Ihrem Umkreis teilte Ihr Interesse für Pflanzen und Tiere.

Meinen Geschwistern und Mitschülerinnen waren Freunde und Menschen wichtig, für mich waren die Auseinandersetzungen mit einem Buch, mit Pflanzen oder Tieren und dem Mikroskop mindestens genauso wichtig. In der Schule hatten wir gute Lehrer und interessanten Biologieunterricht, der mir große Freude gemacht und mich angespornt hat, aber mir fehlte jemand, der sich wirklich auskannte und den ich fragen konnte.

Haben Ihnen Ihre Eltern die nötige Freiheit zur Entfaltung gegeben?

Absolut. Das war das Allerwichtigste. Ich bin freiheitssüchtig, wollte mir als Kind schon nichts vorschreiben lassen. Ich bin oft sehr besessen von meinen Projekten, verfolge sie hartnäckig und füge mich ungern irgendwelchen Lenkungsversuchen von außen. Meine Eltern waren sehr liberal. Sie haben uns Geschwistern einen geschützten Raum gegeben, wir hatten viele Anregungen und Möglichkeiten. Meine Mutter sagte: Du wirst schon wissen, was du tust. Wir haben keine Strafen und wenig Vorschriften gekriegt und uns ganz früh alleine entscheiden sollen, was wir machen und was nicht. Das war sehr wichtig. Ich war auch ziemlich empfindsam, schwärmte für Gedichte und Musik. Ich war deshalb oft einsam, fühlte mich unverstanden. Ich habe auch manchmal die Schule geschwänzt, wenn ich lieber etwas anderes machen wollte. Meine Mutter hat artig Entschuldigungsbriefchen geschrieben und mein Vater hat sich über gelegentlich schlechte Noten zwar manchmal gewundert, aber er hat da keinen Druck ausgeübt.

Ihr Vater ist früh gestorben, als Sie Abitur machten. Was hat er in Ihnen gesehen?

Er war einer der wenigen, mit denen ich über meine Interessen reden konnte und der mich ausfragte: Was habt ihr in der Schule gehabt? Womit hast du dich beschäftigt, was interessiert dich gerade? Ich habe damals viel Goethe gelesen. Wir haben meine Ideen und Projekte besprochen, und er hat für mich auch Biologiebücher besorgt. Erstaunlich für einen Architekten, der keine besondere Universitätsausbildung hatte. Er hat sich aber dafür interessiert, weil ich ihm etwas bieten konnte, das er nicht kannte, und das hat ihm Spaß gemacht. Vielleicht hatte er auch einen gewissen Ehrgeiz für mich und meinen Wissensdurst entwickelt.

Woher kommt dieser Wissensdurst?

Das ist angeboren, glaube ich. Meine Großeltern lebten nach dem Krieg für wenige Jahre bei Bauern in Niederneisen, einem kleinen Dorf, in das ich als kleines Kind häufig alleine in die Ferien fuhr. Meine Schwester wurde am ersten Tag heulend wieder nach Hause geschickt, weil sie so Heimweh hatte. Ich dagegen fand es dort wunderbar, die vielen Tiere, Pflanzen, das gute Essen

»ICH BIN FREIHEITSSÜCHTIG, WOLLTE MIR ALS KIND SCHON NICHTS VORSCHREIBEN LASSEN.«

und die lieben Leute. Ich bin nicht sicher, ob mich diese Aufenthalte geprägt haben oder ob das nur auf fruchtbaren Boden fiel. Ich hatte das Glück, dass ich meine Neigungen ausleben konnte.

Wer hat Sie gefördert?

In der Schule meine Lehrer, aber während des Studiums und auch später eigentlich niemand besonders. Ich habe selbst entschieden und hatte keine Mentoren. Ich war auch nie ein besonders geselliger Typ, sondern eher schüchtern und traute mich nicht so leicht, Leute anzusprechen. Die anderen fanden mich wohl auch arrogant, dabei habe ich immer auch gute Freunde gehabt und häufig Freunde zum Essen eingeladen und Feste für Mitarbeiter und Kollegen veranstaltet.

Sie spielen auch Querflöte und singen. War das schon als Kind so?

Ich glaube, ich habe schon als kleines Baby gesungen, denn es gibt in den Aufzeichnungen meiner Mutter Hinweise darauf. Einen Begleiter, mit dem ich Lieder singen konnte, habe ich erst spät gefunden und mit 65 Jahren auch Gesangsstunden genommen. Das habe ich sieben Jahre lang gemacht, regelmäßig, bei sehr netten Lehrerinnen, die sich unglaublich um mich bemüht haben. Leider hat meine letzte Gesangslehrerin aufgehört, und ich habe keinen Unterricht mehr, aber ich singe weiter, vor allem Kunstlieder, Schubert, Schumann, Brahms mit Klavierbegleitungen. Also diese wunderbaren romantischen Lieder, die es in der deutschen Musikliteratur so reichlich gibt. Wenn ich singe, bin ich ein ganz anderer Mensch. Ich bin dann gefangen in einer völlig anderen Welt, das ist herrlich, wunderbar!

Der Weg zum Nobelpreis 1995 war sicher entbehrungsreich. Mussten Sie Demütigungen aushalten?

Die gab es reichlich. Während meiner Doktorarbeit habe ich das Thema gewechselt und eins aufgegriffen, das ein glückloser Student nicht fertiggebracht hatte. Das gefiel meinem Doktorvater nicht. Bei der Autorenschaft bin ich dann übers Ohr gehauen worden. Das hat mich mit ihm entzweit, aber ich hab's überlebt. Mit einer guten Publikation hätte ich es ein bisschen leichter gehabt. In der Postdoktoranden-Zeit hatte ich dann einen Chef, der von Frauen überhaupt nichts hielt. Der sagte zu mir: »Es gibt eben keine weiblichen Einsteins.« Und als ich von der Uni Würzburg einen Ruf auf eine Professur bekam, hat der damalige Rektor mich bei der Berufungsverhandlung mit »Frau Nürnberger« angeredet, hat gedacht, ich sei Juristin und mir erklärt, 30000 Mark im Jahr seien doch wohl genug Forschungsgeld für mich. Ich erinnere mich, dass ich heulend rausgerannt bin, durch strömenden Regen ins Parkhaus, wo mein kleiner Deux Chevaux stand. Ich habe wütend abgesagt.

War der Nobelpreis Ihr größter Erfolg?

Meine Direktorenstelle am Max-Planck-Institut war vielleicht noch wichtiger. Vorher hatte ich echt Angst um die Zukunft. Die Stelle als Gruppenleiterin in Heidelberg bekam ich nur, weil Eric Wieschaus, der fünf Jahre jünger war als ich, auch zugesagt hatte, obwohl er gar keine Stelle suchte. Die haben mir das alleine nicht zugetraut. Da habe ich ziemlich dran geknapst. Eric und ich haben dort zusammen die Arbeit gemacht, die uns den Nobelpreis einbrachte. Das wurde vom Direktor aber nicht erkannt, und wir sind zum Schluss nicht gut be-

> »IN DER POST-DOKTORANDEN-ZEIT HATTE ICH DANN EINEN CHEF, DER VON FRAUEN ÜBERHAUPT NICHTS HIELT. DER SAGTE ZU MIR: ›ES GIBT EBEN KEINE WEIBLICHEN EINSTEINS.‹«

handelt worden. Sie wollten uns loswerden, weil sie Fliegen nicht so wichtig fanden.

Sie haben an Fruchtfliegen geforscht und 1995 den Nobelpreis »für Ihre Entdeckungen in Bezug auf die genetische Kontrolle der frühen Embryonalentwicklung« erhalten. Können Sie das kurz erklären?

Die Frage war: Wie entwickelt sich in einem Embryo eine komplexe Gestalt? in jeder Generation entstehen während der Entwicklung neue Strukturen immer an der richtigen Stelle. Welche Gene steuern diesen Prozess? Wir haben zunächst viel Basisarbeit geleistet und neue Methoden entwickelt, um das an der Taufliege Drosophila zu untersuchen. In systematischen Experimenten haben wir dann 120 Gene entdeckt, die bei diesem komplexen Prozess eine entscheidende Rolle spielen.

Die Gentechnik ermöglicht jetzt gezielte Eingriffe in die Eizelle. Denken Sie, dass in zwanzig Jahren noch viele Babys auf natürliche Weise gezeugt werden?

Auf jeden Fall! Das Reparieren von Genen ist schwierig, und das Resultat eines Eingriffs in das Genom einer Eizelle kann nicht mit genügender Sicherheit vorausgesagt werden. Der Menschenversuch, der in China unglücklicherweise gemacht wurde, war hochriskant. Von keinem Gen des Menschen weiß man genau, was es alles bewirkt. Das wird vermutlich noch sehr lange so bleiben. Deshalb glaube ich nicht, dass es je Genom-Editierung beim Menschen in größerem Stil geben wird. Ich habe mich im Ethikrat für die Präimplantationsdiagnostik und die Stammzellforschung eingesetzt und verteidige die Anwendung der grünen Gentechnik für eine nachhaltige Landwirtschaft und den Naturschutz. Das ist bisher alles nichts geworden. Ich bin in diesen politischen Missionen bisher gescheitert, aber ich hoffe, dass irgendwann die Vernunft siegt.

Wie haben Sie den Nobelpreis gefeiert?

Es gab einen Umtrunk im Institut und viele Gratulationen, und dann bin ich abends allein nach Hause gegangen. Da kam meine Nachbarin, hat mich umarmt und gratuliert, das war entzückend. Dann wurde ich noch von einem Reporter ausgefragt – mein erstes Fernsehinterview! Ich habe damals häufig mit Eric Wieschaus telefoniert, und wir haben uns gegenseitig gratuliert. Meine Kollegen haben unterschiedlich reagiert. Bei manchen hatte ich das Gefühl, o Gott, für den ist das richtig schlimm. Der Neid kam eher von den unmittelbaren Kollegen, während die internationalen Kollegen richtig begeistert waren. Die fanden das ganz toll, dass für Entwicklungsbiologie und Genetik ein Preis verliehen wurde.

Haben Sie darüber nachgedacht, ins Ausland zu gehen?

Ich hatte Angebote, doch nicht den Mut dazu. Dabei wäre es sicher dienlich gewesen, bei der eigenen Institution, der Max-Planck-Gesellschaft, einen Ruf aus Harvard oder Stanford zu erwähnen. Solche Spielchen habe ich aber nie gemacht.

Hätten Sie als Frau mit Familie genauso Karriere machen können?

So sicher nicht. Ich musste kaum Kompromisse machen und hatte Zeit und die Freiheit, mich ganz meiner Forschung zu widmen. Sicher, auch ich habe ein Privatleben und nehme darauf Rücksicht, aber nicht in dem Maße wie mit Familie. Deswegen finde ich es auch ungerecht, dass andere Frauen in der Wissenschaft an mir gemessen werden. Das ist nicht fair.

Sie waren fast zehn Jahre mit dem Physiker Volker Nüsslein verheiratet.

Das gehörte sich damals so. Zu meiner Teenagerzeit wurde von einem Mädchen erwartet, dass es einen passenden Mann heiratet und Kinder bekommt. Man hatte Angst davor, »sitzen« zu bleiben und eine alte Jungfer zu werden. Ich habe mit fünfundzwanzig geheiratet, und zwar standesgemäß, einen netten, schönen Mann, der auch Akademiker war, aber eben nicht das Kaliber hatte, das ich eigentlich gerne gehabt hätte. Ich habe nie eine Familie gewollt und meinen Beruf wohl wichtiger gefunden als meinen Mann. Also haben wir uns scheiden lassen, und das war gut so.

Ihre Forschung war Ihnen wichtiger?

Jeder strebt doch irgendwie danach, glücklich zu werden. Ich war ehrgeizig, wollte nach den Sternen greifen und habe die spannendsten Projekte gesucht. Ich war von meinen wissenschaftlichen Projekten besessen. Ich habe mich aber immer wieder gefragt: Bin ich gut genug? Viele Frauen sind damals ausgestiegen, nicht nur aus beruflichen Gründen, sondern aus Mangel an Biss, oder es war ihnen die Partnerschaft wichtiger. Es gab auch Frauen, die sich zurücknahmen, um den Mann nicht zu kränken, weil der es nicht ertrug, wenn die Frau erfolgreicher war.

Sie haben mal gesagt, Frauen sollten nicht so viel vorm Spiegel stehen.

Jede Frau ist eitel, sie überlegt sich dauernd, wie sie aussieht. Aber manche Frauen machen sich doch sehr zurecht. Das ist ja auch zeitaufwendig und lenkt ab, und diese Eitelkeit hat im Beruf nichts zu suchen. Mir war wichtig, nicht wegen des Aussehens, sondern aufgrund von wissenschaftlichen Leistungen anerkannt zu werden. Früher habe ich mir auch selbst die Haare geschnitten. Der Zeitaufwand beim Friseur schien mir zu hoch.

Wie sind Sie als Chefin? Fällt es Ihnen schwer, andere für sich arbeiten zu lassen?

Ich mag einen humorvollen, lockeren Umgangston, der die Leute nicht einschüchtert, und gebe sehr ungern Anweisungen an Mitarbeiter. Ich habe meine Mitarbeiter wohl unterstützt, aber auch ziemlich gefordert und viel Einsatz und hohe experimentelle Qualität erwartet. Vielleicht habe ich mir deswegen den Ruf einer strengen Chefin eingeheimst. Es waren dann die Mädchen, die nicht gekommen sind, weil sie Angst hatten, zu viel arbeiten zu müssen. Wenn man als Frau erfolgreich ist, ist das für andere Frauen nicht so attraktiv. Aber der schlimmste Fehler, den man machen kann, ist, die falschen Leute einzustellen.

Sie haben ein Stipendium für Nachwuchsforscherinnen eingerichtet: 400 Euro, zwölf Monate lang zur Entlastung im Haushalt. Warum war Ihnen das wichtig?

Der Hauptnachteil von Forscherinnen ist, dass sie keine Hausfrau zu Hause haben. Das ist ja eigentlich, was vielen Männern »den Rücken frei hält« und ihnen dadurch Spitzenforschung ermöglicht: Sie haben eine Frau, die sich um alles kümmert. Wenn Forscherinnen Kinder haben, sind sie praktisch immer in Zeitnot, alles zerrt an ihnen. Mit Geld kann man sich aber Hilfe und damit Zeit erkaufen. Das war meine Überlegung.

Was hat Sie zu dem gemacht, was Sie heute sind?

Neugier, Besessenheit, Vielseitigkeit, Talent, Vernunft, Ehrlichkeit und Aufrichtigkeit mir selbst gegenüber. Ich bin von Natur aus relativ gut ausgestattet, habe auch handwerkliches Geschick, bin einfallsreich, ich kann kombinieren. Was Intelligenz angeht, bin ich nicht so super, aber es reicht. Ich habe auch das Glück gehabt, erfolgreich mit vielen talentierten jungen Forschern zusammenzuarbeiten und ihnen zu einer wissenschaftlichen Karriere zu verhelfen – das ist so etwas wie eine Familie.

> »ICH WAR EHRGEIZIG, WOLLTE NACH DEN STERNEN GREIFEN UND HABE DIE SPANNENDSTEN PROJEKTE GESUCHT.«

»FÜR MICH GEHT ES WENIGER UM EITELKEIT ALS DARUM, IMMER DIE NÄCHSTE FRAGE ZU STELLEN.«

Marcelle Soares-Santos | Physik

Assistenzprofessorin für Physik an der University of Michigan in Ann Arbor
Mitglied des Dark Energy Survey
USA

Frau Professorin Soares, was hat Sie dazu inspiriert, sich der Wissenschaft zu verschreiben?
Ich war ein sehr neugieriges Kind und stellte dauernd Fragen. Ich weiß sogar noch genau, wann ich meine Leidenschaft für die Wissenschaft entdeckte. Mein Vater arbeitete damals für ein Bergbauunternehmen, und wir lebten einige Jahre mitten im Amazonas-Regenwald in Brasilien. Als ich sechs war, machten wir einen Schulausflug zu einem Tagebau, und ich war völlig fasziniert, als sie uns zeigten, wie sie das Eisenerz aus der Mine sprengten. Es war verblüffend. Ich konnte die Explosion

sehen, hörte sie aber erst einige Sekunden später. Ich verstand das nicht, bis meine Lehrerin mir den Unterschied zwischen der Ankunftszeit des Lichts und der des Schalls erklärte. In diesem Moment entstand wohl mein Interesse an Physik.

Sie machten Ihren Doktor in Brasilien, gingen dann aber nach Chile. Was war der Grund?

Wegen des sehr trockenen Klimas und der hohen Berge gehört Chile zu den Gebieten mit den weltweit besten Bedingungen für große Teleskope. Ich nahm an einer »Dark Energy Survey« für die Konstruktion der Kamera teil. Als die Kamera bereit war, konnte ich mehrere Monate in Chile bleiben und bei der Installation auf dem Teleskop mithelfen. Wir nutzen diese Kamera noch heute, und ich bin sehr stolz darauf.

Hat diese Erfahrung Sie vor neue Herausforderungen gestellt.

Ich lernte neue Leute kennen und wurde Teil einer größeren Community. Das waren schon Herausforderungen. Es war auch körperlich ziemlich anstrengend. Wir waren sehr hoch in den Bergen und stiegen jeden Tag auf, um die Geräte aufzubauen. Manchmal mussten wir uns zwingen, der Kälte zu trotzen und bis zum nächsten Tag durchzuhalten. Die Gegend dort ist auch ganz schön wild. Es gibt viele Taranteln und kleine Skorpione, die die Einheimischen »alacránes« nennen. Ich musste schon etwas härter werden, um damit klarzukommen.

Es gibt immer noch zu wenige Frauen in der Wissenschaft. Haben Sie jemals schlechte Erfahrungen gemacht?

Wenn ich eine Präsentation halten muss, dann fällt mir schon auf, dass es in den ersten beiden Sekunden, wenn ich vortrete, eine Voreingenommenheit gibt. Ich weiß, dass das Publikum sich anders verhalten würde, wenn ich ein weißer Mann wäre. Das passiert jeden Tag, und ich muss mir dieser Zusatzherausforderung bewusst sein, der ich mich stellen muss, bevor ich meine Botschaft vermitteln kann. Manchmal hatte ich auch schon den Eindruck, dass ich vielleicht ein besseres Projekt bekommen hätte, wenn ich ein Mann gewesen wäre. Aber das kann ich nicht beweisen. Meine Strategie ist es, die Leute durch mein Handeln oder einen guten Vortrag zu überzeugen, und wenn ich ein Projekt machen will, wende ich mich früh an die Verantwortlichen, statt zu warten.

Glauben Sie, dass Sie sich auch mehr anstrengen müssen, um als Woman of Color respektiert zu werden?

Man sieht selten Women of Color in meiner Position, also bin ich ein unerwarteter Anblick, und die Leute reagieren manchmal überrascht. Gleichzeitig glaube ich, dass meine Karriere auf meinen Erfolgen aufbaut, weil die Menschen gesehen haben, dass ich diese Herausforderungen bestehen konnte. Ich denke, dass es für einen weißen Mann wahrscheinlich einfacher gewesen wäre. Ich muss mich immer wieder beweisen.

Gibt es einen Unterschied in der Denkweise zwischen der jungen Wissenschaftlergeneration, der Sie angehören, und Ihren älteren Kollegen?

Ein Forscher braucht heute länger von der Doktorarbeit bis an die Uni: Es gehören inzwischen mehrere Jahre als Postdoktorand dazu. Heute hat man öfter große Kollaborationen, in denen die eigene Gruppe eine von vielen ist. Das bedeutet, es gibt mehr Austausch zwischen dem Team und der großen Community. Man muss kooperieren, weil die Probleme, die wir zu lösen versuchen, so komplex sind, dass man als Einzelperson oder kleine Gruppe keine Chance hat. Gleichzeitig gibt es aber auch einen Wettbewerb: Man will zeigen, dass man eine besondere Rolle spielt und einen eigenen Beitrag leistet. Als junger Forschender muss man versuchen, sich zu etablieren und ein Gleichgewicht zwischen diesen beiden Strömungen zu finden.

Sie arbeiten an Gravitationswellen. Könnten Sie erklären, worum es bei Ihrer Forschung geht?

Gravitationswellen sind Wellen, die sich in der Raumzeit fortpflanzen. Stellen Sie sich die Oberfläche eines Sees vor. Wenn Sie einen Stein hineinwerfen, erzeugt er Wellen, die sich über den ganzen See ausbreiten. Bei den Gravitationswellen geht es um riesengroße Objekte, etwa von der Größe unserer Sonne, die aber sehr kompakt sind. Als würde man die Sonne nehmen und sie zusammenpressen. Dann nimmt man ein gleichartiges zweites System, ein Zwillingssystem also, und lässt die beiden kollidieren. So viel Energie braucht es, um Wellen zu erzeugen, die sich im Raumzeit-Vakuum fortpflanzen. Wir haben hochempfindliche Detektoren, die solche Wellen erfassen können, wenn sie uns erreichen. Wurden Gravitationswellen entdeckt, die aus einer solchen kosmischen Kollision stammen, richte ich die

Kamera in Chile auf den entsprechenden Himmelsbereich und versuche, das Licht zu finden, das dazugehört. Bei so einer Kollision entsteht nämlich eine hell leuchtende Strahlung, die sich mit der Zeit ausdehnt und dabei abkühlt. Und dank der Gravitationswellen wissen wir, wo wir nach den Lichtdaten dieser Kollision suchen müssen. So bekommen wir eine Vorstellung davon, was passiert ist.

Was war die überraschendste Erfahrung, die Sie machten?

Auf jeden Fall die Entdeckung der ersten dieser kosmischen Kollisionen. Das war 2017, und wir hatten dieses Projekt schon mehrere Jahre vorbereitet, aber ich hatte nicht erwartet, dass es so bald passieren würde. Ich hatte gedacht, dass es vielleicht noch ein Jahrzehnt dauern würde. Ich war überrascht, und es war extrem aufregend.

Sie sind bekannt dafür, nahezu rund um die Uhr zu arbeiten.

Als Professorin macht man mehrere Jobs gleichzeitig. Ich muss forschen, ich muss mich um meine Mentees kümmern, und dann ist da noch die Lehre. Wenn man die Zeit für all diese Aufgaben finden will, muss man manchmal einfach Tag und Nacht arbeiten. Aber die Grenze zwischen Arbeit und Freizeit ist für viele Wissenschaftler oft nicht ganz deutlich, weil wir unsere Leidenschaft zu einem Teil unseres Lebens machen. Ich identifiziere mich so sehr damit, Wissenschaftlerin zu sein, dass ich nicht einfach die Bürotür hinter mir zumachen und abschalten kann. Auch wenn ich physisch nicht mehr arbeite, läuft mein Geist immer auf Hochtouren.

Glauben Sie, Sie können es sich erlauben, eine Auszeit für ein Baby zu nehmen?

Mein Mann ist auch Physiker, aber mit einer Familiengründung beschäftige ich mich gerade nicht. Ein Baby wäre sicherlich eine lebensverändernde Entscheidung, und im Moment will ich mich auf die aktuellen Herausforderungen konzentrieren. Die Ergebnisse von monate- oder sogar jahrelanger Arbeit in Form eines Papers vor mir zu sehen – diese Momente sind mir gerade am wertvollsten.

Sind das Momente, die Ihre Eitelkeit befriedigen?

Für mich geht es weniger um Eitelkeit als darum, immer die nächste Frage zu stellen. Der Grund, warum ich mich mit Gravitationswellen beschäftige, war mein Interesse daran, mehr über die Ausdehnung des Universums zu erfahren. Das ist ein großes Problem, denn eines wissen wir: Was auch immer die Ausdehnungsgeschwindigkeit des Universums antreibt, muss außerhalb der bekannten Physik liegen. Wir nennen es Dunkle Energie, aber das ist nur ein Etikett für etwas absolut Unbekanntes. Zur Lösung eines so großen Rätsels etwas beizutragen, das treibt mich an, und ich versuche, dafür verschiedene Ansatzmöglichkeiten zu finden.

Sie haben in den USA Karriere gemacht. Denken Sie manchmal daran, als Wissenschaftlerin nach Brasilien zurückzukehren?

Nein, nicht in nächster Zukunft. Ich rechne damit, eine lange Zeit von zu Hause weg zu sein. Ich denke, wir haben in den USA mehr Ressourcen für meine Art von Wissenschaft.

Warum sollten junge Menschen in die Wissenschaft gehen?

Wenn jemanden unsere aufregende Welt fasziniert, sollte diese Begeisterung nicht brachliegen. Es gibt viel Konkurrenz in der Wissenschaft, und die Zeiträume für Entwicklungen sind extrem lang, vor allem wenn man jung ist und sich mehr als ein Jahr im Voraus auf eine Stelle bewerben soll. Dafür braucht man Zeit und muss planen. Ein anderer Tipp wäre, einen guten Mentor zu finden. Mentoren greifen dir unter die Arme und zeigen dir deine Schwachpunkte auf, damit du auch in dieser Hinsicht wachsen kannst. Ich hatte mehrere gute Mentoren während meiner Karriere, und ich glaube auch, dass meine Familie und meine Lehrer in der Schule zur Entwicklung meiner Persönlichkeit beigetragen haben.

Was ist Ihr Beitrag zur Gesellschaft?

Ich muss junge Menschen motivieren, Wissenschaft zu betreiben, und diese Bemühungen richten sich oft an Menschen aus privilegierten Verhältnissen. Ich versuche, mich dabei etwas mehr auch auf Menschen aus anderen Verhältnissen zu konzentrieren.

Was ist Ihre Botschaft an die Welt?

Ich hoffe, die Welt entwickelt sich hin zu einer faireren Gesellschaft, wo alle Menschen die gleichen Möglichkeiten haben, ihre Träume zu verwirklichen und ihr Potenzial auszuschöpfen – egal wo sie herkommen oder wie sie aussehen. Manchmal glaube ich, an einigen Stellen machen wir Rückschritte, aber insgesamt werden wir besser, und wir müssen noch besser werden.

»MAN FINDET AUF DER WELT NIRGENDWO MEHR HART ARBEITENDE WISSENSCHAFTLER ALS IN CHINA.«

Tao Zhang | Physikalische Chemie

Professor für Chemie und Direktor am Dalian Institute of Chemical Physics in Dalian
und Vizepräsident der Chinesischen Akademie der Wissenschaften
China

Herr Professor Zhang, als Vizepräsident der Chinesischen Akademie der Wissenschaften haben Sie eine bedeutende Position inne. Wie hat Ihre Kindheit Sie auf den Erfolg vorbereitet?
Meine Eltern hatten einen großen Einfluss auf mich, als ich ein Kind war. Meine Mutter war Grundschullehrerin, mein Vater Lehrer an der Mittelschule, und beide ermunterten mich dazu, immer weiter zu lernen. China war damals sehr arm und meine Landschule auch. Wir hatten nur vier Lehrer für hundert Schüler in fünf Klassen. Die erste Klasse hatte im selben Raum Unterricht

»CHINA MÖCHTE EINE FÜHRENDE ROLLE IN DER WELTWEITEN WISSENSCHAFT SPIELEN, UND ICH GLAUBE ABSOLUT, DASS WIR DAS IN DEN NÄCHSTEN 30 JAHREN ERREICHEN KÖNNEN.«

wie die zweite, und die dritte und vierte Klasse saßen auch zusammen in einem Raum. So konnte ich in der ersten Klasse schon den Stoff der zweiten lernen und in der dritten Klasse den Stoff der vierten.

Das war während der Kulturrevolution?

Ich wurde 1963 in der Provinz Shaanxi geboren, also war ich drei Jahre alt, als 1966 die Kulturrevolution begann. Meine Schule hätte beinahe schließen müssen, und die Qualität meiner Schulbildung sank. Das Lernen wurde schwierig für mich. Zum Glück half mir meine Mutter.

Wie haben Ihre Eltern das Problem mit dem Schulunterricht gelöst?

Meine Mutter ergatterte eine andere Stelle an einer Grundschule in der Stadt, auf die ich dann auch ging. So bekam ich besseren Unterricht. Danach gelang es mir, die sehr schwere Aufnahmeprüfung an einer der besten Mittelschulen der Stadt zu bestehen. Komischerweise war Chemie damals gar nicht mein Hauptinteresse, ich mochte lieber Mathematik und Physik.

Wo haben Sie die nächste Stufe Ihrer Ausbildung absolviert?

Deng Xiaoping öffnete China 1978, da war ich fünfzehn. China war sehr arm und auf Nachwuchstalente angewiesen. Also beschloss Xiaoping, die Universitäten wieder zu öffnen, die alle geschlossen worden waren. Ich war im ersten Jahr der Oberschule, aber ich gehörte zu den zwei Prozent meiner Klassenstufe, die die Aufnahmeprüfung bestanden und gleich an die Universität gehen konnten. Mein Prüfungsergebnis war gut, aber nicht gut genug für eine Top-Universität wie Beijing, wo ich Mathematik oder Physik studieren wollte. Ich hätte weitere drei Jahre warten müssen, um die Prüfung für Beijing zu wiederholen, aber dann bot mir eine kleine Universität einen Platz in ihrer chemischen Fakultät an. So konnte ich meine Hochschulausbildung beschleunigen. Ich war erst neunzehn, als ich meinen Universitätsabschluss machte.

Also haben Sie Chemie nur durch Zufall studiert? Haben Sie sich noch in das Fach verliebt?

Ja, ich habe die Chemie lieben gelernt. Obwohl ich eher versehentlich dazu kam!

Und jetzt arbeiten Sie in einem neuen Forschungsgebiet. Können Sie mir darüber etwas erzählen?

Plastikflaschen bestehen aus Polyethylenterephthalat (PET), das aus Terephtalsäure (TPA) und Ethylenglykol hergestellt wird. Diese Chemikalien werden aus Erdöl gewonnen, dessen Vorkommen begrenzt ist, wie Sie ja wissen. Wie also kann man mehr Ethylenglykol aus anderen Quellen herstellen? Mein Forschungsgebiet und mein Ziel ist ein katalytisches Verfahren zur Herstellung von Ethylengylkol nicht aus Erdöl, sondern aus Lignocellulose, einem erneuerbaren Rohstoff aus Biomasse. Im Gegensatz zu Erdöl ist Biomasse nachhaltig, lässt sich recyceln und stammt aus einer nachwachsenden Quelle.

Welcher der Problemstellungen Umwelt, Medizin und Nachhaltigkeit wird China Priorität einräumen?

Der Energie. Grüne und nachhaltige Energie ist Chinas größte Herausforderung. China ist ein großes Land, also braucht man viel Energie, um das Wirtschaftswachstum zu stützen. Aber wir haben kaum Erdöl- und Gasvorräte, sondern nur Kohle. Wir müssen Technologien entwickeln, die es uns erlauben, Kohle sauber zu nutzen. Das ist der wichtigste Forschungsbereich, in dem ich über dreißig Jahre lang am Dalian Institute of Chemical Physics (DICP) tätig war. Natürlich werden die Kohlereserven eines Tages verbraucht sein, daher sind erneuerbare Energiequellen unser zweitwichtigstes Forschungsgebiet.

Ich kann mir vorstellen, dass Ihre Arbeit am DICP gut finanziert wurde und viel Anerkennung brachte.

Ja, erfreulicherweise bekamen wir ausreichende Mittel und hatten das Glück, eine neue Reaktion für die Herstellung von Ethylenglykol aus Biomasse zu finden. Ich glaube, fast jeder auf dem Gebiet der Katalyse weiß inzwischen, dass Bio-Ethylenglykol vom Dalian in China stammt. Mein Traum ist es jetzt, die neue Bio-Ethylenglykol-Technologie zu kommerzialisieren, um umweltfreundliche Flaschen und Fasern herzustellen. Es geht nicht nur darum, Patente anzumelden, man muss Patente auch kommerzialisieren, um neue Technologien für unser Land und für die Welt nutzbar zu machen.

Wenn Sie diese neue Technologie kommerzialisieren, gehört das Geld dann Ihnen, Ihrer Universität oder China?

Das ist eine gute Frage. Nach den neuen Bestimmungen würden siebzig Prozent an unser Team und dreißig Prozent an das Forschungsinstitut gehen.

Sie könnten also potenziell eine Menge Geld verdienen. Sind Sie schon reich?

Ich bin fast reich. Das DICP hat schon viele wichtige Technologien in China kommerzialisiert, darunter das bekannte DMTO-Verfahren. Daher hat das DICP schon viel Geld von der Industrie erhalten. Das bedeutet, dass die Gehälter am DICP jetzt schon sehr hoch sind.

Wie ist es China gelungen, in den letzten fünfzig Jahren zu einem führenden Akteur in der Wissenschaft zu werden?

Es ist über vierzig Jahre her, dass China sich der restlichen Welt gegenüber öffnete. Bis heute hat China große Fortschritte gemacht und ein schnelles Wirtschaftswachstum erzielt. Wir verfügen über eine stabile Finanzierung durch die National Science Foundation of China (NSFC) für die Grundlagenforschung, und die Chinesische Akademie der Wissenschaften versucht inzwischen, junge, dynamische, talentierte Chinesen aus dem Ausland zurückzuwerben, damit sie ihre wissenschaftliche Laufbahn in China fortsetzen. Wir haben Glück, dass die akademische Welt und die Industrie in China eine enge Beziehung haben, vor allem am DICP.

Wie wichtig ist das Ranking für einen Wissenschaftler in China? Ich glaube, auf Ihren Namen zum Beispiel laufen 150 Patente und über 400 begutachtete Paper?

Rankings sind schwer zu bestimmen: Manche Wissenschaftler werden nach der Anzahl ihrer veröffentlichten Paper gerankt, andere danach, wie oft sie zitiert werden. Unsere Regierung fördert das nicht, weil die Wissenschaftler sich dann mehr für die Anzahl ihrer Zitierungen interessieren als für ihre eigentliche Forschung. Außerdem ist das nur eine Zahl. Das Wichtigste ist doch, was man getan hat, welchen wissenschaftlichen Beitrag man für sein Land und die Welt geleistet hat, oder? Ich sage immer zu meinen Kollegen: »Mir ist es egal, wie viele Paper du veröffentlicht oder wie viele Patente du angemeldet hast. Sag mir lieber: Was war dein wichtigster Beitrag zur Gesellschaft und zu unserem Land?«

Wie sollte man also Erfolg messen?

Wenn man Pionierforschung betreiben will, muss man aufstehen und etwas vollkommen Neues entwickeln. Der Erste zu sein ist das, was zählt. Dann muss man Patente anmelden und sie kommerzialisieren, um neue Technologien für China verfügbar zu machen. Es geht immer darum, wie viele neue Produkte und neue Technologien man in China kommerzialisiert hat. Das ist heute unser Indikator.

Warum ist die Wissenschaft in China so stark?

Man findet auf der Welt nirgendwo mehr hart arbeitende Wissenschaftler als in China. Jeder arbeitet mit vollem Einsatz. Das gilt besonders für unsere Generation, weil wir wissen, wie arm China war, bevor es sich öffnete, als die Welt da draußen noch ganz neu für uns war. Wir brauchen noch mindestens dreißig Jahre, um zu lernen und aufzuholen. Zusätzlich achten chinesische Familien mehr auf die Ausbildung ihrer Kinder. Schon in der Schule arbeitet man fleißig. Und auf die Naturwissenschaften wird dabei besonders gebaut. Anders als in Europa und in den USA heißt es in China, wer Mathematik, Physik und Chemie studiert, kann alles werden, was er möchte. Die Wissenschaft ist die treibende Kraft hinter der Innovation und sollte deshalb das Wichtigste auf der Welt sein.

Was ist Ihre Botschaft als Vizepräsident der Chinesischen Akademie der Wissenschaften an die Welt?

Meine Botschaft ist, dass die Wissenschaft mehr internationale Kooperationen braucht. Wissenschaft muss global sein. China versucht, mit Kollegen aus aller Welt zusammenzuarbeiten. China möchte eine führende Rolle in der weltweiten Wissenschaft spielen, und ich glaube absolut, dass wir das in den nächsten dreißig Jahren erreichen können.

»INDEM MAN EINE IDEE ZERSTÖRT, MACHT MAN FORTSCHRITTE.«

Paul Nurse | Genetik und Zellbiologie

Direktor des Francis Crick Institute in London
Nobelpreis für Medizin 2001
Großbritannien

Professor Nurse, Sie sind für Ihre breit gefächerten Interessen bekannt. Sie haben einmal das Forschen mit dem Lesen eines guten Gedichts verglichen. Was genau haben Sie damit gemeint?
Nun, die Wissenschaft ist ziemlich hart, und Forschung zu betreiben ist noch härter, weil Sie an den Rändern des Wissens operieren. Das heißt, Sie scheitern oft, und Sie stochern oft im Nebel. Aber manchmal lichtet sich der Nebel. Diese Klarheit ist es, die ich an Gedichten mag: Plötzlich haben Sie einen anderen Blick auf die Welt. Wissenschaft kann genauso sein.

Es ist nun aber nicht so, dass jeder Wissenschaftler Lyrik lesen würde.

Ich kann nur für mich selbst sprechen. Ich habe vielfältige Interessen und auch schon viele andere Sachen gemacht. Ich bin eigentlich Pilot, fliege Flugzeuge und Paraglider, und ich wandere gern in den Bergen. Außerdem interessiere ich mich für Theater und Museen und bin Kurator im British Museum. Tatsächlich fände ich es nicht schlecht, für diese anderen Interessen etwas mehr Zeit zu haben. Meine Familie sagt, dass ich zu viel arbeite, und das stimmt wahrscheinlich. Heute Morgen bin ich um fünf Uhr aufgestanden und habe schon vor dem Frühstück ein paar Stunden gearbeitet. Aber es ist angenehme Arbeit.

Sie haben einmal gesagt, dass Sie, als Sie zum ersten Mal eine Universität betraten, wussten, dass Sie Wissenschaftler werden wollen. Warum wussten Sie das?

Ja, das stimmt. Als ich zur Universität ging, war ich achtzehn, und plötzlich öffnete sich die ganze Welt vor mir. Ich kam mit allen möglichen Dingen in Kontakt, über die ich vorher nie nachgedacht hatte, und das fand ich enorm anregend. Es waren nicht nur die Naturwissenschaften – es waren auch die Geisteswissenschaften, die Künste, die Kultur, die Sozialwissenschaften. Wahrscheinlich ist es genau das, was mich für den Rest meines Lebens antrieb. Ich empfand es als Privileg, in der Lage zu sein, etwas über die Welt zu lernen. Und in der Tat war es ein Privileg, dass Menschen bereit waren, mich einzustellen, damit ich meine Neugier stillen konnte. Ich finde es unglaublich, dass ich dafür bezahlt wurde, genau das zu tun, was ich wollte.

Erzählen Sie von Ihrem Hintergrund. In was für einer Familie sind Sie aufgewachsen?

Ich komme aus einer Arbeiterfamilie ohne akademischen Hintergrund. Das ist nicht weiter schlimm, aber ich bin nicht mit Büchern, Ideen oder Kultur in Berührung gekommen.

War Ihre Familie religiös?

Ja, ich bin in einer Baptistenfamilie aufgewachsen. Ich ging zur Sonntagsschule, und ich war aufrichtig gläubig. Ich dachte sogar, dass ich Prediger werden könnte! Aber in der Schule lernte ich mehr von der Welt kennen, und als ich von der Evolution hörte, war unser Pfarrer von meinen Fragen alles andere als begeistert. Ich erinnere mich, dass ich einmal sagte: »Können wir die Genesis nicht als Metapher betrachten?« Damit konnte er überhaupt nicht umgehen.

Daraufhin begann ich zu zweifeln und wurde allmählich zu dem, was ich jetzt bin – ein skeptischer Agnostiker. Ein Atheist weiß, dass es keinen Gott und kein übernatürliches Wesen gibt. Ein skeptischer Agnostiker denkt, dass es sehr unwahrscheinlich ist, dass es ein übernatürliches Wesen gibt. Aber weil es übernatürlich ist und sich damit unserem Verständnis entzieht, kann man sich auch nicht sicher sein.

Sie sind nicht direkt von der Schule zur Universität gegangen, richtig?

Ja. Ich fiel in der Aufnahmeprüfung in Französisch sechsmal durch. Nicht einmal oder zweimal, sondern sechsmal. Sosehr ich mich auch anstrengte, ich schaffte diese Prüfung nicht. Das war in den späten 1960er-Jahren, und damals bedeutete es, dass ich an keine Universität in Großbritannien gehen konnte.

Das muss ein ziemlicher Schlag gewesen sein.

Es war schwierig, aber im Rückblick sehr hilfreich. Ich ging als Techniker in die lokale Guinness-Brauerei. Das war ein wichtiger Schritt für mich, weil ich das Jahr in Laboren verbrachte, was mich darin bestärkte, in solch einer Umgebung arbeiten zu wollen.

Diese Pause war auch aus einem anderen Grund wichtig: Ich war früh im Leben gescheitert und hatte von da an keine Angst mehr vor Misserfolgen. Ich habe viele exzellente Masterstudenten, die in ihrer Arbeit Rückschläge erleben. Das ist für sie psychologisch schwer zu verkraften. Da ich aber schon so früh gescheitert war, hatte ich später kein Problem mehr damit.

Da wir vom Scheitern sprechen: Ich habe eine Geschichte gehört, laut der Sie als Student ein Experiment mit Fischeiern durchgeführt haben, das gründlich schiefgegangen ist. Können Sie mir davon erzählen?

Oh ja! Ich arbeitete an einem Projekt, bei dem ich die Atmung während der Teilung von Fischeiern messen wollte. Wir setzten die Eier in ein Wasserbad, das mittels eines Instruments auf konstanter Temperatur gehalten wurde. Die Fischeier teilten sich, aus einem wurden zwei, aus diesen vier. Ich maß also die Atmung und schloss aus den Ergebnissen, dass sich die Atmungsrate während der Teilung verändert hatte. Aber das stimmte nicht! Es hatte nichts mit den sich teilenden Eiern zu tun, sondern mit dem Thermostat, der sich im Wasserbad ein- und ausschaltete. Das habe ich erst ganz am Ende des Projekts bemerkt.

Haben Sie solche Rückschläge an Ihrer Berufung als Wissenschaftler zweifeln lassen?

Nun, ich dachte schon: Vielleicht bin ich nicht gut darin. Vielleicht ist das doch nichts für mich. Und irgendwann dachte ich, ich sollte Philosophie oder Wissenschaftsgeschichte studieren. Tatsächlich kontaktierte ich die London School of Economics. Karl Popper, ein sehr wichtiger Wissenschaftsphilosoph, lehrte dort. Ich las ein paar Bücher von ihm, und tatsächlich halfen sie mir, meine Experimente besser zu planen. Popper sagt, dass es für Beobachtung eine klare Hypothese braucht. Dann testet man die Hypothese, um sie zu bestätigen oder zu verwerfen. Oder anders gesagt: Indem man eine Idee zerstört, macht man Fortschritte.

Poppers Bücher haben Sie also dazu bewogen, in der Wissenschaft zu bleiben?

Ja, durch sie änderte sich meine Meinung, dass ich vielleicht doch kein Versager war! Ich arbeitete damals aber auch mit einer sehr kleinen Gruppe, und der Austausch war begrenzt. Wissenschaftlich zu arbeiten ist schwierig, man benötigt Unterstützung. Eine gute Hochschulkultur in einem Labor ist daher wichtig, um die Menschen durch die schwierigen Zeiten zu lotsen.

Wissenschaft ist eine Berufung. Es ist nicht nur die Produktion von Papers in großen, schicken Zeitschriften. Es geht tatsächlich um die Suche nach der Wahrheit, und diese Wahrheit kann problematisch sein. Manchmal werden Ihre Hypothesen und Ideen einfach zerschmettert, aber Sie müssen sich immer daran erinnern, dass es um die Suche nach der Wahrheit geht. Wissenschaft ist eine Berufung, und als solche sollte man sie betrachten.

Ich kann mir vorstellen, dass es unter Wissenschaftlern ein hohes Maß an Rivalität gibt.

Ja, das ist ein interessanter Punkt. Die Wissenschaft ist zugleich kollaborativ und individualistisch. Natürlich ist keine Person eine Insel, und selbst wenn Sie als Schriftsteller allein arbeiten, sind Sie von der Kultur um Sie herum beeinflusst. Isaac Newton sagte: »Wenn ich weiter gesehen habe, dann weil ich auf den Schultern von Riesen stand.« Er wusste, dass er Teil einer Gemeinschaft war – obwohl er wohl ziemlich arrogant und unangenehm war, wie sich herausstellte!

Wenn ich Teil eines Projekts bin, an dem auch andere arbeiten, und es nur um den Wettbewerb geht, wer zuerst zu einem Ergebnis kommt, dann frage ich mich: »Warum in aller Welt mache ich das?« Ich würde viel lieber an Projekten teilhaben, bei denen meine Kollegen und ich Zeit zum Nachdenken und Experimentieren haben.

Als Sie begonnen haben, als Wissenschaftler zu arbeiten, sind Sie häufig umgezogen, richtig?

Ja, ich musste an verschiedene Orte ziehen, um einen Job zu bekommen. Ich arbeitete eine Weile in Edinburgh und an der Universität von Sussex. Veränderung bringt Sie mit unterschiedlichen Dingen in Berührung. Wenn Sie umziehen, werden Sie wieder zum Baby. Ich denke manchmal an Trotzki, der sagte, man solle Dinge auseinandernehmen und wieder zusammensetzen und sie dann erneut betrachten.

So häufig die Jobs zu wechseln muss aber auch viel Unsicherheit mit sich gebracht haben, oder?

Nicht Unsicherheit, aber Ungewissheit, von wem man nächstes Jahr bezahlt wird. In der akademischen Welt von heute machen sich junge Menschen oft Sorgen um ihre Gehälter. Aus irgendeinem Grund hat mich das nie beunruhigt. Es könnte daran liegen, dass ich grundsätzlich ein Optimist bin, aber vielleicht auch daran, dass ich mich für das, was ich gemacht habe, interessiert habe und darauf vorbereitet war, die Unsicherheit zu ertragen.

Wie war das, als Sie Ihr erstes eigenes Labor aufgebaut haben?

Als Postdoc war ich in zwei Laboren tätig, in Bern und in Edinburgh. Man ließ mir dort viele Freiheiten. Auch wenn ich in einem anderen Labor war, hatte ich doch viel Kontrolle über das, was ich tat. Als ich mit dreißig mein eigenes Labor an der Universität von Sussex in Brighton einrichtete, war ich bereits gewohnt, die Dinge zu leiten. Was ich hingegen nicht gewohnt war, das war der Aufbau der Infrastruktur und die Beschaffung von Fördergeldern. Das musste ich alles noch lernen.

Woran haben Sie damals gearbeitet?

An einem Thema, das sich von meiner heutigen Arbeit nicht so sehr unterscheidet. Wir bestehen alle aus Zellen, Abermilliarden von Zellen – der Grundeinheit des Lebens. Wachstum und Fortpflanzung beginnen mit der Teilung einer Zelle. Ich habe den größten Teil meines Lebens damit verbracht herauszufinden, was die Fortpflanzung und die Teilung von Zellen steuert.

Sie haben den Nobelpreis für die Entdeckung von Proteinmolekülen bekommen, die die Zellteilung steuern. War das Ihre größte Entdeckung?

Es war die wichtigste Entdeckung in meinem Leben, obwohl ich tatsächlich immer noch an diesem Thema arbeite, weil es noch Dinge gibt, die wir verstehen müssen. Was meine Kollegen und ich – aber auch Lee Hartwell und Tim Hunt – entdeckt haben, war ein Molekülkomplex, der ein Enzym produziert. Dieses Enzym fügt anderen Proteinen Phosphat hinzu, und das fungiert als ein wichtiger Schalter für verschiedene Zellabläufe.

Welche Konsequenzen hat diese Entdeckung?

Ihre Bedeutung besteht darin, dass wir den grundlegenden Prozess von kontrolliertem Zellwachstum und kontrollierter Zellreproduktion verstehen – mit anderen Worten den Prozess, der Wachstum und Fortpflanzung zugrunde liegt. Nicht nur beim Menschen, sondern auch bei allen Tieren und Pflanzen, die Sie um sich herum sehen können. Diese Entdeckung hat viele Anwendungsbereiche, unter anderem in der Krebsforschung.

Sie sind von der Queen zum Ritter geschlagen worden. Das muss eine echte Erfahrung gewesen sein.

Es war ein Schock! Tatsächlich wurde der Brief mit der Frage, ob ich den Ritterschlag annehme, an die falsche Adresse geschickt, weshalb ich ihn nie bekam. Dann erhielt ich eines Tages einen Anruf aus Downing Street Nr. 10. Man fragte mich, ob ich beabsichtige, die Ehrung abzulehnen. Ich sagte: »Es tut mir leid, aber ich habe keine Ahnung, von welcher Ehrung Sie sprechen.« Das war um zehn Uhr an einem Freitagmorgen, und ich antwortete, dass ich übers Wochenende darüber nachdenken müsse. Sie sagten aber: »Sie haben bis heute Nachmittag um 16 Uhr Zeit.« Also rief ich meine Familie an, um es zu besprechen, und alle sagten natürlich, ich solle die Ehrung annehmen. Das tat ich dann auch. Die Einladung in den Palast schickten sie wieder an die falsche Adresse, sodass ich die Zeremonie beinahe verpasst hätte. Ich habe auch den Orden der Ehrenlegion aus Frankreich erhalten – Sie erinnern sich vielleicht daran, dass ich sechsmal durch die Französischprüfung gefallen bin. Ich musste eine kurze Ansprache auf Französisch halten, was natürlich schrecklich war.

Diese Auszeichnungen müssen eine große Befriedigung gewesen sein.

Ja, schon. Ehrlich gesagt halte ich mich nicht für besonders eitel, aber natürlich freut man sich, zum Ritter geschlagen zu werden. Ich habe eine ganze Reihe von Auszeichnungen erhalten. Die größte Genugtuung war jedoch, dass ich dazu beigetragen habe, die Steuerung der Zellteilung zu verstehen. Das ist für mich die wahre Ehre.

Welche Botschaft möchten Sie der Welt vermitteln?

Ich hätte die Welt gern als einen rationaleren, nachsichtigeren und toleranteren Ort, und ich glaube, dass die Wissenschaft dazu beitragen kann. Wissenschaft ist im Wesentlichen rational. Wir sollten von den Werten der Aufklärung lernen und sie umsetzen. Dazu gehört auch, das Denken anderer Menschen zu tolerieren. Am Francis-Crick-Institut kommen 70 Prozent unserer Wissenschaftler aus anderen Ländern. Wenn wir uns diese Option kaputtmachen, können wir keinen Nutzen mehr aus dem intellektuellen Kapital der Welt ziehen. Wir brauchen Offenheit. Der Brexit errichtet leider nur Barrieren, und diese Barrieren werden die Werte der Wissenschaft zerstören.

Die wissenschaftliche Community kann selbstgefällig sein. Wir sind ein seltsamer Haufen, wissen Sie? Manchmal sind wir etwas weltfremd, manchmal benehmen wir uns exzentrisch. »Oh, ich bin in meinem Labor und betreibe meine Forschung, lassen Sie mich bloß in Ruhe.« Das ist nicht gut. Wir müssen uns mit der Öffentlichkeit auseinandersetzen, mit ihr reden und uns den Problemen stellen, wenn wir das Unternehmen Wissenschaft am Laufen halten wollen.

Wirft das Aufkommen von CRISPR und anderen Methoden nicht viele ethische Fragen auf, die Antworten benötigen?

Auf jeden Fall. Mit der heutigen Medizin können wir Dinge tun, die vor dreißig oder vierzig Jahren unvorstellbar waren. Welches Recht haben wir, das Genom zu manipulieren? Es gibt nach wie vor großen Widerstand dagegen, vor allem in Teilen Kontinentaleuropas. Aber wir verändern durch die Wissenschaft die Welt, was umfassend diskutiert werden muss, damit wir sehen, ob wir die neuen Möglichkeiten anwenden sollten oder nicht. Wir müssen dies frühzeitig tun, und wir müssen in mancher Hinsicht bescheiden sein. Nicht nur wir Naturwissenschaftler: Es handelt sich auch um ein sozialwissenschaftliches, manchmal auch um ein religiöses Problem. Verschiedene Kulturen und Gesellschaften mögen in dieser Frage zu unterschiedlichen Ergebnissen kommen. Der einzige Weg ist, offen zu sein und rationale Argumente und Beweise vorzulegen, um zu einer Lösung zu kommen, die alle zufriedenstellt.

2003 waren Sie Präsident der Rockefeller University in New York. Dort entdeckten Sie etwas aus Ihrer Familiengeschichte, das Ihr Leben vollkommen verändert hat. Was war geschehen?

Da ich in den Vereinigten Staaten lebte, bewarb ich mich um eine Green Card. Die Bewerbung wurde abgelehnt, weil es ein Problem mit meiner Geburtsurkunde gab. Als ich mir eine vollständige Urkunde besorgte, entdeckte ich, dass meine Mutter nicht meine Mutter war – sie war meine Großmutter, und meine echte Mutter war die Frau, die ich als meine Schwester kannte.

Ich hatte nichts davon gewusst. Meine Mutter wurde mit siebzehn schwanger und war unverheiratet. Man schickte sie zu ihrer Tante in Norwich in England, wo sie mich zur Welt brachte. Meine Großmutter sprang ein und gab vor, meine Mutter zu sein. Die ganze Sache wurde geheim gehalten. Das war zu jener Zeit, in den frühen 1950er-Jahren, nicht so ungewöhnlich, denn ein außereheliches Kind galt als Schande. Heute kann man sich das kaum noch vorstellen. Für mich war es schon ein kleiner Schock.

Nur ein kleiner?

Nein, es war ein großer Schock. Natürlich waren meine Eltern schon etwas älter, und ich sagte manchmal: »Es ist ein bisschen so, als würde ich bei den Großeltern aufwachsen.« Ich hatte ja keine Ahnung, dass ich tatsächlich bei meinen Großeltern aufwuchs!

Wie haben Sie sonst in die Familie gepasst?

Nun, ich ging zur Universität, und niemand war vorher an der Universität gewesen. Es gab Unterschiede zwischen uns, die ich mir nicht recht erklären konnte. Ich bin Genetiker, und das Lustige ist, dass mir meine eigenen Gene vollkommen unbekannt waren. In jedem Fall tat meine Familie ihr Bestes. Meine Großeltern nahmen mich in ihren Vierzigern auf und beschwerten sich nie darüber. Meine Mutter war sicher erschüttert, dass sie mich abgeben und fortziehen musste. Sie heiratete, als ich zweieinhalb war. Sie wohnte in der Nähe und kam jede Woche vorbei. Und sie ist gestorben, bevor ich es herausgefunden habe, genauso wie meine Großeltern und fast alle anderen in der Familie. Es hat mich nicht sehr gestört.

Nein?

Mein Leben war in Ordnung. Es war normal. Ich wurde von meinen Eltern, also meinen Großeltern, geliebt. Mithilfe der DNA-Technik könnte es vielleicht sogar sein, dass ich noch herausfinde, wer mein Vater ist.

Sind Sie neugierig darauf?

Ja, vielleicht weil ich Genetiker bin. Ich bin neugierig, woher die andere Hälfte meiner Gene kommt. Ich bin nicht davon besessen, nur neugierig.

»ICH WUSSTE IMMER, ICH BIN DER BOSS, DAS IST MEINE ARBEIT, UND ICH MACHE SIE.«

Ruth Arnon | Immunologie

Professorin für Immunologie am Weizmann-Institut für Wissenschaften in Rehovot
Robert-Koch-Medaille 1979
Israel

Frau Professorin Arnon, Sie gehörten schon im Kindergarten zu den Besten. Was hat Sie da so motiviert?
Ich war sehr neugierig, habe dauernd Fragen gestellt und hatte ein sehr gutes Gedächtnis. Meine älteren Geschwister sahen, dass ich lernen wollte, und es machte ihnen Spaß, mir etwas beizubringen. Deshalb konnte ich schon rechnen und lesen und schreiben, als ich in die Schule kam, und konnte die erste Klasse direkt überspringen. Ziemlich bald entdeckte ich auch meine Liebe zur Wissenschaft: Ich las das Buch »Mikrobenjäger«, das die faszinierenden Biografien großer Wissenschaftler

und ihre Entdeckungen beschrieb. Vor allem Marie Curie hatte es mir angetan – sie war so neugierig, dass sie mitten in der Nacht ins Labor ging, um nach ihren Experimenten zu sehen. Ich wusste noch nicht, dass man das Forschung nannte, aber das wollte ich unbedingt auch machen! Mit fünfzehn beschloss ich, Biochemie und Medizin zu studieren, aber mir wurde bald klar, dass ich keine Ärztin werden und nur Patienten behandeln wollte.

Haben Ihre Eltern Ihre Entscheidung beeinflusst, in die Wissenschaft zu gehen?

Meine Eltern brachten mir bei, dass Bildung wichtig ist, weil sie dem Leben mehr Bedeutung gibt. Meine Mutter war Lehrerin, und sie drängte uns ständig zum Lernen. Ich glaube, sie brachte auch meinen Vater dazu, Elektrotechnik zu studieren. Sie sagte zu ihm: »Beschwer dich nicht, folge einfach deinen Wünschen und Träumen.« Mein Vater war ein unglaublicher Mensch. Er war für mich sehr wichtig, weil er über viele Dinge Bescheid wusste. Ich glaube, sein Beispiel hat mein Leben indirekt beeinflusst.

Woran forschen Sie?

Als Immunologin erforsche ich unser Immunsystem. Es ist darauf ausgerichtet, Fremdstoffe zu erkennen und zu beseitigen. So bekämpft es Krankheiten, die von Viren oder Bakterien verursacht werden. Normalerweise erkennt unser Immunsystem auch unsere eigenen Körperbestandteile und reagiert nicht auf sie. Aber wenn in diesem Selbsterkennungsmechanismus etwas schiefläuft, kann daraus eine Autoimmunerkrankung werden. Mein Team hat sich mit Multipler Sklerose (MS) beschäftigt. Wir entwickelten ein künstliches Polymer, das dem Protein ähnelt, das MS verursacht. Damit wollten wir den Mechanismus der Krankheit an Tiermodellen erforschen. Dann aber löste unser Polymer die Krankheit nicht etwa aus, sondern hemmte sie. Und das führte zur Entwicklung eines Medikaments gegen Multiple Sklerose, Copaxone.

Das war also eine zufällige Entdeckung?

Absolut. Wir hatten Meerschweinchen mit unserem synthetischen Polymer behandelt. In der Kontrollgruppe starben acht von zehn Tieren, während in der Behandlungsgruppe nur zwei Tiere krank waren und die anderen wieder ganz gesund wurden. Es war eine Offenbarung, als wir entdeckten, dass unser synthetisches Material den Krankheitsausbruch verhindern und sogar bremsen kann. Das war ein fantastisches Gefühl! Und dann muss man weitermachen, um die Mechanismen hinter den Ergebnissen zu finden.

Wie lange dauerte der ganze Prozess?

Von der Grundlagenforschung bis zur FDA-Zulassung dauerte es 29 Jahre. Etwa neun Jahre lang erforschten wir die Grundlagen, um das Tiermodell der Krankheit zu verstehen. Wir testeten den Wirkstoff an verschiedenen Tierarten, auch an Primaten. Dann arbeiteten wir sieben oder acht Jahre mit Ärzten zusammen in klinischen Studien mit Patienten. Erst nachdem diese Studien gute Ergebnisse brachten, interessierte sich ein Unternehmen dafür und begann damit, ein Medikament zu entwickeln. Dann dauerte es weitere neun Jahre, bis es die Zulassung von der FDA bekam.

Wie würden Sie Ihren Beitrag zur Gesellschaft durch Ihre Forschung beschreiben?

Die Entwicklung von Copaxone war ein sehr bedeutender Beitrag. Als wir mit unseren Forschungen begannen, gab es überhaupt kein Medikament gegen MS, und die Situation für die Patienten war schrecklich. Ein Jahr bevor Copaxone die Zulassung von der FDA bekam, kam das Mittel Beta-Interferon auf den Markt, daher waren wir leider nur die Zweiten. Aber es gab immer noch eine große Nachfrage. Hunderttausende von Patienten nehmen unser Mittel bis heute, und es gab bei allen eine deutlich geringere Verschlechterung. Die Patienten können fast ein normales Leben führen. Es ist unglaublich erfüllend, wenn Patienten zu mir sagen: »Copaxone hat mein Leben verändert.«

Sie waren in Israel eine der ersten Frauen in der Wissenschaft. Wie war das für Sie?

Es war anstrengend, weil ich auch eine Familie hatte, einen Mann und zwei Kinder. Als Frau muss man in jungen Jahren eine Familie gründen, und man kann seine Karriere nicht auf später verschieben, wenn die Kinder groß sind. Man muss beides gleichzeitig machen. Als meine Kinder klein waren, bestand mein Leben daher aus sehr, sehr langen Tagen. Ich stand jeden Morgen um vier oder fünf auf, um all die kreativen Aufgaben zu erledigen, das Denken und das Planen. Das war meine Zeit der Ruhe und Stille, bis die Kinder um sieben aufstanden. Wir wohnten immer nahe bei der Arbeit, so konnte ich mittags nach Hause und mit ihnen essen. Um vier Uhr nachmittags machte ich Feierabend, und oft ging ich abends noch mal ins Labor. Das war mein normaler Tagesablauf, für mich war das nichts Außergewöhnliches. Mein Mann unterstützte mich sehr. Als ich in Melbourne, London oder Paris studieren wollte, nahm er Urlaub und kam für drei oder vier Monate mit mir auf unsere »Mini-Sabbaticals«, wie wir das nannten. Wir haben uns immer gegenseitig unterstützt. Ich glaube, das ist ganz wichtig.

Manche Frauen arbeiten lieber in der Industrie wegen der regelmäßigen Arbeitszeiten. Haben Sie je ans Wechseln gedacht?

Nie. Ich wollte immer selbst entscheiden, woran ich forsche. In der Industrie setzt jemand dir ein Ziel, und in diese Richtung musst du gehen. In der Grundlagenforschung folgst du deiner Neugier, und manchmal führt sie zu etwas, das sich auch praktisch anwenden lässt.

Warum sollten junge Menschen in die Wissenschaft gehen?

Sie sollten immer ihrem Instinkt und ihrer Leidenschaft folgen. Denn man gibt nur sein Bestes, wenn man etwas gern tut. Man spürt es tief drinnen, ob etwas das Richtige ist. Mich fasziniert an der Wissenschaft, dass man seinen eigenen Weg wählen kann. Natürlich gibt es immer das Risiko, nicht erfolgreich zu sein. Manchmal landet man in einer Sackgasse, und dann muss man umdenken und sich sagen: »Na gut, ich dachte, das ist der richtige Weg, aber das stimmt wohl nicht.«

Sie hatten viele leitende Positionen am Weizmann-Institut und in anderen wissenschaftlichen Einrichtungen inne. Haben Sie je empfunden, dass Frauen anders behandelt werden?

Ich habe mit Männern gearbeitet, ich habe mit Frauen gearbeitet, mit Männern über oder unter mir, und ich habe darin nie ein Problem gesehen. Ein Wissenschaftler ist ein Wissenschaftler, das Geschlecht spielt für mich keine Rolle. Und als meine Kinder groß waren, machte es keinen Unterschied mehr, eine Frau zu sein. Ich konnte mich weiterentwickeln und selbst entscheiden, was ich mit meiner Zeit anstellen wollte. Ich habe nie Diskriminierung erlebt, weder als Abteilungsleiterin noch als Dekanin noch als Vizepräsidentin noch als Präsidentin der Akademie. Ich wusste immer, ich bin der Boss, das ist meine Arbeit, und ich mache sie.

Welche Eigenschaften braucht ein guter Wissenschaftler?

Man muss hartnäckig sein, und man braucht einen starken Willen, um an seiner Forschung dranzubleiben und nicht einfach aufzuhören, wenn es mal nicht läuft. Nicht alles funktioniert so, wie man es geplant hat. Wenn die Ergebnisse mehr oder weniger so sind, wie man sie erwartet hat: wunderbar. Wenn nicht, muss man flexibel sein und vielleicht sogar das ursprüngliche Konzept ändern. Und wenn das Experiment dann erfolgreich ist, gibt mir das ein Gefühl der absoluten Befriedigung. Heutzutage wird der Wohlstand eines Landes eher durch sein Know-how und seine Technologie definiert als durch seine Rohstoffe.

Wie war es für Sie, mit Tieren zu arbeiten?

Ich mochte die Tierversuche nicht, aber ich wusste, dass man ohne sie nichts erreicht. Es gibt viele Organisationen, die gegen Tierversuche sind. Tierversuche sind unverzichtbar, wenn wir neue Medikamente für die menschliche Gesundheit entwickeln wollen. Nur wenn wir gute Ergebnisse bei Tieren bekommen, können wir ausprobieren, ob etwas auch beim Menschen wirkt. Man kann nicht mit Versuchen an Menschen beginnen.

Als Wissenschaftlerin arbeiten Sie im Team. Gefiel Ihnen das?

Ich habe immer im Team gearbeitet. Bei der Entwicklung von Copaxone, dem MS-Medikament, bestand das Team aus Prof. Michael Sela, Dr. Dvora Teitelbaum und mir. Vor allem in der Biologie muss man fast immer im Team arbeiten. Man kann nicht alleine forschen, weil viele Versuche gleichzeitig durchgeführt werden müssen. Jeder trägt seinen Teil bei, und zusammen löst man dann das Rätsel.

Haben Sie sich seit dem Beginn Ihrer wissenschaftlichen Laufbahn bis heute verändert?

Ich bin immer noch hungrig, und es macht mir immer noch Spaß. Vielleicht brauche ich die Arbeit heute nicht mehr so sehr und mache sie auch zum Vergnügen. Ich war fünf Jahre lang Präsidentin der Israelischen Akademie der Wissenschaften. Damals habe ich drei Tage pro Woche in Jerusalem verbracht und nur zwei Tage hier im Labor. Aber als ich mich aus der Akademie zurückzog, bekam ich wieder Lust zu forschen. Nichts macht mich so zufrieden, wie ein neues Experiment zu planen. Das werde ich so lange machen, wie ich kann.

»MAN DARF KEINE ANGST HABEN, GRENZEN ZU ÜBERSCHREITEN. NIEMALS ETWAS FÜR GEGEBEN HALTEN.«

Vittorio Gallese | Neurowissenschaften

Professor für Psychobiologie an der Universität Parma
Einstein-Visting-Fellow seit 2016
Italien

Herr Professor Gallese, warum sollten junge Menschen in die Wissenschaft gehen?
Weil es das Beste ist, was sie tun können. Es ist die unterhaltsamste, inspirierendste, aufregendste Arbeit überhaupt, abgesehen von der Kunst. Jeder Tag ist anders, man weiß nie, was passiert, wenn man um die nächste Ecke biegt. Man fordert das Unbekannte heraus. Man muss das Thema wählen, das einen am meisten interessiert. Und dann viel Mühe hineinstecken. Denn in der Wissenschaft muss man sich alles durch viel Arbeit und Mühe erobern, geregelte Arbeitszeiten gibt es da nicht.

Ich bin immer wieder verblüfft über die Hingabe und Begeisterung der Menschen, mit denen ich arbeite.

1991 entdeckten Sie und Giacomo Rizzolatti mit Leonardo Fogassi, Luciano Fadiga und Giuseppe di Pellegrino die Spiegelneuronen. Würden Sie dies kurz erklären?

Wir suchten damals nach visuellen Eigenschaften in Motorneuronen. Dafür zeichneten wir »kanonische Neuronen« auf, die eine Doppeleigenschaft haben: Sie entladen sich – wir sagen, sie feuern – jedes Mal, wenn der Affe nach einem Objekt greift. Aber sie werden auch aktiv, wenn er das Objekt nur ansieht. Um die Neuronen also klinisch zu testen, nahmen wir Objekte hoch und zeigten sie dem Makaken. Wir erwarteten, während der Greifphase nichts zu sehen und eine Entladung des Neurons, wenn der Affe das Objekt in unseren Händen ansah. Zu unserer großen Überraschung entdeckten wir, dass einige der Neuronen schon feuerten, wenn wir nach dem Objekt griffen, um es dem Makaken zu zeigen. Das war ein sehr aufregender Moment, aber wir bezwangen unsere Begeisterung rasch wieder und prüften erst mal, ob wir uns nicht irrten. Doch nach ein paar Monaten war ziemlich klar, dass wir eine große Entdeckung gemacht hatten. Es war eine der aufregendsten Zeiten in meiner Karriere als Wissenschaftler. Je mehr alternative Erklärungen wir eliminieren konnten, desto überzeugter wurden wir, dass wir wirklich eine Art Neurovermittler zwischen dem Handelnden und dem Beobachter entdeckt hatten. Natürlich gibt es immer Zweifel. Es ist ein ständiger Kreislauf aus Überprüfen und Bestätigen und auch aus Begeisterung und Frustration.

Bedeutet diese Entdeckung auch, dass meine Gedanken in Ihren Gedanken gespiegelt werden?

Nun ja, die Entdeckung wurde im Gehirn eines Makaken gemacht, also hatten wir es mit offenkundigem Verhalten zu tun. Aber das war nur die Spitze eines viel größeren Eisbergs, der zum Vorschein kam, als wir weiterforschten. Im Jahr 1999 stellten wir zusammen mit dem amerikanischen Philosophen Alvin Goldman die Hypothese auf, dass dieser Spiegelmechanismus nicht nur für Handlungen gelten könnte, sondern auch für Emotionen und Empfindungen. Unsere Hypothese lautete: Der Teil des Gehirns, der mir eine bestimmte Empfindung wie Berührung oder Schmerz ermöglicht, ist auch aktiv, wenn ich sehe, wie jemand anders diese Empfindung hat. Eine empirische Untersuchung auf der Grundlage dieser Hypothese belegte sie. So kam dann der Begriff der Empathie dazu.

Wenn wir jemanden weinen sehen, haben wir also Mitgefühl?

Empathie ist eines der Grundelemente unserer Gesellschaft und befähigt uns, direkt zu erfassen, was der andere fühlt. Aber das bedeutet nicht unbedingt, dass man Mitgefühl empfindet. Sogar ein Sadist kann empathisch sein: Er erkennt den Schmerz bei anderen, aber er empfindet kein Mitgefühl. Leider wird oft nicht deutlich zwischen Empathie und Mitgefühl unterschieden. Spiegelneuronen schaffen nur die Fähigkeit zu verstehen, was in einer anderen Person vorgeht, sie bringen uns aber nicht dazu, anderen zu helfen. Doch diese »experimentelle« Form des Verstehens könnte uns zu der Entscheidung befähigen, mitfühlend zu handeln.

Gab es nach Ihrer Entdeckung Rivalität oder Eifersucht?

Wenn man etwas entdeckt, das die wissenschaftliche Landschaft in verschiedenen Bereichen verändert, dann hat das natürlich Konsequenzen. Es gab einige hitzige Konfrontationen mit anderen Wissenschaftlern oder Artikel, die vor allem zeigen wollten, dass unsere Interpretation der Daten falsch war. Aber das gehört zum Geschäft. Ich würde das gesunde wissenschaftliche Dialektik nennen. Die Wissenschaft macht Fortschritte, weil wir unsere Standpunkte gegeneinanderstellen. Wenn man ein Paper aus Harvard einreicht, hören die Leute anders zu, als wenn es aus Chemnitz oder Parma kommt. Wir sollten bewerten, was andere tun, vor allem weil wir von öffentlichen Geldern leben. Aber die Wissenschaft ist zu einer Art Wettbewerb geworden, wer den höchsten H-Index hat. Eine neue Entdeckung führt daher zu Diskussionen, Gegenpositionen, Rivalität oder persönlichen Fehden. Und es besteht immer das Risiko, dass jemand unsere Entdeckung einige Jahre später widerlegt und sagt: »Spiegelneuronen, so ein Quatsch.« Damit muss man leben.

Was für eine Mentalität sollte ein Wissenschaftler haben?

Man muss begeisterungsfähig sein, sehr neugierig und viel arbeiten. Man darf keine Angst haben, Grenzen zu überschreiten. Niemals etwas für gegeben halten. Das sind die wichtigsten Eigenschaften, die ich bei meinen Studierenden zu fördern versuche. Sie sollten auch risikobereit sein, aber das wird immer schwieriger. Heute muss man schon fliegende Esel versprechen, um Forschungsgelder zu bekommen. Es gibt immer größeren Druck, sofort erfolgreich zu sein und dann noch eine prompte technologische Umsetzbarkeit seiner Ergebnisse zu garantieren.

Wie halten Sie es mit der Work-Life-Balance?

Ich bin wahrscheinlich zu extrem. Wie die meisten Teammitglieder wurde ich nicht von der Universität bezahlt, als wir die Spiegelneuronen entdeckten. Deshalb musste ich an den Wochenenden und nachts als Gefängnisarzt arbeiten, um meinen Lebensunterhalt zu verdienen. Fünf Jahre lang habe ich rund um die Uhr gearbeitet. Ich wollte es wirklich unbedingt. Erst 1992, nach unserer Entdeckung der Spiegelneuronen, bekamen wir Fördergelder, und ich erhielt ein zweijähriges Forschungsstipendium in Tokio. Das half mir sehr. Ich konnte mich in dieser vollkommen fremden Arbeitsumgebung beweisen, und ich war endlich überzeugt davon, dass ich ein guter Neurowissenschaftler war. In Parma gab es mehr Peitsche als Zuckerbrot.

Wie hat diese wichtige Entdeckung Ihr Leben noch verändert?

Um ehrlich zu sein, war das große Ereignis, das mein Leben veränderte, Vater zu werden. Hätte ich gewusst, was für ein unglaubliches Glück es bedeutet, Vater zu sein, hätte ich nicht erst mit 45 angefangen und hätte jetzt drei oder vier Kinder statt zwei. Offenbar habe ich mal was gesagt, woran meine Frau mich immer wieder erinnert: »Kinder sind mit unserer Arbeit nicht kompatibel.« Das war wirklich sehr dumm von mir, aber als junger Mann war ich wahrscheinlich davon überzeugt. Manchmal bereue ich das.

Aber hätten Sie ohne ständige harte Arbeit diese Entdeckung überhaupt machen können?

Ich glaube nicht. Wir Wissenschaftler haben einen Hang zur Besessenheit. Selbst wenn wir nicht arbeiten, bringt uns fast alles auf eine Idee, die mit unseren Versuchen zu tun hat. Wir ziehen den Laborkittel niemals aus. Und nach der Entdeckung der Spiegelneuronen habe ich meinen Forschungsbereich hin zur sozialen Kognition und ihren Dimensionen erweitert. Das war ein Wendepunkt in meiner Karriere, und ich musste tief in Philosophie, Psychopathologie, Ästhetik und später auch in die Filmtheorie eintauchen. Das brachte mir jeden Tag viel zusätzliche Arbeit ein. Normalerweise gehe ich um ein Uhr ins Bett und wache um 6.30 Uhr auf. Ich schlafe also im Prinzip fünf Stunden. Wenn im Haus alles ruhig ist, kann ich Musik hören und dabei etwas für die Arbeit lesen. Oder ich sitze auf dem Sofa und sehe mir eine alte Aufzeichnung von »La Traviata« in der Scala an, und wenn sie sehr gut ist, dann weine ich. Es ist wunderbar, von Musik und Kunst so bewegt zu werden. Wenn man gefühlsbetont ist, dann ist man reicher. Eigentlich habe ich große Angst vor Menschen, die nicht emotional sind.

Haben Sie Musik schon als Kind geliebt?

Meinen Eltern gelang es sehr gut, mein Interesse an der Kunst zu stimulieren, und mein Vater liebte Musik. Das erste Mal, als ich in die Oper ging, um ein Sinfoniekonzert zu hören, war ich sieben oder acht. Die Ouvertüre der »Meistersinger« von Wagner war eine Art Erleuchtung für mich. Meine Eltern waren beide sehr liebevoll, und wir haben viel gekuschelt. Vor allem meine Mutter hat mir oft einen Kuss gegeben und mir gesagt, wie sehr sie mich lieb hat. Heute mache ich das mit meinen Kindern genauso. Ich finde Körperkontakt immens wichtig. Für mich war es als Kind fundamental, so viel Nähe und Liebe zu erfahren. Meiner Mutter wäre es vermutlich lieber gewesen, ich wäre ein reicher Psychiater geworden und kein armer Neurowissenschaftler. Aber davon abgesehen haben sie mich immer sehr unterstützt. Bis zum Alter von neun Jahren war ich ein sehr glückliches Kind. Dann bekam meine Mutter schwere Depressionen und ging durch die Hölle. Das war ziemlich hart für alle in der Familie.

Glauben Sie, dass es für alle Emotionen eine wissenschaftliche Erklärung gibt?

Die Vorstellung, dass die Neurowissenschaft das allein erklären kann, ist vollkommen falsch. Ich halte die kognitive Neurowissenschaft für notwendig, aber sie reicht nicht, um herauszufinden, wer wir sind. Und ich vertrete ein Modell der Wissenschaft, bei dem es nicht die eine Wahrheit gibt, sondern viele temporäre Wahrheiten, die mit neuen Beweisen und neuen Hypothesen widerlegt werden können. Aus der Wissenschaft darf keine unumstößliche Religion werden. Unser einziges Dogma muss sein: Bleib bei den Fakten!

»MIT EIN BISSCHEN GLÜCK STELLT SICH EIN GEFÜHL VON RAUSCHHAFTEM DENKEN EIN.«

Onur Güntürkün | Psychologie

Professor für Biopsychologie an der Ruhr-Universität Bochum
Gottfried Wilhelm Leibniz-Preis 2013
Deutschland

Herr Professor Güntürkün, Sie erforschen die neuronalen Grundlagen des Denkens. Was ist Ihr Idealzustand beim Denken, und wie erreichen Sie ihn?
Ich kann ihn nicht auf Knopfdruck herbeiführen, aber er ist öfter mal da. Es ist wunderschön, wenn der Horizont aufreißt, dann sehe ich kristallklar und verstehe. Ich zoome alle Aufmerksamkeit auf das kleine Feld der Analyse und blende alles andere aus. Mit ein bisschen Glück stellt sich ein Gefühl von rauschhaftem Denken ein. Das geht viele, viele Stunden so, bis ich müde werde. Manchmal suche ich auch Tage und Wochen nach

einer Lösung. Dann überfällt es mich, mitten in einem Gespräch. Oder ich wache am nächsten Morgen auf und es ist da. Das ist schwer vorhersehbar.

Sie forschen an Menschen, Delfinen oder Pinguinen. Warum arbeiten Sie hauptsächlich mit Tauben? Was erforschen Sie genau?

Ich erforsche, wie das Denken im Gehirn entsteht. Lange gingen Wissenschaftler davon aus, dass nur Gehirne ähnlich dem unseren zu komplexen Denkleistungen fähig sind. Das heißt, wir nahmen an, dass die Form, Organisation und Verschaltung des Menschen- beziehungsweise Affengehirns die einzig vorstellbare Grundlage für höhere Denkleistungen liefert. Die Entdeckungen der letzten zwei Jahrzehnte zeigen aber, dass Vögel wie zum Beispiel Krähen zu den gleichen kognitiven Leistungen fähig sind wie Schimpansen. Nun haben aber Krähen und alle anderen Vögel wie zum Beispiel Tauben radikal anders organisierte und erheblich kleinere Gehirne. Das beweist, dass wir uns geirrt haben. Offenbar können komplexe Denkprozesse auch in radikal anders organisierten Gehirnen erzeugt werden. Ich erforsche daher Tauben, um zu verstehen, wie das Denken sowohl im Gehirn von Vögeln als auch von Säugetieren entsteht. Meine Überzeugung ist, dass es gar nicht so wichtig ist, wie genau die Anatomie eines Gehirns aussieht. Viel wichtiger sind die genauen Verschaltungsprinzipien von Gruppen von Nervenzellen. Die Gehirne, in denen solche Nervenzellgruppen eingebettet sind, können sehr unterschiedlich aussehen, aber trotzdem die gleichen Denkprozesse erzeugen. Dieser neue wissenschaftliche Blick wird uns helfen zu erkennen, dass viele Tiere, die wir bisher für lebende Roboter gehalten haben, ein komplexes mentales Innenleben besitzen.

Was war Ihr größtes Glückserlebnis in der Forschung?

Für meine Doktorarbeit habe ich Hirnhälften von Tauben manipuliert, die Daten ergaben aber keinen Sinn. Als ein belgischer Kollege von einer Tagung in Russland zurückkam, erzählte er von einer Australierin, die Unterschiede zwischen linker und rechter Hirnhälfte bei Hühnerküken entdeckt hatte. Da fiel es mir wie Schuppen von den Augen. Ich habe meine Daten nach linken und rechten Hirnhälften reorganisiert und hatte ein kristallklares Bild. Diesen Moment werde ich nie vergessen.

»MEINE NARBEN HABE ICH MIR MEHR IM ÜBERLEBENSKAMPF DES AKADEMISCHEN ALLTAGS ALS IM ROLLSTUHL GEHOLT.«

Sie haben auch entdeckt, dass Frauen während der Menstruation wie Männer denken können. Warum ist das so?

Menschliche Gehirnhälften sind asymmetrisch organisiert, Sprache ist meist links, räumliche Orientierung meist rechts. Diese Gehirnasymmetrien sind bei Frauen statistisch weniger stark ausgeprägt und können durch Hormone modifiziert werden. Dies hat Auswirkungen auf kognitive Prozesse. Bei der mentalen Rotation, einem Test zum räumlichen Denken, sind Männer deutlich besser als Frauen. Doch während der Menstruation ähneln die weiblichen Hirnasymmetrien denen der Männer. In dieser Phase sind Frauen im mentalen Rotationstest genauso gut wie Männer. Die Unterschiede in Hirnorganisation und Kognition hängen also teilweise davon ab, in welchem Zeitraum man sie testet. Das ist eine faszinierende Entdeckung. Wenn Sie mich jetzt fragen: Hast du vollständig verstanden, warum das so ist?, muss ich sagen: Nein, zumindest nicht vollständig.

Sie haben enorme Lebenserfahrungen gesammelt, sind in der Türkei geboren, an Kinderlähmung erkrankt und zu Ihrem Onkel nach Deutschland gekommen. Im Krankenhaus wurden Sie von Ihren Eltern isoliert. Wie hat Sie das geformt?

Eigentlich müsste ich schwer traumatisiert sein. Damals, als Sechsjähriger, war ich mit einer Umgebung konfrontiert, die kein Wort Türkisch sprach, und ich sprach natürlich kein Wort Deutsch. An diese ersten Wochen und Monate habe ich keine Erinnerung mehr. Ein extremes kindliches Trauma kann zu Gedächtnisverlust führen, das habe ich lange Zeit auch für mich angenommen, bis ich die Krankenschwester getroffen habe, die mich und andere damals betreute. Viele dieser Frauen haben nie geheiratet, wir waren ihre Kinder. Die Schwestern frühstückten morgens mit uns und gingen erst am Abend zurück ins Wohnheim. Nach allem, was ich rekonstruieren kann, war das aus Sicht des Kindes eine angenehme Umgebung, eine Art Familie. Das hilft mir zu verstehen, warum keine psychischen Narben aus dieser Zeit geblieben sind. Nach den acht Monaten im Krankenhaus habe ich nur noch Deutsch gesprochen, meine Eltern konnten sich kaum mit mir verständigen. Eine verschüttete Sprache kommt aber relativ schnell wieder.

Die Kinderlähmung hat Sie an den Rand des Todes gebracht. Haben Sie daran noch Erinnerungen?

Als ich aus der Beatmungsmaschine, der Eisernen Lunge, kam, hat meine Mutter ihr Ohr an meinen Mund gelegt. Ich sprach, so laut ich konnte, heraus kam nur ein Flüstern. Die Ärzte dachten, dass ich in kürzester Zeit sterbe, und haben wohl meine Eltern gefragt, ob sie meine Leidenszeit verkürzen sollen. Das habe ich erst sehr viel später erfahren. Meine Mutter sagte Nein, und damit war das Thema gegessen. Seitdem sage ich: Niemals einen Menschen aufgeben!

Sie saßen schon als Kind im Rollstuhl und konnten, zurück in der Türkei der 1970er-Jahre, nicht all die Dinge tun, die Heranwachsende so machen. Wie war das?

Es gibt viele physische Barrieren, gerade die Pubertät ist die Zeit, in der man die Eltern am wenigsten brauchen kann. Meine Mutter hat mir keinen Extra-Schonraum eingerichtet, ich konnte aber ganze Tage ohne Hilfe meiner Eltern verbringen, weil sich immer zwei Mitschüler reihum nach dem Alphabet einen Tag um mich gekümmert haben. Das hat meine Klassenlehrerin am türkischen Gymnasium organisiert. Man darf nur nicht scheu sein. Es gibt Charaktereigenschaften, die sehr hilfreich sind: Ich bin geradezu pathologisch optimistisch.

Wie lief es beim Erwachsenwerden und mit Kontakten zu Mädchen?

Das ist eine schwierige Phase. Aber natürlich gibt es viele Wege zur Liebe. Meine Frau habe ich mit neunzehn auf einer Party kennengelernt, und wir sind immer noch ein Liebespaar. Sie hat dann irgendwann später beschlossen, dass wir heiraten, damit ich nicht ausgewiesen werde. Das war zumindest ihre offizielle Begründung, mit der sie das Gespräch eröffnete. Ich fand das sehr romantisch und habe sofort angenommen.

Mit welchen Schwierigkeiten mussten Sie später als Behinderter kämpfen?

Meine Narben habe ich mir mehr im Überlebenskampf des akademischen Alltags als im Rollstuhl geholt. Das Leben eines Rollstuhlfahrers bin ich gewöhnt, es ist Teil meiner selbst. Diese Einschränkungen habe ich aber nie als Vernarbung empfunden. Das Wichtigste im Wissenschaftsbetrieb ist, begeistert und enthusiastisch zu sein. Es ist kein normaler Beruf: Man ist darauf angewiesen, wahrgenommen und zitiert zu werden. Man muss mit vielen Rückschlägen arbeiten. Manchmal legt man ein Ergebnis vor, für das man Jahre gearbeitet hat,

»ES IST KEIN NORMALER BERUF: MAN IST DARAUF ANGEWIESEN, WAHRGENOMMEN UND ZITIERT ZU WERDEN.«

an das man glaubt, das ein Teil von einem selbst ist. Und dann beugen sich anonyme Kollegen darüber und schreiben ein vernichtendes Urteil. Da ist man dann ganz nackt, steht auf dem Marktplatz und denkt: Ach jemine! Mit diesen Dingen muss man fertig werden.

War der Weg in den Wissenschaftsbetrieb für Sie besonders hart?

Natürlich, weil mir weniger Optionen zur Verfügung standen, um an Stellen zu kommen, in denen ich überhaupt arbeitsfähig war. Ich kann nun mal nicht mit einem Fernglas um den Bauch und einer spannenden Frage drei Monate in einer Halbwüste verbringen und Beobachtungen an bizarren Tieren machen. Trotzdem habe ich versucht, das Beste rauszuholen und keine Kompromisse zu machen. Wissenschaft lohnt sich doch nur, wenn man an Dingen arbeitet, für die man brennt.

Wollten Sie schon als Kind Wissenschaftler werden?

Ich habe nie etwas anderes gemacht, und jetzt mache ich es professioneller und mit viel mehr Mitteln. Als Grundschüler habe ich mal einen verwesten Spatz gefunden, der wohl aus dem Nest gefallen war. Ich träumte davon, das wäre ein Archäopteryx, und war wie besessen davon, diese kleine Leiche zu sezieren. Ich habe Rüsselkäfer gesammelt, sie in Musikkassetten-Schachteln gesperrt, daraus Labyrinthe gebaut und die Käfer belohnt, wenn sie den Ausgang fanden. Ich habe Fische im Aquarium konditioniert, um herauszubekommen, ob sie Farben sehen. Damit ich mir ein Mikroskop leisten konnte, habe ich mit meiner Mutter einen Deal gemacht: einmal Abtrocknen für zehn Pfennige. Ich bin mir sicher, dass ich ihr mehr Arbeit gemacht habe, als ich ihr erspart habe, aber das Schüler-Mikroskop von Neckermann war mein größter Schatz. Zum Beruf wurde das aber erst durch meinen damaligen Professor Juan Delius. Ich habe Psychologie studiert, weil ich das Gehirn erforschen wollte, doch im Studium wurde ich ständig gefragt, was das eine mit dem anderen zu tun hat. Das war damals eine hirnlose Psychologie. Ich habe ernsthaft überlegt aufzuhören. Delius dagegen hat genau die Experimente gemacht, die mich faszinierten. Das wollte ich auch, nichts anderes. Er hat mir das akademische Leben gerettet, weil er mir das gegeben hat.

Wie sind Sie als Hochschullehrer?

Ich versuche zu sein wie mein alter Mathelehrer am Gymnasium in der Türkei. Wenn ich heute Professor bin, habe ich das dieser Schule zu verdanken. Der Mathelehrer brannte für seine Schüler, hätte uns aber niemals auch nur einen halben Punkt geschenkt. Das fand ich toll. Von ihm habe ich gelernt, richtig zu arbeiten. Jede Minute auf der Toilette, jede Minute des Tagträumens sollten wir notieren und am Ende von der Arbeitszeit abziehen. An manchen Gymnasiumstagen bin ich mit all den Minusminuten nur auf acht Stunden Arbeit gekommen, obwohl ich das Gefühl hatte, Tag und Nacht zu arbeiten. Im Laufe der Zeit habe ich mich verbessert und hatte, das war mein Rekord, 14 Stunden und 25 Minuten Netto-Arbeitszeit. Ich glaube, ich habe nie wieder in meinem Leben so viel gearbeitet.

Wie bekommen Sie Forschung und Privatleben unter einen Hut?

Ich habe das große Glück, mit einer Frau verheiratet zu sein, die gerne früh ins Bett geht und früh aufsteht. Ich dagegen bin jemand, der gerne spät zu Bett geht und spät aufsteht. Unser Kompromiss: Wir gehen zu meiner Zeit, also nie vor Mitternacht, ins Bett, wachen aber zu ihrer Zeit auf, das bedeutet um viertel nach sechs. Dadurch schlafen wir beide immer zu wenig, und seit ungefähr vierzig Jahren sagen wir uns, das muss sich ändern. Außerdem kann ich sehr viel und schnell arbeiten und Entscheidungen fällen. Und ich habe das Glück, dass ich mich auf die Leute, die den Lehrstuhl organisieren, blind verlassen kann.

Es gibt in der Wissenschaft wenige Frauen, die es nach oben geschafft haben. Wie sind Ihre Erfahrungen mit Wissenschaftlerinnen?

Ich habe mehr Frauen als Männer im Team, weil das super Wissenschaftlerinnen sind. Psychologie ist ein Frauenfach, fast achtzig Prozent der Studierenden sind Frauen. Doch wenn es sehr apparativ und technisch wird, finden sich mehr Männer ein. Das sieht man auch an meiner Gruppe. Eine wissenschaftliche Karriere ist zudem ein hochriskantes Unternehmen. Männer sind im Schnitt eher bereit, diese und ähnliche Risiken einzugehen. Zudem ist eine wissenschaftliche Karriere schwer mit der Familiengründung zu kombinieren. Das ist die härteste Zeit. Viele Frauen gehen vielleicht davon aus, dass es schwierig wird, den Mann davon zu überzeugen, dass er sich in dieser Phase primär um Kinder und Haushalt kümmert. Vielleicht sind Männer tatsächlich weniger bereit dazu. Vielleicht präferieren Frauen im Zweifelsfall aber auch eher, sich die ersten Jahre um das Kind zu kümmern. Ich sehe aber mit Freude, dass diese Unterschiede immer kleiner werden.

Wie steht es um Ihre Risikobereitschaft? Haben Sie sich in der Forschung schon mal verrannt?

Oh, natürlich. Im statistischen Sinne ist ein normales Experiment ein misslungenes Experiment. Deshalb müssen Experimente für eine Dissertation sehr sorgfältig geplant und so angelegt sein, dass es eine Rückfallposition gibt. Die meisten großen Träume werden nicht wahr. Für junge Menschen gibt es nur einen Grund, Wissenschaftler zu werden, und das ist die Neugier und die Freiheit. Wer möchte sonst schon für Miniverträge um die Welt tingeln, Nächte durch- und dann noch für den Papierkorb arbeiten? Man verdient wenig, und die Konkurrenz ist hart. Und dann stellt man auch noch auf irgendeinem Kongress fest, dass jemand anderes schneller war. Das sind dann Katastrophen! Aber man wird belohnt damit, frei zu sein, ins Unbekannte zu gehen, Neues zu entdecken, vollkommen neue Erklärungen zu finden. Gott sei Dank gibt es den Homo oeconomicus nicht, sonst gäbe es keine Wissenschaft.

Warum haben Sie es geschafft?

Ich war als schwerbehinderter Mensch gezwungen, sehr klug über mich selbst nachzudenken und zu planen. Ich habe gebrannt für das, was ich machen wollte, war gleichzeitig mit meiner Leistung chronisch unzufrieden, wahnsinnig fleißig und häufig bereit, größere Risiken einzugehen. Leistung ist aber nicht alles, es gibt auch Sphären im Leben, da zählt Zuverlässigkeit, Fürsorge und Nähe. Denn Wissenschaftler arbeiten ja auch häufig zusammen, sind befreundet. Das alles habe ich irgendwie hingekriegt. Ich blicke mit großer Freude auf mein Leben.

Was ist Ihre Botschaft für die Welt?

Ich glaube an die Stärke des Menschen, dass er es schafft, seine Zukunft zu bauen. Menschen können viel zerstören, aber auch wahnsinnig viel erschaffen. Wenn wir uns die letzten fünftausend Jahre anschauen, haben wir im Schnitt viel mehr aufgebaut als zerstört. Ich hoffe, das bleibt so.

»MAN WIRD BELOHNT DAMIT, FREI ZU SEIN, INS UNBEKANNTE ZU GEHEN, NEUES ZU ENTDECKEN.«

»VON DER IDEE BIS ZUR VERWIRKLICHUNG MUSS MAN ZWANZIG JAHRE EINPLANEN.«

Carolyn Bertozzi | Chemie

Professorin für Chemie an der Stanford University
Lemelson-MIT-Preis 2010
USA

Frau Professorin Bertozzi, Sie haben bereits mit 32 Jahren den Genius Award bekommen. Wie fühlt es sich an, als Genie bezeichnet zu werden?
Meistens schmunzeln die Leute, wenn sie von diesem Preis hören. Als ich erfuhr, dass ich ihn gewonnen hatte, dachte ich, sie würden meine ältere Schwester meinen. Sie ist eigentlich das Mathe-Genie. Es dauerte eine Weile, bis ich begriffen hatte, dass sie doch mich meinten.
Sie waren auch die erste Frau und Chemikerin, die den Lemelson-MIT-Preis gewann. Er ist mit einer halben Million Dollar dotiert.

Das war viel Geld! Dieser Preis wird für herausragende technische Innovationen verliehen. Als ich ihn bekam, wurde mir klar, dass ich tatsächlich ebenfalls eine Erfinderin sein könnte. Ich hatte bereits ein paar Erfindungen gemacht, hielt einige Patente und hatte gerade eine Firma gegründet. Bei der Preisverleihung bot sich mir die Gelegenheit, eine Vorlesung am MIT in Cambridge zu halten, wo mein Vater sein Leben lang als Professor tätig war. Sogar meine Eltern kamen zu dieser Vorlesung. Das war ziemlich cool.

Ihre Familie war ebenfalls in der Wissenschaft tätig. War das der Grund, weshalb Sie ebenfalls diesen Weg eingeschlagen haben?

Viele glauben, dass man mit Wissenschaftlern als Eltern schon mit Experimenten in der Küche groß geworden sein muss. Ich war jedoch nicht sonderlich an Forschung interessiert, sondern traf mich lieber mit meinen Freunden. Die meisten meiner Aktivitäten hatten nichts mit Wissenschaft zu tun. Sport war mir wichtig, Fußball und Softball. Und Musik! Ich habe in mehreren Bands Keyboard und Klavier gespielt. Damit habe ich mir auf dem College Geld verdient. Ich lernte dabei auch, wie man vor einem Publikum die Nerven behält und wie man am besten reagiert, wenn etwas schiefläuft. Ein Bandkollege versuchte mich zu locken: »Lasst uns alle nach L.A. gehen und in der Musikszene mitmischen.« Meine Reaktion war: »Oh Gott, dann müsste ich das College aufgeben. Meine Eltern würden mich umbringen.« Ich hatte nicht den Mut für diesen Schritt. Er und seine Band wurden ziemlich berühmt.

Anfangs haben Sie Biologie studiert.

Biologie war eines meiner Lieblingsfächer in der Highschool gewesen. Aber dann entdeckte ich durch Zufall die organische Chemie. Ich bin ein sehr visuell denkender Mensch. Deshalb machte es bei der organischen Chemie klick. Jedes Molekül hat seine individuellen Merkmale und verhält sich auch ganz eigen. Einige Moleküle sind sehr energiereich, andere sehr stabil, wieder andere gefährlich. Ich mochte das. Zum ersten Mal hatte ich ein Thema gefunden, bei dem mir Gedanken kamen wie: Heute Abend findet eine Party statt, ich bleibe aber lieber zu Hause und lerne organische Chemie. Ich wollte ein synthetisches Molekül herstellen, Schritt für Schritt. Wenn einem das gelungen ist, hat man etwas geschaffen, das vorher noch nicht existierte. Das ist wie ein Rausch. Aber organische Chemie ist auch vertrackt. Oft bekommt man nicht das, was man sich vorstellt. Es ist eher so, als würde man ein wildes Tier zähmen.

Sie wollten also tatsächlich auf dem Gebiet der organischen Chemie tätig werden?

Ja, aber als ich versuchte, ein Forschungslabor zu finden, rannte ich gegen Wände. Leider gab es Professoren, die keine Frauen ausbilden wollten. Das war Mitte der 1980er-Jahre, nicht in der Steinzeit! Jedes Mal wenn ich mich um einen Posten in einem Labor bewarb, hieß es, es sei keine Stelle frei. Ein, zwei Wochen später fragte einer meiner männlichen Kommilitonen beim selben Professor nach und bekam einen Job. Da habe ich zum ersten Mal begriffen, dass es in der Wissenschaft Diskriminierung gibt. Man nimmt auf einmal wahr, dass das eigene Leben anders ist als das aller Männer um einen herum. Man wittert die Diskriminierung, kann sie aber nicht klar benennen, ohne gleich paranoid zu wirken. Das ist das Hinterhältige daran. Es war entmutigend. Ich fragte mich, ob ich wirklich die richtige Wahl getroffen hatte, ob ich jemals in der Lage sein würde, organische Chemie zu praktizieren. Ich habe mich sogar um eine Stelle in einem biochemischen Labor beworben.

Wollten Sie damals Ihren Plan aufgeben, organische Chemie zu studieren?

Allerdings! Dann kam unerwartet ein Assistenzprofessor nach seiner Vorlesung auf mich zu und sagte: »Wenn Sie interessiert sind, würde ich Sie gern in meinem Labor arbeiten lassen.« Nach all dem »Nein, nein, nein« fühlte sich das an, als hätte ich im Lotto gewonnen. Ich hatte keine Ahnung, woran er arbeitete, aber das kümmerte

»ALS ICH VERSUCHTE, EIN FORSCHUNGSLABOR ZU FINDEN, RANNTE ICH GEGEN WÄNDE.«

mich nicht. Es war großartig! Und es war das erste Mal, dass mich ein älterer Wissenschaftler auf Augenhöhe behandelte. Er verhielt sich mir gegenüber nicht seltsam und unbeholfen wie manch andere Männer zuvor. Wenn ich ein Problem hatte, konnte ich einfach in sein Büro gehen und um Hilfe bitten. Das half mir, das nötige Selbstvertrauen aufzubauen, das ich brauchte, um auch schwierige Themen anzupacken. Ich dachte mir: Wenn so die Wissenschaft läuft – Hilfe bekommen, mit anderen reden, Dinge herausfinden –, dann kann ich das!

Hatten Sie je das Gefühl, als Wissenschaftlerin nicht gut genug zu sein?

Nie! Ich habe nie gedacht, dass ich kein Labor führen oder nicht zur Forschung beitragen könnte. Ziemlich am Anfang meiner Karriere, als Assistenzprofessorin in Berkeley, hatte ich einige Auseinandersetzungen, weil ich von einem höhergestellten Kollegen keine Unterstützung bekam. Man braucht einen Mentor. Wenn ein älterer Kollege einen jüngeren nicht unterstützt, kann das eine Karriere komplett ruinieren. Erfährt man immer nur Gegenwind von älteren Kollegen, fängt man schließlich an, die Berufswahl infrage zu stellen. Das waren harte Jahre für mich. Heute habe ich mehr Einfluss auf die Institutskultur, weil ich selbst daran beteiligt bin, Leute einzustellen und sie zu befördern.

Was können vor allem Frauen tun, um mehr Anerkennung in der Wissenschaft zu bekommen?

Ich glaube, wir tun schon alles, was wir können. Ehrlich gesagt stehen hier eher die Männer in der Pflicht. Bislang ist nicht so viel passiert. Als Frauen in Amerika nicht wählen durften, wer konnte ihnen das Wahlrecht geben? Der einzige Weg war, dass die Männer entschieden: »Ja, Frauen sollten wählen.« Was machen die Männer jetzt? Niemand hat irgendwelche Männer bisher dafür zur Rechenschaft gezogen. Erst wenn sich genügend Männer darum kümmern und sich dafür verantwortlich fühlen, dann werden sich die Dinge ändern. Das geschieht aber nur dann, wenn die Kosten geringer sind als der Nutzen. Was ist mit Latinos, Schwarzen und Asiaten? Wenn die Wissenschaft weiterhin so starr bleibt, wird sie in fünfzig Jahren zu einem seltsamen kleinen Personenkreis verkommen sein, der mit niemandem mehr kommunizieren kann.

Könnten Sie uns Ihr Fachgebiet in einfachen Worten erklären?

Während meines Promotionsstipendiums arbeitete ich drei Jahre in einem Immunologie-Labor an der University of California in San Francisco. In diesem Labor untersuchten wir Zuckermoleküle, die unsere Zellen umhüllen, ähnlich wie der Zuckerüberzug bei Schokolinsen. Diese Zucker, Glycane genannt, sind sehr wichtig für unser Immunsystem, weil sie es den Immunzellen ermöglichen, zwischen kranken und gesunden Zellen zu unterscheiden. Wir wollten die »Sprache« verstehen, in der sie kommunizieren. Allerdings war es schwierig, die chemische Struktur dieser Zuckermoleküle herauszufinden, weil die Werkzeuge, die uns dafür zur Verfügung standen, noch ziemlich primitiv waren. Als ich Professorin wurde und mein eigenes Labor in Berkeley eröffnete, war es mein Ziel, diese Wissenslücke zu schließen und die exakte Struktur der Moleküle herauszufinden. In den ersten zehn Jahren entwickelten wir Techniken

»DU DENKST, DU HÄLTST DIE DEADLINE EIN, UND DANN WERFEN DIR DIE KINDER ALLE PLÄNE ÜBER DEN HAUFEN.«

und chemische Methoden, weil wir feststellten, dass die alten Verfahren dafür nicht geeignet waren. Das waren einige unserer Erfindungen, für die wir den Lemelson Award bekamen.

Was bringt das für die Gesellschaft?

Mithilfe der Glycowissenschaft, der Wissenschaft der Zuckermoleküle, lassen sich Therapien finden. Wir versuchen zu verstehen, wie Zuckermoleküle dazu beitragen, dass Krebs vom Immunsystem unentdeckt bleibt. Es dauerte zwanzig Jahre, bis wir herausfanden, wie die Krebszellen die Immunzellen austricksen und sie »wegschicken«. Und es wird wahrscheinlich noch ein weiteres Jahrzehnt dauern, um ein Medikament zu entwickeln. Eine Krebstherapie wäre ein wirklich wunderbares Vermächtnis. Wir versuchen auch, Tests zur Tuberkulosediagnose zu entwickeln, die sich auch in einer Umgebung mit geringen Ressourcen anwenden lassen, wo es etwa keinen Strom gibt, sodass Medikamente nicht gekühlt werden können. Dafür haben wir Fördergelder von der Bill-&-Melinda-Gates-Stiftung erhalten. In Südafrika läuft gerade ein Feldversuch. Wenn er funktioniert, könnte das unglaublich hilfreich sein, denn hier klafft in der Diagnostik eine große Lücke.

Sie haben drei Kinder mit Ihrer Frau Monica. Wie war es, als lesbische Frau in den USA zu studieren?

In den 1980er-Jahren entschied der Supreme Court, dass Homosexuelle auf der gleichen Stufe stehen wie Kriminelle. Dies wurde im Prinzip dazu genutzt, um Homosexuelle aus ihren Jobs zu drängen. Ich zog für mein Masterstudium nach San Francisco und war sehr aktiv in der schwul-lesbischen Community. Das war mein anderes Leben, das parallel zu meinem Promotionsstudium in Chemie ablief. In den Achtzigern wollten homosexuelle Paare dieselben Rechte wie verheiratete Paare haben. Die University of California erkannte deren Status für Sozialleistungen nicht an, etwa für die Krankenversicherung eines Partners oder für Studentenwohnungen für Verheiratete. Verheirateten Masterstudenten und Postdocs stand eine Art Wohnkomplex zur Verfügung, den anderen Paaren war es nicht erlaubt, dort zu wohnen. Die verheirateten Paare sagten: »Wir wollen euch hier nicht, weil wir Kinder haben.«

Wie hat Sie das beeinflusst?

Es hat viele Spannungen und Stress verursacht. Im Jahr 2000 gab es eine andere ungute Entscheidung, die sogenannte Proposition 22. Die Abstimmung darüber war gewissermaßen ein Präventivschlag, um jede Möglichkeit einer gleichgeschlechtlichen Ehe auszuschließen. Es war eine seltsame, schizophrene Zeit: In derselben Woche, in der ich das MacArthur-Stipendium bekam – eine große Anerkennung –, fiel die gesetzliche Entscheidung, dass ich keine Bürgerrechte haben sollte. Du bist nicht gut genug, um zu heiraten. Du bist Müll. Und so feierte ich an dem einen Tag und fing am nächsten an zu weinen.

Wann konnten Sie Monica heiraten?

Wir heirateten in Kalifornien in den drei Monaten zwischen der Aufhebung des vorherigen Gesetzes durch den Obersten Gerichtshof des Bundesstaats und einer Abstimmung über ein Verfassungsverbot gleichgeschlechtlicher Ehen. Zwischen diesen beiden Entscheidungen gab es eine Lücke von drei Monaten, in denen Homosexuelle das Recht auf Eheschließung hatten. Wir waren damals mit Josh schwanger. Also gingen wir ins Rathaus von Oakland, zogen eine Nummer und setzten uns in den Wartebereich. Asia, meine Assistentin, kam als Trauzeugin mit, weil sie gerade Mittagspause hatte. Das war alles. Wir heirateten, und ich ging zurück an meinen Arbeitsplatz.

Wie haben Sie mit drei Kindern Ihre Karriere organisiert?

Ich lernte Monica 2004 in Berkeley kennen. Ein paar Jahre waren wir ein kinderloses Paar. Ich hatte mir die Gebärmutter entfernen lassen und dachte. Das war's.

Monica ist fünf Jahre jünger als ich und hatte den Kinderwunsch. Sie blieb hartnäckig. Heute bin ich froh darüber. Vor den Kindern habe ich an Wochenenden und abends im Labor gearbeitet. Ich hatte meine Studenten zu Partys nach Hause eingeladen, hatte Ausflüge mit ihnen gemacht oder ihnen ganze Samstage lang bei einem Paper geholfen. Das war nun nicht mehr möglich. Als wir die Kinder bekamen, war ich für die Gruppe außerhalb meiner Arbeit nicht mehr erreichbar. Meine Studenten waren frustriert und beschwerten sich. Das war hart. Aber schon bald kannte man mich als gute Chefin für Leute mit Kindern, denn ich verstand, dass man mit Kindern flexibel sein muss. Du denkst, du hältst die Deadline ein, und dann werfen dir die Kinder alle Pläne über den Haufen.

Ihre Frau blieb zu Hause und kümmerte sich um die Kinder, getreu dem Stereotyp: Die Frau unterstützt die Karriere ihres Partners.

Nicht ganz. Ich selbst bin nach diesem Schema aufgewachsen. Meine Mutter erledigte alles, und mein Vater arbeitete. Bei uns ist es anders, denn wenn ich in der Stadt bin, kümmere ich mich um die Kinder – neben meiner Arbeit. Ich stehe um fünf Uhr auf, mache den Kindern das Frühstück und bringe sie zur Schule. Nach der Schule hole ich sie ab und mache das Abendessen. Gestern habe ich mit meinem ältesten Sohn bis zehn Uhr abends Hausaufgaben gemacht. An Wochenenden bringe ich die Kinder zum Klavier- oder zum Schwimmunterricht. Nur wenn ich auf Reisen bin, bleibt alles an Monica hängen. Aber je älter sie werden, desto leichter wird es. Wenn man Kinder hat, versteht man, wie kostbar Zeit ist. Mir ist auch klar geworden, dass mir die Zeit davonläuft, wenn ich nicht jetzt schon neue Projekte in meinem Labor anstoße. Denn von der Idee bis zur Verwirklichung muss man zwanzig Jahre einplanen.

Und was bleibt von Ihnen?

Dein Produkt im akademischen Bereich ist das Humankapital, das du hervorbringst. In meinem Fall all die Studenten und Postdocs, die ich ausgebildet habe, und das, was sie wiederum mit ihren Studenten und ihren Erfindungen machen, mit ihren Ideen und ihren Büchern. Wenn ich in den Ruhestand gehe, werde ich dieses Grüppchen Menschen hinterlassen – gut und gern 300 Leute. Das ist mein Vermächtnis. Man pflanzt diese Samen, sie wachsen, und so entsteht aus diesen Menschen eine Art Ökosystem. Ich wäre sehr zufrieden, wenn jemand zurückblicken und sagen würde: »Sie ist sich selbst und ihren Werten treu geblieben. Sie hat ihre Interessen verfolgt und sich nicht durch andere Stimmen von den Dingen abbringen lassen, die sie tun wollte.« Das ist mein Ziel.

So wie Frank Sinatra gesungen hat ...

... »I did it my way«. Ja. Vielleicht war es für mich einfacher, weil ich lesbisch und Außenseiterin war. Dafür gab es kein Drehbuch, dem ich folgen konnte. In gewisser Weise habe ich mein eigenes Drehbuch verfasst, und das war sehr befreiend.

»ICH WÄRE SEHR ZUFRIEDEN, WENN JEMAND ZURÜCKBLICKEN UND SAGEN WÜRDE: ›SIE IST SICH SELBST UND IHREN WERTEN TREU GEBLIEBEN.‹«

»ES LIEGT IN DER MENSCHLICHEN NATUR, MEHR ZU WOLLEN.«

Ulyana Shimanovich | Biochemie

Assistenzprofessorin für Materialien und Oberflächen am Weizmann-Institut für Wissenschaften in Rehovot
Israel

Frau Dr. Shimanovich, welche Persönlichkeit braucht man als junger Mensch, um eine wissenschaftliche Laufbahn einzuschlagen?
Sie sollten neugierig sein und die Hartnäckigkeit besitzen, ein Problem anzugehen und die Lösung zu suchen. Natürlich gibt es dabei immer eine Ungewissheit, aber Ihr Job ist es, Lösungen und Antworten zu finden. Diese Ungewissheit ist die treibende Kraft. Ich würde einen Wissenschaftler als eine motivierte Person definieren.
Sie haben zwei Kinder. Wie organisieren Sie Arbeit und Leben?

Sobald Sie Kinder haben, arbeiten Sie effizienter. Ich bin alleinerziehend. Meine Mutter hilft mir sehr, und auch der Vater kümmert sich um die Kinder. Sie sind noch sehr klein. Unsere eine Tochter ist vier und die andere ein Jahr alt.

Was für eine Denkstruktur haben Sie?

Da müssen Sie vielleicht Menschen fragen, die mich kennen. Aber sehr kompliziert, so viel ist sicher. Vor allem als Frau, weil Sie in Ihrem Kopf verschiedene Aufgaben sortieren müssen. Wenn man Kinder hat, ist eine gewisse Ordnung, ein gewisser Plan nötig. Ein täglicher Plan. Und man muss sehr fokussiert sein. Doch selbst dann ist es natürlich schwierig mit Kindern. Sie müssen sich um sie kümmern, sie trösten, sie mit dem versorgen, was sie brauchen. Sie müssen sich aber auch auf Ihre Forschung konzentrieren. Einige Wissenschaftler pflegen ein Hobby, das ihnen hilft, sich gelegentlich auszuklinken, um wieder eine frische, neue Perspektive zu bekommen. Dieses Ausklinken besorgen meine Kinder für mich.

Hatten Sie je Zweifel in der Art »Dieses Projekt läuft in die falsche Richtung. Ich weiß nicht, wie es weitergeht«?

Als ich mit meiner ersten Tochter schwanger war, als Postdoc in Cambridge in England, hatte ich den Plan, meinen Mutterschaftsurlaub in Israel zu verbringen. Also sammelte ich so viele Daten wie möglich, aber nichts funktionierte. Ich war so enttäuscht. Nach der Geburt hatte ich ein wenig Zeit, mir die Daten noch einmal anzuschauen. Und plötzlich entdeckte ich einen Weg. Manchmal, wenn man verzweifelt ist und sich zu sehr auf ein Problem konzentriert, hilft es, einen Schritt zurückzutreten, tief Luft zu holen und die Situation aus einem anderen Blickwinkel zu betrachten.

Ist es für arbeitende Mütter schwerer, in der Wissenschaft Karriere zu machen?

Ich glaube, es wird für selbstverständlich gehalten, dass eine Frau den Mann in seiner Karriere unterstützt. Umgekehrt ist es nicht selbstverständlich, dass der Mann dasselbe für die Frau tun würde. Macht er es, gilt das als lobenswert und ungewöhnlich: »Wow, er bringt ein solches Opfer.« Frauen sind gut im Multitasking. Deshalb sind wir für die Wissenschaft besonders geeignet. Ich muss beispielsweise die Zeit mit den Kindern arrangieren und alles im Voraus planen.

Das Weizmann-Institut ist eine sehr renommierte Forschungseinrichtung. Sie sind eine Frau und recht jung – wie kamen Sie in Ihre Position?

Ich hatte einen Doktorvater, der mich sehr unterstützte und ermutigte, der immer voller Energie steckte. Er ist heute in seinen Achtzigern, aber er hat mehr Energie als ich. Und in Cambridge hatte ich eine großartige Umgebung. Das Weizmann-Institut kümmert sich auch sehr um die Forschung, die Finanzierung und die Betreuung von Studenten. Und ich habe einen großartigen Mentor.

Am Weizmann-Institut gibt es viele junge, hungrige Wissenschaftler. Ist die Konkurrenz groß?

Nein, wir helfen einander. Natürlich stelle ich mich auch dem Wettbewerb, der aber sowohl positiv als auch negativ sein kann. Da sich die Forschungsgebiete und Arbeitsfelder nicht gänzlich überschneiden, ist die Konkurrenz positiv.

Gab es Augenblicke, in denen Sie euphorisch waren und sagten: »Oh, fantastisch! Ich habe etwas entdeckt«?

Ich kann da kein einzelnes Ereignis hervorheben und sagen: »Das war der Wendepunkt.« Doch je eindrucksvoller Daten und Ergebnisse sind, desto euphorischer wird man. Aber das ist kein Einzelereignis, sondern eine Reihe von Ereignissen.

Wissenschaftler werden nach der Veröffentlichung von Papern und nach Vorträgen beurteilt. Wie gehen Sie damit um?

Da gibt es zwei Aspekte. Der erste ist das Schreiben und Veröffentlichen von Papern, der zweite die Präsentation der eigenen Arbeit. Mit Ersterem hatte ich kein Pro-

> »ICH STELLE MICH AUCH DEM WETTBEWERB, DER ABER SOWOHL POSITIV ALS AUCH NEGATIV SEIN KANN.«

blem. Schwierig war für mich, auf Konferenzen und in den Medien im Rampenlicht zu stehen, denn ich bin ein schüchterner Mensch. Am Anfang hat es mir Angst gemacht, auf die Bühne zu gehen, über meine Forschung zu sprechen und mich dem Urteil der Zuhörer zu stellen. Ein guter Weg, das anzugehen, ist, an sich selbst zu arbeiten. Als ich diesen Schwachpunkt ausgemacht hatte, versuchte ich, so oft wie möglich Vorträge zu halten, um die Angst zu überwinden. Wenn man sich daran gewöhnt hat, denkt man an den nebensächlichen Aspekt, dass man gerade vorträgt, und nicht mehr an das Publikum, das einen anstarrt.

Ist der Druck hoch, rasch zu veröffentlichen?

Ich versuche eine Balance zu finden zwischen der Veröffentlichung weniger Daten und dem großen Knüller. Wenn man wartet, könnte es sein, dass jemand anders, der parallel am selben Thema arbeitet, vor einem veröffentlicht.

»ICH VERSUCHTE, SO OFT WIE MÖGLICH VORTRÄGE ZU HALTEN, UM DIE ANGST ZU ÜBERWINDEN.«

Ist es wichtig, im Ausland zu studieren?

Ja. In einem anderen Land kann man Erfahrungen mit einer anderen Umgebung sammeln, und man kann lernen, wie man mit Leuten einer anderen Mentalität kommuniziert. Ich habe in Cambridge viel gelernt.

Was war in Cambridge anders, als Sie dort als Postdoc gearbeitet haben?

Während einer Promotion haben Sie einen Betreuer, der Sie berät. Als Postdoc dagegen sind Sie bis zu einem gewissen Grad ein unabhängiger Forscher. Sie müssen lernen, Ihr Forschungsprojekt zu managen, Ihre Ziele zu definieren und zwischenzeitlich auftretende Probleme zu lösen. Sie lernen, wie man Masterstudenten anleitet und berät. Im Prinzip erlernen Sie Fertigkeiten im Management und im Forschungsmanagement, zur Kommunikation und Interaktion mit Menschen.

Sie scheinen viel Selbstvertrauen zu haben. War das schon immer so?

Ehrlich gesagt glaube ich nicht, dass ich Selbstvertrauen habe. Ich habe versucht, das Richtige zu tun. Ich weiß, was ich will, und versuche mein Bestes, es zu erreichen. Ich bin ziemlich hartnäckig.

Sind Sie in Israel geboren?

Nein, ich bin in Taschkent in Usbekistan geboren. Mein Vater ist Meteorologe und arbeitete am Bau von Wettermessgeräten mit. Deshalb haben wir im Grunde überall gelebt, sogar in Sibirien. Wir zogen vor sechzehn Jahren von Usbekistan nach Israel, da war ich zwanzig. Ich hatte bereits meinen Bachelor, weil ich mit sechzehn mit der Universität begonnen hatte. Als ich in Israel ankam,

> »SIE KÖNNEN SICH IN DIE ECKE SETZEN UND WEINEN – ODER SIE MACHEN WEITER UND VERSUCHEN, AUS DEM FEHLER ZU LERNEN.«

musste ich Hebräisch von Grund auf lernen. Die Bücher waren auf Englisch, aber man muss die Vorlesungen verstehen. Deshalb belegte ich einen Kurs in Hebräisch. Es war eine schwierige Zeit, und ich bin mir nicht sicher, ob ich es noch einmal tun würde. Aber ich wollte Hebräisch wie jeder andere auch lernen. Mein Antrieb war: Ich möchte dasselbe Niveau erreichen, vielleicht sogar ein höheres. Ich möchte Abschlüsse haben, fließend sprechen, und das ganz schnell. Ich wendete all meine Zeit dafür auf. Am Ende meines Masterabschlusses wusste ich, dass ich eine eigene Gruppe leiten will.

Wie haben Ihre Eltern Ihnen geholfen?
Mit beständiger Unterstützung. Bildung war für sie sehr wichtig. Meine Mutter war in gewisser Weise auch ein Rollenvorbild. Sie arbeitete in Usbekistan als Lehrerin für Rechtsgeschichte, und sie bewegte sich immer voran. Ich denke, es liegt in der menschlichen Natur, mehr zu wollen. Einige wollen Geld, andere wollen Macht, wieder andere wollen mehr von dem, was sie bereits haben.

Sie sind 36, haben Ihre bisherige Karriere also innerhalb von sechzehn Jahren hingelegt. Das ist nicht die Norm.
Nein. Sie müssen Ihren Zielen treu bleiben, Ihrem Gefühl des Wohlbefindens und das tun, was Sie wollen, was Sie glücklich macht. Denn eine Professur oder die Leitung einer Forschungsgruppe macht nicht jeden automatisch glücklich. Mich hingegen schon.

Machen Sie manchmal Fehler? Was tun Sie dann?
Natürlich, die ganze Zeit. In der Forschung und im Leben. Sie benötigen Selbstkontrolle, es sich nicht zu leicht zu machen und über eine Lösung nachzudenken. Sie können sich in die Ecke setzen und weinen – oder Sie machen weiter und versuchen, aus dem Fehler zu lernen. Manchmal steckt man auch in einer Sackgasse, dann muss man das abhaken, und weiter geht's. Natürlich hat jeder Mensch diese Momente, in denen er niedergeschlagen ist und einfach alles stehen und liegen lassen will. Das ist aber eine emotionale Sache. Der rationale Ansatz ist, über die Konsequenzen nachzudenken – was hätte ich davon, wenn ich aussteige? Ich muss über das Problem nachdenken und das Beste aus der Situation machen.

Halten Sie sich für einen kommenden Star?
Ich glaube, das würde ich nie von mir sagen. Ich bin eine Wissenschaftlerin, die ihre Forschung möglichst gut macht. Ich halte das auch für sehr weiblich, immer zu überprüfen, was man besser machen könnte, als daran zu denken, wie gut man ist. Ich versuche auch, Beschränkungen zu korrigieren und Hindernisse zu überwinden.

Hat es für Ihren Erfolg einen Unterschied gemacht, dass Sie eine Einwanderin waren?
Als Einwandern entwickeln Sie die Eigenschaften oder den Antrieb, der Sie zum Erfolg bringt und vorankommen lässt. Sie versuchen, sich so gut wie möglich in die Gesellschaft zu integrieren. Ich glaube, wenn ich nicht eingewandert wäre, würde ich nicht so viel Wert darauf legen, mit meiner Karriere so schnell voranzukommen. Vielleicht denkt man als Einwanderin anders.

Aber Sie gehören nicht im selben Maß zur Gemeinschaft. Fühlt sich das manchmal einsam an?
Ja, manchmal ist man einsam, aber manchmal ist es auch gut, nicht Teil der Masse zu sein. Man kann seine Führungsqualitäten entwickeln. Mein Rat ist: Denken Sie nicht an die Leute. Tun Sie, was Ihnen gefällt. Wenn andere sehen, dass Sie Spaß an Ihrer Arbeit haben und sich gut dabei fühlen, werden sie Ihnen eher folgen.

Warum haben Sie eine Naturwissenschaft studiert?
Ich hatte eine großartige Chemielehrerin, die ihr Fach interessant vermitteln konnte. Wir schrieben nicht einfach nur Formeln auf, sondern konnten sie im Labor ausprobieren. Wenn man wollte, konnte man für zusätzliche

Stunden ins Labor kommen und üben oder mehr entdecken, weitere Experimente überprüfen oder mehr tun, über den regulären Kurs hinaus.

Können Sie Ihre Forschung in ganz einfachen Worten erklären, sodass Nichtwissenschaftler sie auch verstehen?

Meine Gruppe forscht an der Selbstorganisation von Proteinen. Proteine, auch Eiweiße genannt, sind Moleküle, die dem Körper Brennstoff liefern. Unter bestimmten Bedingungen wechselwirken Proteinmoleküle und bilden ultradünne Fasern. Wir können dieses Phänomen sehen, wenn Spinnen ihr Netz spinnen. Dasselbe kann in menschlichen Neuronen im Gehirn passieren. Dort können sich bestimmte Fasern bilden, die extrem toxisch sind und ein suizidales Verhalten der Zellen auslösen, Apoptose genannt. Das führt zu neurodegenerativen Krankheiten wie Parkinson oder Alzheimer. Wir untersuchen die Unterschiede zwischen funktionalen Fasern, wie Spinnen sie produzieren, und toxischen Fasern im menschlichen Körper. Wir wollen diesen Unterschied in der Entstehung der »schlechten« und der »guten« Fasern erkennen und einen Weg finden, diesen Faserbildungsprozess zu ändern. Es gibt einige spezielle Fragen, etwa wie man das molekulare Signal ändern kann, durch das sich die Fasern bilden. Wie könnten sich Änderungen auf die physischen Eigenschaften der Fasern auswirken, etwa ihre Zähigkeit? Hätte eine Änderung der physischen Eigenschaften eine völlig andere Wirkung auf menschliche Neuronen? Können wir die Selbstverteidigungsmechanismen der Zellen »anschalten«, sodass sie die toxischen Fasern zerstören?

Wie würden Sie Ihren Beitrag zur Gesellschaft beschreiben? Wie weit sind Sie mit Ihrer Forschung schon?

Die Forschung meiner und anderer Gruppen weltweit soll die grundlegenden Mechanismen einiger neurodegenerativer Erkrankungen aufdecken. Ich will aber nicht behaupten, dass wir einer Heilung von Alzheimer oder Parkinson schon sehr nahe sind. Ich hoffe, dass das in der näheren Zukunft geschieht, aber ich muss natürlich realistisch sein. Wenigstens konnten einige Nebenwirkungen und Krankheitssymptome verringert und die Lebenserwartung der Patienten verlängert werden. Wir brauchen weitere Forschung.

Es gibt in dieser Art von Forschung drei Stufen. Können Sie uns diese erklären?

Stufe 1 ist, wenn Sie einen Effekt identifizieren oder widerlegen können und dies auf Konsistenz hin prüfen. In Stufe 2 versuchen Sie, den beobachteten Effekt zu verbessern und die Technologie für komplexere Systeme verfügbar zu machen. Zum Beispiel lässt sich eine bestimmte Wirkung auf isolierte Proteine beobachten, doch die Wirkung verschwindet im Inneren von Zellen oder gar größeren Organismen wie Mäusen. Stufe 3 sind klinische Studien, mit denen man prüft, ob eine Therapie in einem funktionsfähigen menschlichen Körper wirkt. Dabei kann es passieren, dass die Therapie ein positives Ergebnis hat, aber die Nebenwirkungen sind schlimmer – und diese könnten erst Jahre später auftreten. Sie müssen also sicherstellen, dass Sie den menschlichen Körper nicht schädigen.

Haben Sie je daran gedacht, in der Industrie zu arbeiten und geregeltere Arbeitszeiten zu haben?

Nein, nie. Die Forschung gibt mir eine Energie, die viel größer ist, als es ein Job in der Industrie je leisten könnte. Sie gibt mir die Energie, mich um meine Kinder zu kümmern. Manchmal nehme ich sie mit ins Labor, und sie dürfen dann mit den Mikroskopen spielen. Ich glaube, es macht ihnen Spaß, und es ist auch für mich vergnüglich. Ich liebe meine Arbeit, und das ist auch gut für meine Kinder. Ich bin sicher, dass sie viel glücklicher und selbstbewusster sein werden, wenn ihre Mutter Erfolg hat und glücklich ist.

> »DIE FORSCHUNG GIBT MIR EINE ENERGIE, DIE VIEL GRÖSSER IST, ALS ES EIN JOB IN DER INDUSTRIE JE LEISTEN KÖNNTE.«

»ICH VERSUCHE, IM GEISTE OFFEN UND ENTDECKER ZU BLEIBEN. ICH BIN EIN ABENTEURER.«

Richard Zare | Chemie

Professor für Chemie an der Stanford University
Wolf-Preis in Chemie 2005
USA

Herr Professor Zare, Sie sind als vehementer Unterstützer von Frauen in der Wissenschaft bekannt, was für ein derart männlich dominiertes Feld ungewöhnlich ist. Wie kam das?
Ich bin so nicht zur Welt gekommen, das hat sich mit der Zeit entwickelt. Teilweise wegen meiner drei Töchter, die alle drei Karriere gemacht haben, und wegen meiner Frau, die sich für Frauen in der Wissenschaft starkmacht.
Erzählen Sie mir mehr von Ihrer Frau.
Dass ich mich in sie verliebte, war etwas Großartiges. Über fünfzig Jahre später bin ich noch immer glücklich

verheiratet. Sie ist eine Person, mit der ich reden und der ich zuhören kann. Wir bilden ein gutes Team. Es geht darum, dass die eigenen Erwartungen mit der Wirklichkeit zusammenpassen.

Einige Wissenschaftler haben gesagt, es sei schwierig für Frauen, nach einer Geburt wieder an eine erfolgreiche Karriere anzuknüpfen. Sehen Sie das auch so?

Überhaupt nicht. Sie können als Frau alles haben. Die Gesellschaft muss Sie mit ausreichender Kinderbetreuung und Mutterschaftsurlaub unterstützen. Als ich Direktor des Chemie-Instituts wurde, habe ich den zwölfwöchigen bezahlten Mutterschaftsurlaub eingeführt. Das war damals ungewöhnlich. Indem wir ein familienfreundliches Institut wurden, konnten wir mehr Top-Forscherinnen gewinnen. Es ist wichtig, dass Frauen gleiche Chancen haben, in ihrem Gebiet zu brillieren. Frauen machen mehr als die Hälfte der Bevölkerung aus. Wenn wir sie ausschließen, riskieren wir, enorm viel Talent zu vergeuden und eine asymmetrische Welt zu schaffen. Die Welt muss ihnen zuhören. Frauen veranstalten Konferenzen für Frauenrechte und laden dann nur Frauen ein. Sowohl Männer als auch Frauen müssen hören, worüber gesprochen wird, und mitreden.

Was motiviert Sie noch außer Frauenrechten?

Mich treibt der Wunsch an, meine Freude am Entdecken mit allen zu teilen. Peter Pan hatte recht: Werde nie erwachsen. Bleibe ein Kind und bewahre dir den Sinn für das Staunen und die Neugier, mit der du geboren wurdest. Ich habe das getan.

Als ich jünger war, ging es mir vor allem darum, die Liebe und Bewunderung meines Vaters zu gewinnen. Später merkte ich, dass er schlicht nicht in der Lage war, liebevolle Gefühle zu zeigen.

Wie hat Ihr Vater Sie noch geprägt, als Sie ein Kind waren?

Mein Vater wollte an der Ohio State University in Columbus in Chemie promovieren. Leider schaffte er seinen Master nicht. Deshalb lagen zu Hause viele Chemiebücher herum. Meine Eltern sagten, ich solle sie nicht anfassen. »Lass sie in Ruhe, sie bringen nur Unglück«, sagten sie. Ich war aber ein rebellisches und aufsässiges Kind, sodass mich das umso mehr ermunterte. Ich nahm die Chemiebücher mit ins Bett und las sie im Schein der Taschenlampe unter der Bettdecke. Ich fragte meinen Vater, ob er mir einen Chemiekasten kaufen könne, aber er sagte Nein. Zum Glück konnte ich den Apotheker überreden, mir alles Mögliche zu geben, Kohle, Schwefel, Kaliumnitrat. Er fragte, ob ich wüsste, was ich da tue, weil das die Zutaten für Schießpulver waren.

Sie haben als Kind gerne Chemieexperimente gemacht?

Meine ersten Experimente habe ich mit drei oder vier gemacht. Das waren ungeplante Zufallsexperimente, mein Vater hat mir dafür den Hintern versohlt. Das machte mich unglücklich, weshalb ich in sein Aquarium urinierte. Daran starb der Tropenfisch, was weitere Prügel zur Folge hatte. Die Macht der Chemie hat mich aber beeindruckt. Ich hatte keine Ahnung, dass Urin einem Fisch so zusetzen kann. Ich betrachte das als eines meiner ersten Chemieexperimente.

Mir gefiel es, Magnesium zu verbrennen. Es gab einen fürchterlichen Gestank, und der Keller fing an zu brennen, was mir einen schlechten Ruf einbrachte, der mir gefiel.

Sie fanden das Leben als Kind nicht einfach?

Für mich war die Kindheit von Anfang an schwierig. Ich habe es fast nicht in den Kindergarten geschafft. Dort gab es eine Aufnahmebedingung: selbst seine Schnürsenkel binden zu können. Ich merkte, dass ich nur lange genug warten musste, bis sie jemand anders für mich band. Was mich anging, sah ich keinen Grund, etwas zu lernen.

Und so ging es weiter. In der ersten Klasse schaffte ich es nicht, richtig lesen zu lernen. Wir bekamen aus einem Buch über Alice, Jerry und Spot, den Hund, vorgelesen. Ich habe ein gutes Gedächtnis: Wenn ich daraus vorlesen sollte, rief ich mir die nächste Passage ins Gedächtnis. Irgendwann merkte der Lehrer, dass ich keine Ahnung vom Lesen hatte. Ich war wirklich nicht gesellig, sondern die Art Kind, die sich im Schulschrank versteckt. Es fiel mir schwer, Freunde zu finden, und ich war ein ziemlicher Außenseiter. In der siebten Klasse provozierte ich einen neuen jungen Lehrer, dem man beigebracht hatte, nie einen Irrtum zuzugeben. Er gab uns falsche Antworten, und ich ging hinunter in die Bibliothek und zitierte aus Büchern, um ihm seinen Fehler zu zeigen. Ich wurde mehrmals zum Schuldirektor geschickt und am Ende aus der Klasse geworfen. Man entschied, ich sei zu renitent und müsse die Schule verlassen. Wir waren arm, und mein Vater rackerte sich mit seinen Jobs ab, aber schließlich hatten wir Glück, als ich ein Stipendium für eine Privatschule bekam.

Woher kam diese rebellische Haltung?

Teilweise von meinem jüdischen Hintergrund. Meine Eltern waren Juden, und ich wuchs in einer jüdischen Umgebung auf. Mir wurde erzählt, die Christen würden an den Weihnachtsmann glauben, aber das sei ein Lügengebilde. Ich begann früh anzuzweifeln, was die Leute für wahr hielten. Meine Familie zog in eine andere Nachbarschaft, in der wir die einzigen Juden unter Christen waren. Ich kam dort in die dritte Klasse, in der Weihnachtslieder gesungen wurden. Der Lehrer fragte mich, warum ich nicht mitsinge. Ich sagte, ich kenne den Text nicht und er stimme sowieso nicht. Also musste ich mich mit einer Narrenkappe in die Ecke stellen. Später haben meine Mitschüler mich verhauen. Ich wollte überhaupt nicht mehr in die Schule zurück. Meine Mutter musste erst mit ihnen reden.

Das war ein traumatisches Erlebnis, aus dem ich lernte, alles infrage zu stellen. Als ich dreizehn war, willigte der Rabbi beispielsweise in meine Bar-Mitzwa ein unter der Bedingung, dass ich von ihm keinen Gottesbeweis mehr verlange. Zum Glück ist diese skeptische Einstellung wichtig für Wissenschaft und Forschung. Um dort Fortschritte zu erzielen, müssen Sie von einer »zufriedenen Schizophrenie« sein: Sie formulieren eine Idee, die Sie glauben und die Sie doch gleichzeitig hinterfragen.

Hat Ihnen aber nicht dieser Ansatz des Hinterfragens zu Spitzenpositionen an der Universität verholfen?

Meine erste Stelle habe ich als Doktorand bekommen. Dudley Herschbach, mein Professor, fragte mich, als wir beide in Harvard waren: »Würden Sie gerne im Raum Boston bleiben?«, und ich sagte Ja. Er griff zum Telefonhörer, rief Arthur C. Cope an, den Direktor des Chemie-Instituts am MIT, und sagte: »Ich habe den perfekten Chemiker für dich.« Ich musste einen Vortrag am MIT halten und bekam den Job. Leider war Cope Alkoholiker und verließ das MIT, ohne irgendjemandem zu sagen, dass er mich eingestellt hatte. Als ich dort ankam, hatte ich kein eigenes Büro, kein Labor, sodass ich nicht forschen konnte. Sie setzten mich in ein anderes Büro, das aber zu weit vom Chemie-Institut entfernt war. Ich wollte an etwas arbeiten, was Teile aus rostfreiem Stahl erforderte, also gab ich meine Entwürfe dem Physik-Institut, das eine Werkstatt hatte. Nichts passierte. Nach einiger Zeit fragte ich, warum keiner an meinen Entwürfen arbeitete. Sie sagten, ein älterer Chemiker hätte ihnen das verboten, weil zu viele Chemiker die Werkstatt des Physik-Instituts benutzten. Ich wusste nicht, was ich machen sollte, und wandte mich an den Verwaltungsdirektor. Ich sagte ihm, ich hätte ein Angebot der University of Colorado, aber er winkte ab. »Niemand verlässt das MIT wegen der University of Colorado. Dieses Angebot ist nicht glaubwürdig.« Ich kündigte jedoch und ging ans Joint Institute for Laboratory Astrophysics an der University of Colorado in Boulder.

Seit 1977 bin ich in Stanford. Es ist dort leicht, mit anderen Instituten zusammenzuarbeiten. Es gibt dort diese wunderbare Haltung »Hart arbeiten, exzessiv feiern«.

Schon am Anfang Ihrer Karriere haben Sie sich der laserinduzierten Fluoreszenz zugewandt. Erzählen Sie mir davon.

Als die ersten Laser entwickelt wurden, wusste man nicht, was man damit anfangen kann. Sie waren eine

»SIE MÜSSEN BEREIT SEIN, UNGEWISSHEITEN UND MEHRDEUTIGKEITEN ZU ERTRAGEN.«

Lösung, die ein Problem braucht. Ich beschloss, mithilfe von Lasern chemische Reaktionen auf der molekularen Ebene zu untersuchen. Ich fand heraus, dass Moleküle in einem durch Laserlicht angeregten Zustand selbst Licht abgeben und man ein Fluoreszenzspektrum erhält. Seitdem nutzen wir laserinduzierte Fluoreszenz, um Reaktionsdynamiken, molekulare Stoßprozesse und sogar das menschliche Genom zu untersuchen. Es gibt viele Anwendungen, von der Unterscheidung zwischen krebserregenden und nicht krebserregenden Zellen bis zur Untersuchung von Molekülen in der Atmosphäre, was hinsichtlich des Klimawandels aufschlussreich ist.

Sie haben das Verfahren auch für die Suche nach außerirdischem Leben eingesetzt, richtig?

Ich wollte wissen, ob es auf dem Mars marsianisches Leben gibt. Wir nahmen gebündelte Laserstrahlen, um Meteoritgestein zu erhitzen und dann mit einem anderen Laser anzuregen und zu ionisieren. Ich erkannte einige Moleküle mit Benzolringen und sich abwechselnden Einfach- und Doppelbindungen. Die Aufregung war groß, denn die Art der chemischen Zusammensetzung zeigte, dass sie vom Mars kamen. »Sie haben die ersten organischen Moleküle, vielleicht sogar die ersten Anzeichen für primitives Leben auf dem Mars gefunden«, sagte man mir. Was das alles bedeutet, ist nach wie vor ungeklärt. Ich versuche, im Geiste offen und Entdecker zu bleiben. Ich bin ein Abenteurer.

Was machen Sie zurzeit?

Ich experimentiere begeistert mit Wassertröpfchen. Sie sind viel reaktionsfreudiger als große Wassermengen. Ich untersuche außerdem Stoßprozesse in ultrakalten Umgebungen und finde dabei heraus, ob es sich um Krebs- oder normales Gewebe handelt. Und ich versuche, mittels Nanopartikeln Medikamente in Patienten freizusetzen.

Haben Sie mit Ihren Experimenten immer Erfolg?

Ach was, meistens scheitern wir. Aber die richtige Einstellung ist, sich vom Scheitern zum Erfolg geleiten zu lassen. Wenn Sie nicht oft genug scheitern, können Sie wohl keinen Erfolg haben.

Sie haben allerdings sichtbar Erfolg: Mehr als fünfzig Patente konnten Sie anmelden. Wie oft wird aus Ihren Papern zitiert?

Wissenschaftler werden oft daran gemessen, wie häufig sie zitiert werden. Ich finde das kein gutes Bewertungskriterium. Wenn wir einen Bewerber für Stanford begutachten, fragen wir stattdessen: »Wie hat diese Person das Denken der Menschen über das Fachgebiet verändert?« Was Patente angeht: Ich habe sie nicht gezählt. Ich hatte wirtschaftlich großen Erfolg, war aber nicht klug genug, dies in einen persönlichen finanziellen Erfolg umzumünzen. Wir waren beispielsweise an der Forschung zu kapillarer Elektrophorese beteiligt. Es geht darum, Moleküle in Flüssigkeiten voneinander zu trennen. Ich übergab meine Entdeckung an die Firma Beckman, die unsere Arbeit finanziell unterstützt hatte. Beckman hat seitdem Millionen Dollar mit Geräten verdient, die meinen Prozess nutzen. Ich selbst habe aber keine Tantiemen dafür bekommen.

Ich bin reich gewesen, ich bin arm gewesen. Reich ist sicher besser, aber mich interessiert im Wesentlichen die Erkenntnis, und ich teile meine Begeisterung für die Welt mit anderen. Ich bin erfolgreicher gewesen, als ich je gedacht hätte. Es war ein stochastischer Prozess, eine Art Vorwärtsstolpern als Entdecker.

Sie haben diverse Auszeichnungen bekommen, und Ihr Werk ist öffentlich anerkannt.

Ja, den Fresenius Award, den Welch Award und den King Faisal Award, um einige zu nennen. Ich habe das Geld dafür verwendet, Stanford-Stipendien einzurichten. Wozu soll Geld gut sein, wenn man damit nicht machen kann, was man will? Ich selbst habe ein Harvard-Stipendium gewonnen, und ich bin dankbar dafür. Ich wollte anderen etwas zurückgeben. Ich habe sogar eine

Auszeichnung für mein Lebenswerk bekommen, auch wenn das verfrüht ist: Ich will zum jetzigen Zeitpunkt meine Tätigkeit nicht beenden. Ich liebe meine Arbeit. Ich bin ein Workaholic, aber für mich ist es keine Arbeit, es ist ein Spiel.

Was macht Ihnen außer der Arbeit Spaß?

Ich lebe in vollen Zügen. Ich gehe zum Beispiel gerne ins Theater. Meine älteste Tochter ist hauptberufliche Hornistin in einem Sinfonieorchester, und ich gehe zu ihren Konzerten. Ich erfreue mich an Reisen und an Essen. Die Politikwissenschaft ist ein weiteres Hobby von mir. IBM hat mich als Vorzeigechemiker in sein wissenschaftliches Beratergremium geholt. Dadurch konnte ich manches aus einer anderen Perspektive betrachten.

Sie lernen auch Deutsch?

Die Familie meines Vaters ist im Zweiten Weltkrieg vernichtet worden, und es gab starke antideutsche Gefühle in meiner Familie. Meine Eltern waren entsprechend dagegen, dass ich Deutsch lerne. Aber es wurde ein Hobby für mich. Ich las in jüngeren Jahren »Das Tagebuch der Anne Frank« auf Deutsch, und ich habe mein ganzes Leben weitergelernt. Das hat wiederum alle meine Töchter ermuntert, auch Deutsch zu lernen.

Ein solch reiches Leben ist für einen Wissenschaftler ungewöhnlich. In dieser Hinsicht sind Sie besonders.

Nun, ich bin anders, das stimmt, aber besonders? Ich weiß es nicht. Ich bin glücklich so, wie ich bin. Ich verstelle mich nicht.

Unterrichten Sie gerne?

Ja, beim Unterrichten kann ich meine Begeisterung für Entdeckungen teilen. Es ist auch meine Geheimwaffe für die Forschung – wenn ich anderen etwas beibringe, lerne ich selbst Neues. Die Studenten bewerten den Unterricht. Ich versuche, aus jeder Kritik zu lernen, wie ich es besser machen kann.

Was würden Sie Kindern, die ihr ganzes Leben noch vor sich haben, beibringen?

Finde etwas, was dich interessiert, was Leidenschaft in dir weckt, und verfolge es. Den perfekten Job gibt es nicht, alles hat unerfreuliche Seiten, mit denen man sich arrangieren muss. Ich koche zum Beispiel gerne, aber hinterher wartet der Abwasch.

Welchen Rat würden Sie einem jungen, wissenschaftlich interessierten Menschen geben?

Die Wissenschaft bietet den Kitzel der Entdeckung, des Lernens und des Teilens von Ideen – es gibt nichts Vergleichbares. In der Wissenschaft ist genug Platz für unterschiedliche Menschen, die unterschiedliche Dinge tun. Insgesamt müssen Sie aber Dinge infrage stellen und bereit sein, Ungewissheiten und Mehrdeutigkeiten zu ertragen. Wissenschaft ermöglicht auch soziale Mobilität. Ich kam aus einer recht armen Familie und habe mehr erreicht, als jeder erwartet hatte. Ich habe aber auch hart dafür gearbeitet.

Was kann die Wissenschaft noch zur Gesellschaft beitragen?

Die Wissenschaft hat die Welt verändert – wie wir leben, wie gut wir leben. Wissenschaft und Technik sind auch ökonomische Treiber. Im Unterschied zu den USA hat China das verstanden. Viele chinesische Politiker haben einen wissenschaftlichen Hintergrund. Glücklicherweise ist Wissenschaft kein Nullsummenspiel. Jeder Erkenntnisgewinn hilft der gesamten Welt. Es gibt eine Menge Probleme: der exzessive Energieverbrauch, und das viele Fleisch, das wir essen, ist hinsichtlich Land- und Wasserverbrauch nicht nachhaltig. Ich glaube daran, dass die Wissenschaft hier neue Wege finden kann. Vielleicht entwickeln wir ein Lebensmittel, das wie Fleisch schmeckt. 1798 prognostizierte Malthus, dass wir alle verhungern würden, dass auf uns nur Kriege und Hungersnöte warteten. Stattdessen haben wir den Kunstdünger entwickelt. Wieder einmal kam die Rettung aus der Chemie. Technische Fortschritte wird es weiterhin geben.

Welche erwarten Sie für die Zukunft?

Ich glaube, dass wir die Natur des Menschen ändern und ihn zunehmend mit Maschinen verbinden werden. In ein paar Hundert Jahren werden die Menschen auf uns heute als Primitive zurückblicken. Neben positiven Entwicklungen wird es auch negative geben. Wissenschaftler und Gesellschaft tragen gemeinsam Verantwortung dafür, dass die Fortschritte nicht missbraucht, sondern für ein besseres Leben eingesetzt werden. Wir sollten die Zukunft zugleich fürchten und ersehnen.

»UNABHÄNGIGKEIT KONNTE ICH NUR ERREICHEN, WEIL ICH BEREIT WAR, EINEN SOZIALEN TOD ZU STERBEN.«

Ottmar Edenhofer | Ökonomie und Klimafolgenforschung

Professor für Ökonomie des Klimawandels an der Technischen Universität Berlin
Direktor des Mercator Research Institute on Global Commons and Climate Change in Berlin
sowie des Potsdam-Instituts für Klimafolgenforschung
Friedensnobelpreis 2007 als Co-Vorsitzender des Weltklimarates des IPCC
Deutschland

Professor Edenhofer, Sie sind in dem bayerischen Ort Gangkofen aufgewachsen. Wie konnten Sie ausgleichen, dass Ihre Ausgangsposition nicht optimal war?
Ich hatte schon früh geistige Interessen an der Natur, und Darwin und Marx haben mich sehr fasziniert. Mein Vater war Unternehmer, und ich habe ihm vorgerechnet, dass er Menschen ausbeutet. Bereits als Kind habe ich mich als Weltverbesserer verstanden. Ich habe nach Strategien gesucht, wie ich etwas effektiv verändern kann, und war schon bald überzeugt, dass ich mit Wissen mehr erreiche, als wenn ich auf den Tisch haue.

Sie sind sozusagen auf leisen Sohlen gekommen und haben dadurch mehr verändert?

Ich war nicht im klassischen Sinne unkonventionell, nach außen hin sogar eher konventionell, wenn auch nicht immer leise. Erst als ich angefangen habe, Widerstand zu leisten, bekam ich den Ärger der anderen zu spüren. Zum Glück habe ich früh gelernt, allein zu sein, und die Welt der Bücher entdeckt. Als ich mich stärker in die Biologie vertieft habe, bin ich auf eine Biografie von Darwin gestoßen. Da habe ich verstanden, dass der Mutations- und Selektionsprozess die Gesetze des Lebens ausmacht und dass die Natur hart ist. Das hat mich sehr irritiert, wie generell die Beschäftigung mit der Wissenschaft. Als Kindergartenkind habe ich mir vorgestellt, dass ich mir eine riesengroße Zahl ausdenken kann und immer eins dazuaddiere und doch nie am Ende bin. Das war meine erste Vorstellung der Unendlichkeit, die ich mit der Frage verbunden habe, ob dieses Unendliche Gott sein könnte. Ich war ein frommes Kind, aber ich wollte wissen, was wahre Erkenntnis ist. Darum habe ich mich mit der Wissenschaft beschäftigt.

Sie haben erst Wirtschaftswissenschaften studiert und dann Philosophie. Warum hat Ihnen das erste Fach nicht gereicht?

Wenn ich nicht in einem Unternehmerhaushalt aufgewachsen wäre, hätte ich vielleicht gar nicht Wirtschaftswissenschaften studiert. Ich habe aber damals schon gedacht, dass es ein ewiges Wachstum in einer endlichen Welt nicht geben kann. Umso mehr, als mir klar war, dass die Menschheit nicht in eine Ordnung eingebettet ist, sondern außer Rand und Band geraten war. Die Herangehensweise der Wirtschaftswissenschaften war mir aber zu eng. Deshalb kam die Philosophie dazu.

Warum sind Sie dann noch Jesuit geworden?

Mich trieb als junger Mensch die Frage nach einem menschengemäßen Wirtschaftsmodell um. Die Jesuiten erschienen mir damals als ein Orden, in den diese Dinge integriert werden konnten. Am meisten hat mich der Jesuitenpater Oswald von Nell-Breuning fasziniert. Er war Jurist, Ökonom und Ethiker, und mit diesem Handwerkszeug hat er Gewerkschaften und Politiker beraten und versucht, auf die soziale Gestaltung der Marktwirtschaft Einfluss zu nehmen. Ich konnte mir vorstellen, dass auch mein Leben so aussehen könnte. Später kamen dann die Zweifel, weil ich mich von meinem eigentlichen Ziel entfernte: Ich wollte dort sein, wo die Konflikte ausgetragen wurden, und nicht nur Beobachter sein. Als ich in den Jugoslawienkrieg geschickt wurde, um eine Hilfsorganisation aufzubauen, habe ich erlebt, wie schnell sämtliche zivilisatorischen Standards zusammenbrechen können. Der Firnis der Zivilisation ist so dünn, und es braucht gar nicht viel, um ihn abzutragen.

Was passierte, als Sie den Orden nach sieben Jahren wieder verließen?

Aus dem Jesuitenorden auszutreten heißt, seine Bezugsgruppe, den Beruf und alle Perspektiven zu verlieren. Damals haben selbst Menschen, die mir vorher wohlgesonnen waren, den Kontakt vollständig abgebrochen. Ich habe diese schwierige Situation überstanden, weil ich gelernt habe, den sozialen Tod zu sterben. Mit Zurückweisung und Verachtung zu leben ist kein schönes Gefühl. Aber ich weiß auch, dass davon die Welt nicht untergeht. Heute würde ich sagen, dass es das Beste war, die Situation auszuhalten und daraus etwas Produktives zu machen.

Wann haben Sie begonnen, sich mit dem Klimawandel zu beschäftigen?

Das erste Mal richtig über das Klimaproblem gelesen habe ich in dem Buch »Das Prinzip Verantwortung« von Hans Jonas, woraufhin ich mich intensiv mit Thermodynamik beschäftigt habe. Darüber verstand ich, dass die Verbrennung von Kohle, Öl und Gas die Strahlungsbilanz verändert, was auch wieder an ethische Fragen rührt. Da kamen alle Interessen plötzlich zusammen, und ich bin ganz in die Frage, wie sich Ökonomie und Klimawandel gegenseitig beeinflussen, eingestiegen. Im Jahr 2000 ging ich als Postdoktorand nach Potsdam ans Potsdam-Institut für Klimafolgenforschung. Die Fragen des Klimawandels haben damals kaum jemanden interessiert, das war fast ein Orchideenfach. Meinen ersten Forschungsergebnissen war kein großer Erfolg beschieden, aber ich habe immer geglaubt, dass meine Ergebnisse richtig sind. Erst ab 2004/2005, als wir Modelle zu Lösungsstrategien gemacht haben, wurde die Ökonomie des Klimawandels zum akademisch akzeptierten Fach.

Sie haben ab 2008 mit Entscheidungsträgern aus 194 Staaten einen Bericht über den Klimawandel ausgearbeitet.

Ich wurde in dem Jahr einer der Co-Vorsitzenden im Weltklimarat. Diese Institution hatte die Aufgabe, auf jeweils zweitausend Seiten drei zentrale Fragen zu klären: Ist der Mensch tatsächlich für den Klimawandel verantwortlich? Was sind die Folgen des Klimawandels, und warum sollten wir uns darüber Sorgen machen? Und was sind Lösungsstrategien? Ich sollte als internationaler Nobody die dritte dieser Fragen betreuen. Dadurch hatte ich acht Jahre lang Kontakt mit den wichtigsten Wissenschaftlern des Planeten, kam aber auch an den Rand meiner psychischen und physischen Leistungsfähigkeit. Es ist anstrengend, zweihundert Alphatiere dazu zu bringen, ihre Arbeit zu machen, sie zu motivieren und zu unterhalten. Und wir mussten uns zusammenraufen, um die Berichte verfassen und schließlich den 194 Regierungen vorlegen zu können. Natürlich ringt man um die Fakten, aber es geht auch um Werte- und Weltanschauungskonflikte. Es fällt keinem leicht, wenn fundamentale Werte unter dem Druck der Fakten verändert werden müssen.

Welche Erkenntnisse haben Sie als Wissenschaftler daraus gezogen?

Gar nicht so spektakuläre: Wir haben, gemessen an der begrenzten Aufnahmefähigkeit der Atmosphäre, zu viele fossile Ressourcen im Boden und müssen durch internationale Kooperation die Nutzung der Atmosphäre begrenzen. Wenn die Natur das nicht für uns übernimmt und es auch Gott nicht für uns erledigt, dann müssen wir durch internationale Vereinbarungen das Problem lösen. Die Menschheit hat bisher noch nie durch eine rechtlich verbindliche Vereinbarung globale Menschheitsgüter fair und effizient behandelt. Jetzt müssen wir die Nutzungsrechte an der globalen Atmosphäre definieren, später werden wir auch noch die Nutzung der Ozeane, Wälder und Böden begrenzen müssen. Wir sind bisher in kleinen Schritten vorangekommen und haben mit Mühe und Not im kleineren Maßstab kooperieren können. Wie das im Weltmaßstab gehen soll, ist eine sehr schwierige politische und ethische Frage.

Mit welchen politischen Instrumenten können Sie agieren?

Nicht durch Verbote und Gebote, sondern nur durch die Bepreisung von CO_2. Wir müssen auf den Märkten ein Bewusstsein für die begrenzte Aufnahmefähigkeit der Atmosphäre schaffen. Um die Probleme lösen zu können, brauchen die Marktwirtschaften einen globalen Rahmen, und den haben sie noch nicht. Es gibt keine Weltautorität, die Staaten zwingen kann, das ist ein großes Problem. Mein Ideal, wie Staaten kooperieren können, entspricht dem, was Immanuel Kant in der Schrift »Zum ewigen Frieden« beschrieben und mit der Frage verbunden hat, ob es Fortschritt in der menschlichen Geschichte gibt. Klimapolitik ist am Ende des Tages auch eine Politik der Gewalteindämmung und der Friedenssicherung.

Sie bringen Ihre Gedanken auch in die katholische Kirche ein und waren Berater von Papst Franziskus bei der Enzyklika »Laudato si'«. Es hieß sogar, der Gedanke, dass die Atmosphäre ein Gemeinschaftseigentum der Menschheit ist, sei Ihrer gewesen.

Das wäre zu viel der Ehre, denn schon Thomas von Aquin hat die Frage formuliert: Kann es denn sein, dass

»DIE MEISTEN VERSCHÜTTEN IHRE BERUFUNG, WEIL SIE GLAUBEN, DASS SIE DEN NORMEN GENÜGEN MÜSSEN.«

Menschen elementare Güter wie Luft und Wasser als Privateigentum besitzen? Er hatte dann den genialen Einfall der universalen Widmung der Erdengüter. Jeder Mensch hat Anspruch auf diese Güter – dem muss die Eigentumsordnung Rechnung tragen. Für den Grundgedanken, die Atmosphäre sei ein Gemeinschaftseigentum der Menschheit, habe ich mich starkgemacht.

Wie weit spielt Ihr Glaube heute noch eine Rolle für das, was Sie tun?

Ich bin nach wie vor gläubig: Ich gehe mit Kant davon aus, dass man für ein ethisches Handeln Gott, Freiheit und Unsterblichkeit voraussetzen muss. Am Ende werden wir vor Gott stehen, und dadurch wird das menschliche Leben erst seine Vollendung finden. Ich habe immer noch ein naives Gottvertrauen wie ein Kind. Ich kann Gott nicht beweisen, aber ich kann eine Wette abschließen, dass die Hölle auf Erden vermieden werden kann, auch wenn ich nicht ganz sicher bin, ob mein Handeln die erhofften Früchte trägt. Ich bete darum, dass ich durchhalte.

Sie meditieren auch jeden Tag eine Stunde. Brauchen Sie das?

Ich würde es sonst nicht aushalten. Der Meditierende stellt sich schweigend in die Gegenwart Gottes. Dort gewinne ich Distanz zu meinen eigenen Gefühlen und Regungen. Es ist eine Erfahrung, bei der ich ein »Ja« sagen kann zu etwas Umfassendem, das über die Wissenschaft hinausgeht. Wenn ich eine Stunde meditiere, kann ich danach auch wieder weitermachen. Ich stehe meist schon zwischen 4 Uhr und 4.30 Uhr auf. Den Tag beginne ich damit, dass ich schreibe. Ich bin in der Hinsicht auch obsessiv, aber wenn ich dann das Gefühl habe, dass ich einen wichtigen Teil geschrieben habe, versuche ich, eine Stunde zu meditieren. So großartig die Wissenschaft ist, sie ist nicht alles.

Was ist Ihnen neben der Wissenschaft noch elementar wichtig?

Meine Frau, meine Familie, Freunde und Menschen, denen ich unbedingt vertrauen kann. Davon gibt es nicht viele. Meine Frau möchte gern, dass ich sozialer wäre und mehr Freude hätte, mich auch mal mit Freunden zu treffen, statt immer nur am Schreibtisch zu sitzen. Sie sagt, ich hätte ihr aufgezwungen, allein zu sein, und meine Kinder haben mal gemeint, dass ich die ersten zehn Jahre ihres Lebens nicht recht hilfreich für sie war. Aber in der Pubertät hätten sie mich nützlich und wichtig erlebt. Mein Sohn hat ähnliche wissenschaftliche Obsessionen wie ich, und meine Tochter verfolgt künstlerische Ambitionen. Es ist ein großes Geschenk, mit meiner Familie das Leben teilen zu dürfen. Meine Familie möchte ich nicht missen, auch wenn mein Leben um die Arbeit herum zentriert ist. Leider ist es mir nicht immer gelungen, einen guten Ausgleich zu finden, und ich hatte deshalb auch wiederholt gesundheitliche Schwierigkeiten.

Warum sollte ein junger Mensch Wissenschaften studieren?

Die Wissenschaft ist, mit allen Einschränkungen, ein nobles Unterfangen. Durch die Macht, die sie uns zuspielt, kann sie aber auch gefährlich sein, und dieser Verantwortung muss sie sich bewusst sein. Es muss bestimmte Grenzen bei der Anwendung geben, und dieses Verhältnis von Grenze und Entgrenzung müssen wir immer wieder überprüfen. Wenn wir gefährlichen Klimawandel zulassen, wird die Moderne aus dem Ruder laufen. Wer Wissenschaftler werden will, sollte deshalb eine überragende intellektuelle Begabung haben. Es braucht eine tiefe Intuition, vielleicht sogar mehr als schnelles Denken und eine gewisse Askese. Man muss viel Frustration aushalten können. Aber die Wissenschaft ist auch wie ein Sog: Wer einmal versucht hat, eine Erkenntnis zu gewinnen, der wird immer wieder davon angezogen.

Wozu haben Sie sich in Ihrem Leben überwinden müssen?

Letztlich müssen wir mit den Begrenzungen des Lebens und mit den Ängsten, die wir aus der Kindheit mitnehmen, irgendwie zurande kommen. Bei mir waren es Versagensängste und die Erfahrung, als Spinner geächtet zu werden. Das Wichtigste, was ich in der Kindheit gelernt habe, war, dass es nicht darauf ankommt, was die anderen von einem denken. Unabhängigkeit konnte ich nur erreichen, weil ich bereit war, einen sozialen Tod zu sterben. Aber selbst wenn wir in der menschlichen Gemeinschaft zwar auf manche Anerkennung verzichten können, ganz ohne Anerkennung wichtiger Menschen geht es nicht.

Sie haben sogar die größte Anerkennung erfahren, indem Sie den Nobelpreis gewonnen haben.

Der Weltklimarat IPCC hat den Friedensnobelpreis als wissenschaftliches Kollektiv bekommen. Das ist auch ein gutes Signal, denn wir werden zwar immer große Einzelwissenschaftler brauchen, aber es ist genauso wichtig, dass es solche Kollektive gibt, die gemeinsam etwas erarbeiten.

Was würden Sie einem kleinen Kind sagen, was das Wichtige im Leben ist?

Jeder muss rausfinden, was für ein Mensch er sein will. Dabei kommt es darauf an, den eigenen Träumen nachzugehen. Die meisten verschütten ihre Berufung, weil sie glauben, dass sie den Normen genügen müssen. Die Rolle zu bejahen, die man im Leben hat, zeugt von einer großen Weisheit und Kraft. Ich würde meinem Enkelkind, das es noch nicht gibt, gerne sagen, dass es sich nicht zu früh durch Konventionen die großen Fragen ausreden lassen soll.

Haben Sie erkannt, welche Rolle Sie haben?

Ich habe mich immer als Kartograf verstanden, der die gangbaren Pfade aus einem Dilemma für Entscheidungsträger aufzeichnet. Das Bild des Wegweisers fasziniert mich. Diese Rolle wollte ich immer spielen und konnte das durch den Weltklimarat auf der internationalen Bühne verwirklichen. Ich will auf jeden Fall noch ein Lehrbuch schreiben, in dem ich mein Wissen weitergebe, damit die nächste Wissenschaftlergeneration interdisziplinär und viel selbstverständlicher als ich in diesem Bereich forschen kann.

Was ist Ihre Botschaft an die Welt?

Das Wichtigste ist, Institutionen zu finden, die die Gewalt eindämmen. Jede Generation muss den Schritt zur Kooperation neu machen, und es wird immer Gegenkräfte geben. Die Erschütterung der Gewalt habe ich schon als Kind empfunden. Ich kann mich noch genau erinnern, als ich mit drei, vier Jahren einen Boxkampf gesehen habe und es mich angewidert hat, dass jemand einem anderen das Gesicht blutig schlug und alle drum herumsaßen und gejohlt haben. Mir ist sehr früh klar geworden, dass das Leben etwas Heiliges ist. Als Siebenjähriger habe ich einen Vogel mit einer Steinschleuder erschossen, und es war furchtbar zu sehen, wie er runterfiel, und zu wissen, dass er tot war. Ich habe das sofort beim Pfarrer gebeichtet.

2018 haben Sie den Romano-Guardini-Preis bekommen und eine beeindruckende Rede gehalten.

Unmittelbar davor hatte ich eine Krebsdiagnose erhalten, als der erste Entwurf der Rede schon fertig war. Ich hatte sie mit dem Titel »Das Ende der Geschichte?« überschrieben und wollte über die Frage nachdenken, ob wir uns am Ende der Aufklärung befinden und was danach kommt. Im Verlauf des Schreibens wurde mir aber deutlich, dass ich auch über das Ende meiner eigenen Geschichte nachgedacht habe. Ich bin dem Krebs dann noch einmal knapp entronnen, die Diagnose kam gerade noch zum rechten Zeitpunkt. Das hat mein Leben verändert. Ich arbeite zwar nicht weniger, aber die Endlichkeit steht mir jetzt bewusster vor Augen.

Was soll von Ihnen bleiben?

Die Kartäuser sagen angeblich, wenn ein Mensch im Ruf der Heiligkeit stirbt, habe er seine Sache gut gemacht. Das ist keine falsche Bescheidenheit, sondern der Einsicht geschuldet, dass es einem alles abverlangt, seine Sache gut zu machen. Wenn von mir bliebe, dass ich versucht habe, meine Sache gut zu machen, wäre mir das schon genug.

»DAS BILD DES WEGWEISERS FASZINIERT MICH.«

»ICH GLAUBE FEST DARAN, DASS DAS LEBEN VORBESTIMMT IST.«

Bruno Reichart | Chirurgie

Emeritierter Professor an der Herzchirurgischen Klinik der Ludwig-Maximilians-Universität München
Sprecher des Forschungsverbundes Xenotransplantation der Deutschen Forschungsgemeinschaft (DFG)
Deutschland

Professor Reichart, Sie arbeiten an der Xenotransplantation. Dabei verpflanzen Sie Schweineherzen in Paviane. Wie muss man sich diesen Prozess vorstellen?
Xenotransplantation bedeutet, dass für eine Transplantation speziesfremde Organe, also Organe nicht von Menschen, benutzt werden. Da wir in Deutschland im Jahr etwa fünfzig Millionen Schweine essen, führte dies zu der Überlegung, dass man deren Organe für Transplantationszwecke einsetzen könnte – natürlich erst nach gentechnischen Veränderungen. Ohne diese wäre eine derartige Organverpflanzung nicht möglich, Schwei-

neherzen würden von Pavianen innerhalb einer Stunde abgestoßen werden.

Sie arbeiten schon seit 1998 an der Xenotransplantation. Inzwischen sind Sie so weit fortgeschritten, dass ein Pavian nach einer solchen Transplantation 195 Tage gelebt hat. Was war der entscheidende Schritt, der Sie so weit gebracht hat?

Ich mache seit über zwanzig Jahren präklinische Versuche, um zu klinisch relevanten Ergebnissen zu kommen. Diese Versuche müssen immer erfolgreich sein und die Tiere überleben. Dafür hole ich auch den Rat und die Unterstützung von Biochemikern, Virologen und Veterinärmedizinern ein. Die Organe von genetisch modifizierten Schweinen sehen morphologisch ähnlich aus wie die des Menschen, vor allem die Nieren und Herzen. Das werden dann auch die ersten Organe sein, die sich in den Menschen verpflanzen lassen.

Die Wissenschaft hat durch die Entdeckung der CRISPR/Cas9 große Fortschritte gemacht. Wie wirkt sich das auf Ihre Forschung aus?

Die Genscheren, mit denen man wie bei einem Film Schnipsel rausschneidet und dann wieder zusammenklebt, gibt es schon lange. Als ich angefangen habe, war das aber noch eine Arbeit von einem oder sogar mehreren Jahren. Mit der CRISPR/Cas9-Methode kann man jetzt gezielt Gene ansteuern und herausschneiden, und das Verfahren ist nun auch billiger geworden. Wie überall im Leben – und auch hier – geht es bei Neuerungen um die Nutzen-Risiko-Abschätzung: Der Nutzen ist jetzt größer als das Risiko.

Sie haben drei Pavianen ein Schweineherz eingepflanzt, von denen Sie zwei einschläfern mussten. Warum haben Sie das auch noch bei dem getan, der bereits 195 Tage überlebt hatte?

Alle unsere Transplantationen sind bis ins Detail mit den Behörden abgesprochen. Wenn wir den Tieren das Herz rausnehmen und durch ein genmodifiziertes Schweineherz ersetzen, dürfen sie nicht bluten. Die Empfänger müssen die Organe sofort akzeptieren, selbst atmen und überleben. Wir haben jedoch keine Blutbank und können uns bei Bedarf nicht einfach einen Liter Blut besorgen. Das ist nur ein Beispiel dafür, wie schwierig es ist, Tiere unter Laborbedingungen zu versorgen. Bei den Pavianen war uns zunächst ein Zeitraum von drei Monaten genehmigt worden, danach mussten wir die Behandlung beenden, indem wir die Tiere euthanasierten. Das uns vorgegebene Ziel ist eine Serie mit zehn Transplantationen von genmodifizierten Schweineherzen. Davon müssen sechs Paviane mindestens drei Monate überleben. Nicht leicht zu erreichen.

Wie lange wird es dauern, bis Sie die klinische Erprobung am Menschen durchführen können?

Wir haben gerade wieder zwei Pavianen Herzen eingepflanzt, und auch sie müssen mindestens drei Monate überleben. Wir haben dann genug Tiere erfolgreich transplantiert. Das würde reichen, um zu beweisen, dass es möglich ist, in die Klinik zu gehen. Dazu benötigen wir die Zulassung des Paul-Ehrlich-Instituts. Für die Bewilligung müssen wir das Prozedere millimetergenau beschreiben – zum Beispiel, wie die Schweineställe aussehen. Der Hygienezustand der Tiere muss stimmen, die Luft in den Ställen gefiltert, das Futter präpariert und das Wasser steril sein. Ich glaube, dass wir alles in allem in drei Jahren so weit sind.

Gibt das Paul-Ehrlich-Institut Ihnen auch moralisch-ethische Richtlinien vor?

Dafür gibt es in unserem Konsortium zwei Ethiker, die uns bei dem Befolgen der moralisch-ethischen Richtlinien helfen. Die christlichen Kirchen sind mit unseren Zielen der Xenotransplantation einverstanden. Ich hatte auch Treffen mit einer Rabbinerin und einem islamischen Religionsgelehrten. Für diese Glaubensrichtungen sind Transplantationen mit Schweineherzen ebenfalls kein Problem. Zwar essen sie kein Schweinefleisch, aber es ist für Juden wie Moslems akzeptabel, mit Schweineherzen oder -nieren ein menschliches Leben zu verlängern. Die Frage, ob man ein Tier für einen Menschen opfern darf, hängt dabei für sie von der Hierarchie der Geschöpfe auf dieser Welt ab. Der Mensch ist das höchste Wesen, und das Tier steht darunter. Das wird vor allem deutlich im Alten Testament. Deswegen tun sich Juden und Moslems, die ja nur diesen Teil der Bibel anerkennen, auch leichter mit unserer Forschung. Schwieriger ist es bei den Christen und den Gedanken des Neuen Testaments. Aber auch sie haben nichts gegen die Forschung, solange die Tiere respektiert werden und nicht unnötig leiden. In der Nahrungsmittelerzeugung ist ja der Schlachtvorgang oft das Brutalste.

Sind Sie sicher, dass Sie auf dem richtigen Weg sind, oder haben Sie auch mal Zweifel?

Ich brauchte einen langen Atem und ein gewisses Selbstvertrauen, aber es macht mich glücklich, dass ich sieben Tage in der Woche mit diesem Projekt beschäftigt bin. Ich freue mich, wenn ein Pavian monatelang überlebt oder wenn von uns eine gute Publikation erscheint. Das ist die Befriedigung meiner Neugier, die ich schon als Bub und als junger Mann hatte. Als ich anfing, gab es noch viele Halbgötter in Weiß, die entsprechend autoritär waren. Ich hatte Glück mit einigen meiner Lehrer, die mir in schwierigen Situationen halfen. Doch viele andere dachten damals auch, dass aus mir nichts werden würde. Ich kam von ganz unten, und meine Eltern waren einfache Menschen. Aber ich habe nicht aufgegeben. Ich ging für eine Zeit an eine große Klinik nach Memphis in Tennessee und habe dort gearbeitet wie ein Sklave, nonstop von sieben Uhr in der Früh bis abends um acht, dazu Nacht- und Wochenenddienste. Und nur vierzehn Tage Urlaub im Jahr. Alles, was ich können sollte, wurde mir nur einmal gezeigt, danach musste ich es selbst machen. Geschwindigkeit spielte keine Rolle, aber gut musste ich sein. Ich war für die ganze Diagnostik zuständig, bereitete die Patienten für die Eingriffe vor, assistierte und operierte dann auch mit. Dadurch wurde ich erzogen. Als ich mit 31 Jahren nach Deutschland zurückkam, war ich Chirurg und eine Persönlichkeit.

Haben Sie manchmal gedacht, dass Sie es denen, die an Ihnen gezweifelt haben, zeigen wollen?

Nein. Das waren für mich Respektspersonen, die nie falschlagen. Was sie sagten, war die Wahrheit. Ich musste irgendwie damit fertig werden, und die langen Arbeitszeiten härteten mich nur noch mehr ab und formten mich. Dadurch merkte ich, dass ich kein Versager war und nicht alles falsch machte, wie ich es vor allem von den »Souschefs« oft gehört hatte. Da spürte ich die Hierarchie. Mit diesen Ärzten stand ich letztendlich in einem Konkurrenzkampf, denn sie wollten nicht, dass ich auf ihre Ebene kam.

Sie haben sich ganz der Herzchirurgie und der Forschung verschrieben. Gab es nichts anderes in Ihrem Leben?

Ich hatte wenig Privatleben. Meine erste Ehe ist, wie bei vielen Chirurgen, zugrunde gegangen. Selbst meine zweite Frau Elke, die Journalistin und sehr eigenständig ist, hat schnell erkannt, dass bei mir die Klinik immer zuerst kommt und erst dann die Familie. Aber sie hat das akzeptiert und ist damit nicht schlecht gefahren. Ich bewundere sie dafür, dass sie 1984 mit nach Südafrika gegangen ist, als es dort noch die Apartheid gab und Bürgerkrieg herrschte. Dankbar bin ich ihr auch, weil sie jetzt noch immer dafür sorgt, dass ich nicht verblöde und dass ich mitbekomme, was außerhalb des Operationssaals und des Labors in der Welt geschieht.

Die Zeit in Südafrika war eine Wegmarke für Sie. Sie wollten einmal Zwillingsbabys Pavianherzen einpflanzen, und es war schon alles vorbereitet, aber dann wurden die Paviane vergiftet. Welche Erkenntnis hatten Sie da?

Wir hatten ein großes Transplantationsprogramm am Groote Schuur Hospital in Kapstadt, aber zu wenig Organe, und so kam ich auf die Idee, Paviane als Organspender zu nehmen. Weil es niedere Affen sind, also keine Menschenaffen wie zum Beispiel Schimpansen, sind

sie nicht geschützt. Da diese Tiere klein sind, bot sich eine Herztransplantation an bei Babys mit angeborenen nichtreparablen Herzfehlern. Bei uns in der Klinik lagen zwei dieser Patienten, deren Eltern einer Xenotransplantation recht schnell zustimmten. Wir hatten alles vorbereitet, doch eines Morgens fanden wir die beiden Paviankinder tot im Käfig. Es war ein Signal, eine Warnung. Damals habe ich begriffen, dass die westlich orientierten Gesellschaften aus ethischen Gründen die Verpflanzung von nichtmenschlichen Primaten auf Menschen nicht wollen. Aber auch, dass man nicht alles machen muss, was möglich ist.

Gab es danach für Sie Grenzen, die Sie nicht mehr überschreiten wollten?

Natürlich gibt es sie. Vergessen Sie nicht, auch Chirurgen sind Menschen, die ein Hirn haben und eine Ethik. Ich kenne wenig Grenzen, wenn es um das Leben von Patienten geht. Da versuche ich immer alles. Gegenwind gab und gibt es immer, und auch bei den xenogenen Herztransplantationen werden die größten Hürden Menschen sein, die sagen, dass diese Operationen nicht durchgeführt werden sollen. Aber es gibt ein Ende des Lebens, das man akzeptieren muss. Wenn das Risiko hoch ist, muss ich damit rechnen, dass der Operateur auch einmal nicht erfolgreich ist, auch wenn alles richtig bedacht worden ist. Doch der Tod ist immer auch eine Niederlage. Sie rüttelt an meiner Selbstsicherheit, aber das Beste ist, die nächste Operation in Angriff zu nehmen. Erfolg ist die beste Psychotherapie.

Sie haben 1981 Ihre erste Herztransplantation erfolgreich durchgeführt. Was haben Sie danach empfunden?

Es war ein Glücksgefühl. Ich war allerdings zu dem Zeitpunkt, nach zehn Stunden Arbeit, sehr müde und ein bisschen benommen, sodass ich gar nicht alles mitbekam. Sehr gut kann ich mich aber erinnern, wie beeindruckt ich gewesen war, als ich ein paar Jahre zuvor in Stanford zum ersten Mal eine Herztransplantation miterlebte. Ich sah, wie das Organ implantiert wurde, wie die Klemme aufging und das Herz ansprang. Aber 1981, als wir dann mit unserer Serie begannen, war mir gar nicht klar, dass es etwas Besonderes war. Die ersten Herztransplantationen in Deutschland waren ja schon 1969 durchgeführt worden, leider nicht erfolgreich. Von dem Medieninteresse wurde ich überrumpelt.

»BEI DEN XENOGENEN HERZTRANSPLANTATIONEN WERDEN DIE GRÖSSTEN HÜRDEN MENSCHEN SEIN, DIE SAGEN, DASS DIESE OPERATIONEN NICHT DURCHGEFÜHRT WERDEN SOLLEN.«

Bei neuen Entdeckungen spricht die Welt immer nur von dem Ersten. Christiaan Barnard hat bei einem amerikanischen Team entsprechende Experimente beobachtet, um dann in Südafrika die erste Herztransplantation zu meistern. Sein Name ist unweigerlich damit verbunden. Über Shumway, den eigentlichen Erfinder, spricht niemand mehr. Stehen Sie bei der Xenotransplantation auch im Wettbewerb mit anderen Forschergruppen?

Das kann man nicht vergleichen. Damals spielten Emotionen eine viel größere Rolle, weil es um eine Transplantation von Mensch auf Mensch ging, bei der ein Mensch stirbt und sein Herz gibt. Das Herz ist eine Pumpe, die das Leben ermöglicht. Darüber steht nur das Gehirn, wo die menschliche Seele sitzt. Shumway war zwar traurig, als er 1967 von der geglückten Transplantation in Südafrika erfuhr, nachdem er die Voraussetzungen dafür bereits ab 1958 entwickelt hatte. Aber er hat weitergeforscht und letztendlich genügend Anerkennung bekommen. Jetzt arbeiten auf der Welt drei Teams (unseres eingeschlossen) an der kardialen Xenotransplantation, und von mir aus können auch die Kollegen in Amerika als Erste zum Ziel kommen. Meine Ambition ist, die Arbeit gut zu meistern und die Ergebnisse weiterzugeben. Die Konsistenz ist wichtig, auch das Team. Denn nur in einem Team kann es klappen.

Sie haben gesagt, dass Sie sich mehr nationalen Ehrgeiz in der Wissenschaft wünschen. Was müsste sich dafür in Deutschland verbessern?

Die jetzige Generation setzt andere Schwerpunkte, wie zum Beispiel Familie, Freizeit, Arbeitszeitbeschränkungen, und das geht auf Kosten der Ausbildung und damit auch auf Kosten der Wissenschaft. Ein Fach entwickelt sich nicht weiter ohne Grundlagenforschung und Innovationen. Die Herzchirurgie ist dafür ein perfektes Beispiel: Hier hat es seit zehn Jahren in Deutschland keine großen Fortschritte mehr gegeben. Die Kardiologen erreichen dagegen mit ihren interventionellen Klappen und Kathetern immer mehr und nehmen den Herzchirurgen Arbeit weg.

Was würden Sie einem jungen Menschen raten, der Wissenschaft betreiben will?

Er soll es tun und sich ein sehr gutes Institut suchen, an dem die neuesten Methoden bekannt sind. Die Lehrer sind auch sehr wichtig. Sie dürfen nicht zu alt sein, bei 25- bis 30-Jährigen idealerweise zwischen vierzig und fünfzig, damit für den jungen Forscher der Weg in die Zukunft gebahnt werden kann. Unter diesen Voraussetzungen sollte der dann hart arbeiten und ehrgeizig sein, lesen und sich mit anderen vergleichen. Außerdem beweglich und neugierig sein, nie ruhen und auch mal andere nerven. Und bei alldem auch für Ausgleich sorgen mit etwas, das sich schnell beginnen und schnell beenden lässt. Sport treiben zum Beispiel.

Was ist das Faszinierende an dem, was Sie tun?

Ich habe die Möglichkeit, Neues zu machen, Entdeckungen, auf die noch kein anderer gekommen ist. Geduld ist sehr wichtig und der Glaube, dass sich etwas entdecken lässt. Man muss irgendwo anfangen, und dann kommen die Themen von alleine. Grundsätzlich ist Chirurgie ein wunderbarer und gar nicht so harter Beruf, den übrigens auch Frauen sehr gut ausüben können.

Wie viele Chirurginnen haben bei Ihnen gearbeitet?

Wenige, was mir leidtut. Denn ich halte Frauen, wie schon erwähnt, für sehr begabte Chirurginnen. Sie sind zum Beispiel geschickter mit den Händen als Männer. Aber es ist meine Erfahrung, dass Frauen sich in der Herzchirurgie schwertun und leider oft schnell aufgeben. Weil sie entweder zu ehrgeizig sind und sich aufreiben im Klinikalltag, der bei uns in der Tat sehr stressig sein kann. Oder weil sie zu freundlich sind und sich zum Beispiel bei Operationsprogrammen an den Rand drängen lassen. Nicht gelöst ist hier – wie ja auch in vielen anderen Kliniken – das Problem, wie Familie und Karriere vereinbart werden können. Eine Chirurgin kann sich eigentlich kaum eineinhalb Jahre Elternzeit leisten. Wenn aber bei ihr die Karriere unbedingt im Vordergrund steht, hat sie die Möglichkeit, neue Technologien der Fertilisation in Anspruch zu nehmen, zum Beispiel ihre eigenen Eier zu konservieren, um sie dann später zur In-vitro-Fertilisation zur Verfügung zu haben.

Wie viel Kraft hat Sie die Arbeit gekostet?

Es gibt kein Limit bei mir. Manchmal bin ich müde, dann lege ich mich eben hin und schlafe ein bisschen. Ich habe auf fast allen OP-Tischen, die irgendwo in der Ecke standen, mal geschlafen. Ich bedaure auch nicht, wenn ich in meinem Berufsleben bestimmte Dinge nicht mehr schaffen werde – ich glaube fest daran, dass das Leben vorbestimmt ist. Wenn ich rückblickend meine Karriere betrachte, in der es besonders kritische Abschnitte gab, weiß ich immer noch nicht, warum es oft letztlich dann doch geklappt hat. Grundsätzlich kommt es darauf an, die Dinge laufen zu lassen, in Bewegung zu halten. Wer sich ehrlich bemüht, dem wird der Weg gewiesen.

Was hat Sie zu dem gemacht, der Sie sind?

Ich gehöre zu der Generation, die in der Nachkriegszeit zum Freiheitssinn und zum pragmatischen Denken erzogen wurde. Das hat mich sehr geprägt, in der Schule genauso wie meine Studienzeit. Außerdem das Bestreben, ein guter Arzt zu werden. Ich wollte zuerst Allgemeinmediziner werden, kein Chirurg, das war dann eine Schicksalsentscheidung.

Was ist Ihre Botschaft für die Welt?

Für die Welt habe ich keine, nur für Mitmenschen, besonders für Heranwachsende und Studenten: Fleißig sein, neugierig sein, Dinge ausprobieren, nicht gleich aufgeben und wissen, dass erfolgreiche Arbeit Kraft erfordert.

»MEINE MOTIVATION IST IMMER EINE MISCHUNG AUS WUT, VIELLEICHT SOGAR ANGST, UND UNZUFRIEDENHEIT.«

Shuji Nakamura | Elektrotechnik

Professor für Materialkunde und Elektrotechnik
an der University of California in Santa Barbara
Nobelpreis für Physik 2014
USA

Professor Nakamura, Sie sind auf Shikoku aufgewachsen, der kleinsten der vier japanischen Hauptinseln.
Ja. Mein Vater arbeitete als Wartungstechniker beim lokalen Stromversorger. Ich bin an einem idyllischen und ruhigen Ort aufgewachsen, habe jeden Tag draußen gespielt. Ich konnte auf Berge klettern oder im Meer schwimmen und fühlte mich deshalb der Natur sehr verbunden. Indem ich sie beobachtete, begann ich, neugierig zu werden: Warum wachsen Blumen so schnell? Warum weht der Wind vom Meer her? Warum? All das hat mein Interesse an der Wissenschaft angestoßen.

Ihr älterer Bruder hat ständig mit Ihnen gekämpft.

Ich hatte drei Brüder, sowohl jünger als auch älter als ich. Wir haben seit Kindertagen ständig miteinander gekämpft. Aber selbst wenn ich verloren hatte, gab ich nie auf. Ich dachte: Morgen gewinne ich bestimmt! Das ist wohl der Grund, warum ich immer am Kämpfen bin. Wir unterliegen im Leben oft anderen Menschen, aber ich nehme jede Niederlage als Anreiz. Als ich an der Universität war, hatten wir einmal seltsame Ergebnisdaten. Jeder hatte eine andere Theorie dafür. Meine wurde vom Professor und den anderen Studenten zurückgewiesen. Das wollte ich nicht akzeptieren und dachte weiter darüber nach. Ich saß im Bett und brütete und brütete. Meine Motivation ist immer eine Mischung aus Wut, vielleicht sogar Angst, und Unzufriedenheit. Das könnte gut in meiner Kindheit angelegt worden sein.

Sie haben Elektrotechnik an der örtlichen Universität von Tokushima studiert. Auch später haben Sie die Insel nicht verlassen. Warum?

Als ich in der Highschool war, haben wir eine Klassenfahrt nach Tokio gemacht. Ich dachte: Wow, das ist eine verrückte Stadt. Es gab zu viele Menschen, es war schrecklich voll, besonders in den Zügen. Ich habe es gehasst. Ich war das ruhige Landleben gewohnt und beschloss damals: Geh nie in eine große Stadt. Nie! Später, als ich nach einem anderen Job suchte, wollten mich die Universität von Los Angeles (UCLA) und die Stanford University anwerben, aber ich zog Santa Barbara vor, weil es eine kleine und ruhige Stadt ist.

Sie blieben also zuerst in Japan und fanden einen Job auf Shikoku?

Nachdem ich meinen Master in Elektrotechnik gemacht hatte, suchte ich eine Stelle. Aber keine Firma auf der Insel schien meine Fertigkeiten zu brauchen. Ich fragte also Professor Tada, meinen früheren Betreuer an der Universität, ob er eine Firma für mich wüsste – egal welche. Einem Freund von ihm gehörte das lokale Chemieunternehmen Nichia, und schließlich bekam ich dort einen Posten in der Forschungs- und Entwicklungsabteilung.

Sie haben einmal gesagt, dass Sie dort Ihre eigenen Forschungswerkzeuge bauen mussten.

Ja, ich mochte das sehr. Mein Vater hatte uns Kindern beigebracht, wie wir unsere eigenen Spielzeuge aus Holz oder Bambus bauen konnten. Auf diese Weise habe ich das alles gelernt. Bevor ich zu Nichia kam, wurden Mitarbeiter entlassen, weil die Firma keinen Gewinn machte. Ich wusste davon nichts und fragte meinen Chef nach dem Budget für einen Schmelzofen, den ich für meine Arbeit brauchte. Er fragte mich nur, ob ich verrückt sei. Also ging ich auf den Schrottplatz, suchte die nötigen Teile zusammen und baute mir den Ofen selbst.

Am Anfang habe ich an qualitativ hochwertigen Materialien für die herkömmlichen roten und infraroten LEDs gearbeitet. Das war ziemlich gefährlich. Ich fing mit Galiumphosphid-Kristallen an, was mehrmals im Monat in einer großen Explosion endete. Dann stieg ich auf Galliumarsenid um, was nicht brennbar ist. Aber die bei einer Explosion entstehenden Gase sind giftig. Meine Kollegen haben sich nach einiger Zeit an die Explosionen in meinem Labor gewöhnt.

Wann begannen Sie Ihre Forschung an blauem LED-Licht?

Die von mir entwickelten Produkte aus roten und infraroten LEDs verkauften sich schlecht. Wir waren zu spät damit auf den Markt gekommen. Ich habe oft im Spaß vorgeschlagen, an blauen LEDs zu arbeiten, weil wir da die Ersten auf dem Markt sein würden. Die Antwort meines Vorgesetzten lautete aber immer: »Sie sind verrückt. Sie kennen doch unsere Firma: kein Geld und kein Rückgrat.« Also ging ich direkt zu Direktor Nobuo Ogawa und fragte ihn, ob ich an blauem LED-Licht forschen könne. Er war fast achtzig und sagte: »In Ordnung.« Dann fragte ich, ob er mir ein Forschungsbudget von fünf Millionen Dollar geben und ich für ein Jahr an die University of Florida gehen könnte, um dort zu forschen, und auch hier stimmte er zu. Ich konnte mein Glück kaum fassen.

Sie waren 35, als Sie an die University of Florida gingen. Welche Erfahrungen haben Sie dort gemacht?

Ich musste mit den Doktoranden arbeiten. Sobald sie merkten, dass ich nur einen Master und noch kein einziges Paper veröffentlicht hatte, fingen sie an, mich wie einen Techniker zu behandeln. Sie fragten mich nicht mehr, ob ich an einem Paper mitschreiben oder an einem Meeting teilnehmen wollte. Ich war plötzlich ein Außenseiter und dachte: Ich werde es nicht zulassen, dass mich diese Leute derart abfällig behandeln. Zurück in Japan, konzentrierte ich mich auf die Doktorarbeit, damit ich endlich gleich behandelt würde. Ich muss mich immer ein wenig unglücklich oder wütend fühlen, um eine starke Motivation zu entwickeln. Wenn ich glücklich bin, empfinde ich keinen Anreiz. Damals war ich wütend und entschlossen genug, um sehr hart zu arbeiten.

Sie haben jahrelang von sieben Uhr morgens bis sieben Uhr abends gearbeitet. Dann gingen Sie nach Hause, aßen zu Abend, nahmen ein Bad und gingen ins Bett. Sie haben außer an Neujahr keinen einzigen Tag freigenommen.

Ich ging nicht ans Telefon und nahm nicht an Firmenbesprechungen teil, weil ich mich auf meine Forschung konzentrieren musste. Ich sprach nicht mit meinem Assistenten, das hätte mich abgelenkt. Ich schottete mich total ab und sprach nicht einmal mit meiner Familie, weil ich immer über meiner Forschung grübelte. Ich hatte zwei Millionen Dollar für einen MOCVD-Reaktor* ausgegeben, ein Gerät zur Züchtung von Kristallen, um komplexe Mehrschicht-Halbleiterstrukturen herzustellen.

Nachdem ich es für ein Zwei-Fluss-Verfahren umgebaut hatte, erhielt ich Kristallschichten von der weltweit besten Qualität. Eineinhalb Jahre lief immer die gleiche Prozedur ab: Morgens modifizierte ich den MOCVD*-Reaktor, nachmittags startete ich das Kristallwachstum, und anschließend analysierte ich die Ergebnisse.

Sie mussten allerdings lange auf den Durchbruch warten. Wie empfanden Sie diese Zeit? Kamen Ihnen Zweifel?

Ich löse gern Probleme und genoss diese Zeit daher sehr. Das fing schon an der Universität an. In den ersten drei Jahren besuchte ich nur Vorlesungen. Das fand ich bald so langweilig, dass ich nicht mehr hinging und zu Hause studierte. Aber dann machten wir Forschungsprojekte, und schon wurde es interessant. Forschung und Daten! Ich mochte es, die Daten detailliert durchzugehen.

Bei Nichia erlebte ich zwar all die Fehlschläge und Explosionen, aber mir gefiel es dort. Und dann gelang mir der große Durchbruch. Mein erster Prototyp einer blauen LED leuchtete nur schwach, weil die Qualität der ersten Galliumnitrid-Kristalle nicht sehr gut war. Ich ließ den Prototyp abends weiterleuchten und machte mir Sorgen, ob er morgens immer noch Licht emittieren würde. Erstaunlicherweise leuchtete er immer noch. Die Lebensdauer betrug da schon über 1000 Stunden.

1993 gab Nichia bekannt, dass Sie die erste helle blaue LED hergestellt hatten.

Tatsächlich hatte ich die ersten blauen LEDs mit großer Helligkeit schon 1992 entwickelt. Ich wollte sofort eine Pressemitteilung herausgeben, aber der Vorstandsvorsitzende sagte zu mir: »Wir sind ein kleines Unternehmen. Wenn wir uns jetzt an die Presse wenden, müssen wir in der Lage sein, Bestellungen auszuliefern. Sonst kopieren andere Unternehmen das Verfahren, und wir gehen bankrott. Deshalb müssen wir erst die Massenfertigung vorbereiten.« Wir mussten die Entdeckung also ein Jahr lang geheim halten. Schließlich gaben wir eine Pressekonferenz und erwarteten eigentlich, dass keiner glauben würde, dass eine so kleine Firma auf einer abgelegenen Insel eine so wichtige Innovation machen

---

* Metal-organic chemical vapour deposition = metallorganische chemische Gasphasenabscheidung

konnte. Doch nachdem die Journalisten die blaue LED in unserem Büro gesehen hatten, riefen sie nur: »Wow!«

Haben Sie auch außerhalb Japans Anerkennung bekommen?

1996 erhielt ich eine Einladung nach Berlin, um auf einer Konferenz einen Vortrag zu halten. Ich lehnte aber ab. Als ich einen Freund nach dieser Konferenz fragte, sagte er: »Das ist eine renommierte Konferenz. Du hast abgelehnt? Unglaublich!« Also bin ich hingefahren. Viele Nobelpreisträger waren da, darunter Leo Esaki.* Es war beeindruckend. Wir hatten gerade den Prototyp für einen blauvioletten Laser entwickelt, den man für die Datenspeicherung braucht, und ich präsentierte ihn nun zum ersten Mal auf dieser Konferenz in Berlin. Tatsächlich habe ich ihn während meiner Präsentation als Laserpointer benutzt. Alle reagierten mit ungläubigem Staunen, und ich bekam lang anhaltenden Applaus. Es fühlte sich an, als hätte ich den Mount Fuji bestiegen.

In all den Jahren hatten Sie zwei Konkurrenten, Isamu Akasaki und Hiroshi Amano. War Ihnen klar, dass Sie Erster werden mussten?

Sie hatten schon 1980 mit der Grundlagenforschung an blauen LEDs angefangen, ich begann erst 1989 damit. Sie hatten also fast zehn Jahre Vorsprung. Ich hatte Gerüchte über ihre Arbeiten gehört. Sie wussten ihrerseits von mir, aber sie nahmen mich nicht ernst, weil sie schon so viele Patente innehielten, ich hingegen nicht. 1990 baute ich dann den »Zwei-Fluss«-MOCVD-Reaktor, der größte Durchbruch in meinem Leben. Danach hatte meine Gruppe immer die besseren Ergebnisse als die beiden, weil alle Kristalle, die in dem Gerät gezüchtet wurden – ob für LEDs oder Laserdioden –, die besten der Welt waren.

2014 bekamen Sie gemeinsam mit den beiden den Physik-Nobelpreis. Wie war das, den Preis mit Ihren Konkurrenten zu teilen?

Akasaki und Amano waren die Ersten, die qualitativ hochwertiges Galliumnitrid herstellten. Davor hatten Galliumnitrid-Kristalle eine sehr schlechte Qualität. 1989 entwickelten sie auch das erste positiv dotierte** Galliumnitrid. Das war ihr Beitrag. Galliumnitrid kann aber kein blaues und grünes Licht emittieren. Das Schlüsselmaterial hierfür ist Indium-Galliumnitrid. Es gelang ihnen nicht, es zu züchten. Ich hingegen war der Erste, der Indium-Galliumnitrid für blaue und grüne LEDs nutzen konnte. So erfand ich die erste blaue LED mit hoher Leuchtkraft, was später auch weiße LEDs ermöglichte.

War der Nobelpreis eine besondere Befriedigung für Sie, weil Sie in der akademischen Welt ein Außenseiter waren?

Ich war immer ein Außenseiter, der an einer lokalen Universität studiert und für eine kleine Chemiefirma gearbeitet hatte. Der Nobelpreis war deshalb eine große Anerkennung. All die japanischen Akademiker und selbst die Regierungsmitglieder sagten: »Akasaki und Amano hatten den Löwenanteil an der Forschung für blaue LEDs, Nakamura hat nur ein Produkt hergestellt.« Die beiden erhielten die ganze Anerkennung. Ich war bloß der Techniker, der zufällig ein Produkt entwickelt hatte. Das tat weh, denn ich habe sehr hart gearbeitet. Aber für ein Produkt bekommt man keinen Nobelpreis, er wird nur für eine Erfindung oder eine Entdeckung verliehen. Deshalb war ich trotzdem sehr glücklich über den Nobelpreis.

Sind Sie heute ein glücklicher Mensch?

Nein. Die akademische Community in Japan behauptet weiterhin, ich hätte nur etwas hergestellt. Als die japanische Regierung ihr Wissenschaftsjahrbuch veröffentlichte, stand darin: »Nakamura stellte nur ein Produkt her, indem er eine von anderen entwickelte Technologie nutzte.« Ich hasste das. Also sagte ich: »Wenn Sie das nicht korrigieren, streichen Sie wenigstens meinen Namen, streichen Sie die ganze Stelle.« Es ist immer noch eine offene Wunde. Aber ich nehme es als Ansporn. Wie ich schon sagte, ist unglücklich zu sein ein wichtiger Motor für mich.

Sie hatten eine große Auseinandersetzung mit Ihrem früheren Arbeitgeber Nichia und haben ihn 2001 verklagt. Am Ende gab es einen Vergleich, und Sie erhielten acht Millionen Dollar.

Ja. Ich verließ Nichia 1999, um eine Professur an der University of California in Santa Barbara anzutreten. Nichia forderte mich auf, eine Verschwiegenheitserklärung zu unterzeichnen. Der Universitätsanwalt bat Nichia um eine englische Übersetzung, um sie zu prüfen. Weil sie diese nie lieferten, verließ ich Nichia, ohne zu unterschreiben. Dann eröffnete die Firma einen Prozess gegen mich, weil ich in Amerika das Geschäftsgeheimnis verletzt hätte. Und ich ärgerte mich, weil ich meine Erfindung für grüne und blaue LEDs und Laserdioden Nichia überlassen hatte.

Sie verklagten mich also, weil ich die Verschwiegenheitserklärung nicht unterzeichnet hatte. Ich hatte auf einmal sehr viel zu tun: der Prozess mit der Beweisaufnahme und die Lehre an der Uni. Darüber regte ich mich so sehr auf, dass ich Nichia ein Jahr später ebenfalls verklagte. Wenn man in Japan etwas erfindet, während man für eine Firma arbeitet, gehört das Patent dem Erfinder, nicht der Firma. Nur in Deutschland und Japan gilt dieses Patentrecht. Üblicherweise überlässt der Erfinder das Patent seiner Firma, indem ein Vertrag geschlossen wird. Nichia war aber so klein, dass ich solch eine Überlassung nie unterzeichnen musste. Also gingen wir vor Gericht. Das Gericht in Tokio sagte, es gebe eine stillschweigende Vereinbarung, dass alle Patente Nichia gehörten, mir stünde aber ein Ausgleich zu. Laut Distriktgericht in Tokio hätte ich ein Anrecht auf 200 Millionen Dollar. Der Oberste Gerichtshof schloss schließlich einen Vergleich über acht Millionen.

Benutzen Sie zu Hause LED-Leuchten?

Zu Hause bin ich ein fauler Mensch, deshalb nutze ich zur Hälfte noch herkömmliche Lampen. Tatsächlich mag ich Sonnenlicht. Ich ziehe in meinem Büro nie die Vorhänge zu. Meine amerikanischen Kollegen haben alle Jalousien und beschweren sich, dass sie die Augen zukneifen müssen, wenn sie in mein Büro kommen, weil es zu hell ist.

Was war für Sie der größte Unterschied zwischen den USA und Japan?

In Japan wird der Professor wie ein König behandelt. Seine Studenten sind Diener, die sich um alles kümmern, selbst um Reservierungen in Restaurants. Die Studenten haben große Angst, etwas Falsches zu sagen und den Professor zu verärgern. Als Professor in den USA kann man so etwas von den Studenten nicht verlangen, hier ist jeder gleich. Wenn wir eine Besprechung mit Studenten haben, kann man oft nicht erkennen, wer der Professor ist. In Japan wäre das ganz einfach: Der Professor ist der Einzige, der spricht. Was die Gleichberechtigung angeht, sind die USA viel besser aufgestellt. Japan verkörpert dagegen noch immer das bürokratischere System.

In der Welt der Wissenschaften gibt es nicht viele Frauen an der Spitze. Was könnten Männer tun, damit Frauen nach oben kommen?

Das ist eine schwierige Frage. In den USA müssten wir mehr Professoren von ethnischen Minderheiten berufen. Ich glaube aber, dass das Gehirn von Männern und Frauen unterschiedlich funktioniert und dass auch ihre Neugier anders ist. Männer interessieren sich mehr für Technik, Frauen mehr für Dinge wie Mode, zum Beispiel. Einen Mann oder eine Frau einzustellen heißt also, eine unterschiedliche Form von Neugier und ein anderes Denken einzustellen. Hier gibt es keine echte Gleichheit.

Sie haben drei Töchter. Hatten Sie Zeit für sie, als sie Kinder waren?

Sie sind Töchter, und ich habe keine sehr enge Beziehung zu ihnen. Meine Frau hat sich um sie gekümmert. In Japan habe ich sie zu Hause nie unterstützt, aber als wir nach Amerika kamen, war ich erstaunt, wie anders es dort zuging. In Japan wird vom Mann erwartet, sehr hart zu arbeiten, während in den USA das Privatleben genauso wichtig ist. In den USA versuche ich, es anders zu machen. Inzwischen bleibt man aber auch in Japan am Wochenende zu Hause.

Interessieren Sie sich für irgendetwas anderes außer für Wissenschaft?

Nein, Nachdenken ist mein Hobby. Das hat in der Kindheit angefangen und nie aufgehört. Schon im Alter von drei oder vier Jahren saß ich allein am Meer und schaute den Schiffen zu. Auf Fotos aus meiner Zeit in der Grundschule stehe ich immer für mich, tief versunken in ein Problem, bis ich eine Lösung hatte. Ein Monat, zwei Monate, wie lange es eben dauert. Und um nachzudenken, muss man allein sein. Und es muss ruhig sein.

* Leo Esaki ist der Erfinder der Tunneldiode, wofür er 1973 den Physik-Nobelpreis erhielt.
** Positiv dotiert bedeutet eine Dotierung des Halbleiters mit Atomen, die »Löcher«, also positive Ladungsstellen, im Kristallgitter erzeugen.

»LÄNDER, DIE KLUG IN WISSENSCHAFT INVESTIEREN, ENTWICKELN SICH GUT.«

Eric Kandel | Neurowissenschaften

Professor für Biochemie und Biophysik an der Columbia University in New York
Nobelpreis für Medizin 2000
USA

Herr Professor Kandel, als in Wien geborener Jude mussten Sie aus dem Land fliehen. Wie hat diese Vertreibung Sie geprägt?
Ich werde meine Erfahrungen in Wien nie vergessen. Menschen, die Freunde gewesen waren, wandten sich plötzlich von uns ab und schützten uns nicht. Vielmehr stellten sie sich aktiv gegen uns, nachdem die Nazis am 9. November 1938 an unsere Tür geklopft hatten. Die Nazis sagten, dass wir die Wohnung für einige Tage verlassen müssten. Meine Mutter sagte: »Pack ein paar Sachen ein.« Ich nahm Toilettenartikel und Unterwäsche.

Mein Bruder, der fünf Jahre älter war, gebrauchte seinen Verstand und nahm seine Briefmarken- und Münzsammlung und alle seine Lieblingssachen mit. Als wir fünf Tage später wiederkamen, war nichts Wertvolles mehr übrig. Am 7. November hatte ich Geburtstag gehabt, und mein Vater hatte mir eine Spielzeugeisenbahn geschenkt. Selbst die war weg. Die Nazis hatten alle meine Geschenke mitgenommen.

Hat dieses traumatische Erlebnis Ihr Verhalten verändert?

Ich vermute, dass ich mich wegen der Ereignisse in Wien immer für das Gehirn und das Gedächtnis interessiert habe. Es faszinierte mich, wie Menschen, die deine Freunde waren, zu Feinden werden können. Als ich in den Park ging, verprügelten mich meine früheren Freunde. Mein Vater musste mit einer Zahnbürste alle Propaganda für Schuschnigg vom Bürgersteig schrubben. Schuschnigg war von Hitler kurz vor dem Anschluss zum Rücktritt gezwungen worden. Es war schrecklich in Wien, nachdem Hitler gekommen war. Meine Erinnerungen an jene Zeit sind sehr schmerzhaft.

Sie schafften es aber, das Land zu verlassen?

Wir gingen ohne unsere Eltern. Meine Eltern brachten meinen Bruder, vierzehn Jahre alt, und mich, neun Jahre alt, zum Bahnhof, und wir fuhren nach Brüssel. Dann nahmen wir ein Schiff in die USA. Dort anzukommen bedeutete, Freiheit zu atmen. »Es ist schwierig, in Wien Jude zu sein« – in den USA war das anders.

Meine Großeltern waren vier Monate vorher in die USA gegangen, und als wir ankamen, blieben wir bei ihnen.

Erzählen Sie uns von Ihrer Jugend. Wie war die Atmosphäre, als Ihre Eltern später nach New York kamen?

Wir waren sehr arm. Mein Vater begann damit, als Handelsvertreter Hausbesuche zu machen. Dann eröffnete er ein Geschäft und verdiente am Ende genug, um das kleine Gebäude zu kaufen. Über dem Laden waren noch zwei Wohnungen. Wir bezogen eine selbst und vermieteten die obere. Meine Jugend in New York war wunderbar. Ich empfand echte Freiheit, wie ich sie in meinen Wiener Jahren nicht erlebt hatte.

Wo gingen Sie zur Schule, und wie hat diese Ihr Denken beeinflusst?

Mein Onkel Berman meldete mich in einer Schule in Brooklyn an, in der Nähe unserer Wohnung. Ich fühlte mich da aber sehr unwohl. Niemand sonst sah jüdisch aus, und ich dachte, ich würde wieder verprügelt. Mein Großvater, ein orthodoxer, aber sehr progressiver Jude, brachte mir Hebräisch bei. Deshalb konnte ich auf eine hebräische Schule, die Jeschiwa von Flatbush, wechseln. Fragen zu stellen ist eine wunderbare jüdische Tradition. Juden sind sehr neugierig und auf Bildung bedacht. Sie brillieren in intellektuellen Gebieten, die geistige Anstrengung erfordern. Beispielsweise sind nur 0,2 Prozent der Weltbevölkerung jüdisch, aber 22 Prozent aller Nobelpreisträger. Später ging ich auf die Erasmus Hall High School. In meinem letzten Jahr fragte mich mein Geschichtslehrer, Mr. Campagna: »Auf welchem College bewerben Sie sich?« Ich sagte: »Brooklyn College. Mein Bruder ist dort.« Er sagte: »Warum bewerben Sie sich nicht in Harvard?« Ich besprach das dann mit meinem Vater, der entgegnete: »Schau, wir mussten für die Bewerbung am Brooklyn College gerade schon fünf Dollar zahlen. Ich habe noch nie von Harvard gehört, Brooklyn College ist völlig ausreichend.« Ich ging wieder zu Mr. Campagna, und er gab mir fünf Dollar für die Bewerbung in Harvard. Am Ende bekam ich dort ein Stipendium. Das sind die USA. Absolut fantastisch.

Was hat die Richtung Ihres Studiums beeinflusst?

Als ich nach Harvard ging, wollte ich zuerst verstehen, was mir in Wien passiert war. Ich machte einen Abschluss in Geschichte und Literatur und untersuchte dafür die Haltungen von drei deutschen Schriftstellern, Carl Zuckmayer, Hans Carossa und Ernst Jünger. Sie vertraten unterschiedliche Positionen zum Nationalsozialismus. In der Harvard-Zeit verliebte ich mich in eine Frau, Anna Kris, deren Eltern die Psychoanalytiker Marianne und Ernst Kris waren. Ernst Kris sagte zu mir: »Du wirst nicht verstehen, wie der Verstand funktioniert, indem du Literatur liest. Du musst Menschen studieren, du musst das Gehirn untersuchen und dich mit der Psychoanalyse beschäftigen.« Ich begann, Sigmund Freud zu lesen, und fand ihn faszinierend. Das brachte mich dazu, auf die medizinische Hochschule zu gehen, um Psychoanalytiker zu werden.

Wann begannen Sie, sich auf das Gehirn und das Gedächtnis zu spezialisieren?

Mein Wahlfach im letzten Jahr war das Gehirn. Ich studierte den Hippocampus, um das Gedächtnis zu verstehen, das für alle Menschen so wichtig ist. Ich war die erste Person, die erfolgreich Aufnahmen des Säugetier-Hippocampus machte. Ich untersuchte mit Alden Spencer sechs Monate lang Hippocampus-Zellen. Wir lernten etwas darüber, wie diese Zellen funktionieren, aber nicht, woher die Gedächtnisfunktionen kommen.

Es dauerte lange, bis Sie Erfolg hatten. Hatten Sie je Zweifel an Ihrer Arbeit?

Am Anfang überlegte ich abzubrechen. Ich kam nicht voran, und es schien nicht die richtige Richtung für mich zu sein. Doch dann wuchs mein Selbstvertrauen. Als die ersten Male etwas gelang, dachte ich noch, ich hätte Glück. Beim vierten oder fünften Mal merkte ich, dass ich vielleicht gut darin war, dass ich das vielleicht für den Rest meines Berufslebens machen könnte.

Was hatte sich geändert, dass Sie einen Wendepunkt in Ihrer Forschung erreichten?

Ich fing an, einen reduktionistischen Ansatz für die Wissenschaft zu entwickeln. Ich entschied mich, an einem einfachen Tier zu arbeiten, der Meeresschnecke Aplysia, die ein einfaches Nervensystem hat. Mehr noch, die Nervenzellen der Aplysia sind riesig und mit bloßem Auge sichtbar. In der Aplysia konnte ich Zellen identifizieren, die als neuronaler Schaltkreis einen einfachen Reflex steuern. Ich fand heraus, dass dieser einfache Reflex der Aplysia mittels Lernen verändert werden konnte. Auf diesem Wege entdeckte ich, dass, wenn ein Tier etwas lernt, sich tatsächlich auch die Verbindungen seiner Nervenzellen ändern. Ich konnte die anatomische Veränderung tatsächlich sehen und dachte: »Wow!«

Im Jahr 2000 bekamen Sie den Medizin-Nobelpreis für Ihre Forschung zur physiologischen Basis der Erinnerungsspeicherung in Neuronen. Sie teilten sich den Preis mit Arvid Carlsson und Paul Greengard. War dies Ihr Heureka-Moment?

Mein Heureka hatte ich, als ich zum ersten Mal merkte, dass das Lernen anatomische Veränderungen im Gehirn bewirkt. Ich wollte tiefer einsteigen – nicht auf einer beschreibenden Ebene bleiben, sondern auf einer mechanistischen Ebene verstehen, was im Gehirn abläuft. Beim Kurzzeitgedächtnis gibt es eine funktionale Veränderung, aber keine in der Anatomie. Wenn Sie etwas tun, was eine Langzeiterinnerung wird, gibt es tatsächlich eine anatomische Veränderung im Gehirn: Es entwickeln sich synaptische Verbindungen. Wenn Sie etwas vergessen, verlieren Sie synaptische Verbindungen. Deshalb habe ich den Nobelpreis bekommen: Ich war der Erste, der die grundlegenden biologischen Mechanismen des Lernens und des Gedächtnisses herausgefunden hat. Neuronale Biologie und Psychologie gehören zusammen – die neuronale Biologie ist das biologische Fundament des Verhaltens.

Sie haben damals auch unterrichtet. Waren Sie ein guter Lehrer?

Ich habe gerne unterrichtet und war auch ein guter Lehrer. Ich wollte den Unterricht wie ein Theater haben – die Studenten sollten mir zuhören, nicht nur dasitzen und mitschreiben. Also gab ich ihnen eine schriftliche Zusammenfassung meiner Vorlesung, und sie konnten sich zurücklehnen und in Ruhe zuhören. Am Ende machte ich aus diesen Vorlesungen ein Lehrbuch: »Principles of Neural Science«.

Eric Kandel

»ICH VERMUTE, DASS ICH MICH WEGEN DER EREIGNISSE IN WIEN IMMER FÜR DAS GEHIRN UND DAS GEDÄCHTNIS INTERESSIERT HABE.«

Sie haben Ihr Leben der Forschung gewidmet. Bereuen Sie etwas?

Ich habe Tag und oft auch Nacht gearbeitet und ein großes Vergnügen dabei empfunden. Die Leute sehen abends fern. Ich hingegen fast nie, ich schreibe abends meistens. Ich sage zu meinen Freunden: »Wie kann ich wissen, was ich denke, wenn ich nicht lese, was ich schreibe?« Die Wissenschaft ist so fesselnd. Mir wurden immer wieder attraktive Führungspositionen angeboten, etwa Direktor der Abteilung für Psychiatrie an einem Harvard-Krankenhaus. Meine Frau Denise sah mich dort aber nicht. Sie sagte nur: »Dann wirf halt deine Karriere für einen Verwaltungsjob weg!« Denise fand, dass ich einen klaren Verstand hatte und meine Zeit in die Forschung stecken sollte. Wann immer mir solche Posten angeboten wurden, hat Denise mich davon abgehalten. Ihr einziger Einwand gegen meine Forschung war, dass ich oft zu viel Zeit damit verbracht habe. Ich erinnere mich, wie sie einmal in der Tür meines Labors stand, mit einem unserer vier Kinder. »Eric«, sagte sie, »du kannst so nicht weitermachen. Du ignorierst uns, und du beschäftigst dich nur mit deiner Arbeit und nicht mit deiner Familie.« Ich fühlte mich schrecklich. Ich empfand es nicht so, dass ich sie ignorierte, aber ich verbrachte nicht genug Zeit mit ihnen. Da habe ich mich etwas gebessert. Trotz unserer Meinungsverschiedenheiten über meine Zeiteinteilung hätte ich den Nobelpreis ohne Denise nicht gewonnen. Sie setzte enormes Vertrauen in mich. Sie findet, dass ich einen klaren Verstand habe. Sie mag falschliegen, aber ich werde sie an diesem Punkt unseres gemeinsamen Lebens nicht eines Besseren belehren.

Wie hat sich die Forschung im Laufe der Jahre verändert?

Als ich begann, studierten nur wenige das Gehirn. Es war einfach zu kompliziert. Heute forschen viel mehr Wissenschaftler am Gehirn als an irgendeinem anderen Organ. Es gibt mächtige bildgebende Verfahren, sodass man verschiedene Lernprozesse in Menschen und Versuchstieren effektiv untersuchen kann. Wir wissen, dass verschiedene Regionen der Großhirnrinde verschiedene Funktionen haben. Wir können uns also auf eine Region konzentrieren, wenn wir den Sehsinn studieren, und auf eine andere für die Untersuchung des Gehörs.

Sie werden vom Howard Hughes Medical Institute unterstützt. Wie läuft das ab?

Howard Hughes war dafür, Forscher alle fünf Jahre zu evaluieren, was sehr anspruchsvoll ist. Man muss einen Essay über seine wissenschaftlichen Leistungen schreiben und relevante Veröffentlichungen vorweisen. Dann muss man einen Vortrag über die Arbeit der letzten fünf Jahre halten und wird gründlich befragt. Sie müssen das sehr ernst nehmen. Ich halte das für fair. Warum sollten für unterschiedliche Menschen verschiedene Standards gelten? Jeder ist nur so gut wie sein letzter Film. Ich werde dieses Jahr neunzig. Ich könnte aufhören zu arbeiten, aber es gefällt mir wirklich. In Amerika können Sie so lange als Professor arbeiten, wie Sie gute Arbeit abliefern. Man wird alle paar Jahre bewertet, und wenn man besteht, kann man weitermachen.

Woran forschen Sie jetzt?

An altersbedingtem Gedächtnisverlust: Wie kann man am besten der Verschlechterung des Gedächtnisses vorbeugen oder sie gar verhindern? Ich habe herausgefunden, dass das Hormon Osteocalcin, das von den Knochen abgegeben wird, das Gedächtnis sehr wirkungsvoll auffrischt. Eine der besten Aktivitäten für alternde Menschen ist Laufen. Ich laufe deshalb jeden Tag zur Arbeit und zurück, in der Hoffnung, dass ich damit meinen altersbedingten Gedächtnisverlust im Griff behalten kann. Bei Versuchstieren hat das Hormon sehr gut gewirkt, vielleicht wirkt es auch bei mir.

Was geschieht, wenn Sie tot sind?

Wenn man tot ist, gibt es nichts anderes. Die Seele lebt nicht weiter. Weiterleben werden meine Kinder, meine Enkel, meine Forschungsergebnisse, meine Bücher, meine Paper. Ich bin stolz auf das, was ich erreicht habe. Ich hatte eine gute Karriere. Was meinen Beitrag zur Gesellschaft betrifft, konnte ich gewisse Probleme auf der molekularen Ebene angehen, die damals als unbearbeitbar galten, wie das Lernen oder das Gedächtnis, und zeigen, dass sie sich im Detail untersuchen lassen.

Welchen Rat würden Sie einem jungen Menschen geben, der ein wissenschaftliches Studium erwägt?

Sie sollten wissbegierig sein und auf eine gute Universität gehen. Es ist eine so bereichernde und befriedigende Karriere. Sie spielen mit Ihren Ideen, Sie finden Wege, um diese gründlich zu testen. Es wird nie langweilig. Es ist wichtig, sich für einen Beruf zu entscheiden, der einem Freude bereitet. Eine Karriere verläuft nicht erfolgreich, wenn man nicht hart an ihr arbeitet, und wem die Arbeit keinen Spaß macht, wird nicht viel von ihr in seine Karriere stecken.

Inwiefern macht Wissenschaft Sie persönlich glücklich?

Es ist äußerst befriedigend, eine neue Entdeckung zu machen, ganz gleich, wie bescheiden sie ausfallen mag. Beständiges Problemlösen und Verstehen, wie Dinge funktionieren, sind sehr zufriedenstellend. Manchmal kann man der erste Mensch auf der Welt sein, der diesen kleinen Teil des Universums gesehen hat.

Sie sind Ehrendoktor in Wien. Haben Sie mit der Vergangenheit Frieden geschlossen?

Als ich den Nobelpreis gewann, bekam ich viele Anrufe aus Wien, in denen behauptet wurde, dies sei ein Wiener Nobelpreis. Ich sagte ihnen, sie lägen falsch: Dies ist ein amerikanischer Nobelpreis – ein amerikanisch-jüdischer Nobelpreis. Die österreichische Regierung schrieb mir: »Wie können wir die Sache wieder in Ordnung bringen?« Ich verlangte, dass sie in Wien ein Symposium über Österreichs Auseinandersetzung mit Hitlers Nationalsozialismus ausrichten. Das Symposium wurde dann als Buch veröffentlicht. Wir verglichen darin die österreichische mit der deutschen Haltung. Es war eine sehr produktive Auseinandersetzung, und ich gewann Freunde, was Wien für mich angenehmer machte. Und ich konnte die Österreicher überzeugen, etwas für die jüdische Gemeinde zu tun – sie zahlten ihr Entschädigungen für die Verluste.

Warum ist Wissenschaft so wichtig?

Wissenschaft ist unsere Hoffnung für die Zukunft. Wir haben so viele Probleme, die unsere Gesellschaft belasten und eine Lösung brauchen. Wissenschaft ist der Weg dorthin. Länder, die klug in Wissenschaft investieren, entwickeln sich gut. Es ist wichtig für ein Land, die Wissenschaft ernst zu nehmen und ihre Entwicklung zu fördern.

Erzählen Sie mir von Ihrem Tagesablauf.

Ich treffe mich mit Leuten aus meinem Labor und diskutiere ihre Arbeit mit ihnen. Der Gesundheit zuliebe laufe ich an den meisten Tagen zur Arbeit und zurück. Ich liebe unsere Wohnung. Wir haben viele Kunstwerke. Ich schwimme gerne und spiele am Wochenende Tennis. Ich esse in Maßen. Ich esse nie Fleisch, ich ziehe Fisch und Gemüse vor.

Als Wissenschaftler interessieren Sie sich für Kunst?

Kunst und Wissenschaft sind keine getrennten Welten. Künstler können experimentell arbeiten und dabei dieselben Verfahren wie Wissenschaftler anwenden. Diese wiederum können kreativ sein und künstlerisches Gespür haben. Ich habe mich seit meinen ersten Tagen in Harvard für Kunst interessiert, als ich in meinem ersten Jahr einen wunderbaren Kurs über bildende Kunst belegte. Das spornte mich an, in Museen zu gehen. Wenn ich in eine neue Stadt fahre, schaue ich zuerst, ob es interessante Museen gibt. Mir gefällt die Wiener Secession am Ende des 19. Jahrhunderts sehr – Künstler wie Klimt, Schiele, Kokoschka. Das war eine besondere Epoche, die mich wirklich beeinflusst hat. Ich habe mir gestern eine Kokoschka-Ausstellung angesehen und wieder einmal gemerkt, wie außergewöhnlich Kokoschka ist.

Was ist Ihre wichtigste Leitlinie im Leben gewesen?

Das Beste zu geben, was ich kann. Ich wollte nun nicht gerade verhungern, aber Geld ist für mich nie eine große Motivation gewesen. Mein Ziel war, etwas intellektuell Interessantes zu tun, das mir Spaß macht. Hart zu arbeiten ist eine meiner wichtigen Leitlinien im Leben gewesen. Nichts erledigt sich von selbst, wenn man nicht dabeibleibt. Eigentlich ist nichts, was von Bedeutung ist, einfach.

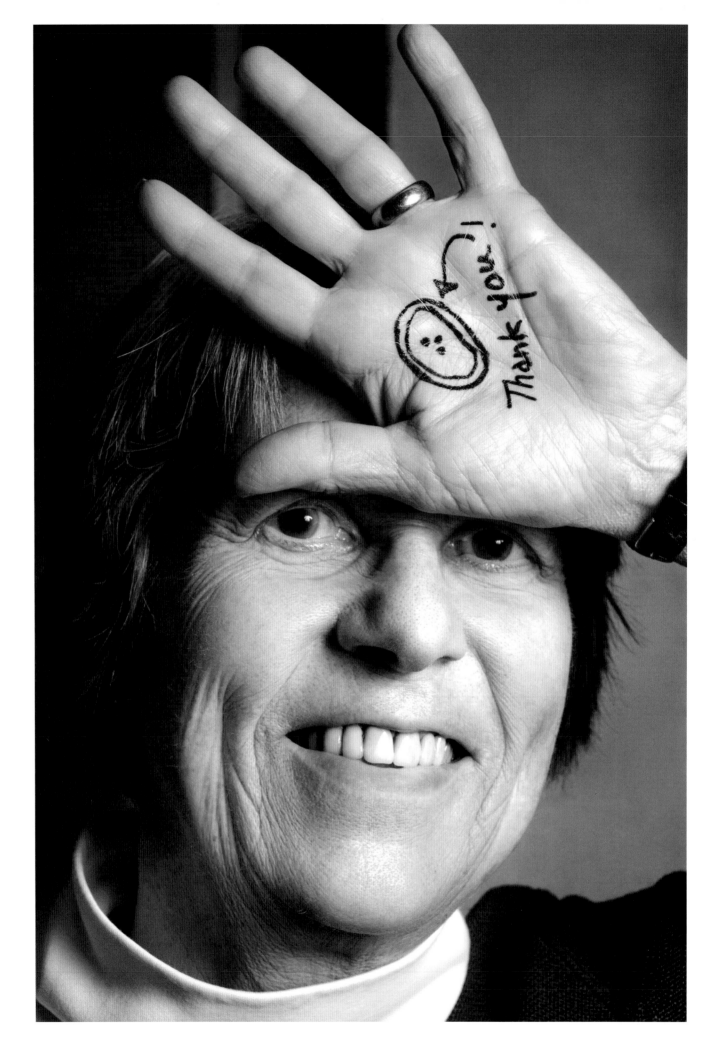

»JE MEHR ANTWORTEN MAN FINDET, DESTO MEHR FRAGEN HAT MAN.«

Sallie Chisholm | Meeresbiologie

Professorin für Biologie am Massachusetts Institute of Technology (MIT) in Cambridge
Crafoord-Preis 2019
USA

Frau Professorin Chisholm, als Sie am MIT begannen, waren Sie die einzige Frau in Ihrem Institut. Wie fühlte sich das an?

Ich war in meiner Jugend immer in männlich dominierten Umgebungen. Die Freunde meiner Eltern hatten nur Jungen. Deshalb war ich es gewohnt, von Jungen und später von Männern umgeben zu sein. Ich versuchte mein Bestes und nahm die Hürden erst später wahr.

Wie kam es dazu?

Als ich mich um eine akademische Stelle bewarb, wurde mir zum ersten Mal bewusst, wie unterschiedlich Männer und Frauen ihre Karrieren angehen und welche Mikro-Ungerechtigkeiten es gibt. Ich fing an zu verstehen, wie fundamental sich meine Erlebniswelt von der meiner männlichen Kollegen unterschied.

Inwiefern?

Es ist wie im Football – es gibt ein Regelwerk, und die Spieler kennen das Spiel. Ich hatte immer das Gefühl, dass Männer das Regelwerk der akademischen Welt kannten, während ich damit kämpfte, die Regeln herauszufinden. Einige Dinge waren für sie ganz natürlich, etwa zum Institutsleiter zu gehen und nach allem Möglichen zu fragen. Ich bat selten um Hilfe, weil ich es für ein Zeichen von Schwäche hielt.

Hat die Universität Sie anders behandelt?

Man kann wohl sagen, dass damals – und manchmal noch heute – Frauen insgesamt nicht so ernst genommen werden wie Männer. Ich wurde 1976 eingestellt, als in den USA die Universitäten gerade verpflichtet worden waren, Frauen anzuwerben, wenn sie Fördergelder der Bundesregierung bekommen wollten. Auch wenn das nie explizit gesagt wurde, ist mir klar, dass manches in meiner Karriere geschah, weil ich eine Frau bin.

Was zum Beispiel?

Eine Stelle zu bekommen. Es gab Druck auf die Universitäten, Frauen einzustellen. In meiner Generation sind so wenige von uns Frauen mit Preisen bedacht worden. Während ich also von »affirmative action« (Förderungen und Quotenregelungen) profitierte, haben die Mikro-Ungerechtigkeiten das in meiner Laufbahn wieder »ausgeglichen«.

Hatten Sie denselben Zugang zu Geräten, Büros und Laboren wie Ihre männlichen Kollegen?

»ICH HABE NIE DAMIT GERECHNET, DERARTIG ERFOLGREICH ZU SEIN.«

Als Nachwuchsforscherin wurde ich vom Institut unterstützt. Gut, nicht immer. Im Durchschnitt hatten Frauen nicht denselben Platz und dasselbe Gehalt. An verschiedenen Punkten meiner Karriere habe ich festgestellt, dass mein Gehalt nicht so hoch war wie das meiner männlichen Kollegen. Das ist dann korrigiert worden.

Wie haben Ihre männlichen Kollegen Sie behandelt?

Auf gewisse Weise hatte ich Glück: Ich war nicht nur die einzige Frau, sondern als Biologin auch die einzige Vertreterin meiner Fachrichtung. Wenn ich geringschätzig behandelt wurde, wusste ich nicht, ob es daran lag, dass ich eine Frau war oder aus der Biologie kam. Ich fühlte mich isoliert, habe das aber nicht dauernd auf mein Frau-Sein zurückgeführt. Ich war es gewohnt, meinem eigenen Rhythmus zu folgen, weil ich als Biologin allein war.

Gab es in Ihrer Karriere Demütigungen?

Demütigung ist ein hartes Wort. Ich erinnere mich an jemanden, der sagte, wenn man Wissenschaftler in einem Ingenieurinstitut ist, müsse man wohl ein mittelmäßiger Wissenschaftler sein, der sich versteckt. Das hat mich so geärgert, dass ich mir sagte: Dir werde ich es zeigen. Ich glaube, das hat mich für den Rest meiner Karriere motiviert.

Hatten Sie das Gefühl, von Ihnen werde weniger erwartet?

Ich glaube, als Frau versuchen Sie, besser zu sein, nur um sich auf demselben Niveau zu halten. Nach meinem Eindruck glauben die Studierenden, dass man nicht gleich gut ist, bis man es bewiesen hat. Bei den männlichen Institutsmitgliedern, alles sehr erfolgreiche Leute, geht man wie selbstverständlich davon aus, dass sie superintelligent sind. Frauen hingegen müssen da mehr beweisen.

Das haben Sie auf jeden Fall getan. Mehr als das.

Ja, das Gute ist, dass man einen Punkt erreicht, an dem man merkt, dass es egal ist. Die Leute denken eben, was sie denken. Also fang an, Dinge für dich selbst zu tun. Sonst bringt dich das sogenannte Hochstapler-Syndrom um. Viele von uns Frauen leiden darunter.

Gab es Augenblicke, in denen Sie sich als Hochstaplerin fühlten?

Es gibt da diese Spannung: Sie wissen, dass Sie gut sind, denn es frustriert Sie, wenn jemand, der nicht so gut ist, mehr erreicht als Sie. Andererseits war es am Anfang nicht leicht. Ich kam mehr oder weniger aus Spaß ans

MIT und war in diesem Institut zunächst ein Sonderling. Auf dem weiteren Weg war Glück nötig und die Hilfe einiger sehr guter Menschen. Ich denke immer wieder daran, was für ein Glück ich hatte. Erst recht heute, da es diesen Organismus gibt, Prochlorococcus, die Liebe meines Lebens.

Wie empfindet Ihr Ehemann Don das? Sie haben einmal gescherzt, dass er mit Prochlorococcus um Ihre Zuneigung wetteifern musste.

Das ist in einer gesunden Balance. Er kämpft oft um meine Zuneigung, aber er ist sehr tolerant, was gut ist. Er ist kein Wissenschaftler. Ich habe festgestellt, dass es mir guttut, jemanden zu haben, der mich unterstützt und sich für meine Karriere interessiert, aber mir auch hilft, nicht alles zu ernst zu nehmen und ein abwechslungsreicheres Leben zu führen.

War es für Sie eine bewusste Entscheidung, keine Kinder zu haben?

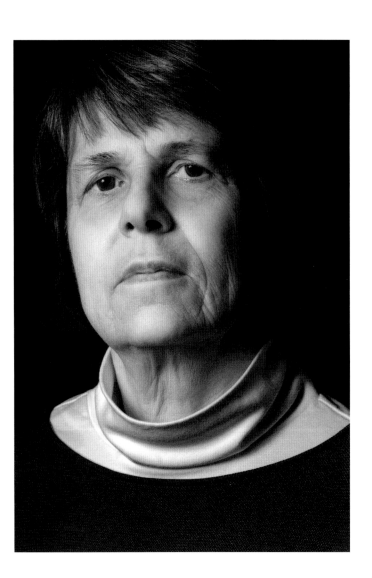

Keine aktive Entscheidung, nein. Das Leben entwickelt sich unterschiedlich. Nur wenige Frauen am MIT hatten Kinder, als ich dort hinkam. Damals war es für Frauen in der Wissenschaft wirklich schwer, eine Familie zu haben. Ich heiratete spät, ich war in meinen Vierzigern. Ich hätte wahrscheinlich noch ein Kind bekommen können, aber es kam mir zu spät vor. Manchmal bin ich traurig, dass wir keine Kinder haben, etwa wenn ich mit Freunden zusammen bin, die Kinder haben und glücklich sind. Aber es macht mir nichts aus, wenn ich mit Freunden zusammen bin, die sich die ganze Zeit nur Sorgen um ihre Kinder machen müssen.

Könnten Sie in wenigen Worten erklären, was Prochlorococcus ist?

Das ist ein wirklich sehr kleiner Mikroorganismus, der in den Ozeanen in großen Mengen vorhanden ist. Er betreibt Photosynthese. Es ist die kleinste und am häufigsten vorkommende photosynthetische Zelle auf dem Planeten. Sie kommt schätzungsweise viele Milliarden Mal in den Weltmeeren vor. Sie ist für den Stoffwechsel der Ozeane wichtig und die Basis der Nahrungsketten.

Warum ist sie wichtig?

Prochlorococcus kann CO_2 aus der Atmosphäre aufnehmen und in den Ozeanen speichern. Wenn das Phytoplankton – nicht nur Prochlorococcus – aussterben würde und alles CO_2 aus den Ozeanen in die Atmosphäre gelangen würde, wäre deren CO_2-Gehalt zwei- bis dreimal so hoch wie jetzt. Das zeigt, wie wichtig dieser lebende Photosynthese-Film auf den Ozeanen ist, um das Erdsystem im Gleichgewicht zu halten.

Hat Ihre Forschung aufgrund des Klimawandels an Bedeutung gewonnen?

Um den Klimawandel zu verstehen, muss man die Rolle der Ozeane im Klimasystem, im globalen Kohlenstoffkreislauf verstehen. Das Verständnis des Phytoplanktons ist der Schlüssel dazu.

Was treibt Sie an?

Wir entdecken jeden Monat etwas Neues an diesem kleinen Organismus. Er hat seine Geheimnisse. Einerseits ist er so schön und so einfach, andererseits in seiner globalen Verbreitung unglaublich komplex. Je mehr wir über ihn lernen, desto größer wird seine Geschichte. Es ist, als ob man jeden Tag ein Geschenk öffnet. Was wir über Prochlorococcus lernen, hat offenbar Relevanz für

»ICH LIEBE DAS WIRKLICH SEHR: EINFACH MIT MIR SELBST ZU SEIN, IN MEINEM KOPF ZU SEIN. ES FÜHLT SICH AN, ALS WÜRDE ICH MICH IN MEIN EIGENES GEHIRN ZURÜCKZIEHEN.«

andere Lebensformen. Ich sehe das Leben auf diesem Planeten dadurch mit anderen Augen.

Können Sie mir ein Beispiel nennen?

Wenn man eine Mikrobe studiert, entnimmt man eine einzelne Zelle, lässt sie wachsen und untersucht sie dann. Als wir versuchten, Prochlorococcus zu isolieren, stellten wir aber fest, dass es in Gemeinschaft mit anderen Bakterien lebt und mit ihnen besser wächst. Wir versuchen nun herauszufinden, warum diese gemeinschaftliche Existenz sie, sagen wir, glücklicher macht. Man beginnt zu begreifen, das vieles, was wir über Biologie wissen, isoliert untersucht worden ist. Wenn man ein Lebewesen isoliert betrachtet, bekommt man ein verzerrtes Bild. Deshalb entwickle ich eine, wie ich es nenne, »cross-scale biology«, mit der wir Organismen auf den verschiedenen Ebenen verstehen wollen.

Was haben Sie empfunden, als Präsident Obama Ihnen die Medal of Science verliehen hat?

Es war äußerst aufregend. Ich war erstaunt, denn ich arbeitete an einem eher abseitigen Thema. Den Preis zu bekommen bedeutete, dass jemand da draußen tatsächlich meine Arbeiten gelesen und die Bedeutung meiner Forschung verstanden hatte. Ich glaube, die Medal of Science ist noch nie auf dem Gebiet der biologischen Ozeanografie verliehen worden. Deshalb war es ergreifend, dass Prochlorococcus auf diese Weise Anerkennung fand.

War das ein erhabenes Gefühl?

Oh nein, es war furchterregend. Ich bin ein schüchterner Mensch. So im Rampenlicht zu stehen war aufregend, aber auch ein wenig nervenaufreibend. Ich fühle mich nicht wohl damit, so im Mittelpunkt zu stehen. Ich wünschte, mein Team hätte mit mir dort stehen können. Ich fühle mich den talentierten Menschen in meinem Labor verpflichtet. Ich bin eher der Dirigent, sie sind die Musiker. Ohne sie bin ich nichts.

Halten Sie das für eine typisch weibliche Haltung?

Ich weiß es nicht. Es ist meine Haltung, weil meine Mitarbeiter ein integraler Bestandteil meiner Arbeit sind. Da ich diese Menschen aus verschiedenen Gebieten zusammengebracht habe, muss ich damit zurechtkommen, dass ich die Hälfte der Zeit gar nicht so genau weiß, worüber ich spreche. Das wird oft als Bescheidenheit ausgelegt, aber ich bin nicht bescheiden – ich bin ehrlich. Ich habe Expertengruppen zusammengestellt und kann es mir als Verdienst anrechnen, das große Ganze im Blick zu haben. Aber es fällt mir schwer, am Ende die Lorbeeren für ihre ganze harte Arbeit einzuheimsen.

Sie haben diese großartige Position als Institutsprofessorin und wirken doch immer noch ein wenig unsicher. Wie kann das sein?

Ich habe nie damit gerechnet, derartig erfolgreich zu sein. Ich dachte, ich würde mir ein Bein ausreißen und eine Professur bekommen, aber dieses Ausmaß von Anerkennung habe ich nie erwartet. Gestern erhielt ich eine E-Mail, in der mir jemand zu der Auszeichnung gratuliert. Er schreibt, er habe als Bachelorstudent meine Paper gelesen. Ich hatte immer gedacht, es gebe keinen Grund für Bachelorstudenten, meine Paper zu lesen. Es ist schwer, ein Gefühl dafür zu entwickeln, wie die Welt einen wahrnimmt, vermute ich.

Woher kommt das Ihrer Meinung nach?

Ich bin in einer sehr patriarchalischen Familie aufgewachsen. In meiner Jugend galt mein älterer Bruder als leuchtendes Beispiel, wohingegen von mir niemand etwas erwartete – also erwartete ich selbst auch nichts von mir. Aber ich hatte schon immer den Antrieb, wahrgenommen zu werden. Deshalb versuchte ich, alles richtig zu machen. Wieder und wieder strengte ich mich an, und irgendwann ... nahm jemand Notiz von mir.

Was hat Sie an der Wissenschaft gepackt?

Mein Vater war ein Geschäftsmann, meine Mutter eine frustrierte Hausfrau. Sie war intelligent, aber damals stand für Frauen eine Karriere außer Frage. Ich belegte am College einen Biologiekurs. Ich begriff dort, dass man ein Paper veröffentlichen konnte, wenn man Experimente gemacht hatte, und dass einem die Leute glaubten, was man schrieb. Ich dachte: Das ist erstaunlich. Für mich als junge Frau war dies ein Weg, meine Stimme zu finden und zu beweisen, dass ich etwas weiß. Das war es, was mich an der Wissenschaft gepackt hat.

Welchen Rat würden Sie einem jungen Menschen geben, der sich für Wissenschaft interessiert?

Ich würde ihm sagen: Wenn es dir gefällt, mach weiter. Es ist ein Bereich, der sich ständig erneuert. Je mehr Antworten man findet, desto mehr Fragen hat man. Es ist eine Art, die Welt zu verstehen – ja, das Leben zu verstehen. Was könnte spannender sein?

Am Anfang Ihrer Karriere dauerte es mehrere Jahre, bis Sie Erfolg hatten. Wie haben Sie durchgehalten?

In der Tat, wir haben Prochlorococcus fünf Jahre lang ohne Fördergelder untersucht. Es war einfach so interessant, und ich hatte Menschen im Labor, die genauso fasziniert waren wie ich. In der Wissenschaft müssen Sie neugierig sein und Fehlschläge ertragen können. Sie können nicht an jeden Tag hohe Erwartungen stellen. Ihnen muss die Suche mehr Spaß machen, als Antworten zu finden. Wir nahmen Geld, das für etwas anderes zugeteilt worden war, und das genügte, um die Arbeit fortzusetzen.

Haben Sie irgendwelche Pläne für den Ruhestand?

Ich will mich nicht zur Ruhe setzen, weil ich nichts verpassen will. Wir sind da gerade einer sehr spannenden Sache auf der Spur. Und ich will wirklich sichergehen, dass sich Prochlorococcus in der Welt der Wissenschaft verbreitet, bevor ich mich zurückziehe. Denn wir haben Varianten dieser Mikrobe aus der ganzen Welt, aber es gibt nicht viele Labore, die sie untersuchen. Es könnte also passieren, dass Prochlorococcus in der Versenkung verschwindet nach all der Arbeit. Ich will, dass Prochlorococcus eine Zukunft hat.

Wie muss man sich das vorstellen, wenn Sie völlig in der Arbeit aufgehen?

Ich arbeite viel zu Hause, weil ich dort viel wegarbeiten kann. Um die Welt auszublenden, setze ich Lärmschutzkopfhörer auf, wie sie Arbeiter an lauten Maschinen tragen. Ich sage dann zu meinem Mann: »Okay, ich gehe jetzt in den Lockdown«, und so schaffe ich meine wirklich tiefschürfende Arbeit. Ich liebe das wirklich sehr: einfach mit mir selbst zu sein, in meinem Kopf zu sein. Es fühlt sich an, als würde ich mich in mein eigenes Gehirn zurückziehen.

Sie sind weit weg von jedem Ozean aufgewachsen und erst mit vierzehn zum ersten Mal am Meer gewesen. Warum haben Sie sich für Ozeanografie entschieden? Wie ist Ihr Verhältnis zum Wasser?

Nun, ich bin am Lake Superior aufgewachsen, der wie ein Süßwasserozean ist. Mein Forschungsprojekt am College war ebenfalls an einem See angesiedelt. Als ich auf die Universität ging, habe ich mich mit Süßwasserplankton beschäftigt. Ich habe aber schnell gemerkt, dass die Ozeanografie stärker gefördert wird, weil die Navy viel Geld hineinsteckt. Deswegen wandte ich mich als Postdoc der Ozeanografie zu und kam so zum Salzwasser-Phytoplankton.

Wasser war die ganze Zeit Ihre Leidenschaft?

So war es nicht. Ich hatte weder eine besondere Verbindung zum Wasser, noch waren Ozeane meine Leidenschaft – oder irgendetwas anderes. Viele meiner Studenten fragen sich: Was ist meine Passion?, oder sie können sich nicht entscheiden, was sie wirklich interessiert. Ich sage ihnen dann: »Du musst das jetzt noch nicht wissen. Setze einfach einen Fuß vor den anderen, und die Leidenschaft findet dich.« So ist es tatsächlich bei mir gewesen. Ich habe nicht danach gesucht.

Welche Botschaft haben Sie für die Welt?

Ich würde wohl sagen, dass wir stärker schätzen müssen, was die Natur uns gibt. Wir sollten über die natürliche Welt nachdenken und über die anderen Arten neben dem Menschen, von denen wir abhängen. Prochlorococcus ist eine von ihnen. Wir halten die lebendige Erde für selbstverständlich und gehen davon aus, dass sie immer da sein und uns Menschen erhalten wird. Wir können damit nicht weitermachen, denn es wird so nicht weitergehen, wenn wir unseren Weg beibehalten.

»SIE MÜSSEN IMMER IHR ZIEL VOR AUGEN HABEN, WARUM SIE TUN, WAS SIE TUN.«

Tolullah Oni | Medizin

Assistenzprofessorin für Epidemiologie an der University of Cambridge
und ehemalige Co-Vorsitzende der Young Global Academy
Großbritannien

Frau Professorin Oni, Sie sind in Lagos in Nigeria geboren. Wie haben Sie dem Schicksal getrotzt und sind groß herausgekommen?
Nun, ich würde behaupten, dass ich immer noch dabei bin, groß herauszukommen. Grundsätzlich glaube ich, dass meine Eltern mir und meinen Geschwistern Tatkraft und Ehrgeiz beigebracht haben, indem sie sagten: »Geh los.« Als Ergebnis sind wir mit einer gewissen Zielstrebigkeit und einem Gefühl des unbegrenzten Potenzials gesegnet – dass wir alles erreichen können, was wir uns vorgenommen haben.

Ihre Eltern hatten ganz klar einen positiven Einfluss auf Sie. Was haben sie beruflich gemacht?

Mein Vater kam aus der Lebensmitteltechnologie und arbeitete für ein multinationales Unternehmen. Meine Mutter war Französischdozentin an der Universität. Sie schirmte mich vor der gesellschaftlich verbreiteten Vorstellung ab, Frauen seien minderwertig, und gab mir das Gefühl, dass es keine Grenze gibt. Ich hatte in dieser Hinsicht wohl großes Glück angesichts der Ungleichheit der Geschlechter, mit der viele Frauen heute konfrontiert sind. Im Nachhinein erkenne ich, dass meine Erziehung wohlüberlegt und außergewöhnlich war, aber damals dachte ich, dass jeder alles tun kann, was er will, ob als Junge oder als Mädchen. Ich wartete an der Universität auf meine Mutter, bis sie mit den Vorlesungen fertig war, und das fand ich nie ungewöhnlich. Es war einfach ihr Job. Und wenn sie diesen gut machte, warum nicht auch ich?

Sind Sie in der Schule eine der Klügsten und Besten gewesen?

Ich war immer ehrgeizig und strengte mich an, die Beste zu sein. Ich verließ mich nicht nur auf meine natürliche Begabung. Ich mochte Konkurrenz schon immer, und so wetteiferten meine Geschwister und ich, wer am Ende des Schuljahrs Klassenbester sein würde. Ich war eine Mischung aus sturem Ehrgeiz und großer Tatkraft, was mich zu einer Kämpferin machte.

Sie sagen, Sie waren ehrgeizig. Können Sie sich an das erste Ziel erinnern, das Sie in Ihrem Leben hatten?

Ja, schon als Kind wusste ich, dass ich Ärztin werden und etwas machen wollte, das sich positiv auf Menschen auswirkt. Mit sieben sah ich einen Dokumentarfilm über eine Operation am offenen Herzen eines Kindes. Ich war fasziniert von diesem Organ – es sah so fremdartig aus. Damals beschloss ich auf der Stelle, Kinderkardiologin zu werden, weil mich dieses kranke Kind rührte, das eigentlich herumtollen oder spielen oder in der Schule sein sollte. Ich stellte fest: »Ich könnte Kindern helfen, die so sind wie ich. Genau das will ich machen!«

Wie lange haben Sie in Ihrer Jugend in Lagos gelebt?

Bis ich fünfzehn oder sechzehn war. Meine Eltern wollten, dass ich eine international anerkannte Schulbildung bekomme, und schickten mich auf ein Internat in Surrey, am Stadtrand von London, um dort meine Schulausbildung abzuschließen. Danach studierte ich Medizin am University College of London, bevor ich mein praktisches Jahr in der Chirurgie in Newcastle upon Tyne absolvierte. Im Anschluss daran verbrachte ich ein Jahr in Sydney, Australien, wo ich auf einer Intensivstation der inneren Medizin arbeitete. Als ich nach Großbritannien zurückkehrte, arbeitete ich in einem Londoner Krankenhaus und konzentrierte mich dort auf Infektionskrankheiten.

Ich glaube, Sie interessierten sich in dieser Phase besonders für HIV?

Ja, ich begann, mich für HIV zu interessieren, nachdem ich meinen Bachelor in Internationalen Gesundheitswissenschaften gemacht hatte. Während des Medizinstudiums hatte ich ein Jahr Auszeit genommen. Damals reifte mein Wunsch, die Ursachen dieser Krankheit zu verstehen und auch, wie sich Faktoren von außerhalb des Landes lokal auswirken. Das war ein echter Weckruf. Ich schrieb meine Abschlussarbeit bei der Organisation »Ärzte ohne Grenzen« über die antiretrovirale Therapie von HIV. Das war im Jahr 2000. Damals herrschte die irrige Annahme, dass Menschen in armen Ländern keine HIV-Therapie erhalten konnten, weil sie keine Uhren hatten und damit nicht wussten, wann sie die Medikamente einnehmen sollten. »Ärzte ohne Grenzen« akzeptierte das nicht und beschloss, die Behandlung in Ländern mit niedrigen Einkommen zu beginnen und zu zeigen, dass das durchaus möglich ist. Sie starteten Pilotprogramme in verschiedenen Ländern, Südafrika eingeschlossen, wo die Regierung HIV immer noch verleugnete. Im Township Khayelitsha, in Kapstadt, wurden die ersten kostenlosen Behandlungen angeboten.

»DAMALS DACHTE ICH, DASS JEDER ALLES TUN KANN, WAS ER WILL, OB ALS JUNGE ODER ALS MÄDCHEN.«

Wie waren Sie selbst an diesem Projekt beteiligt?

Meine Aufgabe bestand darin, Informationen aus den neun Pilotprojekten auf der ganzen Welt zu sammeln, und zwar sechs und zwölf Monate nachdem die Behandlung begonnen hatte. Wenig überraschend waren die Therapieerfolge überwältigend gut. Es war mein erstes Forschungsprojekt und eine unglaubliche Erfahrung. Als ich nach London zurückkehrte, dachte ich: Genau, darum geht es also. Anstatt HIV nur zu behandeln, wollte ich herausfinden, wie man mittels Forschung die Sterblichkeitsrate bei HIV verringern könnte. In London hatten Patienten Zugang zu HIV-Präparaten und starben nicht mehr, anders als an anderen Orten in der ganzen Welt.

Beschlossen Sie deshalb, nach Südafrika zu gehen, wo HIV-Forschung dringend nötig war?

Ja, ich sprach mit einem Professor und sagte ihm, dass ich HIV-Forschung betreiben wollte. Er vermittelte mir einen Kontakt nach Südafrika – und weg war ich. Ich hatte vor, zwölf Monate zu bleiben. Am Ende wurden es elf fantastische Jahre.

Sie hatten in Südafrika großen Erfolg, aber welche Hürden mussten Sie am Anfang nehmen?

Tatsächlich waren es Selbstzweifel und die Angst, es zu bereuen. Die Medizin ist ein so konservatives Gebiet. Wenn Sie Ihre Ausbildung abgeschlossen haben, sagt man Ihnen, dass nun Ihr ganzes weiteres Leben vorgezeichnet ist. Ich sprang auf der Hälfte des Weges ab. Ständig hieß es: »Sie ruinieren Ihre Karriere, Sie verschwenden Ihre Ausbildung.« Ich war nicht sicher, dass alles gut ausgehen würde, und machte mir Sorgen, dass ich hinter meine Kollegen zurückfallen würde. Ich beschloss, diese Gefühle so gut wie möglich zu ignorieren, und blieb, um eine Promotion in Epidemiologie abzuschließen.

Wie war es, als woman of colour in Südafrika zu arbeiten? Stellte das eine zusätzliche Hürde dar?

Es erzeugte eine weitere komplexe Dynamik, die ich meistern musste. Ich bin in einem Land aufgewachsen, in dem Schwarzafrikaner in der Mehrheit sind, es aber Ungleichheit gab, wenn auch nicht notwendigerweise ethnische Ungleichheit. Auch in Südafrika gibt es eine Mehrheit von Schwarzafrikanern, aber die ethnische Ignoranz war als Folge der Apartheid enorm.

Wie haben Sie auf dieses besondere Vorurteil reagiert?

Ehrlich gesagt war ich auf so etwas nicht vorbereitet. Ich habe einen privilegierten Hintergrund mit einer guten Ausbildung. Sicher, in Großbritannien war ich in der Minderheit, aber das war nie ein Problem – ich hatte Zugang zu einem guten Bildungssystem. Kapstadt gefiel mir gut, aber die Stadt war immer noch in weiße und schwarze Viertel aufgeteilt. Ich war dort Teil einer sichtbaren Minderheit in einem mehrheitlich schwarzen Land.

Was haben die Menschen über Sie gedacht?

In den ersten Jahren habe ich viel im Krankenhaus gearbeitet, um meine Forschung zu unterfüttern. Als ich die lokale Sprache Xhosa ein wenig gelernt hatte, dauerte es eine Weile, bis meine Patienten feststellten: »Oh, Sie sind gar keine Südafrikanerin.« Ich kam mit der Einstellung: »Yeah, ich mache hier meinen Kram, ich bin klug und kann etwas.« Aber noch bevor ich den Mund

> »NOCH BEVOR ICH DEN MUND AUFGEMACHT HATTE, SPÜRTE ICH, DASS MIR UNTERSCHWELLIG MINDERWERTIGKEIT UNTERSTELLT WURDE, ALLEIN AUFGRUND MEINES AUSSEHENS.«

aufmachte, spürte ich, dass mir allein aufgrund meines Aussehens unterschwellig eine Minderwertigkeit unterstellt wurde. Wenn man sich nun auf eine Weise engagiert, die diese Wahrnehmung hervorruft, verwirrt das die Leute. Im Prinzip wussten sie nicht, was sie von mir halten sollten.

Wie haben Sie gelernt, mit diesen Unterstellungen zu leben?

Offen gesagt war es anstrengend, tagein, tagaus auf Vorurteile zu treffen. Ich benutzte meine innere Stärke, um das zu ignorieren und aus meinen Gedanken zu verbannen. Ich sagte mir: »Du magst vielleicht so empfinden, aber ich akzeptiere das nicht und werde meine Kraft nicht damit verschwenden, dich zu überzeugen, dass du unrecht hast, und mich auch nicht auf diese täglichen Kämpfe einlassen.«

Wie sieht es mit Geschlechterungleichheit aus? Haben Sie Sexismus hinsichtlich Ihrer beruflichen Qualitäten zu spüren bekommen?

Meine Rettung war ein Professor, den ich in Kapstadt kennengelernt habe. Er war dabei, einen Jahrgang von Wissenschaftlern aufzubauen. Die meisten von ihnen waren women of colour, die die Führung im südafrikanischen Gesundheitswesen übernehmen sollten. Ich bewarb mich sofort um eine Forschungsstelle und bekam den Job. Ich hatte wenig Erfahrung, leitete aber schließlich eine Studie über Tuberkulose, die an mehreren Standorten durchgeführt wurde. Dieser Professor verließ sich auf sein Bauchgefühl und sagte mir: »Auch wenn Sie keine Erfahrung haben, weiß ich einfach, dass Sie das können.«

Sie hatten Ihr eigenes Labor. Hat es Ihnen Spaß gemacht, ein klinisches Forschungsteam zu leiten?

Ein Großteil der Forschung hat mit Menschen zu tun – mit Menschen, die man untersucht, und mit Menschen, mit denen man arbeitet. Ich musste also schnell Management- und Führungsfähigkeiten erlernen, die ich aus der Managementschule nicht kannte. Zuerst fand ich es aus kulturellen Gründen schwierig. Obwohl ich extrovertiert bin, habe ich mein Berufsleben immer von meinem Privatleben getrennt. Es war schwer, mein Team zu motivieren. Nach einigen Monaten erklärte es mir ein südafrikanischer Kollege. »Es hat mit den Menschen zu tun. Sie wissen nichts über Sie.« Ich begriff, dass ich mich öffnen musste, um ein enges Verhältnis mit ihnen aufzubauen. Das war eine wichtige Lektion für mich.

Was hat Sie dazu bewogen, zu gehen und sich dem Gesundheitswesen zuzuwenden?

Wenn Sie klinische Medizin ausüben, haben Sie direkten Einfluss auf ein Individuum. Das ist ein bereicherndes Gefühl, aber am Ende des Tages haben Sie nur einer einzigen Person geholfen. Ich wandte mich dem Gesundheitswesen zu, weil ich mehr zur Gesellschaft beitragen und mehr Menschen davor bewahren wollte, krank zu werden.

Wie hat sich Ihre Arbeit in der Zeit in Südafrika entwickelt?

Ursprünglich bin ich nach Südafrika gegangen, um zu verstehen, wie HIV und Tuberkulose zusammenwirken und welche Faktoren den Krankheitsverlauf von Patienten beeinflussen, die an beiden Krankheiten leiden. Dann bemerkte ich, dass viele auch noch Bluthochdruck, Diabetes und Übergewicht hatten. Also versuchte ich herauszufinden, wie diese nichtansteckenden Krankheiten zusammenwirken. Dabei wurde klar, dass sie von externen Faktoren wie gesunder Ernährung und genügend Bewegung abhängen, die vor allem in städtischen Umgebungen ein Problem darstellen. In Afrika leben 62 Prozent der Stadtbewohner unter Slum-Bedingungen, wo es ein hohes Krankheitspotenzial gibt. Ich selbst habe in einem Slum in einer städtischen Randregion gearbeitet. Dort sagt man den Patienten, dass sie sich besser ernähren müssen, aber wenn man aus dem Krankenhaus geht, sieht man die Realität und merkt, dass man diesen Leuten nicht die Schuld geben kann.

Also beschlossen Sie, dass Sie das Gesamtbild erfassen wollen?

Ich habe mein ganzes Leben nach dem Gesamtbild gesucht. Ja, ich beschloss, näher an die Quelle der Umweltbelastungen zu gehen, die die Menschen krank machen. Dazu gehören Lebensmittel, Siedlungen, Wohnbedingungen. Es ging nicht mehr nur um die reine Gesundheitsversorgung. Ich gründete eine Forschungsgruppe, die Research Initiative for Cities Health and Equity (RICHE, Forschungsinitiative für urbane Gesundheit und Gleichheit). Tatsächlich leite ich die Initiative immer noch. Ich versuche, nicht nur Krankheiten zu behandeln, sondern zuerst ihre Ursachen zu ändern. Wir bilden Partnerschaften mit Branchen, die sich normalerweise nicht für Fragen der öffentlichen Gesundheit verantwortlich fühlen würden. Wir wollen den Menschen die gesundheitlichen Auswirkungen ihres Handelns verständlich machen.

Afrika ist einer der Kontinente mit den am schnellsten wachsenden Bevölkerungszahlen. Was braucht es wirklich, um die öffentliche Gesundheitsversorgung zu verbessern?

Eine langfristige Strategie zur Krankheitsprävention und Gesundheitsförderung. Wir dürfen nicht vergessen, dass Krankheiten nicht zwangsläufig auftreten, vor allem bei den jungen Menschen. Manche sagen, wir könnten es uns nicht leisten, sowohl Versorgung als auch Prävention anzubieten. Ich sage dann, dass wir es uns nicht leisten können, es nicht zu tun. Die Behandlungskosten sind viel höher als jedes Wirtschaftswachstum, auf das wir hoffen können.

In letzter Zeit habe ich mich mehr auf junge Menschen konzentriert, weil deren Verhaltensweisen die Voraussetzungen für diese Krankheiten schaffen, gerade wenn sie beginnen, unabhängig zu werden.

Was sollte der Westen konkret tun, um Afrika zu helfen?

Wenn es der Westen mit Krankheitsprävention und Gesundheitsversorgung ernst meint, muss er eine verantwortungsvolle Politik verfolgen und darf kein doppeltes Spiel treiben. Im Moment gibt die eine Hand, während die andere nimmt. Der Westen muss aufhören, sich überlegen zu verhalten, sondern sich stattdessen für sinnvolle, gleichberechtigte Partnerschaften einsetzen. Aber nicht in bevormundender Art nach dem Motto: »Wir wissen, was am besten für euch ist.« Das funktioniert langfristig nie. Wir sind alle miteinander verbunden und müssen endlich anfangen, so zu handeln, als seien wir Teil desselben Ökosystems. Wir müssen die erheblichen Ungleichheiten zwischen Ländern und Regionen beseitigen. Tun wir das, wird es uns allen am Ende besser gehen.

Wie bleiben Sie selbst gesund?

Das ist ein langfristiges Ziel, für das ich jeden Tag kämpfe. Einerseits finde ich es schwierig, auf Dinge zu verzichten, die mich interessieren. Ich neige dazu, alles tun zu wollen. Ich glaube fest daran, dass ich meinen Kuchen aufessen und gleichzeitig behalten kann – ich versuche regelmäßig beides. Außerdem jogge ich viel und versuche mir dadurch meine körperliche Fitness und mein psychisches Wohlbefinden zu erhalten. So schaffe ich mir meinen eigenen Freiraum und bekomme einen klaren Kopf.

Wie würden Sie sich beschreiben?

Energiegeladen, hartnäckig, neugierig, eine Läuferin, optimistisch.

Welchen Rat würden Sie jemandem geben, der daran interessiert ist, Ihrem Beispiel zu folgen und Wissenschaftler zu werden?

Es gibt so viel, was wir nicht wissen. Wissenschaft ist die Erforschung des Unbekannten: Sie trägt dazu bei, neue Erkenntnisse zu gewinnen und unsere Welt zu verstehen. Manchmal wird man in der Wissenschaft entmutigt, neue Wege einzuschlagen. Mein Rat lautet: Fürchten Sie sich nicht vor dem noch kaum begangenen Weg, sondern machen Sie ihn sich zu eigen, denn genau darum geht es in der Wissenschaft. Was die richtigen Eigenschaften und die richtige Denkweise angeht, so brauchen Sie vor allem große Hartnäckigkeit, und Sie müssen immer Ihr Ziel vor Augen haben, warum Sie tun, was Sie tun.

»DU KANNST DICH ENTSCHEIDEN, SEHR WICHTIGE ODER WENIGER WICHTIGE FRAGEN ZU STELLEN.«

Robert Langer | Quantenphysik

Professor für Chemietechnik am Massachusetts Institute of Technology (MIT) in Cambridge
Breakthrough Prize in Life Sciences 2014
USA

Herr Professor Langer, Sie haben 33 Ehrentitel. Sie haben 1350 Patente angemeldet. Sie sind der am häufigsten zitierte Ingenieur der Geschichte, Ihr H-Index liegt derzeit bei über 260. Woher kommt Ihre unglaubliche Energie, Ihre positive Einstellung?
Zum einen finde ich Wissenschaft und Technik faszinierend. Man kann damit fast magische Dinge anstellen. Am wichtigsten ist mir aber meine Relevanz für die Welt. Mich treiben Dinge an, die die Welt besser machen, die Leben retten, die die Gesundheit der Menschen stärken und sie glücklicher machen.

Sie sind heute sehr erfolgreich und haben Einfluss. Aber als Sie Ihren Abschluss hatten, mussten Sie zunächst viele Hürden nehmen. Sie wurden an vielen Universitäten und Colleges abgelehnt. Neun Förderanträge für Forschungsprojekte wurden nicht angenommen. Sie bewarben sich an medizinischen Hochschulen – auch vergeblich. Können Sie uns ein wenig von dieser Zeit erzählen?

In meiner Laufbahn habe ich viel Zurückweisung erfahren. Nach der Universität wurde ich Postdoc in einem Krankenhaus, dem Kinderkrankenhaus Boston. Ich war der einzige Ingenieur dort. Es ist eine Herausforderung, erstmals allein auf weiter Flur zu stehen, wenn vorher an Highschool, College und Hochschule jahrelang alles so strukturiert war. Für mich als Ingenieur war es auch anstrengend, Biologie zu lernen und in die Biochemie einzutauchen. Ich hatte seit der zehnten Klasse nicht mehr Biologieunterricht gehabt. Ich blieb dran und lernte genug, um zurechtzukommen. Die ersten sechs Jahre als Postdoc waren schwierig. Ich versuchte, Fördergelder zu bekommen und für die Zeit nach der Postdoc-Stelle einen Job zu finden. Meine Vision war, das Ingenieurwesen auf die Medizin anzuwenden. Es war schwer, eine wissenschaftliche Stelle in einer Chemietechnik-Abteilung zu bekommen. Als es mit dem Job geklappt hatte, lief es auch nicht so richtig, weil ich Probleme mit Fördergeldern hatte. Dann ging der Abteilungsleiter, der mich eingestellt hatte, und etliche Mitarbeiter wollten nicht, dass ich bleibe. Aber da muss man durch.

Würden Sie sich als stur bezeichnen?

»SPÄTER IM LEBEN WIRST DU TATSÄCHLICH NACH DEN FRAGEN, DIE DU STELLST, BEURTEILT.«

Ich bin nicht sicher, ob ich wirklich Alternativen hatte. Ich habe an das, was ich mache, geglaubt. Aber ich vermute, ich bin stur.

Nach Ihrem Abschluss in Chemietechnik am MIT hatten Sie die Wahl zwischen Forschung und Industrie. Was hat Sie bewogen, in die Medizin zu gehen, anstatt einen Job bei einer Ölfirma anzunehmen und viel Geld zu verdienen?

In den Vorstellungsgesprächen bei Ölfirmen hatte ich das Gefühl, dass deren Arbeit nicht so relevant ist. Jedenfalls die Jobs, die ich hätte machen sollen. Ja, ich hätte viel mehr verdient, zumindest am Anfang. Die Firmen wollten etwa, dass ich die Ausbeute einer Chemikalie ein klein wenig erhöhe. Damit kann man natürlich viel Geld machen, aber eine besondere Bedeutung hätte dies nicht gehabt.

Gab es einen besonderen Mentor, der am Anfang Ihrer Karriere für Sie wichtig war?

Ja, Judah Folkman, ein sehr berühmter Chirurg. Er war mein Chef in meiner Zeit als Postdoc am Kinderkrankenhaus. Er glaubte, dass fast alles möglich ist, und war einer, der nie aufgibt. Er war ein Visionär mit großen Ideen. Das war für mich als junger Wissenschaftler eine wunderbare Erfahrung. Mir wurde klar: Wenn es uns gelänge, die Dinge umzusetzen, die er im Sinn hatte, wären das wirklich wichtige Fortschritte. Dazu gehörte, Substanzen zu finden, die das Wachstum von Blutgefäßen im Körper stoppen könnten, was wiederum zu neuen Therapien gegen Blindheit und gegen Krebs führen könnte.

Die Züchtung von Gewebe, die Erforschung von neuen Methoden zur Freisetzung von Wirkstoffen – waren das damals neue Arbeitsgebiete?

Ja. Die ersten beiden Themen, an denen ich gearbeitet habe, waren Angiogenese und »Drug Delivery«. Die Gewebezüchtung kam tatsächlich später hinzu, als ich einen jungen Chirurgen namens Jay Vicante kennenlernte. Er fing an, über Transplantationsthemen zu reden, und so entwickelten wir einige Ideen für die Gewebezüchtung. Das war ein weiterer großer Vorteil meiner Tätigkeit in einem Krankenhaus, in einer chirurgischen Umgebung: Ich traf diese großartigen Menschen.

Hat die Arbeit mit Dr. Folkman Einfluss auf Ihre spätere Arbeit mit Studenten gehabt?

Zu einem gewissen Grade ja. Wenn ich Studenten unterrichte, hoffe ich, dass sie sehen, in welchem enormen Ausmaß Wissenschaft Gutes tun kann. Man kann unglaublich viel lernen, wenn man sich Wissenschaft und Technik widmet. Und auch ich glaube, dass fast alles möglich ist.

Sie haben davon gesprochen, dass Sie Studenten viel abverlangen, um Höchstleistungen aus ihnen herauszuholen.

Ja. Eine der Philosophien, die ich im Laufe der Zeit entwickelt habe, lautet: Wenn du ein Student bist – ob in der Schule, der Highschool oder im College –, wirst du von der Welt danach beurteilt, wie gut du Fragen von anderen beantworten kannst, nicht wahr? Wie gut du in einer Prüfung abschneidest. Später im Leben dagegen wirst du nach den Fragen, die du selbst stellst, beurteilt. Du kannst dich entscheiden, sehr wichtige oder weniger wichtige Fragen zu stellen. Ich helfe meinen Studenten beim Übergang von einem Menschen, der gut antwortet, zu einem, der gut fragt.

Sie sind heute ein Experte auf Ihrem Gebiet, vor allem bei der Freisetzung von Wirkstoffen im Gehirn. Könnten Sie das Problem der »Drug Delivery« für Nichtwissenschaftler erklären?

Gemeinsam mit Henry Brown, einem weiteren Freund von mir, habe ich Polymerscheiben entwickelt, die man implantieren kann und die dann, während sie sich langsam auflösen, ein Krebsmedikament abgeben. Wenn jemand einen Hirntumor hat, schneidet der Chirurg so viel Tumorgewebe wie möglich weg und setzt dort diese kleinen Scheiben ein, die sogenannten Wafer, bevor er den Schädel wieder verschließt. Die Scheiben geben dann mindestens einen Monat lang das Medikament ans Tumorgewebe ab und töten hoffentlich viel davon ab. Die Scheiben greifen also immer wieder dieselbe Stelle an. Das ist noch keine Heilung, aber es verlängert das Leben und lindert das Leiden.

Können Sie diesen Prozess von außen steuern?

Ja, wir haben kleine Halbleiterchips und andere Technologien entwickelt, die es uns ermöglichen, die Abgabe des Medikaments fernzusteuern.

Zwischen Ihrer ersten Idee hierzu und der Verwirklichung lagen viele Jahre.

Wie bei allem in der Medizin dauert es lange von der anfänglichen Entdeckung bis zum regelmäßigen Einsatz durch Ärzte. Dazwischen liegen Tierversuche, klinische Studien und die Zulassung durch die U.S. Food and Drug Administration (FDA) oder andere Aufsichtsbehörden. Das kostet auch sehr viel Geld – nicht nur für die Forschung, sondern auch für die Firmen, die hart an der Umsetzung arbeiten. Zum Angiogenese-Hemmer haben wir das erste Paper 1976 in »Science« veröffentlicht. Er wurde 28 Jahre später, 2004, von der FDA zugelassen. Bei den »Drug Delivery«-Systemen ging es etwas schneller. Das erste Paper erschien 1976 in »Nature«, die Zulassung kam dreizehn Jahre später, 1989.

Wie weit hat sich Ihr anderes Forschungsgebiet, die Gewebezüchtung, entwickelt? Können Sie Organe züchten und ersetzen? Wird dies schon bei Menschen angewendet?

Jay Vicante und ich hatten einige grundlegende Ideen, wie man Kunststoffe und Zellen kombiniert, um neues Gewebe oder neue Organe zu züchten. Wir haben viele der grundsätzlichen Verfahren und Prinzipien entwickelt. Verschiedene Firmen haben die Dinge einen Schritt weiter gebracht, und wir sind an einigen von ih-

> »WIR UNTERSUCHEN AUCH, OB MAN ORGANE AUF EINEM CHIP HERSTELLEN KANN, SEI ES EIN HERZ ODER DER DARM.«

nen beteiligt. Man kann inzwischen Haut für Verbrennungsopfer herstellen. Wenn jemand diabetesbedingt Hautkrebs hat, gibt es dafür auch schon Ersatzhaut. Viele andere Anwendungen befinden sich in klinischen Studien, etwa für neues Knorpelgewebe oder neues Rückenmark. Zurzeit arbeiten wir an Hörschäden, an künstlichen Bauchspeicheldrüsen, an neuen Darmwänden. Wir und andere untersuchen auch, ob man Organe auf einem Chip herstellen kann, sei es ein Herz oder der Darm. Einige meiner Studenten erforschen, ob man so auch Fleisch und Leder erzeugen kann. Das Forschungsgebiet hat sich ziemlich ausgeweitet.

Halten Sie sich für einen erfolgreiche Geschäftsmann?

Ich weiß es nicht, aber wichtig ist mir sicher, dass die Dinge aus dem Labor in die Welt gelangen. Um dabei zu helfen, habe ich mich an Unternehmen beteiligt. Das war eine sehr interessante Erfahrung. Die Wissenschaft selbst ist großartig, aber ich möchte weiter gehen. Ich möchte, dass sich die Wissenschaft auf das Leben der Menschen auswirkt. Die Unternehmen haben das umgesetzt. Einige meiner Studenten haben mit Begeisterung Start-ups gegründet und zugesehen, dass ihre Forschung aus dem Labor in die Welt kommt. Das war ihr Traum. Das ist wunderbar. Ich möchte, dass meine Studenten ihre Träume leben.

Wie sieht es mit Konkurrenz und Rivalität auf Ihrem Gebiet aus?

Es gibt immer eine gewisse Rivalität. Aber ich denke, dass von einer Konkurrenzsituation alle profitieren. Ein Beispiel: Ich habe Gentech Pharmaceutical beraten, eine großartige Firma. Amgen war in gewisser Weise ein Rivale. Wenn Amgen ein Paper in »Nature« oder »Science« veröffentlichte, stieg ihr Börsenkurs um zwölf oder vierzehn Punkte. Das regte die Leute bei Gentech ziemlich auf. Ich sagte ihnen dann: »Schauen Sie, Ihr Kurs ist derentwegen um acht Punkte gestiegen, ohne dass Sie etwas dafür tun mussten.« Wenn es bei einem Konkurrenten gut läuft, läuft es bei einem selbst tatsächlich ebenfalls besser.

Sie scheinen sich voll und ganz Ihrer Arbeit verschrieben zu haben.

Absolut, das stimmt.

Wie haben Sie Ihr Leben, Ihre Ehe organisiert? Sie haben drei Kinder. Wie haben Sie all das zusammengehalten?

Laura, meine Frau, ist promovierte Wissenschaftlerin. Sie ist eine sehr geradlinige Person. Als die Kinder klein waren, sagte sie zu mir: »Ich will, dass du jeden Abend um sieben zu Hause bist, damit du Zeit mit deinen Kindern verbringst.« Ich hab das nicht als Druck empfunden.

Ich arbeitete dann abends, manchmal auch mit den Kindern. Es gibt Fotos, wie mein ältester Sohn mit eineinhalb Jahren über mich krabbelt und meine Chemiebücher in den Mund steckt. Ich habe mit allen Kindern gespielt und sie ins Bett gebracht.

Wie viel Schlaf haben Sie in jener Zeit bekommen?

Ich brauche Schlaf, wohl sechs bis sieben Stunden. Aber selbst jetzt im Alter zücke ich, wenn ich nachts auf Toilette gehen muss, mein iPad und beantworte fünf bis zehn Mails. Ich denke ständig über Sachen nach. Ich bin immer am Arbeiten. Andererseits betrachte ich das, was ich tue, nicht als Arbeit. Ich bin jetzt siebzig und könnte mich zur Ruhe setzen. Finanziell geht es mir sehr gut. Ich brauche das Geld nicht, aber es gefällt mir. Ich kann mir nichts anderes vorstellen, als mit meinen Studenten zu reden, Ideen zu entwickeln, etwas zu erfinden und zu sehen, dass es ein Erfolg wird. Ich reise um die Welt und helfe verschiedenen Ländern, treffe interessante Menschen. Es ist kein Job, wissen Sie, es ist fast wie ein Traum.

Sie sind körperlich in sehr guter Verfassung, Sie trainieren täglich zwei Stunden. Seit dreißig Jahren, stimmt das?

Wir haben zu Hause einen Fitnessraum. Ich stemme Gewichte. Während ich auf dem Liegeradtrainer trete, kann ich arbeiten, kann telefonieren und Dinge erledigen. Ich lese dabei auch Paper. Aber ich glaube, meine Studenten finden meinen Schreibstil nicht so elegant. Der Grund, warum ich so viel trainiere, ist, dass mein Vater an einem Herzinfarkt starb, als ich 28 war. Er war 61, und das hat mir enorme Angst eingejagt. Jetzt bin ich siebzig, und ich möchte so lange wie möglich da sein für meine Kinder, meine Frau und die Menschen, mit denen ich arbeite. Ich esse auch für mein Leben gerne. Wenn ich keinen Sport machen würde, wäre ich wahrscheinlich ein Koloss.

Wie war Ihre Kindheit, Ihre Erziehung? Was hat Sie zu dem Menschen gemacht, der Sie heute sind?

Ich bin mir nicht ganz sicher. Mein Vater spielte Mathematikspiele mit mir. Meine Mutter ist eine reizende Person, die sich viel um Menschen kümmert. Meine Eltern haben mir Chemiekästen und Mikroskope von A.C. Gilbert besorgt. Ich konnte Chemikalien mischen, das hatte schon etwas Magisches. Man konnte die Farben verändern oder Gummi herstellen, solche Sachen. Aber ich habe auch viel Sport getrieben. Ich habe gerne mit den Leuten in der Nachbarschaft Football, Baseball und Basketball gespielt. Ich hatte eine ziemlich normale Mittelschicht-Kindheit in Albany, New York. Was die Schule angeht, war ich ein einigermaßen intelligentes Kind. Ich war nicht der Klassenbeste, aber bei den oberen zehn Prozent. Wenn ich in der Schule gut war, bekam ich Lob. Meine Eltern haben mich aber unter Druck gesetzt. Ich glaube, Sie wollten einfach nur, dass ich ein glückliches Kind bin. Das will ich für meine Kinder auch.

Warum sollten junge Frauen und Männer in die Wissenschaft gehen? Welchen Rat würden Sie ihnen geben?

Es gibt eine Reihe von Gründen, ein wissenschaftliches Fach zu studieren. Nummer eins: Sie mögen es hoffentlich, und Sie sind neugierig. Zweitens: Fast alle Fortschritte auf der Welt fußen auf der Wissenschaft – seien es neue Arten von Computern, seien es neue Medikamente. Sie können eine Rolle dabei spielen, die Welt besser und sicherer zu machen. Mein Rat an junge Menschen: Träumen Sie große Träume. Träume, die die Welt verändern und verbessern. Gleichzeitig sollten Sie wissen, dass viele Hindernisse auf Sie warten. Geben Sie nicht auf. Bleiben Sie beharrlich. Versuchen Sie, diese Träume zu verfolgen.

Von Wissenschaftlern habe ich gehört, dass von zehn Versuchen neun scheitern.

Absolut. Ich habe das Gefühl, dass ich viel häufiger scheitere, als dass ich erfolgreich bin. Wenn ich an meine Dissertation zurückdenke, für die ich drei Jahre gebraucht habe, stelle ich fest, dass ich sie mit dem Wissen danach in ein, zwei Monaten geschafft hätte.

Welche Träume haben Sie jetzt noch?

Meine persönlichen Träume sind, noch mehr gute Ideen zu haben und diese so gut es geht der Welt nutzbar zu machen. Ich möchte auch weiterhin die Allerbesten in Biotechnik und Biomedizintechnik ausbilden. Das ist das Schöne am MIT: Sie arbeiten mit wunderbaren Menschen zusammen. Über 300 Studenten von uns sind Professoren geworden, in allen Teilen der Welt. Hunderte mehr haben Firmen gegründet, arbeiten in Unternehmen oder in Regierungsbehörden, sind Anwälte geworden oder Wagniskapitalgeber – lauter solche Sachen. Das bedeutet mir wirklich viel.

Wie erhalten Sie sich Ihre positive Einstellung?

Ich glaube, das ist genetisch bedingt. Es liegt einfach in meiner Natur, die Dinge von der positiven Seite zu betrachten. Bei mir hat das funktioniert.

»MEIN RAT AN JUNGE MENSCHEN: TRÄUMEN SIE GROSSE TRÄUME. TRÄUME, DIE DIE WELT VERÄNDERN UND VERBESSERN.«

»BLEIBE DIR SELBER TREU, NICHT IM SINNE DESSEN, WAS DIR MOMENTAN AM MEISTEN NÜTZT, SONDERN IN DEINEM INNEREN!«

Anton Zeilinger | Quantenphysik

Professor für Experimentalphysik an der Universität Wien
Präsident der Österreichischen Akademie der Wissenschaften
Österreich

Herr Professor Zeilinger, in Ihrer Schulzeit hat ein Lehrer Ihrer Mutter gesagt, Sie seien ein hoffnungsloser Fall. Wie kam er zu diesem Urteil?
Ich war stinkfaul und habe gerade so viel gelernt, um nicht durchzufallen. Ich bin in der Schule auch gelegentlich angeeckt, wenn ich mehr wusste als der Lehrer. Andererseits hatte ich einen fantastischen Lehrer für Physik und Mathematik. Er war selbst begeistert von seinem Fach, und das ist das Wichtigste, was ein Lehrer mitbringen muss.

Sie haben einmal gesagt, Ihr Vater sei ein Vorbild gewesen, weil er eigenwillig und stur war.

Mein Vater hat mir gezeigt, dass ich durch Eigenwilligkeit und durch das Verfolgen des eigenen Ziels, was man auch stur nennen kann, sehr viel erreichen kann. Ich darf mich von einem inhaltlichen Ziel in der Wissenschaft nicht abbringen lassen, auch wenn die anderen es noch so oft als Unsinn bezeichnen. Ich habe immer das gemacht, was ich spannend finde, und bin aus Forschungsgegenständen ausgestiegen, wenn sie Mode wurden. Das war oft Außenseiter-Physik. Bei Bewerbungen um Professuren gab es auch viele Universitäten, die mich abgelehnt haben und sich heute alle zehn Finger abschlecken würden, wenn sie mich genommen hätten.

Sie hatten scheinbar schon immer ein großes Selbstbewusstsein?

Das war eigentlich immer da, und aus dem Grund konnte ich auch die vielen negativen Feedbacks, die ich erhalten habe, wegstecken. Das Einzige, was zählt in der Wissenschaft, ist, den eigenen Weg zu gehen und sich nicht abbringen zu lassen.

Haben Sie schon immer bewusst Grenzen überwunden?

»MEIN VATER HAT MIR GEZEIGT, DASS ICH DURCH EIGENWILLIGKEIT UND DURCH DAS VERFOLGEN DES EIGENEN ZIELS, WAS MAN AUCH STUR NENNEN KANN, SEHR VIEL ERREICHEN KANN.«

Ich habe Grenzen oft gar nicht wahrgenommen. Mir war aber immer Unabhängigkeit wichtig. Man darf sich auch nicht von sozialen Gegebenheiten abhängig machen, insbesondere im Alter von sechzehn, siebzehn Jahren. Ich hatte zum Glück einen Mitschüler, der sich genauso für fundamentale Dinge interessiert hat. Während andere Partys gemacht haben, haben wir über den Urknall diskutiert. Es ist wichtig, dass es auch andere gibt, die so sind wie man selbst.

Sie sind mit 32 nach Amerika ans MIT gegangen. Wie war es für Sie, von Österreich dorthin zu gehen?

Das war ein Schlüsselerlebnis, weil ich gelernt habe, dass selbst an den Eliteuniversitäten in Amerika die Kollegen auch nur mit Wasser kochen. Das MIT war schon respekteinflößend, und dort sind sehr viele sehr gute Leute, nicht nur einer oder zwei. Aber ich habe sehr bald gesehen, dass ich wissenschaftlich mit denen mithalten kann. Das war sehr ermutigend für den Rest meines Lebens.

Sie haben sich mit Quantenphysik beschäftigt. Hatten Sie dabei ein Heureka-Erlebnis?

Das wäre zu viel gesagt. Ich habe im Studium keine einzige Stunde Quantenphysik besucht, keine Vorlesung, nichts. Das war möglich, als die Universitäten noch nicht so verschult waren wie heute. Zur letzten großen Abschlussprüfung bin ich aber zu dem Professor gegangen, der theoretische Physik geprüft hat, und habe gebeten, dass er mich besonders in Quantenmechanik abfragt. Dann habe ich es aus Büchern gelernt und sofort gesehen, dass das eine wunderschöne mathematische Theorie ist, aber dass niemand wirklich weiß, wo sie hingeht. Das hat mich sofort fasziniert, und dabei bin ich mein ganzes Leben geblieben.

1997 haben Sie ein besonderes Experiment mit Teleportation durchgeführt. Was war das revolutionäre Neue daran?

Das war nicht mein wichtigstes Experiment, aber sicher das populärste. Es ging darum, die Eigenschaften eines Photons auf ein anderes zu übertragen, ohne dass zwischen den beiden eine Verbindung besteht. Sechs Kollegen hatten 1993 die Theorie dazu formuliert, und damals dachte ich, dass es eine nette Idee, aber vollkommen unmöglich sei. Nicht wissend, dass wir in meinem Laboratorium schon die Mittel für das Experiment entwickelt hatten. Einstein hatte auch schon von der spukhaften Fernwirkung gesprochen: Wenn zwei Teilchen miteinander verschränkt sind, kann eine Messung an einem den Zustand des anderen beeinflussen, ohne dass eine Verbindung besteht. In der Teleportation verwendet man diese Verschränkung, indem man die Eigenschaften eines dritten Teilchens auf die andere Seite überträgt. Dadurch werden ohne eine Verbindung zwischen den beiden Orten Informationen übertragen. Das war ein Punkt, der auch die amerikanischen Kollegen sehr interessiert hat. Damals haben wir das Wettrennen gewonnen, weil wir in meiner Gruppe finanzielle Reservemittel hatten. Es war von Anfang an meine Strategie, die Gelder schon auf der hohen Kante zu haben. So konnte ich gleich beginnen und habe kein Jahr mit Anträgen verloren.

Ihr Schüler Pan Jian-Wei ist inzwischen einer der Führenden in der Quanten-Kryptografie, und 2016 hat er den Quantensatelliten »Micius« gestartet. Wie finden Sie es, dass er nun in diesem Bereich so tonangebend ist?

Es sollte das Ziel jedes Lehrers sein, dass seine Schüler besser werden als er. In diesem Fall arbeiten wir auch zusammen. Es war ein gutes Gefühl, als der Satellit startete und ich wusste, dass ein Großteil davon auf meine eigene Arbeit zurückging. Am Anfang gab es Rivalität mit Pan Jian-Wei, aber nicht von mir, sondern von meinen Mitarbeitern. Ich konkurriere nicht mit meinen Schülern und werde doch nicht meine eigenen jungen Leute zurückhalten.

Der Satellit überträgt nicht nur die Materie des Objekts, sondern auch die Information. Können Sie erklären, was da passiert?

Wenn ich von mir selbst ausgehe, bestehe ich aus allen möglichen Atomen. Wenn ich diese Atome gegen andere austauschen würde, wäre ich trotzdem noch derselbe. Das heißt, es kommt nicht auf die Materie an, sondern darauf, wie sie angeordnet ist, und das ist die Information. Durch unsere Experimente wurde klarer, dass das Grundkonzept in den Naturwissenschaften eigentlich Information ist und nicht Materie.

Zudem ist die Übertragung abhörsicher. Das macht Ihre Forschung interessant für alle, die an abhörsicheren Informationen interessiert sind.

Das darf man aber nicht vermischen: Teleportation und Kryptografie sind zwei getrennte Anwendungen der Grundidee der Quantenphysik. Bei abgesicherten Informationen denken viele zuerst ans Militär, aber der Großteil der Anwendungen ist kommerziell oder privat. Es geht letztlich um die Sicherheit für jeden, zum Beispiel beim Onlinebanking. Ich bin auch optimistisch und glaube, dass wir die Probleme, vor denen wir derzeit stehen, nicht durch Technikfeindlichkeit lösen werden, sondern durch mehr Technik.

Wie sehen Sie die Entwicklung, dass Europa in dieser Wissenschaft nachlässt, während China immer mehr an Bedeutung gewinnt?

Europa ist strukturell nicht imstande, große strategische Ziele zu definieren und dann durchzuziehen. Das liegt an den Entscheidungsmechanismen. Der Satellit ist dafür ein schönes Beispiel. Ich habe 2003 in Europa begonnen, den Wettbewerb dafür zu lancieren, und hatte keine Chance. Da müssen so viele Länder mitmachen,

»EIN KONTINENT WIE EUROPA, DER KEINE ROHSTOFFE HAT, KANN NUR MIT FORSCHUNG ÜBERLEBEN.«

und die Interessen der Industrie müssen auch befriedigt werden. 2008 kam dann der Anruf von Jian-Wei, der mir eine Zusammenarbeit anbot, und ich habe unter der Voraussetzung zugesagt, dass alle Resultate veröffentlicht werden. Und Europa war abgehängt, bis heute.

Europa scheint schon im Vergleich zu den USA auf manchen Gebieten zurückzufallen, und China investiert so viel, dass es inzwischen auch ein großer Player geworden ist.

Langfristig geht es darum, wo es die größten Chancen für ungewöhnliche Ideen gibt. Deshalb rate ich meinen chinesischen Kollegen, verstärkt Möglichkeiten einzuführen, dass junge Wissenschaftler unabhängig arbeiten können. Das ist die Voraussetzung für langfristigen Erfolg. Darin sind die Amerikaner sehr stark und wir in Europa nur mittelstark. Wenn ich heute ein Projekt starte, darf ich nicht vom derzeitigen Zustand der Welt ausgehen, sondern davon, was in fünf, sechs, sieben oder mehr Jahren geschehen wird. Da ist Europa weit hinten. Aber ein Kontinent wie Europa, der keine Rohstoffe hat, kann nur mit Forschung überleben. Er braucht mehr Mittel und muss sie besser fokussieren. Sehr gut ist Europa in der wissenschaftlichen Analyse komplexer Situationen, und diese Stärke sollten wir auch nutzen.

Sie sagen, dass man ungewöhnlich denken müsse, um Quantenphysik zu verstehen. Was bedeutet das?

Ich darf nicht versuchen, meine Fragen mit bisherigen Denkmethoden zu lösen. Damit meine ich etwa das fundamentale Ursache-Wirkungs-Prinzip oder die Idee, dass unsere Naturbeschreibung etwas meint, das unabhängig von unserer Beobachtung existiert. Es gibt in der Richtung auch vielversprechende Ansätze, wieder Information als Grundbasis der Physik zu nehmen.

Welche Bedeutung schreiben Sie der Quantenphysik für unser Weltbild und Bewusstsein zu?

Ich glaube, Quantenphysik hat wirklich die Chance, unser Weltbild grundlegend zu ändern. Es geht um Information, um Wissen, um die Rolle des Beobachters in der Welt, und das ist weitgehend offen. Sie mathematisch zu verstehen ist fantastisch, aber philosophisch sind wir noch nicht am Ziel angelangt. Vielleicht habe ich das Glück, noch zu erleben, wie jemand Junges es schafft, Quantenphysik wirklich zu begreifen. Ich glaube nicht, dass mir das selbst noch gelingt.

Sie meinten einmal, als Naturwissenschaftler seien Sie Agnostiker, als Mensch seien Sie aber weder Agnostiker noch Atheist. Was sind Sie dann?

Da ich kein Agnostiker und auch kein Atheist bin, bin ich Theist. Ich hatte das Glück, dass ich nicht in einer extrem an einer Kirche orientierten Familie aufgewachsen bin. Mein Vater war katholisch, meine Mutter protestantisch. Ich wurde katholisch getauft, weil meine Familie in Österreich lebte, und am Sonntag bin ich manchmal mit meinem Vater in die Kirche gegangen, manchmal mit meiner Mutter. Das In-die-Kirche-Gehen war schon positiv besetzt, auch wenn weder mein Vater noch meine Mutter jeden Sonntag hingingen.

Welche Werte haben Ihnen die Eltern mitgegeben?

Ganz wichtig war, dass Geld nie ein großer Wert in meiner Familie war. Meine Eltern haben mir auch mitgegeben, wie bedeutsam echte Treue gegenüber anderen Menschen ist. Meine Mutter war aus Schlesien vertrieben worden, und ihr Nicht-unterkriegen-Lassen hat sich unbewusst an mich vermittelt.

Was ist wichtig, um erfolgreich im Leben zu sein?

Das Wichtigste ist, der eigenen Nase zu folgen. Wenn junge Menschen Ideen haben, sollen sie ihnen nachgehen. Zu mir kommen gelegentlich auch Kinder von Freunden, die sich beraten lassen wollen. Ich sage ihnen immer: Vergesst die Wenns und Abers! Wenn es etwas gibt, was sie begeistert, werden sie sich gegen die anderen durchsetzen.

Wie konnten Sie Ihre Eitelkeit befriedigen?

Anerkennung ist ein wichtiger Motor. Anfangs wurde ich nur von meinem Doktorvater Helmut Rauch anerkannt in der Form, dass wir ständig über die Quantenphysik gestritten haben. Dadurch habe ich gemerkt, dass er mich als Partner ernst nimmt. Später am MIT war es das Gleiche mit Cliff Shull, Anerkennung auf gleicher Ebene. Die internationale Anerkennung kam dann langsam und sehr spät. Das Erfreuliche an Preisen oder der Wahl in eine berühmte Akademie ist, dass sie nur möglich werden, weil es Kollegen gibt, die sich die Mühe machen, einen Vorschlag auszuarbeiten.

Manche sagen, nach einem erfolgreichen Tag in der Wissenschaft habe man etwas geschaffen, was vorher noch nicht da war. Haben Sie ein solches Gefühl je verspürt?

Die Teleportation hat so etwas ausgelöst und auch früher schon die Beweise, dass gewisse Formen der Quantenmechanik möglich sind und andere nicht. Und die Zusammenarbeit mit vielen jungen Menschen, die auch begeistert sind, lässt sich durch nichts ersetzen. Meine interessanteste neue Entdeckung war die der verrückten Eigenschaften von der Verschränkung mehrerer Teilchen. Ich habe mit zwei Kollegen, Greenberger und Horn, ausgerechnet, dass es vollkommen verrückt ist, wie sich die Teilchen verhalten. Und das dann im Laboratorium zeigen zu können, das war für mich der größte wissenschaftliche Erfolg meines Lebens. Damit haben wir ein Tor geöffnet, auch in Richtung Technologie. Die Greenberger-Horn-Zeilinger-Zustände sind jetzt zentral für Quantencomputer.

Welche Verantwortung haben Wissenschaftler für das, was sie tun?

John Archibald Wheeler hat viel für die Grundlagen der Quantenmechanik getan und zuvor am Manhattan-Projekt mitgearbeitet. Ich habe ihn nach der Atombombe gefragt, und er hat mir zwei Antworten gegeben. Die eine war, dass das größte Spital, das je in der Geschichte der Menschheit gebaut wurde, nie in Betrieb genommen wurde: ein amerikanisches Spital auf einer Pazifikinsel zur Behandlung der Verletzten bei der geplanten Invasion von Japan. Die zweite Antwort war, dass er einen gewaltigen Stapel von Briefen und Postkarten von Amerikanern hatte, die ihm gedankt haben dafür, dass die Atombombe ihr Leben und das ihrer Söhne gerettet habe. Darauf kann man nicht mehr viel sagen. Ich habe auch den Dalai-Lama einmal gefragt, wie er die Grundlagenforschung und ihre Gefahren einschätzt. Er meinte, für Grundlagenforschung dürfe es keine Grenze geben, denn Ignoranz sei eine Quelle des Leids. Das unterschreibe ich voll und ganz.

Was ist Ihre Botschaft an die Welt?

Bleibe dir selber treu, nicht im Sinne dessen, was dir momentan am meisten nützt, sondern in deinem Inneren! In dem Moment, wo ich anderen Menschen etwas Schlechtes antue, kann ich zum Beispiel nicht behaupten, dass ich mir selber treu bleibe.

Warum meinen Sie, dass humanistische Ausbildung auch heute noch etwas Wesentliches sein sollte?

Sie fördert die Offenheit für tiefe Fragen. Wenn ich Texte auf Altgriechisch lese und merke, dass wichtige Fragestellungen vor dreitausend Jahren genau die gleichen waren wie heute, erzeugt das eine gewisse Demut. Deshalb sollte es wenigstens einige Gymnasien geben, wo es humanistische Ausbildung gibt und Latein und Griechisch nicht abgewählt werden können.

»VIELLEICHT HABE ICH DAS GLÜCK, NOCH ZU ERLEBEN, WIE JEMAND JUNGES ES SCHAFFT, QUANTENPHYSIK WIRKLICH ZU BEGREIFEN. ICH GLAUBE NICHT, DASS MIR DAS SELBST NOCH GELINGT.«

»ICH HATTE ERFOLG DAMIT, DINGE ALS ERSTER UND AM BESTEN ZU MACHEN.«

Arieh Warshel | Chemie

Professor für Chemie und Biochemie an der
University of Southern California in Los Angeles
Nobelpreis für Chemie 2013
USA

Herr Professor Warshel, sind Sie ein streitsüchtiger Mensch?
Man hat mir oft nachgesagt, dass ich mich gern streite. Aber das stimmt nicht. Wenn ich von einer Reise kam und ein Absageschreiben im Briefkasten hatte, brauchte ich drei Tage, um das Trauma zu überwinden. Ich habe früher nicht einmal reagiert, wenn ich wissenschaftlich angegriffen wurde, aber dann wurde mir klar, dass das zu noch größeren Problemen führt. Die Leute fingen dann an, den Argumenten meiner Gegner zu glauben.

Sie haben also sozusagen immer in Notwehr gehandelt?

Ich finde nicht, dass ich den Streit jeweils begonnen habe. Ich bin wie Israel: Ich reagiere, wenn ich angegriffen werde, greife aber sehr selten selbst an.

Sie leben schon lange in Amerika. Fühlen Sie sich mehr als Amerikaner oder als Israeli?

Als Israeli, auf jeden Fall. Ich fühle mich wie ein Israeli, ich verhalte mich wie ein Israeli ...

Sie sind in einem Kibbuz-Kinderhaus in Israel unter britischer Verwaltung aufgewachsen. Welchen Eindruck hat diese Art gemeinschaftlicher Erziehung hinterlassen?

Ich habe sehr schöne Erinnerungen an das Kinderhaus. In den letzten Jahren habe ich von Menschen gehört, für die diese Erfahrung traumatisch war, aber ich hatte eine sehr enge Bindung zu meinen Eltern. Wir waren eine kleine Gruppe von Kindern und abends kamen unsere Eltern und brachten uns ins Bett. Für mich war das eine ganz natürliche Art zu leben.

Ihre Eltern zogen zu Anfang der Kibbuz-Bewegung nach Israel.

Ja, sie wanderten aus Polen dorthin aus, wobei mein Vater aus dem heutigen Weißrussland stammt. Sie gingen Anfang der 1930er-Jahre nach Israel, und ihr Kibbuz wurde 1937 gegründet. Es galten dort sozialistische und kommunistische Ideale: Die Frauen sollten arbeiten und nicht mit den Kindern zu Hause bleiben müssen, weil es effizienter ist, wenn eine Frau auf zwanzig Kinder aufpasst, als wenn alle Mütter damit beschäftigt sind.

Als Kind experimentierten Sie gern. Sie haben sich sogar mal eine Pistole gebaut.

Wir hatten eine Menge Freizeit, und ich beschäftigte mich mit allem Möglichen. Ich baute Ballons mit Feuerantrieb, und ich versuchte auch, Katzen mit Fallschirmen von Gebäuden fliegen zu lassen. Ich las Bücher mit Anleitungen für alle möglichen Dinge, und eines davon war eine Bauanleitung für Schusswaffen. Also gingen meine Freunde und ich einkaufen und versuchten dann, eine sehr primitive Pistole zu bauen.

Was trieb Sie an? Eine tief verwurzelte Liebe zu Wissenschaft und Entdeckungen?

Es war mehr die Neugier auf interessante Dinge. Keine Unternehmung in meiner Jugend hatte besonders viel Tiefgang. Na ja, außer den Löchern, die ich manchmal auf der Suche nach Gold oder Antiquitäten grub.

Sie haben sicher viel gelernt.

Ich trug die Bücher für die Zulassungsprüfung überall mit mir herum. Selbst während meiner Zeit in der Armee, als ich im Panzer saß, hatte ich meine Bücher dabei.

Offensichtlich hat sich das für Sie gelohnt.

Ich hatte Erfolg, ja. Schon in meinem ersten Jahr bekam ich gute Noten In meinem dritten Jahr wurde ich vom damaligen Premierminister Levi Eshkol als bester Student ausgezeichnet. Das machte mich sehr zufrieden.

Und 2013 bekamen Sie den Nobelpreis für Chemie für die Entwicklung von Multiskalenmodellen für komplexe chemische Systeme.

Genau. Wir fanden eine Möglichkeit, am Computer die Struktur von Proteinen zu betrachten und zu verstehen und vor allem zu begreifen, was genau sie tun.

Welche Hindernisse mussten Sie in Ihrer Laufbahn überwinden?

Vor allem gab es immer großen Widerstand und viel Rivalität. Lange behauptete man, meine Ergebnisse könnten auf gar keinen Fall stimmen und ich würde sicher lügen. Es dauerte, bis die Menschen verstanden, dass fast meine gesamte Arbeit von anderen übernommen wurde, die versuchten, die Anerkennung dafür einzuheimsen. Es war nicht leicht, meine Arbeit zu verteidigen, aber ich hatte Erfolg damit, Dinge als Erster und am besten zu machen. Letztendlich bekam ich die Anerkennung, die ich verdient hatte.

Hatten Sie einen starken Mentor?

Einen starken Mentor? Nein. Mein Doktorvater war ein wunderbarer Mensch. Er arbeitete am Weizmann-Institut als wissenschaftlicher Leiter. Er war ein sehr kultivierter, intelligenter und gewissenhafter Mensch. Aber er war kein Kämpfer. Ich hatte niemanden, der mich beschützte. Aber wissen Sie, selbst mit einem starken Mentor läuft es nicht immer gut. Mein Postdoc-Mentor zum Beispiel wurde irgendwann zu meinem Feind.

Sie kämpften während des Sechstagekriegs in der israelischen Armee. Wie war das?

Das war ein kurzer Krieg. Wir gewannen sehr schnell und hatten nicht viel Zeit, alles zu verdauen. Der Jom-Kippur-Krieg, das war eine andere Geschichte. Unser Regiment schlug eine entscheidende Bresche, um die syrischen Streitkräfte zu verdrängen. Viele wurden getötet. Unser Panzer fuhr über eine Mine, und einige unserer Jungs wurden verwundet. Das war ein ganz anderer Krieg. Ich war ich mir nicht sicher, ob wir gewinnen würden.

Haben Sie bleibende Schäden davongetragen?

Ich litt noch etwa ein Jahr unter posttraumatischem Stress.

Nach dem Krieg gingen Sie zum Medical Research Council (MRC) in Cambridge?

Nach dem Jom-Kippur-Krieg beschloss ich, mich auf Biologie zu konzentrieren. Ich forschte mit Mike Levitt am Weizmann-Institut an der Proteinfaltung. Als ich zum MRC kam, ging es da nur um Molekularbiologie, und ich arbeitete mit sehr renommierten Leuten. In jedem Stockwerk saß quasi ein Nobelpreisträger. Es war ein sehr produktives Jahr. Wir veröffentlichten mehrere wichtige Paper – auch das über die Enzyme, für das wir später den Nobelpreis bekamen.

Damals veränderten Computer die Art Ihrer Forschung von Grund auf. Könnten Sie darüber etwas erzählen?

Computer waren immer wichtig für meine Forschung. Statt mich an komplizierten analytischen Formeln abzuarbeiten, die auf komplexe Moleküle nicht anwendbar wären, war ich zunehmend sicher, dass ich die Welt der Atome mit Computern erforschen kann. Außerdem war ich sehr schnell und machte weniger Fehler, wenn ich die Ergebnisse aus den Formeln, die ich im Programm implementierte, mit den numerischen Berechnungen verglich. Wenn die Ergebnisse übereinstimmten, wusste ich, dass die programmierten Formeln richtig waren. Ich nützte das als Richtschnur

Und jetzt sind Sie an der University of Southern California, wo Sie nicht nur lehren, sondern auch weiterforschen.

In Amerika muss jeder, der an einer Universität arbeitet, irgendwann auch lehren. Aber ich treibe meine Forschung weiter voran. Ich habe zum Beispiel neue Ansätze für die physikalische Modellierung biologischer Moleküle entwickelt. Doch ich werde nicht immer gewürdigt. Manche bezeichnen meine Methoden einfach anders. So war das immer bei mir: Ich entwickle eine Theorie, die sofort attackiert wird, aber letztlich wird sie von vielen übernommen.

Hatten Sie Schwierigkeiten, Ihre Forschung zu veröffentlichen?

Oh ja. Meine Herangehensweise, intuitiv vorzugehen, statt Formeln zu schreiben, kam nicht immer gut an. Wenn man durch Intuition sofort zur richtigen Lösung kommt, weisen die Leute die Ergebnisse oft rundweg zurück. Ich habe mich inzwischen daran gewöhnt. Ich konnte mit meiner Methode eine Menge Probleme lösen, an denen andere gescheitert sind. Und in 98 Prozent der Fälle hatte ich recht.

Ist diese Zurückweisung in der Welt der wissenschaftlichen Peer-Reviews verbreitet?

Sobald Menschen beteiligt sind, lässt sich kaum verhindern, dass ihr Ego ihr Urteil beeinflusst. Jeder, dessen Paper mit eigenen Erkenntnissen schon mal zur Peer-Review an die Konkurrenz geschickt wurde, weiß, dass diese versuchen wird, es abzulehnen.

Wie wichtig war Ihre Frau in Ihrem Leben und Ihrer Karriere?

Ich glaube, sie war sehr, sehr wichtig. Sie war immer eine stabilisierende Konstante. Hätte ich eine andere Frau, die mich nichts tun lässt oder nicht mit mir nach Amerika gekommen wäre, wäre alles viel schwieriger gewesen.

Was hat Sie zu dem gemacht, der Sie heute sind?

Ich bin sehr neugierig. Ich bin auch sehr stur und vielleicht ein bisschen talentiert.

Gab es in Ihrem Leben eine stetige Antriebskraft?

Immer der Beste sein zu wollen.

Warum sollten sich junge Menschen mit Wissenschaft beschäftigen?

In der Wissenschaft geht es darum, zu verstehen, wie das Universum, das Gehirn oder der Körper funktioniert. Man hat die Chance, Dinge zu verstehen, die niemand bisher verstanden hat. Das ist extrem faszinierend.

Welchen Rat würden Sie jungen Menschen geben?

Lernt zuallererst euer Handwerkszeug. Das bedeutet, die Hausaufgaben auch wirklich zu machen und das Lernen ernst zu nehmen. Es ist wichtig, fleißig zu lernen, auch wenn es einem wie Zeitverschwendung erscheint. Tut einfach so, als ob es Spaß macht.

Was ist Ihre Botschaft an die Welt?

Versucht, in Frieden zu leben. Das kann schwierig sein, aber es ist eine gute Botschaft. Und gebt Geld für die Wissenschaft aus. Im Rückblick wird schnell klar, dass alle unsere Fortschritte in Medizin, Maschinenbau, Luftfahrt – überall – mit einer wissenschaftlichen Entdeckung begannen. Unsere Zukunft hängt ganz und gar von der Wissenschaft ab.

»NUN, EIN RAT WÄRE, DAS GEGENTEIL VON DEM IN ERWÄGUNG ZU ZIEHEN, WAS EINEM GERATEN WIRD.«

Edward Boyden | Neurowissenschaften

Professor für Neurotechnologie am
Massachusetts Institute of Technology (MIT) in Cambridge
Breakthrough Prize in Life Sciences 2016
USA

Herr Professor Boyden, was genau machen Sie?
Ich versuche herauszufinden, wie das Gehirn Gedanken und Gefühle erzeugt. Im Mittelpunkt meiner Arbeit steht seit zwanzig Jahren, Werkzeuge zur Abbildung und Kartierung des Gehirns zu erfinden, um es in Aktion zu beobachten und zu steuern. Das ist ein ganz anderer Ansatz als in der klassischen Neurowissenschaft.
Sie haben sich seit Ihrer Jugend für Wissenschaft interessiert. Woher rührt dieses Interesse?
Als ich acht Jahre alt war, hatte ich eine sehr philosophische Phase. Ich wollte den Sinn des Lebens wirklich

verstehen. Ich kam zu dem Schluss, dass ich mein Leben damit verbringen muss, die menschliche Existenz wissenschaftlich zu untersuchen. Am College arbeitete ich an einem Projekt, Leben von Grund auf zu erschaffen. Dann ging ich ans MIT und arbeitete im Quantencomputing. Beides sind Themen, bei denen Philosophie und Naturwissenschaft aufeinanderstoßen. Schließlich wandte ich mich vor zwanzig Jahren der Neurowissenschaft zu, in der ich seitdem arbeite.

Haben Ihre Eltern Sie in besonderer Weise unterstützt?
Meine Mutter studierte Biologie, mein Vater war Management-Berater. Ihre beiden Denkweisen haben mir in meiner Karriere sehr geholfen. Sowohl Wissenschaft als auch Management waren Teil meiner Jugend. Wie Sie sicher wissen, arbeiten Biologen im Team.

Normalerweise spielen Kinder gerne und machen Sport. Was haben Sie als Kind gemacht?
Ich mochte Mathematikrätsel und las gerne über wissenschaftliche Themen wie den Weltraum, Raketen, Chemie und Maschinen. Ich verbrachte viel Zeit in der Bücherei und las dort eine Enzyklopädie, Band für Band.

Ernsthaft?
Oh ja, die »World Book Encyclopedia«. Ich erinnere mich lebhaft daran.

Das klingt, als ob Sie frühreif gewesen wären.
Ich war sehr nachdenklich. Ich denke gerne viel nach. Ich las und baute mir meine eigenen Welten aus Lego, Q-Tips und Papiertuch-Rollen. Ich hatte eine fantasievolle Kindheit. Ich übersprang auch einige Klassen, sodass ich sehr früh aufs College ging. Ich war erst vierzehn.

Hatten Sie besonders prägende Erfahrungen in der Schulzeit?
Ich erinnere mich, dass in der zweiten Klasse fünf von uns beiseitegenommen wurden. Man gab uns schwere Aufgaben. Etwa wie man das Problem der Armut lösen könnte. Oder den Drogenmissbrauch. Wir fünf mussten dann eine Art Strategie entwerfen. Das machte großen Spaß.

Sie waren früher auch einmal mit Unterwasserforschung beschäftigt. Worum ging es da?
Oh, das U-Boot! Nachdem ich 1998 ans MIT gegangen war, um meinen Bachelor zu machen, beschlossen einige von uns, in den internationalen Wettbewerb um ein autonomes Unterwasserfahrzeug einzusteigen. Aus einer Plastikröhre bauten wir ein U-Boot, setzten einen Computer hinein sowie Motoren, die wir in einem Geschäft für Bootsausrüstung gefunden hatten. Das Sonar, das wir benutzten, stammte aus einem Fischfinder. Dank des schlichten Designs funktionierte es. Acht Wochen später hatten wir den Wettbewerb gewonnen.

Waren Sie immer schon bereit, Risiken einzugehen?
Ich mag Risiken, die ich handhaben kann, indem ich das Risiko reduziere. In der echten Wissenschaft können Sie nie sicher sein, was als Nächstes passiert. Ich vermittle im Unterricht Strategien, um Risiken zu verringern, etwa indem man mehrere Ideen parallel verfolgt oder von einem Problem ausgehend rückwärts denkt. Auf diese Weise merkt man, ob man auf der richtigen Spur ist.

Wie schlägt sich das in Ihrer heutigen Arbeit nieder?
Ein großer Teil unserer Arbeit wirkt für Außenstehende sehr riskant. Wir haben aber eine Methode, um Probleme rückwärts zu denken und so alle Wege zu einer Lösung durchzuspielen. Dann wenden wir etwas an, was ich konstruktives Scheitern nenne. Dabei handelt es sich um Fehler, die einen besseren Lösungsweg aufzeigen. Wenn Sie genug von diesen Fehlern parallel durchspielen, finden Sie den Weg zum Erfolg.

Gab es je Momente, in denen Sie Ihrer Sache unsicher waren?

> »ICH KAM ZU DEM SCHLUSS, DASS ICH MEIN LEBEN DAMIT VERBRINGEN MUSS, DIE MENSCHLICHE EXISTENZ WISSENSCHAFTLICH ZU UNTERSUCHEN.«

Natürlich! Als ich mich zum ersten Mal um einen Institutsjob am MIT bewarb, wurde ich abgelehnt. Deswegen ist meine wissenschaftliche Heimat das MIT Media Lab. Allerdings arbeite ich jetzt in der Biotechnik und in der Hirn- und Kognitionsforschung. Das Media Lab stellt Außenseiter ein, die sonst nirgendwohinpassen. Ich bekam den Job aus purem Glück. Sie hatten eine Stelle, die sie nicht besetzen konnten, und ich wurde eingestellt, um die Lücke zu schließen. Unsere Technik kam, wie bekannt, rasch ins Laufen, und daraufhin bekam ich Stellen in zwei weiteren MIT-Instituten. Ich habe sehr viel Glück gehabt.

Was haben Sie daraus gelernt?

Noch einmal: Wenn Sie genug Fehlschläge parallel untersuchen, haben Sie am Ende Erfolg. Daran glaube ich. Man kann das Glück aber auch manipulieren, indem man strategisch vorgeht und genau das Gegenteil von dem macht, was andere tun.

Wäre das ein zentraler Rat, den Sie anderen geben würden? Das Glück zu manipulieren?

Nun, ein Rat wäre, das Gegenteil von dem in Erwägung zu ziehen, was einem geraten wird – was natürlich schon fast ein Scherz ist, weil es selbst widersprüchlich ist. Einen großen Teil meines Erfolgs verdanke ich Ratschlägen wie: »Baue nicht nur Werkzeuge. Du musst eine spezielle wissenschaftliche Frage untersuchen.« Also dachte ich mir: Was, wenn ich die erste Gruppe gründe, die sich nur mit der Kartierung, Beobachtung und Steuerung des Gehirns befasst?

Was meinen Sie mit »Werkzeugen«? Können Sie uns ein Beispiel nennen?

Um das Rätsel des Gehirns zu »lösen«, muss man seine Aktivität beobachten, stören und auf molekularer Ebene kartieren können. Zurzeit arbeitet die Hälfte unserer Gruppe an einer Technologie, die wir Expansionsmikroskopie nennen. Wir nehmen ein Stück Hirngewebe und injizieren eine Chemikalie, wie sie auch in Babywindeln vorkommt. Wenn man Wasser hinzufügt, schwillt das Windelmaterial an, und das Hirngewebe wird dadurch größer. Dann können Sie mit herkömmlichen Mikroskopen winzige Objekte wie neuronale Verbindungen auf der Nanoebene sehen. Eine andere Technologie, die wir entwickelt haben, ist die Optogenetik: Wir steuern Hirnzellen mittels Licht. Wir nehmen mikrobielle Proteine, die Licht in Elektrizität umwandeln, und bringen sie in die Hirnzellen ein. Dann schicken wir Licht in das Gehirn, um die Hirnzellen zu aktivieren. Das ist wichtig, weil Hirnzellen mit elektrischen Pulsen »rechnen«. So lassen sich also Hirnzellen aktivieren, und man kann herausfinden, ob sie ein bestimmtes Verhalten auslösen. Oder eine Pathologie. Oder man schaltet Hirnzellen aus, um zu verstehen, wofür sie gut sind.

Wohin könnte all das führen?

Tausende von Forschungsgruppen nutzen diese Werkzeuge. Sie aktivieren Hirnzellen, um herauszufinden, welches Aktivitätsmuster beispielsweise Alzheimer-Symptome abschwächt. Eine Gruppe entdeckte ein Aktivitätsmuster, das Alzheimer in Mäusen therapiert, und sie entdeckten, dass bestimmte Reize in Augen und Ohren genau dieses Aktivitätsmuster erzeugen. Ich habe mit Li-Huei Tsai, die diese Studie geleitet hat, eine Firma gegründet. Wir machen nun klinische Versuche

»ICH MAG RISIKEN, DIE ICH HANDHABEN KANN, INDEM ICH DAS RISIKO REDUZIERE.«

mit – wenn man so will – Filmen gegen Alzheimer. Wir haben schon die Versuche mit menschlichen Probanden begonnen.

Diese »Filmbehandlung« klingt so, als könnte man sie in großem Stil einsetzen.

Das Schöne an diesen Filmen gegen Alzheimer ist, dass sie billig und leicht einsetzbar wären. Ich beobachte, dass Therapien leider häufig teuer und schwer zugänglich sind.

Wie managen Sie Ihre Erwartungen?

Ich betrachte die Neurowissenschaft als eine langfristige Anstrengung, einen Marathon. Ich rechne damit, dass meine Karriere eine Reise über fünfzig Jahre sein wird.

Wie sieht das Ende dieser fünfzig Jahre aus?

Wenn dieses Ende erreicht ist, würde ich gerne in die Philosophie gehen, dann in die Erweiterung unseres Körpers. Wohin wollen wir als Spezies gehen? Was wollen wir mit unserem Denken und unserem Gehirn machen? Nach Erleuchtung streben – oder nach Empathie? Wollen wir intelligenter werden?

Sie teilen viele Ihrer Forschungsergebnisse mit anderen. Warum?

Ich gebe unsere Technologie kostenlos an Universitäts- und gemeinnützige Gruppen ab, und das nicht zuletzt auch aus Eigeninteresse. Wenn niemand deine Technologie nutzt, warum entwickelt man sie dann überhaupt?

Die Information ist also nicht proprietär?

Wir arbeiten an dem neuen Forschungsgebiet der Neurotechnik, in der es nicht viele andere Gruppen gibt. Wir haben also nicht viel Konkurrenz. Ein anderer Grund ist aber auch Selbstselektion. Wenn Sie ein Werkzeug bauen und verschenken, wird es sich durchsetzen. Wenn Sie ein neues Werkzeug verstecken, wird niemand davon erfahren, und Ihr Werkzeug stirbt aus.

Wie sieht Ihre Work-Life-Balance aus?

Ich wache sehr früh auf, gehe aber auch früh ins Bett. Ich habe zwei Kinder, und wir alle gehen gegen neun Uhr abends schlafen. Meine Frau ist ebenfalls Neurowissenschaftlerin. Wir verbringen die Nachmittage und Abende miteinander. Inzwischen verbringe ich auch die Wochenenden mit meiner Familie. Wir haben viel Spaß miteinander.

Wie war es für Sie, Vater zu werden?

Aufregend. Das Besondere an der Neurowissenschaft ist, dass man sich in einem dauerhaften Zustand sowohl emotionaler als auch intellektueller Faszination befindet. Sie sehen die Kinder – lebendige, atmende Menschen wie Sie –, und doch fragt man sich, was in ihrem Innern vor sich geht. Wieso haben sie plötzlich ohne Anstrengung eine Sprache gelernt? Wie haben sie herausgefunden, wie man ein Problem löst, das am Tag zuvor noch unlösbar war?

Einer Ihrer Lehrer erwähnte, dass Sie sich als Student zu allem Notizen gemacht haben, ganz gleich, wo Sie waren. Machen Sie das immer noch?

Ja, ich mache das noch oft. Ich notiere etwas auf ein Stück Papier und fotografiere es dann mit meinem Telefon. Früher benutzte ich eine richtige Kamera. Die Notizen klassifiziere ich dann auf meinem Computer, indem ich die Fotos verschlagworte. Für mich ist der Computer eine Art Gedächtnisprothese. Ich kann zehn, fünfzehn Jahre – sogar länger – zu bestimmten Gesprächen zurückgehen und mir in Erinnerung rufen: »Darüber sprachen wir also an jenem Tag um elf Uhr.«

Aber was nützt es, sich so akribisch Notizen zu machen?

In der Neurowissenschaft versuchen Sie, Ideen aus vielen Bereichen miteinander zu verbinden. Es ist schwer, all das im Kopf zu behalten. Wenn Sie aber Ihre Gedanken und Erinnerungen speichern und sogar von einem äußeren Standpunkt aus betrachten können, hilft das, auf kreative Verbindungen zwischen Ideen zu kommen.

Sind andere Wissenschaftsgebiete nicht genauso komplex?

Betrachten Sie die Geschichte der Wissenschaft: Die Chemie hat eine Übersichtstafel der Atome angefertigt, das Periodensystem, und danach legte diese Wissenschaft so richtig los. Dasselbe in der Physik mit der Liste der Elementarteilchen und ihren Wechselwirkungen, den Kräften. In der Biologie hingegen haben wir für den Körper noch keine Liste grundlegender Teilchen. Wie viele Gewebearten gibt es im Körper? Wir wissen es nicht. Wie viele Arten von Biomolekülen befinden sich in einer Zelle? Auch das wissen wir nicht.

Welchen Rat würden Sie jungen Menschen geben, die über ein wissenschaftliches Studium nachdenken?

Ich würde vorschlagen, die grundlegenden Wissenschaftsdisziplinen so gut wie möglich zu studieren. Chemie, Physik – diese beiden sind das Fundament. Das Gehirn ist ein chemischer Schaltkreis und ein elektrischer.

Was ist das Faszinierende an einem wissenschaftlichen Studium?

Die Menschen lieben Abenteuergeschichten und wenn es um Geheimnisse geht. Für mich ist die Wissenschaft das ultimative Abenteuer und das ultimative Geheimnis. Das Geheimnis, das wir zu lüften versuchen, ist das Universum selbst. Ich hatte das Glück, in einigen Projekten verschiedene Dinge zu sehen, die in der Geschichte der Menschheit meines Wissens noch niemand zuvor gesehen hatte.

Welches Vermächtnis möchten Sie hinterlassen?

Nun, wenn wir verstehen, wie das Gehirn das Denken hervorbringt, hoffe ich, dass uns dies zu aufgeklärteren Menschen macht. Vielleicht würden wir mehr Entscheidungen aus den richtigen Gründen treffen und weniger tun, das Leid verursacht.

Aber wird es nicht immer den freien Willen geben?

Im Gehirn laufen so viele Prozesse ab. Woher wissen Sie, was wovon frei ist? Mit einer kompletten Beschreibung aller Informationsflüsse im Gehirn könnten wir vielleicht die neuronalen Signale ermitteln, die eine Sekunde, fünf Sekunden oder eine Stunde vor der Entscheidung auftreten. Das würde uns dann zeigen, was freier Wille wirklich bedeutet.

Als Einsteins Gehirn posthum untersucht wurde, entdeckte man, dass es größer war als der Durchschnitt. Halten Sie es für möglich, dass Ihr Gehirn auch größer ist als das der meisten Menschen?

Ich glaube, mein Gehirn hat die normale Größe. Die Größe ist etwas anderes als die Verschaltung des Gehirns. Die Größe spielt vielleicht gar keine Rolle, wohl aber die Verbindungen im Hirn.

Halten Sie sich für intelligent?

Ich glaube, ich kann einige Sachen gut. Ich kann gut die Punkte zwischen verschiedenen Feldern verknüpfen, woraus neue Ideen entstehen.

Sie machen einen sehr rationalen und besonnenen Eindruck. Sehen Sie sich auch so?

Ich denke, ich bin sehr emotional. Aber ich drücke dies durch mein Handeln aus. Ich möchte, dass etwas passiert. Vermutlich kanalisiere ich meine Emotion durch Strategie und Nachdenken.

Sie haben 2016 den Breakthrough Prize gewonnen, eine sehr renommierte Auszeichnung mit einem hohen Preisgeld. Was haben Sie mit dem Geld gemacht?

Einen Teil des Geldes haben wir als Fördergelder in die Bildung von Kindern gesteckt. Wir haben auch ein Haus gekauft, weil es teuer ist, in Boston zu leben. Einen anderen Teil des Geldes haben wir für wissenschaftliche Projekte verwendet und für Stiftungen, die junge Wissenschaftler unterstützen. Ich glaube, es ist wichtig, dass man der Wissenschaft etwas zurückgibt, denn sie ist nicht mehr ein so integraler Bestandteil der Gesellschaft wie früher.

Was meinen Sie damit?

Wissenschaft war einmal cool, oder? Die Mondlandung, Laser, Computerchips. Aus vielen Gründen ist die Wissenschaft heute nicht mehr so im Bewusstsein der Öffentlichkeit. Das liegt teilweise daran, dass sie schwieriger und langfristiger geworden ist. Mondlandung und Computerchip kann man sehen, man kann sie visualisieren. Aber ein Nanoteilchen in einer Zelle? Es könnte große Bedeutung haben, ist für die Menschen aber nicht greifbar.

> »DAS GEHEIMNIS, DAS WIR ZU LÜFTEN VERSUCHEN, IST DAS UNIVERSUM SELBST.«

»DER SPRINGENDE PUNKT IN DER WISSENSCHAFT IST DIE GEISTIGE FREIHEIT.«

Sangeeta Bhatia | Biotechnik

Professorin für Medizin- und Elektrotechnik am
Massachusetts Institute of Technology (MIT) in Cambridge
Lemelson-MIT-Preis 2014
USA

Frau Professorin Bhatia, wann machten Sie Ihre erste Erfahrung mit Bioengineering am Massachusetts Institute of Technology (MIT)?
Mein Vater nahm mich ans MIT mit, als ich in der zehnten Klasse war. Er dachte, ich könnte eine erfolgreiche Ingenieurin werden, weil ich gute Noten in Mathematik und den Naturwissenschaften hatte. Ich mochte Biologie und hatte von einem Gebiet gehört, in dem Biologie und Technik verschmelzen. Deshalb stellte er mich einem Freund vor, der mit Ultraschall Tumore behandelte. Die Vorstellung faszinierte mich, und ich war begeistert.

Wie alt waren Ihre Eltern, als sie aus Indien in die USA einwanderten?

Sie kamen in den 1960er-Jahren, mit Anfang dreißig. Es war ihr zweiter großer Umzug. 1947 waren sie Flüchtlinge nach der Teilung von Pakistan und Indien. Die beiden lernten sich an der Universität in Bombay (Mumbai) kennen. Mein Vater war Ingenieur und Geschäftsmann, meine Mutter studierte Betriebswirtschaft. Tatsächlich war sie die erste Frau, die in Indien einen Abschluss als MBA* machte. Sie kamen in New York mit acht Dollar in der Tasche an. Beide zogen dann nach Boston, fingen an zu arbeiten, und dann kam ich zur Welt.

Hatten Ihre Eltern vor, nach Indien zurückzukehren?

Ja, sie dachten immer an eine Rückkehr, aber sie hatten uns, meine Schwester und mich, sodass sie ihre Pläne änderten. Sie wollten, dass wir eine gute Ausbildung bekommen, deshalb zogen sie in eine Stadt außerhalb von Boston, nach Lexington, wegen der guten öffentlichen Schulen. Ich lebe dort immer noch mit meinen beiden Töchtern, die dreizehn und sechzehn Jahre alt sind.

Einwanderer arbeiten für gewöhnlich sehr hart für ihren Erfolg. Wie war das bei Ihren Eltern?

Sie arbeiteten sehr viel und trieben uns auch energisch an. Sie glaubten an die Macht der Bildung und erwarteten von uns immer Bestleistungen. Wenn ich nach einer Mathematikklausur mit 96 von 100 Punkten nach Hause kam, sagte mein Vater: »Was hast du nicht verstanden?«

War Ihr Vater nicht Unternehmer?

Mein Vater gab seinen Job als Unternehmensberater auf, als wir klein waren, und gründete in unserer Garage eine Firma. Er importierte Waren aus Indien, später auch aus Brasilien und Belgien. Meine Mutter kümmerte sich um die Buchhaltung, und wir Kinder durften bei einigen Sachen die Qualitätsprüfer sein. Später gründete mein Vater weitere Unternehmen. Als ich Professorin wurde, fragte er: »Gut, aber wann startest du deine eigene Firma?« Jetzt könnte er nicht stolzer auf mich sein.

Aber er forderte Sie ständig heraus.

Ja, er stieß mich immer wieder aus meiner Wohlfühlzone. Dasselbe galt auch für meine späteren männlichen Mentoren: Sie sahen in mir mehr als ich selbst.

Sie haben zwei höhere Abschlüsse, einen Doktor in Medizintechnik und einen Master in Medizin. War der Druck sehr hoch?

Ja, allerdings war er auch in erster Linie selbst gemacht. Meine Eltern sagten immer, es gebe keinen Grund, warum ich nicht die Beste sein sollte. Das habe ich nach einiger Zeit verinnerlicht.

Sind Sie und Ihre Schwester sich ähnlich?

Sie ist ebenfalls erfolgreich, entschied sich aber, in die Wirtschaft zu gehen. Wir führen beide ein erfülltes Leben, haben Kinder und stehen unseren Familien sehr nahe. Wir wurden dazu erzogen zu brillieren, und wir versuchen, dies an unsere Kinder weiterzugeben.

Setzen Sie Ihre Kinder unter Druck?

Wir versuchen, es zu vermeiden, aber sie empfinden es trotzdem so. Sie sehen, was wir erreicht haben, und kennen unsere Werte. Das wird dann verinnerlicht.

Welche Werte haben Sie denn?

Für mich ist es wichtig, alles in meiner Macht Stehende zu tun, um diese Welt zu einem besseren Ort zu machen. Ich möchte anderen Wissenschaftlerinnen die Tür öffnen. Es ist wichtig, dass wir uns zeigen und lautstark bekunden, was für ein großartiges Berufsfeld die Wissenschaft für Frauen ist. Frauen sollten willkommen sein, denn auch sie können in der Wissenschaft viel erreichen. Ich glaube auch an die Werte der Familie. Ich lebe mit meiner vierköpfigen Familie gerade mal zwei Meilen von meinen Eltern entfernt. Wir haben eine große, weitläufige Verwandtschaft. An Thanksgiving beispielsweise ist das Haus immer voll.

Sie leiten ein eigenes Labor am MIT und führen eine eigene Firma. Warum leiden Sie noch immer am Hochstapler-Syndrom, obwohl Sie so erfolgreich sind?

Als ich am MIT anfing, dachte ich, dass ich nie gut genug sein würde. Aber ich arbeitete hart, bekam gute Noten und fühlte mich allmählich zugehörig. Dennoch gibt es immer wieder Momente, in denen ich mich weniger qualifiziert fühle als andere mit gleichen Referenzen. Die Leute unterschätzen mich, weil ich eine Frau bin und noch jung aussehe.

Sie sind auch sehr attraktiv.

Danke. Oft wird zwischen Schönheit und Intellekt getrennt. Als ich jünger war, verbarg ich meine Weiblichkeit. Heute fühle ich mich wohl, ich selbst zu sein, hohe Absätze zu tragen und mir die Haare machen zu lassen.

Sind Sie als woman of colour jemals mit Vorurteilen konfrontiert worden?

Ich identifiziere mich mehr mit meinem Geschlecht als mit meiner Hautfarbe oder Herkunft. Indische Einwanderer sind tatsächlich als Innovatoren im Silicon Valley und am MIT hoch angesehen. Ich wurde in Amerika geboren und betrachte mich als Amerikanerin.

Wie ist das als Frau?

Es ist bedrückend, dass es immer noch eine systemische Ungleichbehandlung gibt. Zwar kannte ich Männer, die in meiner Karriere eine rote Linie überschritten und sich unangemessen verhalten haben, aber ich hatte Glück, dass mich viele männliche Mentoren und Chefs unterstützten. Mein Betreuer im Masterstudium ermutigte mich, Professorin zu werden, und sagte: »Du kannst das.« Mein Vorteil als Frau war, dass es nicht viele andere Frauen um mich herum gab, und die, die da waren, haben mir den Weg geebnet.

Dennoch habe ich manchmal das Gefühl, mich beweisen zu müssen. Wenn ich in einem Raum mit vielen anderen Menschen bin, stelle ich am Anfang bewusst eine Frage oder mache eine Bemerkung, damit klar wird, was ich weiß, wer ich bin und warum ich hier bin. Dies ist für mich ein ständiger Kampf und es entspricht auch nicht meiner Persönlichkeit. Aber mir scheint das eine notwendige Strategie zu sein, damit mich die Menschen schneller respektieren.

Unterstützen Sie die Frauen in Ihrem Labor?

Von 23 Mitarbeitern in meinem Labor sind dreizehn Frauen. Ich weiß nicht, ob es besser ist, sie darin zu bestärken, dass sie ihre Träume leben sollen, weil ich im Glauben daran aufgewachsen bin, oder sie vorzuwarnen, dass sie zwar Diskriminierung erleben werden, aber trotzdem alles erreichen können. Meine Botschaft ist, dass die Wissenschaft nach wie vor ein großartiger Beruf ist und dass sie der Welt so viel zu bieten hat – nicht zuletzt indem sie diese besser für künftige Generationen macht.

Wollen Ihre Studentinnen ebenfalls Professorinnen werden wie Sie?

Die meisten haben sich dagegen entschieden. Ich weiß nicht genau, warum – ich dachte, ich wäre ein gutes Vorbild und hätte ihnen gezeigt, dass es ein attraktiver Beruf ist. Und dass man Beruf und Familie miteinander vereinbaren kann. Aber meine Masterstudentinnen haben sich für einen anderen Weg entschieden. Eine sagte mir, dass ich »besonders« sei und dass es bei ihr nicht dasselbe sei.

Ist es für Sie denn leicht gewesen?

Nein, überhaupt nicht, und es ist auch immer noch nicht leicht. Ich arbeite nach wie vor sehr viel – wenn Sie wirklich etwas bewirken wollen, müssen Sie das tun. Abgesehen davon versuche ich, eine Balance zu finden. Als ich an der Universität war, bin ich einmal am Sonntag morgens um drei ins Labor gegangen, nachdem ich am Abend zuvor mit Freunden ausgegangen war. Das Labor war voller Leute! Mir wurde klar, wenn dies der Preis für Spitzenforschung ist, das nicht mein Ding ist.

Wie schaffen Sie es, Arbeit, Ehe und Kinder miteinander in Einklang zu bringen?

Mein Mann und ich haben im Laufe der Jahre viele Karriereentscheidungen getroffen, um in derselben Stadt zu arbeiten. Jeden Freitag haben wir nachmittags um sechs ein Minidate, bevor wir zu unserer Familie nach

»DIESER BERUF IST EIN UNGLAUBLICHES GESCHENK.«

Hause fahren. Als ich Kinder bekam, beschloss ich, mittwochs immer freizunehmen und zu Hause bei ihnen zu bleiben. Außerdem begrenze ich meine Reisen – unsere Familienregel ist eine Geschäftsreise pro Monat. Ich ordne die Prioritäten immer wieder neu. Ich möchte die Menschen um mich herum zufriedenstellen, deshalb ist es so anstrengend. Andererseits kann man niemandem helfen, wenn man völlig kaputt ist.

Mir wurde beigebracht, dass ich mein ganzes Leben der Wissenschaft widmen sollte, aber ich entschied stattdessen, dass ich auch eine Familie und ein Leben außerhalb der Wissenschaft haben wollte. Deshalb wäre ich beinahe nicht Professorin geworden, aber am Ende hat es doch geklappt. Das zeigt mir, dass man sein Leben wirklich nach seinen eigenen Regeln leben muss. Der springende Punkt in der Wissenschaft ist die geistige Freiheit. Wenn man sich von Erwartungen in die Falle locken lässt, dann macht man doch das ganze Ziel zunichte, nicht wahr?

Glauben Sie, dass männliche Wissenschaftler anders denken?

Viele meiner männlichen Kollegen sind anders in ihr Leben eingebunden. Die meisten haben eine Partnerin, die den Haushalt führt, sich um die Kinder kümmert und alles andere erledigt. Ich habe zwar einen Mann, der mich unglaublich unterstützt, aber ich bin immer noch diejenige, die all die Schulformulare ausfüllt, mit den Kindern zum Arzt geht und so weiter. Das bedeutet, dass meine Zeit für neue Forschungserkenntnisse begrenzt ist.

Sie müssen vermutlich hervorragend organisiert sein?

Ich bin supergut organisiert. Das ist auch etwas, was die Leute mit als Erstes über mich sagen. Wahrscheinlich wird es auf meinem Grabstein stehen! Ich bekomme aber auch viel Unterstützung. Die Direktorin meines Instituts ist eine großartige Frau, die meine intellektuellen Werte und Vorlieben teilt.

Ist Ihnen Geld wichtig?

Ich wurde mit der Vorstellung erzogen, dass man genug Geld haben muss, um seinen gewünschten Lebensstil zu finanzieren. Ich möchte mit den Firmen, die ich gegründet habe, Geld verdienen, aber vor allem möchte ich die Welt verändern.

Können Sie uns Ihre Forschungsarbeit erklären?

Ich habe diese kleinen Werkzeuge erfunden, Nanosensoren genannt. Sie sind 1000-mal kleiner als ein menschliches Haar. Sie werden wie ein Impfstoff injiziert und zirkulieren dann im Körper. Wenn sie auf kranke Zellen stoßen, werden sie aktiviert und senden ein Signal aus, das durch die Nieren in den Urin gelangt. Die Idee dahinter ist, dass Sie eine Injektion bekommen, eine Stunde warten, einen Urintest auf einem Papierstreifen machen und dann sehen können, ob Sie einen Tumor haben oder nicht. Das Verfahren funktioniert bereits an Mäusen, und wir führen gerade klinische Sicherheitsstudien durch. Die nächste Versuchsreihe, die zeigen soll, ob sich mit diesem Verfahren Krankheiten nachverfolgen lassen, soll nächstes Jahr starten. Wissenschaft braucht ihre Zeit. Wir haben das Verfahren 2013 erfunden, aber es kann zehn Jahre dauern, bis so eine nützliche Entdeckung beim Patienten ankommt.

Wie gelang Ihnen diese Entdeckung?

Tatsächlich per Zufall! Wir waren dabei, »intelligentere« Nanopartikel für magnetische MRI-Scans zu entwickeln. Die Idee war, dass die magnetischen Nanoteilchen durch Tumorzellen aktiviert werden sollten. Jedes Mal wenn wir das Verfahren bei Versuchstieren anwendeten und einen Tumor identifizierten, sahen wir auch etwas im Urin.

Wie steht es um Ihre Arbeit an der Leber?

Diese Arbeit basiert auf denselben Ideen der Mikrofertigung. Man kann Chips mit winzigen Merkmalen auf Silizium drucken und in Petrischalen einsetzen. Ich setze sie in Linien, die ich nutzen kann, um Zellen in Mustern anzuordnen. Bei bestimmten Zellmustern fangen die Leberzellen zu wachsen an, und wir versuchen, dies gezielt anzuregen und das Wachstum zu fördern.

Welche Anwendung könnte sich daraus ergeben?

Zurzeit untersuchen wir das Verfahren bei Malaria, was spannend ist, weil Malaria die Leber befällt, bevor sie zur Blutkrankheit wird. Wir züchten auch Malariaarten, die nie zuvor in einem Labor gezüchtet wurden. Meine

Studenten bringen Lebern nach Thailand und infizieren sie dort mit Malaria von Patienten. Dann züchten wir diese Leberformen im Labor, studieren sie und finden heraus, ob wir den Malariaparasiten abtöten können. Wir wollen auch, dass sich die Leber im Körper regeneriert. Mittels 3-D-Druck fertigen wir aus Leberzellen Leberimplantate und können dabei auch Kanäle erzeugen, durch die Blut fließen soll. Wir kleiden die Kanäle mit Leberzellen aus, und wenn sie nah genug an einer kranken Leber sind, wird sich diese regenerieren. Bis jetzt können wir sie im Körper auf das 50-Fache anwachsen lassen, für eine Behandlung müssten sie aber 1000-mal größer sein.

Kann Ihre Arbeit dazu beitragen, dass sich die Lebenserwartung verlängert?

In meiner Arbeit geht es eher darum, die Selbstständigkeit und die Lebensqualität zu verbessern, als darum, die Lebenserwartung zu verlängern. Ich bin als Hindu aufgewachsen, daher glaube ich an die Wiedergeburt, daran, dass Seelen in die Welt kommen und auch wieder gehen. Ich für meinen Teil würde gern so lange leben, wie ich unabhängig und beweglich bleiben kann, und dann im Schlaf sterben. Als ich jünger war, sagte ich immer, dass ich in meinen Sechzigern bei einem Flugzeugabsturz sterben will. Aber jetzt, wo ich fünfzig bin, rede ich nicht mehr davon.

Verändern Sie den Bereich des Normalen?

Sie meinen, wenn ich eine Leber herstellen kann, dann vielleicht auch eine Super-Leber? Diese Art der Vergrößerung des menschlichen Körpers wird gerade intensiv diskutiert. Wenn es uns schon gelingt einzugreifen, können wir dann vielleicht auch etwas verbessern?

Aber was wäre, wenn Sie damit die Büchse der Pandora öffnen würden?

Jede neue Erkenntnis in der Wissenschaft kann zum Guten und zum Schlechten genutzt werden – das zieht sich durch die gesamte Geschichte. Wissenschaftler können sich selbst regulieren, wenn sich neue Möglichkeiten auftun, indem sie gemeinsame Leitlinien entwickeln. Ein Weg, ungute Akteure zu stoppen, wäre ein Rahmen aus Leitlinien, die einen kollektiven sozialen Druck ermöglichen.

Wie sehen Sie Ihre eigene Verantwortung gegenüber der Gesellschaft?

Ich möchte meinen Fokus auf Dinge richten, die mir am Herzen liegen, also Medizintechnik, Nanotechnik und interdisziplinäre Wissenschaft sowie die Ausbildung der nächsten Generation. Ich habe mir selbst viel über die Rolle von Frauen in Wissenschaft und Technik beigebracht, und das ist auch meine selbst gewählte Rolle.

Wie stellen Sie sich die Zukunft Ihres Forschungsgebiets vor?

Ich würde gern Ingenieure und Ärzte enger zusammenarbeiten sehen. Es gibt 500 Ingenieure hier am MIT, und sie alle können etwas zur Medizin beitragen. Ebenso würde ich gern mehr Frauen daran beteiligt sehen: Nur neunzehn Prozent der Wissenschaftler hier sind Frauen, sehr wenige von ihnen sind Unternehmensgründerinnen und CEOs. Wir vergeuden leider viele Talente. Wissenschaftlerinnen und Ingenieurinnen könnten viel mehr beitragen.

Warum sollten junge Menschen eine Wissenschaft studieren? Was würden Sie ihnen raten?

Für mich ist es wie Kunst: Sie könnten etwas schaffen, das nie zuvor existiert hat und jemandem helfen kann. Das ist unglaublich befriedigend. Kurz gesagt, dieser Beruf ist ein unglaubliches Geschenk. Auf jeder Etappe dieses Wegs müssen Sie brillieren – an harter Arbeit führt kein Weg vorbei. Gönnen Sie sich dabei einige geistige Freiheiten, um einen Weg jenseits der Erwartungen zu finden, und folgen Sie Ihren Träumen.

Sind Sie Ihren Träumen gefolgt?

Zuerst dachte ich, ich würde in die Industrie gehen und dort Führungskraft werden. Ich wusste bis zu meinem 30. Lebensjahr nicht, dass es mir so gut gefallen würde, Professorin zu sein.

Welche Vision haben Sie für Ihr Privatleben?

Ich würde mich gern weiterentwickeln und lernen. Ich würde gern sehen, wie meine Töchter erwachsen werden und ihre eigenen Leidenschaften finden. Ich wünsche mir, dass mein Mann weiterhin beruflich erfolgreich ist, dass wir uns nahestehen, meine Freundschaften pflegen, reisen, etwas von Bedeutung für die Welt tun und dabei weiterhin persönlich erfüllt sein.

»IM LEBEN GIBT ES NICHT NUR DEN EINEN WEG.«

Emmanuelle Charpentier | Mikrobiologie

Professorin für Mikrobiologie und Direktorin der Max-Planck-Forschungsstelle
für die Wissenschaft der Pathogene in Berlin
Gottfried Wilhelm Leibniz-Preis 2016
Nobelpreis für Chemie 2020
Deutschland

Frau Professorin Charpentier, Sie sind in Frankreich geboren. Erzählen Sie mir doch von Ihren prägenden Jahren.
Ich bin in einem Vorort von Paris aufgewachsen und zur Schule gegangen. Es war eine sehr ruhige Gegend. Wir hatten ein Haus mit Garten in einer Stadt, die lange von einem Bürgermeister der Kommunistischen Partei regiert wurde. Meine Eltern hatten einen bäuerlichen Hintergrund, aber sie interessierten sich sehr für Kunst, Kultur und Politik. Sie waren in Gewerkschaften und katholischen Vereinen aktiv und engagierten sich in der

Sozialistischen Partei. Die extreme Energie und Neugier meiner Eltern hat mich sicherlich beeinflusst. Meine Eltern sind sicher auch der Grund, warum ich immer so getrieben bin.

Wie war das mit zwei älteren Schwestern?

Für meine Eltern war es großartig. Sie mussten sich nie um mich kümmern – ich folgte immer meinen Schwestern. Meine älteste Schwester ist zwölf Jahre älter als ich, daher glaube ich, dass mich das immer in gewisser Weise angetrieben hat. Als ich in die Grundschule kam, war meine Schwester bereits auf der Universität. Ich setzte mir zum Ziel, auch aufs College zu gehen. Ich verstand, dass man als Professorin oder Forscherin im Prinzip ein Leben lang in der Schule bleiben kann – für den Wissensgewinn und die Wissensvermittlung, aber auch um das eigene Denken zu erweitern.

Sie waren immer ein neugieriger Kopf. Wie waren Sie als Kind sonst noch?

Ich glaube, ich war zeitweise zu nett. Natürlich habe ich das damals nicht gemerkt, aber ich neigte dazu, in meiner eigenen Blase zu leben und nicht mitzubekommen, wenn mich andere ausnutzten. Ich schützte mich, indem ich glaubte, die Menschen seien gut.

Einige Wissenschaftlerinnen erzählten mir, dass Männer oft die Qualität ihrer Arbeit angezweifelt hätten. Haben Sie diese Erfahrung auch gemacht?

Ich glaube, dass von Frauen erwartet wird, im Allgemeinen perfekter zu sein, nicht nur in der Wissenschaft. Wenn eine Frau einen Fehler macht, wird sofort darauf hingewiesen. Ich selbst versuche, einige Aspekte des Gender-Themas zu ignorieren. Etwa die Tatsache, dass eine Frau meistens von Männern umgeben ist. Ich konzentriere mich lieber auf die konkrete Aufgabe und habe mich inzwischen damit abgefunden, dass ich oft nicht wahrgenommen werde oder dass ich störe, wenn ich etwas sage.

Glauben Sie, dass Frauen sich mehr für ihre Belange einsetzen sollten?

Ich glaube schon. Frauen sollten mehr kämpfen. Ich bin etwas enttäuscht, dass die junge Frauengeneration den enormen Fortschritt der letzten Jahre nicht richtig zu schätzen weiß. Ihm verdankt sie, dass sie über ihren Weg entscheiden können. Es ist nicht leicht, die Gesellschaft oder die Mentalität der Menschen zu verändern. Ich bedaure, dass dieser Luxus zu einer Selbstgefälligkeit geführt hat. Wir haben noch einen langen Weg vor uns. Frauen, die ein Kind bekommen und gleichzeitig arbeiten wollen, haben es rein logistisch betrachtet nicht leicht in einem System, das nicht mehr Flexibilität bietet.

Wie sieht das bei Ihnen aus: Haben Sie noch die Absicht, eines Tages eine Familie zu gründen?

Nein, ich habe keine Pläne für eine Familie. Früher ja, aber jetzt nicht mehr. Ich denke, es ist zu spät dafür. Ich sage nicht, dass ich je aktiv versucht habe, ein Kind zu bekommen. Aber wenn ich mir mein Leben ausgemalt habe, dachte ich immer, dass ich irgendwann eine Familie haben würde. Es mag seltsam klingen, wenn man bedenkt, was ich mache, aber ich habe überhaupt kein Interesse, meine Gene an die nächste Generation weiterzugeben. Ich war mir mein Leben lang sicher, dass ich etwas entwickeln würde, was mich ausfüllt. Ich konnte nicht immer sagen, was das sein würde, aber ich wusste es einfach. In der Pubertät stellte ich mir mich als freie Frau vor, eine Art Freigeist – ein freies Elektron auf diesem Planeten, wenn Sie so wollen. Es gibt so viel Interessantes im Leben. Ich finde das sogar ein wenig anstrengend. Ich möchte so viel machen, ob in meiner Forschung oder im Alltag. Es frustriert mich sehr, dass der Tag nur 24 Stunden hat.

Sie leben seit 25 Jahren wie eine Nomadin. Nach Ihrer Promotion verbrachten Sie einige Zeit in den USA, in Österreich, in Schweden und in Deutschland in Hannover. Aktuell leben Sie in Berlin. Wie fanden Sie dieses ständige Packen und Auspacken über all die Jahre hinweg?

»FRAUEN SOLLTEN MEHR KÄMPFEN. DIE JUNGE GENERATION WEISS DEN FORTSCHRITT NICHT RICHTIG ZU SCHÄTZEN«

Ich genieße es sehr. Ich habe früher Krimis gelesen und sah mich selbst als eine der Heldinnen. Als ich zehn war, arbeitete eine meiner Tanten als Missionarin in Afrika. Ich erinnere mich, wie sie zu mir sagte – sie war sehr bestimmend: »Emmanuelle, das Abenteuer wird dich locken.« Ich kann bestätigen, dass sie recht hatte. Ich habe Schwierigkeiten damit, in einem System festzustecken. Umziehen hilft mir, meinen Geist zu erfrischen und mich frei zu fühlen. Das Gefühl, in eine Schublade gesteckt zu werden, finde ich unheimlich. Und ich muss sagen, zu forschen ist eine Art Detektivarbeit.

Und auf Ihren heldenhaften Verfolgungsjagden als Detektiv-Wissenschaftlerin entdeckten Sie CRISPR/Cas9, ein technischer Durchbruch für die Veränderung von DNA. Können Sie uns Nichtwissenschaftlern erklären, was CRISPR/Cas9 leisten kann?

CRISPR/Cas9 ist in der Tat eine Technologie, mit der Gene modifiziert werden können. Das allein ist nicht neu – Wissenschaftlern gelingt das seit vierzig, fünfzig Jahren. Aber CRISPR/Cas9 macht die bisherigen Verfahren einfacher und flexibler. Nicht nur das, es ist auch billig und erlaubt Veränderungen mit einer Präzision, die vorher nicht möglich war. Das ist sehr spannend für Wissenschaftler, weil sie damit ganz neue biologische Fragen stellen können. Die DNA ist die Sprache des Lebens. Um sie zu verstehen und zu übersetzen, muss man ein Gen verändern können und sehen, was dann passiert.

Wofür ließe sich diese Technologie nutzen? Können Sie uns Beispiele nennen?

Diese Technologie wird sich tiefgreifend auf die Landwirtschaft und die Biomedizin auswirken. Wir können mit ihrer Hilfe neue Nutzpflanzen erschaffen und neue Möglichkeiten für Therapien finden. Wir werden auch Krankheitsmodelle konstruieren können, die eine wichtige Rolle in der Validierung von Medikamenten in der Entwicklung spielen. Die Technologie wird auch zur Behandlung bestimmter Krankheiten eingesetzt werden. In der Landwirtschaft ermöglicht CRISPR/Cas9 eine präzisere Pflanzenzucht als je zuvor. Das wird zu einer größeren Diversität führen.

Das klingt sehr interessant, geradezu optimistisch. Was ist mit den Gefahren dieser Technologie?

Sie kann auf zwei Arten genutzt werden. Die positive ist die, die ich gerade beschrieben habe. Die Negative: DNA könnte manipuliert werden, um neue Menschen zu erschaffen. Die Geschichte zeigt uns, dass eine Technologie, sobald sie existiert, auf die eine oder andere Weise genutzt wird. Ich bin sicher, dass es Eltern geben wird, die darauf bestehen, Designerbabys zu bekommen, und dass Privatkliniken sich auf diese Kundengruppe ausrichten werden. Das wird sehr schwer zu kontrollieren sein. Ich finde diese Vorstellung äußerst beunruhigend – sie ist eine meiner größten Sorgen.

Glauben Sie, dass sich die Risiken beherrschen lassen?

Es ist absolut notwendig, dass die Anwendung dieser Technologie auf menschliche Gene streng reguliert wird. Die Regulierung muss von möglichst vielen Staaten erlassen werden, und die Staaten müssen darauf achten, dass für diese Zwecke keine öffentlichen Forschungsgelder bereitgestellt werden. Wir müssen klarstellen, dass es keinerlei Grund gibt, keine klinische

Rechtfertigung, diese Technologie für das Editieren von menschlichen Genen einzusetzen. CRISPR/Cas9 ist aber für Forschungszwecke und für die Produktion von Nutzpflanzen ein Segen.

Wie kam es, dass Sie eine solch revolutionäre Technologie entdeckten? Woher stammte die Idee dazu?

Ich bin wohl nicht der einzige Wissenschaftler, der Reisen unglaublich produktiv findet, weil man nicht an E-Mails und das Internet gebunden ist. Auch vor Kollegen, die an die Tür klopfen, hat man Ruhe. Reisen ist nützlich, weil dabei auch das Denken reisen kann. Und in dieser Geisteshaltung kam mir, als ich von Wien nach Umea in Schweden zog, die Idee, zwei biologische Systeme zu zu kombinieren, was am Ende dann CRISPR/Cas9 ergab. Ich hatte die Stelle in Umea Anfang 2008 angenommen – eine Entscheidung, die Freunde und Kollegen nur schwer verstehen konnten. Wie konnte eine Person, die New York liebte, sich derart entwurzeln und in eine kleine Stadt in Nordschweden ziehen, wo es dunkel und kalt ist? In dieser Zeit reiste ich häufig nach Umea, um mein Labor aufzubauen, und dabei entwickelte ich das grundlegende Prinzip. Es war ein schrittweise ablaufender Prozess, aber den Heureka-Moment erlebte ich auf dem Flug von Wien nach Umea. Dort arbeitete ich das Konzept dann weiter aus, denn in Umea konnte ich mich besser auf meine Forschung konzentrieren, es gab keine Ablenkung.

Das Patent ist ausschließlich auf Ihren Namen eingetragen. Wie kommt das?

Der Grund dafür ist, dass ich zum Zeitpunkt der Entdeckung in Schweden gearbeitet habe. Und Schweden ist eines der wenigen Länder, in denen das geistige Eigentum einer Erfindung zu 100 Prozent beim Wissenschaftler liegt.

Sie haben Ihre Entdeckung, wie CRISPR/Cas9 für das Editieren von Genen genutzt werden könnte, zum ersten Mal auf einer Konferenz 2010 vorgestellt. Sie brauchten aber Hilfe, um zu verstehen, wie dies auf einer strukturellen Ebene funktionieren könnte. Haben Sie dafür Jennifer Doudna kontaktiert, oder kam Jennifer auf Sie zu?

Ich habe Jennifer auf einer Konferenz in Puerto Rico kennengelernt, kurz nachdem ich den ersten Teil der CRISPR/Cas9-Story in »Nature« veröffentlicht hatte. Ich ging auf sie zu, weil ich an den strukturellen Aspekten des bakteriellen Abwehrsystems gegen Viren interessiert war, obwohl ich damals schon seit drei Jahren an dem Projekt gearbeitet hatte. Ich fragte Jennifer – sie wusste sehr viel über Strukturbiologie und Proteine, die mit RNA in Wechselwirkung treten, darunter CRISPR-Proteine –, ob sie an einer Zusammenarbeit interessiert wäre. Ich arbeitete bereits mit einem Strukturbiologen in Wien an der Struktur von CRISPR/Cas9. Aus finanziellen und logistischen Gründen konnte er dies aber nicht fortsetzen. Ursprünglich suchte ich nicht nach einer Kooperation, um an der Biochemie dieses Systems zu arbeiten oder daraus eine Technologie zu entwickeln. Das war eigentlich für die Mitglieder meines Labors vorgesehen. Aber dann tat sich Jennifers Team mit uns zusammen, und wir veröffentlichten schließlich ein zweites Paper in »Science«. Darin wurde das Potenzial des Systems als genetische Technologie beschrieben. Das Paper war die Grundlage für einige Wissenschaftler, die Technologie zur Veränderung von Genomen und ihrer Expression in Zellen und Organismen anzuwenden. Daraus entstanden dann verschiedene Versionen eines Werkzeugs, um Gene zu editieren.

Wie lange haben Sie und Jennifer zusammengearbeitet? Wie lief das ab?

Wir arbeiteten ein Jahr an dem Projekt. Ich lebte in Schweden, der Zeitunterschied betrug neun Stunden. Ich kommunizierte mit ihrem Team zu ungewöhnlichen Uhrzeiten. Manchmal fuhr ich mit dem Fahrrad nach Hause oder ins Labor und wusste nicht, wie spät es war. In Schweden entwickeln die Menschen im Winter oder Sommer einen verrückten Tagesrhythmus, weil es entweder zu hell oder zu dunkel ist.

Sie und Jennifer machten also die wichtigsten Entdeckungen. Einige Patente wurden aber dennoch anderen Wissenschaftlern verliehen. Ich denke vor allem an Feng Zhang vom Broad Institute.

Die Patentsituation ist inzwischen etwas anders, weil einige Ansprüche fallen gelassen wurden. Aber die Technologie wurde sehr schnell von einer Reihe von Forschern eingesetzt. Wenn Sie in die Literatur schauen, entdecken Sie Anfang 2013 verschiedene Veröffentlichungen, die zeigen, dass die Technologie in menschlichen Zellen, Pflanzen und Hefen gut funktioniert. Diese Veröffentlichungen basierten alle auf dem Paper von

Jennifer und mir. Die Sache mit dem Patent kann ich nicht kommentieren, aber so etwas passiert ständig. Aber ja, ich war schon etwas überrascht.

Haben Sie die ganze Zeit geahnt, dass in CRISPR/Cas9 solch ein immenses Potenzial steckt?

Ich hatte früh eine Ahnung, dass dieses System für die Behandlung genetischer Defekte eingesetzt werden könnte. Damals mag das weit hergeholt erschienen sein, und vielleicht war es das auch vor dem Hintergrund meiner Forschungsarbeiten und der Themen, an denen ich gearbeitet hatte. Aber ich war zuversichtlich, dass meine Vermutungen vollkommen realistisch waren.

Haben Sie sich je vorgestellt, so erfolgreich zu sein?

Es klingt vielleicht seltsam, aber ich hatte oft kurz aufblitzende Bilder, in denen ich weniger anerkannt, sondern vielmehr exponiert war. Ich habe mich immer gefragt, warum. Ich dachte nach und sah mich plötzlich in grellem Licht. Vielleicht habe ich gefühlt, dass etwas passieren wird.

Glauben Sie, dass es dafür einen Nobelpreis geben wird?

Ich bin zu 100 Prozent überzeugt, dass die CRISPR/Cas9-Forschung irgendwann mit einem Nobelpreis geehrt wird.

Ist all diese Anerkennung eher Fluch oder Segen?

Es ist mir wichtig zu betonen, dass ich nie um der Anerkennung willen in die Wissenschaft gegangen bin. Mir kommt Anerkennung total unnatürlich vor. Ich brauche sie nicht. Sie ist nicht mein Ziel. Ich bin sehr bescheiden. Die Anerkennung hat mir aber eine gewisse Freiheit gebracht, ich selbst zu sein. Ich sage nicht, dass sie mir Selbstvertrauen geschenkt hat. Aber ich habe das Gefühl, dass mich Menschen jetzt eher so akzeptieren, wie ich bin.

Inzwischen leiten Sie ein eigenes Institut. Wie sieht das aus?

Mein Institut ist sehr klein. Es sollte eigentlich anders sein, aber es gab einige Hindernisse. Das Institut ist nur so groß wie eine Forschungsabteilung. Der einzige Unterschied ist, dass es komplett unabhängig arbeitet. Man muss sehr gut organisiert sein, und das bin ich. Ich mag Management – es ist wie ein Puzzle, in dem man die verschiedenen Teile zusammensetzen muss. Nur dass diese Teile menschliche Wesen mit unterschiedlichen Persönlichkeiten sind.

Was finden Sie an der Wissenschaft so faszinierend?

Die Möglichkeit, viele Fragen zu stellen. Nehmen Sie zum Beispiel die Biowissenschaften – die meisten Mechanismen sind noch unbekannt. Es ist diese Faszination der Komplexität unserer Welt, kombiniert mit unserer eigenen Komplexität als Mensch.

Welche Denkweise sollten Wissenschaftler haben?

Sie müssen neugierig sein, widerstandsfähig, hartnäckig. Auch etwas besessen. Und positiv denken, denn es gibt viele Hürden. Eine gewisse Naivität kann auch nicht schaden. Nicht reine Naivität, aber ein kindliches Gemüt. Und es hilft, geduldig zu sein. Man sollte manchmal ungeduldig und hungrig sein, aber eben auch sehr geduldig.

Gehört dazu auch die Bereitschaft zum Schlafmangel?

Sie trägt durchaus ein wenig zur Besessenheit bei. Ich wache manchmal noch mitten in der Nacht auf, esse etwas und arbeite. Gut ist, dass ich inzwischen schlafen kann. Ich brauche genug Schlaf, um mich zu erholen.

Haben Sie einen Rat für junge Menschen, die über eine wissenschaftliche Karriere nachdenken?

Das Wichtigste im Leben ist, sich selbst zu kennen. Seine Grenzen zu kennen und offen zu sein. Es ist nicht immer leicht, zuzulassen und wirklich zu fühlen, was für einen selbst am interessantesten und spannendsten ist, aber es lohnt sich. Ich rate der jüngeren Generation auch, sich nicht endlos über Dinge den Kopf zu zerbrechen. Im Leben gibt es nicht nur den einen Weg. Seien Sie einfach offen und neugierig, und kosten Sie das Leben in vollen Zügen aus.

Wäre dies auch Ihre Botschaft an die Welt?

Meine Botschaft wäre: Seien Sie einfach Sie selbst. Finden Sie für sich einen Grund, warum Sie auf diesem Planeten sind, und arbeiten Sie an diesem Grund. Fordern Sie sich selbst heraus. Gehen Sie an Ihre Grenzen, um einen Sinn darin zu finden, warum Sie hier sind. Sie werden vielleicht überrascht sein, wie viel Sie zur Welt beitragen.

»DAS WICHTIGSTE IM LEBEN IST, SICH SELBST ZU KENNEN.«

»OHNE VERGANGENHEIT KEINE ZUKUNFT.«

Hermann Parzinger | Prähistorische Archäologie

Präsident der Stiftung Preußischer Kulturbesitz in Berlin und
Professor für Geschichtswissenschaft am Institut für
Prähistorische Archäologie der Freien Universität Berlin
Deutschland

Herr Professor Parzinger, die Naturwissenschaftler versuchen mit ihrer Forschung die Zukunft zu beeinflussen. Sie als Prähistoriker haben die Geschichte der Menschheit erforscht. Beginnt diese mit dem Erscheinen des denkenden Menschen?
In der Tat. Der denkende Mensch tritt zum ersten Mal vor 2,7 Millionen Jahren auf, als Homo habilis in Ostafrika, der sogenannte Geröllgeräte hergestellt hat. Das fiel zusammen mit dem Übergang vom Vegetarier zu Hominiden, die bereits Fleisch verzehrten, vermutlich Aas, das sie in der Natur vorfanden. Da sie das Fleisch aber

anders als Raubtiere nicht mit ihrem Kiefer zerteilen konnten, brauchten sie dafür Hilfsmittel, die ersten Geräte. Das Neue daran war, dass sie nicht Gegenstände einsetzten, wie sie in der Natur vorkamen, sondern sie bearbeiteten Gesteinsbrocken so zielgerichtet, dass sie zum Schneiden geeignete Kanten erhielten. Das ist der erste Beleg für problemlösendes Denken, und damit begann der Drang des Menschen, sein Leben effektiver und leichter zu gestalten.

Woher kam die Erkenntnisfähigkeit, etwas verändern zu können?

Die Frühmenschen waren sehr genaue Beobachter. Die Beherrschung des Feuers vor 1,5 bis 2 Millionen Jahren war ein weiterer bedeutsamer Schritt in der Entwicklung. Mit Feuer ließ sich Fleisch zubereiten und haltbar machen. Schon sehr früh fanden Treibjagden auf ganze Herden statt. Das setzte Wissen und Planungsvermögen voraus. Es bedurfte einer kenntnisreichen und charismatischen Person, die das Kommando übernahm, und auch einer Form der Kommunikation, also Sprache. Kommunikative Fähigkeiten spielten beim Weitergeben von Wissen eine zentrale Rolle, etwa bei der Herstellung von Jagdwaffen aus bestimmten Gesteinsarten. Auch winzige Gerätschaften wie die aus Knochen gefertigte Nähnadel konnten epochale Wirkung haben. Der Mensch konnte damit nämlich an den Körper besser angepasste, dichtere Kleidung aus Fell nähen und sich dadurch wesentlich besser gegen Kälte schützen. Das hat seine Überlebenschance in Kaltzeiten erheblich verbessert. Der Mensch hat aber auch stets seine Umwelt, besonders Tiere und Pflanzen, exakt beobachtet und gewiss viele Versuche unternommen, mit ihnen zu experimentieren: Welche Tiere kann man zähmen, welche Pflanzen essen und welche nicht. Das war die Voraussetzung für eine weitere zentrale Weichenstellung in der Menschheitsgeschichte: der Übergang vom aneignenden zum produzierenden Wirtschaften. Statt Jäger, Sammler und Fischer zu sein, haben die Menschen Pflanzen und Tiere domestiziert und die Ernährung damit planbar gemacht. Das führte dann zur Sesshaftigkeit.

Wie hängt die Erfindung des Rads mit der Sesshaftwerdung zusammen?

Rad und Wagen sind eine wichtige Innovation des Menschen, als er bereits sesshaft war. Im späten vierten Jahrtausend vor Christus gab es im Nahen Osten und in Teilen Mittel- und Osteuropas schon vierrädrige Wagen für den Warentransport, die vermutlich von Rindern oder Ochsen gezogen wurden. Für das Reitpferd liegen ab dem dritten Jahrtausend erste Belege vor, und von diesem Moment an ließen sich riesige Distanzen in einer bis dahin nicht gekannten Geschwindigkeit überwinden. Der Mensch hat stets sehr schnell verstanden, auf welche Weise die verschiedenen domestizierten Tierarten seine Lebensverhältnisse verbessern konnten.

Wie hat die Schrift die Entwicklung verändert?

Die Schrift ist in verschiedenen Weltregionen zu unterschiedlichen Zeiten entstanden, aber der Prozess, der dazu führte, war immer sehr ähnlich: Städte und komplexe Gesellschaften entstanden, und große Bevölkerungsmassen mussten verwaltet werden, ob im Nahen Osten, in China oder bei den Azteken in Mesoamerika. Immer führte dies zur Erfindung der Schrift. Mündliche Tradierung war sehr lange maßgeblich, auch Geschichtsschreibung entstand erst spät. Die ersten Schriftzeugnisse waren Warenverzeichnisse. Hinzu kamen Siegel zur Markierung von Eigentum, denn das war schon sehr früh wichtig. Wer Dinge als sein Eigentum kennzeichnet, hat auch eine klare Rechtsvorstellung. Früh hat sich auch gezeigt, dass der Besitz etwa von Metall oder die Kontrolle über Ressourcen zu Wohlstand führten.

Wie hat die Entstehung von Eliten und Macht die Denkweise beeinflusst?

Als Dörfer immer weiter anwuchsen, entstand Arbeitsteilung: Wenn Hunderte von Menschen zusammenlebten, musste nicht jeder Keramik herstellen oder Webstühle bedienen. Gerade die Metallurgie erforderte ein umfangreiches Wissen und entsprechende Ausrüstung, und dadurch kam es zwangsläufig zur Spezialisierung. Die Kontrolle über das Metall und seine Verteilung führte dann in der Regel zu sozialer Schichtung. Elitenbildung zeigte sich in Siedlungen durch hervorgehobene Häuser, vor allem aber durch reiche Grabausstattungen. In schriftführenden Zivilisationen wurde dann auch die politische Herrschaft oft in den Händen einzelner Familien verankert, und Dynastien konnten entstehen.

Hat mit dem Wohlstand auch das abstrakte Denken seinen Anfang genommen, das sich in Höhlenmalerei oder in Musik ausgedrückt hat?

Die Kunst mit Bildhauerei, Malerei und auch Musik setzte schon mit dem frühesten Homo sapiens in Europa ein. Wunderbare Höhlenmalereien gab es bereits vor über 30 000 Jahren, die ersten Elfenbeinschnitzereien reichen bis zu 20 000 Jahre zurück, ebenso erste Flöten aus Tierknochen. Und es wurden nicht nur Tiere und die berühmten weiblichen Venusfiguren hergestellt, sondern auch Mischwesen aus Mensch und Tier, wie etwa der Löwenmensch von der Schwäbischen Alb, was bereits auf ein enormes Abstraktionsvermögen hinweist.

Gibt es etwas, das den Menschen grundsätzlich antreibt?

Der Mensch gab sich nie mit dem Erreichten zufrieden, sondern war getrieben vom Drang zu stetiger Optimierung des Lebens. So reichten Steingeräte irgendwann nicht mehr aus, und die Metallurgie eröffnete neue Möglichkeiten. War das älteste Metall Kupfer nicht mehr hart genug, lernte man, Kupfer mit Zinn oder Arsen zu legieren, und erfand ein noch härteres Metall, nämlich die Bronze. Später kam man auf das Eisen. Dieser Drang zur Optimierung betraf nicht nur die Technik, sondern alle Lebensbereiche, auch soziale Institutionen. Andere tiefgreifende Weiterentwicklungen des Menschen gingen hingegen auf radikale Umbrüche und Katastrophen zurück, etwa Klimaveränderungen, die ihn schlicht vor Herausforderungen stellten, die er bewältigen musste, wenn er überleben wollte.

Wie weit haben Änderungen in der Naturbeschaffenheit die Entwicklung der Menschheit vorangebracht?

Teile der eurasischen Steppe etwa waren im zweiten Jahrtausend vor Christus kaum besiedelt, weil die Gebiete fast wüstenartig und damit äußerst lebensfeindlich waren. Im neunten Jahrhundert vor Christus wurde das Klima aber kühler und feuchter, und es entstand eine sehr nährstoffreiche Bewuchsdecke, ideal für Viehzüchter. Das war der Moment, in dem sich das Reiternomadentum entwickelt hat, eine neue Wirtschafts- und Lebensform mit vielfältigen Veränderungen auch in Kunst, Religion, Waffentechnik und Totenritual, die sich von Südsibirien bis in die ungarische Tiefebene verbreitet haben.

Es gab in der Vergangenheit einen stetigen Fortschritt. Wie würden Sie den definieren?

Die Entwicklung der Menschheit von der Steinzeit bis in die Eisenzeit war insofern eine Fortschrittsgeschichte, als es darum ging, sich immer stärker von den Begrenzungen durch die Natur zu lösen und das Leben selbst zu bestimmen. Dazu bedurfte es eines immerwährenden Beobachtens, Experimentierens und Versuchens, und dabei gab es gewiss auch viele Fehlschläge, Rückschritte und unkontrollierbare Kollateralschäden. Die Denkweise war geprägt vom Drang nach Optimierung des Lebens, doch die Suche nach den richtigen Wegen dazu ist nicht mit heutiger methodengeleiteter Forschung zu vergleichen. Auf vieles stieß man eher zufällig, ohne sich die Ursachen dafür wirklich erklären zu können. Das unterscheidet problemlösendes Denken der Frühzeit von der Forschung der Neuzeit, wenngleich es immer Parallelen gibt.

Gibt es Parallelen zwischen den revolutionären Entwicklungen der frühen Menschheitsgeschichte und denen der Neuzeit?

Natürlich. Die Erfindung der Schrift war entscheidend, um überhaupt Dinge aufzeichnen zu können, und der Buchdruck hat es dann ermöglicht, Texte beliebig zu vervielfältigen und zu verbreiten. Die Erfindung der Elektrizität hatte ähnliche Auswirkungen wie die Beherrschung des Feuers, weil beide Licht und Wärme produzieren. Das Reitpferd revolutionierte die Mobilität des Menschen wie erst das Automobil wieder. Die Industrialisierung wäre nicht vorstellbar ohne die Arbeitsteilung der Frühzeit, in der sich erste Handwerkszweige herausgebildet hatten.

Etwas wie die Kernenergie, mit der sich die Menschheit selbst zerstören kann, gab es früher aber nicht.

Nein, aber es gab schon sehr früh durchaus weitgehende Umweltschäden. Wir wissen von ersten Treibhauseffekten schon im Neolithikum direkt nach der Sesshaftwerdung und von gesundheitsgefährdender Schwermetallbelastung in der Umgebung metallverarbeitender Zentren. Nur erreichte all das natürlich nicht die Dimensionen der Gegenwart.

Was ist Ihre Botschaft an die Welt?

Wir sollten uns der zeitlichen Tiefe unseres Seins und Tuns bewusst sein und uns in Demut üben. Fortschritt und Erkenntnis bauen seit Jahrtausenden aufeinander auf, wie im Gleichnis von den Zwergen auf den Schultern von Riesen. Ohne Vergangenheit keine Zukunft.

Maria Schuld | Quanteninformatik

Informatikerin im Bereich der Big-Data-Analyse
an der Universität KwaZulu-Natal in Durban
Südafrika

Frau Dr. Schuld, Sie forschen an Quantentechnologie und künstlicher Intelligenz. Was ist das Neue an Ihrer Forschung?

Die Idee dahinter ist eine neue Art von Computertechnologie, die kommen wird und vieles verändern könnte. Deshalb fließt im Moment auch sehr viel Geld aus der Industrie in dieses Wissensgebiet. Im Quantencomputing denke ich vor allem darüber nach, was sich mit der Quantentechnologie lernen lässt, wie sie mit Daten umgehen kann und wie Computer intelligent gemacht werden können. Zum Beispiel versuchen wir zu verstehen, was passiert, wenn man einen Quantencomputer wie ein neurales Netzwerk trainiert: Lernt er andere Muster?

Im Moment gibt es nur kleine Prototypen von Quantencomputern. Wie ist es, Ihre Ideen noch gar nicht in der Praxis ausprobieren zu können?

Am Anfang haben wir Algorithmen nur theoretisch untersucht. Das funktioniert aber nicht fürs maschinelle Lernen, mit dem ich mich beschäftige, weil unsere Theorie zu beschränkt ist. Wir haben deshalb angefangen, sehr viel zu testen und empirisch zu arbeiten. Wir lassen einfach einen Algorithmus auf dem Computer laufen und beobachten, was passiert. Aber die Ergebnisse sind begrenzt, weil es nicht die Computer sind, die wir eines Tages benutzen wollen. Ich habe deshalb gemerkt, dass ich neue Theorien für die Quantencomputer entwickeln muss. Das Kernproblem ist die Frage der Generalisierung: Wie kann ich dem Computer beibringen, bei Dingen zu generalisieren, die er noch nie gesehen hat? Die neue Theorie muss das beinhalten. In den ersten Jahren waren alle noch sehr aufgeregt und überzeugt, dass wir an etwas völlig Neuem arbeiten. Inzwischen sind wir vorsichtiger. Es könnte sein, dass die Bereiche, in denen Quantencomputer besser sind als die klassischen Computer, nur einen sehr speziellen Teil des maschinellen Lernens ausmachen. Quantencomputer werden auch nicht generell schneller sein, sondern nur bei bestimmten Problemen.

Wie ist Ihnen dabei zumute, an Algorithmen zu forschen, die Menschen beeinflussen sollen?

Es ist ein großes Spannungsfeld in meinem Leben, dass ich den gesellschaftlichen Nutzen meines Forschungsgebiets nicht klar sehe. Ich bin sehr skeptisch gegenüber der Vorstellung, dass Technologie alles besser macht. In Südafrika, wo ich arbeite, ist die soziale Facette von maschinellem Lernen sehr wichtig für mich geworden. Ich habe gemerkt, dass meine Studenten Macht erhalten, weil sie programmieren und Daten analysieren können.

Ihr Karriereweg ist ungewöhnlich. Sie sind in einer Kleinstadt im Rheinland geboren, haben in Berlin studiert und einen Zweig gewählt, von dem Ihnen viele ältere Wissenschaftler abgeraten haben.

Sie haben mir vor allem davon abgeraten, gleichzeitig Politologie und Physik zu studieren, ich habe es aber dann trotzdem gemacht. Ich war unheimlich wissenshungrig und wollte alle Türen offen lassen. Das Eigenartige ist, dass die Wissenschaft mich anzieht, aber dass ich oft nicht weiß, worin der gesellschaftliche Beitrag meines Fachs besteht, außer in der Ausbildung und der Betreuung von jungen Menschen.

Woher hatten Sie die Energie und den Mut, Ihren eigenen Weg zu gehen?

Das hatte viel mit dem Selbstwertgefühl und den klaren Moralvorstellungen zu tun, die ich von meinen Eltern mitbekommen habe. Meine Mutter explodiert vor lauter Energie, und mein Vater ist ganz ruhig und setzt auf Kommunikation. Das ist auch für mich eine wichtige Kombination.

Warum haben Sie sich für Südafrika und nicht für die USA entschieden, wo Sie viel Geld hätten verdienen können?

Viele junge Wissenschaftler werden reich, verstehen aber nicht, dass sie eine Machtfunktion übernommen haben. Mir war der Einfluss auf die Gesellschaft wichtiger als Geld. Ich bin für ein Praktikum nach Südafrika gekommen, und nach ein, zwei Stunden war klar, dass ich mich an diesem Ort wohlfühle. Hier sind die Ziele im Leben nicht so abstrakt wie in Deutschland, und das half mir, meine großen inneren Konflikte zu überwinden. Einige Jahre danach suchte das kanadische Start-up-Unternehmen Xanadu nach Spezialisten aus meinem Feld. Ich hatte, soweit ich weiß, in diesem Feld den ersten Doktortitel überhaupt auf der Welt. Insofern hatte ich

»ICH HATTE, SOWEIT ICH WEISS, IN DIESEM FELD DEN ERSTEN DOKTORTITEL ÜBERHAUPT.«

schon einen Marktwert. Es ist schön, noch jung zu sein und schon als jemand betrachtet zu werden, der sich gut in einem Feld auskennt. Zum Glück hat sich Xanadu darauf eingelassen, dass ich von Südafrika aus arbeite und nur alle paar Monate nach Kanada fliege.

Was unterscheidet Ihr Denken von dem älterer Wissenschaftler?

In jeder Wissenschaftsgemeinschaft gibt es scheinbar unumstößliche Dinge, die sich über viele Jahre bewährt haben. In meinem Feld war dieser heilige Gral, dass Algorithmen nur interessant sind, wenn man beweisen kann, dass sie viel schneller sind als klassische Algorithmen, und davon habe ich mich mit meinem Aufgabenansatz entfernt. Außerdem bin ich wie viele meiner jungen Kollegen flexibler. Wir wollen nicht nur an der Uni bleiben und uns den Publikationsmodellen unterwerfen, sondern manchmal auch in die Industrie gehen oder uns neu erfinden.

Können Sie Ihre Persönlichkeit in fünf Worten beschreiben?

Engagiert, energetisch, kritisch, nachdenklich, selbstbewusst.

Wo sehen Sie sich selber in fünf oder zehn Jahren?

Auf jeden Fall in Südafrika, involviert in viele nationale und globale Strukturen, die mit neuen Technologien zu tun haben, mit Daten, mit schnellem Lernen und mit Quantencomputing. Und ich werde meine Projekte weiterführen, die das Dreieck Datenanalyse, Stadt und Menschen betreffen. Gesellschaftliches Engagement bleibt mein Ziel.

Katherine L. Bouman | Informatik

Assistenzprofessorin für Informatik und Mathematische Wissenschaften
am California Institute of Technology in Pasadena
USA

Das Bild, auf dem Sie über der weltweit ersten Aufnahme eines Schwarzen Lochs strahlen, verbreitete sich wie ein Lauffeuer. Wie hat sich das angefühlt?

Es war verrückt. Wir hatten unsere Arbeit geheim gehalten – nicht einmal meiner Familie hatte ich etwas gesagt. Wir waren deshalb einfach riesig aufgeregt, endlich dem Rest der Welt davon zu erzählen und die allererste Darstellung eines Schwarzen Lochs überhaupt zu präsentieren. Die öffentliche Reaktion war viel stärker, als wir sie uns je hätten träumen lassen.

Sie wurden zu einem Vorbild für junge Frauen, wurden aber auch angegriffen, weil man Sie als das Gesicht des Projekts auswählte. Tat das weh?

Die Menschen verbinden ein Projekt gerne mit einem Gesicht, aber es ist wichtig zu verstehen, dass dies das Ergebnis einer großen internationalen Kooperation von 200 Wissenschaftlern war. Ich glaube, die Medien haben mich auf einen Sockel gestellt, weil ich jung und enthusiastisch war, aber ich wollte mich nie vor die vielen anderen Menschen drängen, die für ihre Arbeit ebenfalls Anerkennung verdient haben. Gleichzeitig gibt es nicht viele Frauen auf meinem Gebiet, daher war es wichtig für junge Studentinnen, eine Frau zu sehen, die in Wissenschaft und Technik Erfolg hat. Letztendlich will ich aber durch meine Arbeit definiert werden und nicht durch den Umstand, dass ich eine Frau bin.

Was genau war Ihre Rolle in der »Event Horizon Telescope (EHT) Collaboration«?

Der Grundgedanke war, acht verschiedene Teleskope an verschiedenen Standorten zu einem einzigen virtuellen Teleskop zu kombinieren. Die Idee ist nicht neu, aber wir haben sie maximal ausgereizt. Ich habe an der Entwicklung der Algorithmen mitgearbeitet, mit denen die astronomischen Daten aus diesem Teleskop zum allerersten Bild eines Schwarzen Lochs zusammengeführt wurden, und ich hatte eine führende Rolle bei der Überprüfung des Ergebnisses. Ich komme aus der Informatik und Elektrotechnik und nicht aus der Astrophysik, also bin ich das Thema anders angegangen: Wie kann man neue Ansätze ausarbeiten, um die Daten zu analysieren und das Bild zu erzeugen?

Was war dabei wichtiger, Mathematik oder Fantasie?

Beides! Wir nutzten unsere Fantasie für kreative Ideen, um etwas mathematisch zu belegen.

Woran arbeiten Sie im Moment?

Es gibt noch viel zu tun im EHT-Projekt – wir haben ja erst ein Bild aus den gesammelten Daten veröffentlicht. Es gibt zum Beispiel noch ein näheres Schwarzes Loch im Zentrum unserer Milchstraßen-Galaxie, und wir hätten davon auch gern ein Bild. Das ist aber ziemlich schwierig, weil es kleiner ist und das Gas viel schneller um das Loch kreisen kann. Im Laufe einer Nacht sammeln wir spärliche Daten aus verschiedenen Schnappschüssen des Schwarzen Lochs, das sich über die Zeit entwickelt. Deshalb erarbeite ich Tools zum Sammeln von Daten über sich schnell entwickelnde Schwarze Löcher. Hoffentlich sind wir eines Tages in der Lage, einen Film zu zeigen, in dem das Gas in Richtung des Ereignishorizonts eines Schwarzen Lochs strömt, und nicht nur ein statisches Bild. Dann ist da noch die nächste EHT-Generation: Da wir nun bewiesen haben, dass es möglich ist, die direkte Umgebung eines Schwarzen Lochs zu sehen, wollen wir unsere Daten verbessern, um noch mehr wissenschaftliche Erkenntnisse daraus zu ziehen. Dazu planen wir, neue Teleskope auf der Erde zu bauen und vielleicht sogar im All. Meine Gruppe entwickelt Algorithmen zum maschinellen Lernen für die Entwicklung der nächsten EHT-Generation.

Wo ist Ihr Ansatz anders?

Ich überlege gern, wie man unser Verständnis der Physik mit neuen computergestützten Werkzeugen der künstlichen Intelligenz (KI) und des maschinellen Lernens kombinieren kann, um verborgene Informationen besser aus Daten extrahieren zu können. Ich gehe auf diese Weise an ganz verschiedene Probleme heran, zum Beispiel bei der Bilderfassung Schwarzer Löcher, aber auch im Bauingenieurwesen, in der Medizin und kürzlich in der Seismologie. Die Wissenschaft wird zunehmend interdisziplinär. Wir müssen viele verschiedene Menschen mit unterschiedlichem Fachwissen zusammenbringen, um kreative Lösungen zu entwickeln, die zu neuen, transformierbaren Ergebnissen führen.

Was war das Wichtigste, das Sie so weit gebracht hat?

Viele Leute wollten mir schon erzählen, dass ich nicht gut genug bin. Und auch wenn es manchmal schwer ist, diese Stimmen zu ignorieren, bin ich froh, dass ich stur geblieben bin und ihnen das Gegenteil bewiesen habe.

Was sind Ihre persönlichen Ziele für die nächsten fünf bis zehn Jahre?

Ich will dazu beitragen, die Wissenschaft zu verändern, indem ich computergestützte Werkzeuge entwickle, um die Wissenschaftler auf ihrer Entdeckungsreise ins Unbekannte zu unterstützen. Ich glaube, computergestützte Forschung kann Wissenschaftlern dabei helfen, neue, vielleicht weniger intuitive experimentelle Methoden anzuwenden, die besser funktionieren als die, die wir durch menschlichen Erfindungsreichtum entwickeln. Ich unterrichte und betreue auch gern Studierende und sehe sie zu unabhängigen kreativen Forschern heranwachsen. Ich möchte weiterhin KI-Techniken entwickeln, damit Wissenschaftler die richtigen Fragen sowohl stellen als auch beantworten können. Und ich möchte weiterhin Konzepte aus dem maschinellen Lernen, computerbasiertes Sehen und Bildgebungsverfahren in unterschiedliche Disziplinen bringen.

Wie haben Ihre Eltern Sie beeinflusst?

Es war auf jeden Fall hilfreich, aus einer Akademikerfamilie zu stammen. Ich hatte das Glück, auf der Highschool in einem Labor in meiner Heimatstadt arbeiten zu können. Dabei erlebte ich, wie spannend Wissenschaft sein kann. Mein Vater, der auch Ingenieur ist, sagte zu meinen Geschwistern und mir immer: »Klug zu sein reicht nicht. Es gibt genug kluge Menschen. Man muss auch hart arbeiten.«

Beschreiben Sie Ihre Persönlichkeit in fünf Worten.

Ich bin stur, nett, neugierig, fleißig und kreativ.

»DIE WISSENSCHAFT WIRD ZUNEHMEND INTERDISZIPLINÄR.«

Moisés Expósito-Alonso | Evolutionsgenetik

Assistenzprofessor für Biologie am Carnegie-Department
für Pflanzenbiologie der Stanford University
USA

Erzählen Sie uns von Ihrer Forschung. Warum ist sie anders?

Ich bin Ökologe und nutze Methoden aus der Biomedizin und der Evolutionsgenetik als Inspiration für den Umweltschutz. Die Bandbreite der Themen, an denen mein Labor forscht, ist ungewöhnlich groß, was wohl teilweise zu unserem Erfolg beigetragen hat. Die Themenpalette entstand aus der Erkenntnis, dass ich meine beiden Leidenschaften kombinieren könnte – die grundlegende Erforschung evolutionärer und genetischer Prinzipien und den Naturschutz.

In welchem Stadium befindet sich Ihre Forschung?

Wir setzen Statistik und komplexe Berechnungsverfahren ein, um die Millionen genetischer Mutationen in natürlichen Populationen einer Pflanzenart zu sichten, die diese mehr oder weniger anfällig für den Klimawandel machen könnten. Aktuell haben wir daraus Landkarten mit einer Risikoeinschätzung für die Modellpflanzenart Arabidopsis im Jahr 2050 erstellt und hoffen, diese für wichtige Baumarten in den USA wiederholen zu können. Vielleicht sind wir eines Tages sogar in der Lage, gefährdete Arten durch Gentherapien mithilfe von CRISPR/Cas9 neu anzupassen.

Wann erwarten Sie, eine Art vor dem Aussterben bewahren zu können?

Präventive Maßnahmen wie Naturparks können sehr wirksam für den Artenschutz sein und sind es schon jetzt. Worüber ich mir am meisten Sorgen mache, ist das zukünftige Artensterben durch den Klimawandel. Technisch gesehen könnten wir eine Wildart jetzt schon genetisch verbessern, um sie in bestimmten Klimazonen widerstandsfähiger zu machen. Darauf basiert ja auch ein Großteil der Nutzpflanzenzucht. Ich glaube aber, wir müssen erst durch noch mehr Forschung sicherstellen, dass die spezifische Genveränderung, die wir für eine Art für positiv halten, nicht in Wirklichkeit unerwünschte negative Folgen hat. Darüber hinaus ist mir klar, dass jedes Eingreifen in die Natur ethische Fragen aufwirft, die auf gesellschaftlicher Ebene diskutiert werden müssen.

Sie konzentrieren sich also hauptsächlich auf Arabidopsis. Warum?

Das ist eine sehr kleine Pflanze, also kann man sie gut im Labor züchten. Außerdem gehört sie zu den Pflanzen mit den kleinsten Genomen und ist deshalb leichter zu sequenzieren. Genetiker lieben sie! Der Einsatz von Arabidopsis in der Naturschutzforschung ist eher ungewöhnlich, aber wir haben uns für diese Art entschieden, weil wir an ihr neue genetische Methoden entwickeln können, die künftig nützlich sein werden, wenn wir mehr über die Genome anderer Pflanzenarten wissen.

Ist Ihre Arbeit wichtig für die Gesellschaft?

Das hoffe ich! Ich bin in die Biologie gegangen, weil ich bei der Wiederaufforstung naturnaher Lebensräume in Südspanien helfen wollte, wo ich aufgewachsen bin. Es gibt keine gesunde Gesellschaft ohne gesunde Natur.

Haben Sie je irgendwelche Zweifel daran, auf der richtigen Spur zu sein?

Das Schöne an der Wissenschaft ist ja, dass es unwichtig ist, ob ich auf der »richtigen Spur« bin oder nicht. Unsere Ansätze basieren auf den neuesten wissenschaftlichen Erkenntnissen, aber je mehr wir darüber erfahren, wie Arten sich an das Klima anpassen, desto besser können wir auch unsere Strategien anpassen.

Sie wirken sehr bescheiden.

Ich versuche, bescheiden zu sein. Wissenschaft ist ein Mannschaftssport, und wir stehen auf den Schultern intellektueller Riesen. Und wenn man partnerschaftlich und freundlich ist und anderen hilft, zahlt sich das im Beruf irgendwann aus. Für den Umgang mit der Biodiversitätskrise werden wir vielfältige und interdisziplinäre Denkmodelle brauchen. Deshalb hole ich neben Molekularbiologen und Freilandökologen auch Informatiker in mein Team.

Wie können ältere Wissenschaftler junge unterstützen?

Ein großer Verlust für die Wissenschaft sind junge Forscher, die früh in ihrer Laufbahn ihr Forschungsgebiet verlassen, weil sie nicht genug finanzielle Unterstützung bekommen. Möglichkeiten für Partnerschaften zwischen erfahrenen und jungen Wissenschaftlern zu schaffen, um beispielsweise junge neue Labore zu finanzieren und zu etablieren, würde da sicher zu großen Verbesserungen führen.

Aber Sie hatten bisher Glück mit der Finanzierung?

Ja, ich habe in Spanien studiert, wo das Bildungssystem ziemlich sozialistisch ist und ein großer Teil der Bevölkerung Zugang zu öffentlichen Universitäten hat. Diese gelten sogar als besser im Vergleich zu privaten. Später konnte ich dank Forschungsstipendien und Fellowships im Ausland studieren. Jetzt bekommt mein Labor Gelder von der Carnegie Institution for Science. Ich schätze mich sehr glücklich, auch wenn es viel Arbeit und Durchhaltevermögen kostete, so weit zu kommen.

Welches Land bietet jungen Wissenschaftlern Ihrer Meinung nach die besten Karriereaussichten?

Ich habe in vier Ländern geforscht – Spanien, Großbritannien, Deutschland und USA –, und jedes hat seine Vor- und Nachteile. Jetzt bin ich in den USA, und hier ist die Hierarchie zwischen Professoren und Studierenden flacher. Das schafft meiner Meinung nach eine hochkreative und einnehmende Atmosphäre.

Was ist Ihr persönliches Ziel?

Wesentliche wissenschaftliche Entdeckungen zu machen, die dabei helfen, Natur und Ökosysteme zu erhalten. Deshalb stehe ich jeden Tag auf und gehe zwölf Stunden arbeiten.

Beschreiben Sie Ihre Persönlichkeit.

Ich bin ein extrovertierter Introvertierter, fröhlich, neugierig, konzentriert und leidenschaftlich!

Welchen Einfluss hatten Ihre Eltern auf Sie?

Meine Eltern verbrachten viel Zeit mit mir, als ich klein war. Mein Vater hat den stärksten Willen aller Menschen, die ich kenne, und er half mir, meine Karriere konzentriert anzugehen. Ich hatte als Kind sehr viel Geigenunterricht, entschied mich aber letztendlich für eine wissenschaftliche Laufbahn. Ich glaube, all das machte mich zu einer vollständigen Persönlichkeit und führte mich nach Carnegie und Stanford, wo ich meinen Traum lebe.

»WISSENSCHAFT IST EIN MANN-SCHAFTSSPORT.«

Elaine Y. Hsiao | Mikrobiologie

Assistenzprofessorin für Biologie und Physiologie
an der University of California in Los Angeles
USA

Der Einfluss des Mikrobioms auf Gehirn, Verhalten und neurologische Erkrankungen ist ein neuer Wissenschaftsbereich. Warum haben Sie sich dafür entschieden?

Als ich meinen Doktor in Neurobiologie machte, faszinierten mich Berichte von Eltern autistischer Kinder, deren Verhalten sich durch Ernährungsumstellungen verbesserte. Außerdem war das menschliche Mikrobiom gerade sequenziert worden. Also war ich neugierig, ob das Mikrobiom im Darm Verhalten und neurologische Erkrankungen beeinflussen kann. Damals war das eine radikale Vorstellung und wurde skeptisch betrachtet, und es war schwierig, ein Labor zu finden, wo ich meiner Neugier nachgehen konnte. Das motivierte mich dazu, meinen eigenen Weg zu gehen, indem ich die übliche Postdokorandenstelle übersprang und ein eigenes Labor gründete. Dort untersuchte ich dann, wie das Mikrobiom mit dem Nervensystem interagiert.

Können Sie erklären, wie das Mikrobiom mit dem Gehirn oder dem Nervensystem verknüpft ist?

Das Mikrobiom moduliert viele neuroaktive Moleküle, zum Beispiel Neurotransmitter und Neuropeptide, aber auch solche, die wichtig für das Immunsystem und einen gesunden Stoffwechsel sind. Zusammen beeinflussen diese Moleküle Neuronen, die viele komplexe Verhaltensweisen steuern. Ein Signalweg vom Darm zum Gehirn ist der Vagusnerv, der mit seinen langen Fasern Darm und Gehirn direkt verbindet. Mikroben können auch mit den zahlreichen Immunzellen im Körper interagieren, die Reaktionen im Gehirn beeinflussen.

Erzählen Sie uns von Ihrer aufregenden Arbeit im Labor.

Wir beginnen mit Fragen und lassen uns von ihnen führen. Im Moment interessieren wir uns sehr dafür, wie das mütterliche Mikrobiom während der Schwangerschaft die Entwicklung des Fötus beeinflussen kann. Wir fragen uns auch, ob das Mikrobiom eine Rolle in Fachgebieten spielen kann, wo man bisher Antworten im menschlichen Genom gesucht hat. Zum Beispiel wollen wir wissen, wie sich das Mikrobiom auf altersbedingte Erkrankungen wie Alzheimer oder Parkinson auswirkt. Wir untersuchen auch, wie wir das Mikrobiom einsetzen können, um bessere Therapiemöglichkeiten für Krankheiten wie Epilepsie und Depressionen zu finden.

Was bestimmt, ob Mikroben gut oder böse sind?

Manche Mikroben sind opportunistisch – sie sind je nach Kontext gut oder böse. Interessanten Forschungen zufolge sind unsere Mikroben immer ein Teil von uns, entwickeln sich mit uns und kooperieren sogar mit uns. Zum Beispiel können unsere eigenen Zellen keine komplexen Fasern verdauen, also brauchen wir Mikroben, die das für uns tun. Ein breit gefächertes Mikrobiom ist wichtig, und man geht davon aus, dass eine abwechslungsreiche und gesunde Ernährung die Vielfalt der Mikroben unterstützt.

In welcher Entwicklungsphase befinden sich Ihre Entdeckungen?

Wir haben Experimente in jeder Entwicklungsphase. Viele sind noch in den Anfängen, mit anderen sind wir schon weiter. Wir hoffen, dass einige unserer fortgeschritteneren Entdeckungen zu möglichen Interventionen bei neurologischen Erkrankungen eines Tages zum Wohle der Gesellschaft getestet und weiterentwickelt werden können.

Sie wirken so kühn und mutig, wie Sie diesen neuen Weg ganz allein ebnen! Fürchten Sie sich auch manchmal?

Mir macht es großen Spaß, neue Dinge auszuprobieren und neue Methoden zu verfolgen, vielleicht auch Dinge zu tun, die anderen zu unbequem sind. Manchmal plagen mich Selbstzweifel, ob ich auf dem richtigen Weg bin, aber bisher hat mich das noch nie davon abgehalten, etwas Neues zu versuchen!

Welchen Einfluss hatten Ihre Eltern auf Ihre Einstellung?

Meine Eltern interessierten sich für Kunst und legten so den Grundstein für meine Liebe zur Kreativität und die Freiheit, neue Konzepte zu verfolgen. Als Studentin wusch ich in einem bakteriologischen Labor die Glasgeräte aus und stellte die Medien her. Das war mein erster Kontakt mit der Laborwelt. Später erkannte ich durch die Forschung, dass Wissenschaft auch kreativ ist, und das zog mich wirklich an! Mein Vater starb, als ich noch klein war, und meine Mutter arbeitete viel, um mich und meine Schwester großzuziehen. So lernte ich, die Bedeutung harter Arbeit zu schätzen. Der frühe Tod meines Vaters machte mir auch klar, dass das Leben zwar kurz ist, dass Wissen aber ewig sein kann. Ich hoffe, meine Entdeckungen überleben mich!

»MIR MACHT ES SPASS, NEUE DINGE AUSZUPROBIEREN UND NEUE METHODEN ZU VERFOLGEN.«

Bekommen Sie nach der anfänglichen Skepsis jetzt Anerkennung und Forschungsgelder für Ihre Arbeit?

Wir stecken immer noch in den Anfängen, aber inzwischen scheint die wissenschaftliche Community die Bedeutung dieses Forschungsgebiets anzuerkennen. Ich hoffe, dass wir die Basis und Prinzipien für dieses neue Wissenschaftsgebiet legen können und damit neue Generationen von Wissenschaftlern inspirieren.

Was sind Ihre persönlichen Ziele?

Ich will neue Dinge über die Natur entdecken, die jetzt noch ungewöhnlich erscheinen, aber eines Tages in Lehrbüchern stehen könnten und junge Wissenschaftler inspirieren. Mich begeistern auch Problemstellungen, die interdisziplinäre Forschung erfordern. In meinem Labor gibt es viele Mitarbeiter mit unterschiedlichem Knowhow und verschiedensten Perspektiven. Kollaborative Wissenschaft macht mir großen Spaß, und es wäre toll, wenn es in Zukunft mehr Zusammenarbeit zwischen erfahrenen und jungen Wissenschaftlern gäbe.

Wo hoffen Sie in fünf oder zehn Jahren zu stehen?

Aktuell bin ich Associate Professor, und der nächste logische Karriereschritt wäre der Full Professor. Aber unabhängig von der Berufsbezeichnung konzentriere ich mich einfach darauf, die bestmögliche Forschung zu betreiben. Ich staune immer wieder, wie weit wir schon gekommen sind!

Beschreiben Sie Ihre Persönlichkeit in fünf Begriffen.

Hartnäckig, neurotisch, fürsorglich, furchtlos und eine gute Mentorin (hoffentlich!).

Karl Deisseroth

Ist einer der Pioniere des neuen Gebiets Optogenetik, in der mittels Laserlicht Änderungen in neurologischen Funktionen und im Verhalten von Säugetieren untersucht werden.
https://web.stanford.edu/group/dlab/about_pi.html

David Avnir

Entdeckte, wie sich keramische Werkstoffe und Glas bei Zimmertemperatur herstellen und Biomoleküle in Metalle einbauen lassen, sodass diese leuchten können.
http://chem.ch.huji.ac.il/avnir/

Robert Laughlin

Fand eine Erklärung für den gebrochenzahligen Quanten-Hall-Effekt (Physik-Nobelpreis 1998) und entdeckte eine Art Quantenflüssigkeit.
https://profiles.stanford.edu/robert-laughlin

Peter Seeberger

Forscht an Biopolymeren wie Zuckermolekülen, um damit medizinische Wirkstoffe herzustellen, und konnte 2012 erstmals den Malaria-Wirkstoff Artemisinin synthetisch herstellen.
https://www.mpikg.mpg.de/biomolecular-systems/director/peter-seeberger

Alessio Figalli

Gelang ein lang gesuchter mathematischer Beweis auf dem Gebiet des »Optimalen Transports«, wofür er mit der Fields-Medaille ausgezeichnet wurde, dem mathematischen Äquivalent des Nobelpreises.
https://people.math.ethz.ch/~afigalli/

Bruce Alberts

Trug wesentlich zur Aufklärung der Chromosomenverdopplung bei der Zellteilung bei und versucht, die naturwissenschaftliche Bildung im Schulsystem zu intensivieren.
https://brucealberts.ucsf.edu

Stefan Hell

Entwickelte die Fluoreszenzmikroskopie so weiter, dass auch Auflösungen unterhalb von Lichtwellenlängen möglich werden, was ihm den Chemie-Nobelpreis 2014 einbrachte.
https://www.mpg.de/323847/biophysikalische_chemie_wissM11

Jennifer Doudna

Untersucht Aufbau und Funktion von Ribonukleinsäuren (RNA) in Zellen und hat mit Emmanuelle Charpentier 2012 die »Genschere« CRISPR/Cas9 entwickelt, für die sie 2020 den Nobelpreis für Chemie erhielten.
https://vcresearch.berkeley.edu/faculty/jennifer-doudna

Viola Vogel

Erforscht die nanotechnischen Werkzeuge von Bakterien und Zellen, mit deren Hilfe diese ihre Umwelt erfassen. Sie hat das neue Gebiet der Mechanobiologie mitbegründet.
https://appliedmechanobio.ethz.ch/the-laboratory/people/group-head.html

Antje Boetius

Erforscht als Meeresbiologin das bakterielle Leben in der Tiefsee, beschäftigt sich mit der Tiefseeökologie und engagiert sich öffentlich stark in der Klimadebatte.
www.mpi-bremen.de/en/deep-sea-staff/Antje-Boetius.html

Tom Rapoport

Erforscht, wie sich die Bestandteile von Zellen, insbesondere Proteine, ausdifferenzieren und wie Zellen Informationen für diese Prozesse weitergeben.
https://cellbio.med.harvard.edu/people/faculty/rapoport

Pascale Cossart

Ist die wissenschaftliche Autorität, wenn es um den verbreiteten Krankheitserreger Listeria monocytogenes geht, und sie hat diesen auf molekularer Ebene maßgeblich entschlüsselt.
https://research.pasteur.fr/en/member/pascale-cossart/

Thomas Südhof

Schlüsselte maßgeblich auf, wie sich die Synapsen von Neuronen bilden und wie Zellen Signale austauschen; dafür wurde er mit dem Medizin-Nobelpreis 2013 geehrt.
https://med.stanford.edu/sudhoflab/about-thomas-sudhof.html

Tandong Yao

Konnte anhand von Eisbohrkernen nachweisen, dass die vergangenen 100 Jahre die wärmsten seit 2000 Jahren waren. Er setzt sich sehr für die Erhaltung der tibetischen Hochland-Gletscher ein.
http://ic-en.ucas.ac.cn/k-Teacher/yao-tandong/

Brian Schmidt

Wies in den 1990er-Jahren anhand des Lichts weit entfernter Supernovae nach, dass sich das Universum immer schneller ausdehnt, wofür er 2011 den Physik-Nobelpreis bekam.
https://www.mso.anu.edu.au/~brian/

Avi Loeb

Erforscht die Entstehung der ersten Sterne nach dem Urknall und beschäftigt sich mit der Suche nach Hinweisen auf die Existenz außerirdischer Zivilisationen, etwa in den Atmosphären von Exoplaneten.
https://www.cfa.harvard.edu/~loeb/

Bernhard Schölkopf

Ist einer der führenden deutschen Forscher auf dem Gebiet des maschinellen Lernens, beschäftigt sich aber auch mit Exoplaneten und Gravitationswellen.
https://www.is.mpg.de/~bs

Dan Shechtman

Entdeckte in den 1980er-Jahren die bis dahin unbekannte Klasse der quasiperiodischen Kristalle, was ihm den Chemie-Nobelpreis 2011 einbrachte.
https://materials.technion.ac.il/members/dan-shechtman/

Wolfgang Ketterle

Gehörte zu den Ersten, denen die Erzeugung eines Bose-Einstein-Kondensats gelang (Physik-Nobelpreis 2001); daraus konnte er den ersten »Atomlaser« konstruieren.
https://web.mit.edu/physics/people/faculty/ketterle_wolfgang.html

Martin Rees

Erforschte als Astrophysiker die kosmische Hintergrundstrahlung und mahnt heute vor Bedrohungen wie Klimawandel oder Nuklearwaffen, die zum Aussterben der Menschheit führen könnten.
https://royalsociety.org/people/martin-rees-12156/

Aaron Ciechanover

Fand heraus, mit welchem Mechanismus Zellen überflüssige Proteine entsorgen (Chemie-Nobelpreis 2004), und berät Unternehmen und Non-Profit-Organisationen zu wissenschaftlichen Fragen.
http://taubcenter.org.il/aaron-ciechanover/

Ron Naaman

Untersucht, wie hauchdünne Schichten aus organischen Molekülen auf Halbleitern neue elektronische Eigenschaften erzeugen, und entwickelt daraus neuartige Sensoren.
https://www.weizmann.ac.il/chemphys/naaman/node/3

Tim Hunt

Entdeckte mit Paul Nurse die molekularen Grundlagen der Zellteilung, wofür er mit dem Medizin-Nobelpreis 2001 geehrt wurde.
https://www.crick.ac.uk/about-us/who-we-are/how-we-got-here/notable-alumni/tim-hunt

Jian-Wei Pan

Forscht am Phänomen der Quantenverschränkung von Lichtteilchen, um damit neue, sichere Kommunikationskanäle zu ermöglichen. Er wurde zum »Father of Quantum« ausgerufen.
http://quantum.ustc.edu.cn/web/en/node/32

Faith Osier

Hat sich der Mission »Make Malaria History« verschrieben und versucht, mittels der Malaria-Resistenz mancher Menschen einen Impfstoff zu entwickeln.
https://www.faithosier.net

Carla Shatz

Erforscht, wie sich das Gehirn beim Übergang vom Kindes- ins Erwachsenenalter verändert, und hofft, dadurch neue Erkenntnisse über Autismus und Schizophrenie liefern zu können.
https://profiles.stanford.edu/carla-shatz

Detlef Günther

Arbeitet an quantitativen Analysemethoden für Laser-Aerosole und Nanopartikel und hat hierfür u. a. ein mobiles Gerät entwickelt, das auch für die archäologische Feldforschung interessant ist.
https://guenther.ethz.ch/people/prof-detlef-guenther.html

Helmut Schwarz

Verbesserte maßgeblich die Massenspektrometrie, ein verbreitetes Analyseverfahren in Chemie und Forensik, und trug viel zum Verständnis der ungewöhnlichen Kohlenstoff-Molekülgruppe der Fullerene bei.
https://www.chem.tu-berlin.de/helmut.schwarz/

Patrick Cramer

Konnte als Erster die dreidimensionale Struktur des RNA-Polymerase-II-Enzyms aufklären, forscht an der Funktionsweise des Genoms und setzt sich für Naturwissenschaften in Europa ein.
https://www.mpg.de/7894444/biophysikalische_chemie_cramer

George M. Church

Hat neue, günstige Technologien zur Gensequenzierung entwickelt und seit den 2010er-Jahren das Gebiet der synthetischen Biologie vorangetrieben.
https://wyss.harvard.edu/team/core-faculty/george-church/

Frances Arnold

Ist eine Pionierin auf dem Gebiet der »Gerichteten Evolution«, einer gentechnischen Beschleunigung von Zufallsmutationen (Nobelpreis für Chemie 2018). Zudem ist sie Mitgründerin von Gevo, einem Start-up für Bio-Brennstoffe.
https://cce.caltech.edu/people/frances-h-arnold

Shigefumi Mori

Arbeitet an dreidimensionalen algebraischen Varietäten, bewies 1978 die Hartshorne-Vermutung, bekam 1990 die Fields-Medaille, leitete einige Jahre die Internationale Mathematische Union und ist Namenspatron eines Asteroiden.
https://kuias.kyoto-u.ac.jp/e/profile/mori/

Paul Nurse

Entdeckte das für die Zellteilung entscheidende Gen cdc2, wofür er mit Tim Hunt 2001 den Medizin-Nobelpreis bekam, und ist am Francis Crick Institute in der Zellforschung aktiv.
https://www.crick.ac.uk/research/find-a-researcher/paul-nurse

Robert Weinberg

Erforscht seit Jahrzehnten die Entstehung von Krebs auf genetischer Ebene und definierte im Jahre 2000 in einem epochalen Paper sechs Faktoren, die Zellen zu Krebszellen werden lassen.
https://biology.mit.edu/profile/robert-a-weinberg/

Cédric Villani

Hat auf dem Gebiet der Differenzialgleichungen, insbesondere der Boltzmann-Gleichung, innovative Ansätze entwickelt, die 2010 mit der Fields-Medaille ausgezeichnet wurden, und ist seit einigen Jahren aktiver Politiker in Frankreich.
https://cedricvillani.org/

Ruth Arnon

Arbeitet an synthetischen Impfstoffen gegen Influenza und Krebs und hat das Medikament Copaxone entwickelt, das seit seiner Zulassung 1995 gegen Multiple Sklerose eingesetzt wird.
https://www.weizmann.ac.il/immunology/sci/ArnonPage.html

Peter Doherty

Ist einer der wegweisenden Immunologen der Gegenwart und klärte den Mechanismus auf, wie T-Zellen des Immunsystems Viren bekämpfen, was 1996 mit dem Medizin-Nobelpreis ausgezeichnet wurde.
https://www.doherty.edu.au/people/laureate-professor-peter-doherty

Christiane Nüsslein-Volhard

Entdeckte Gene, die die Embryonalentwicklung von Mensch und Tier steuern (Medizin-Nobelpreis 1995) und beriet unter anderem im Nationalen Ethikrat die Bundesregierung zu aktuellen Forschungsfragen.
https://www.mpg.de/459856/entwicklungsbiologie_wissM2

Vittorio Gallese

Forscht über das Zusammenspiel von Bewegungsapparat und Kognition bei Primaten und Menschen, um die Ursprünge von Empathie, Ästhetik, Sprache und Denken zu erhellen.
http://unipr.academia.edu/VittorioGallese/CurriculumVitae

Françoise Barré-Sinoussi

Isolierte 1982 erstmals das HIV-Virus als Ursache der damals noch neuen Erkrankung AIDS, wofür sie 2008 den Medizin-Nobelpreis verliehen bekam. Sie setzt sich aktiv für eine bessere Gesundheitspolitik in Entwicklungsländern ein.
https://www.pasteur.fr/en/institut-pasteur/history/francoise-barre-sinoussi-born-1947

Marcelle Soares-Santos

Erforscht die sich beschleunigende Expansion des Universums, sucht nach optischen Hinweisen auf Gravitationswellen und ist an Projekten zur Aufklärung der Dunklen Energie im Universum beteiligt.
https://mcommunity.umich.edu/#profile:mssantos

Onur Güntürkün

Erforscht die Arbeitsweise des präfrontalen Cortex, in dem Handlungen geplant und Emotionen reguliert werden. Außerdem engagiert er sich für die deutsch-türkische Forschungszusammenarbeit.
http://www.rd.ruhr-uni-bochum.de/neuro/wiss/sprecher/guentuerkuen.html.en

Klaus von Klitzing

Entdeckte den ganzzahligen Quanten-Hall-Effekt und damit eine neue, nach ihm benannte Naturkonstante – dafür erhielt er den Physik-Nobelpreis 1985. Neben seiner Forschungsarbeit wirbt er unermüdlich für die Bedeutung der Grundlagenforschung.
https://www.fkf.mpg.de/342979/Prof_Klaus_von_Klitzing

Tao Zhang

Arbeitet an neuen Verfahren für die Katalyse von Stoffen, auch mithilfe von nanostrukturierten Materialien, und will mit neuen Katalysatoren Chemikalien aus Biomasse gewinnen.
http://english.cas.cn/about_us/administration/administrators/201612/t20161226_172885.shtml

Carolyn Bertozzi

Beschäftigt sich mit den Vorgängen auf Zelloberflächen, hat ein neues schonendes Verfahren entwickelt, um Strukturen innerhalb von Zellen sichtbar zu machen, und bekam mit nur 33 Jahren als bis dato jüngste Forscherin das prestigeträchtige MacArthur Fellowship.
https://chemistry.stanford.edu/people/carolyn-bertozzi

Ulyana Shimanovich

Untersucht die chemische Selbstorganisation von Zellmolekülen wie etwa Proteinen und warum dabei manchmal Fehler passieren, die zu gravierenden Krankheiten wie Alzheimer führen können.
http://www.weizmann.ac.il/materials/shimanovich/home

Eric Kandel

Wandte sich als studierter Psychiater früh der Hirnforschung zu, erforschte die neuronalen Grundlagen des Lernens und Erinnerns sowie die Proteinstruktur des Gedächtnisses, wofür er im Jahr 2000 den Medizin-Nobelpreis bekam.
https://neuroscience.columbia.edu/profile/erickandel

Arieh Warshel

Entwickelt Computermodelle, um die Arbeitsweise von Proteinen und Enzymen zu simulieren, wofür er 2013 mit dem Chemie-Nobelpreis ausgezeichnet wurde, und gilt als einer der Pioniere auf diesem Gebiet.
http://chem.usc.edu/faculty/Warshel.html

Richard Zare

Entwickelte wegweisende Verfahren, um chemische Reaktionen mithilfe von Laserlicht in Echtzeit zu untersuchen. Mit der NASA hat er zu Fragen der Astrobiologie gearbeitet.
https://chemistry.stanford.edu/people/richard-zare

Sallie Chisholm

Erforscht Biologie, Ökologie und Evolution der am häufigsten vorkommenden Phytoplankton-Spezies in den Weltmeeren, um die mikrobiellen Ökosysteme der Ozeane aufzuklären.
https://biology.mit.edu/profile/sallie-penny-w-chisholm/

Edward Boyden

Forscht auf dem Gebiet der Optogenetik, entwickelt mit seiner Forschungsgruppe Methoden, um langfristig den Aufbau des Gehirns auf molekularer Ebene zu kartieren, und ist Verfechter des Teilens von Forschungsergebnissen.
http://syntheticneurobiology.org/people/display/71/11

Ottmar Edenhofer

Arbeitete mit seiner Gruppe das Konzept für einen transatlantischen Kohlenstoffmarkt aus, untersucht wirtschaftliche Aspekte des Klimawandels und berät die Bundesregierung in der Energie- und Klimapolitik.
https://www.pik-potsdam.de/members/edenh

Tolullah Oni

Wandte sich nach ihrem Medizinstudium der Verbesserung des Public Health Systems in den rasch wachsenden Städten zu und versucht dabei, die vielfältigen äußeren Einflüsse auf die Gesundheit der Stadtbevölkerung zu berücksichtigen.
http://www.mrc-epid.cam.ac.uk/people/tolullah-oni/

Sangeeta Bhatia

Baut winzige Modellorgane wie »Mikrolebern«, um den Stoffwechsel besser zu verstehen; entwickelt außerdem mithilfe von Nanomaterialien Systeme für die Diagnostik von Krankheiten.
https://ki.mit.edu/people/faculty/bhatia

Bruno Reichart

Gelang 1981 die erste Herz- und 1983 die erste Herz-Lungen-Transplantation in Deutschland. Er erforscht die Möglichkeiten der Xenotransplantation, etwa der Verpflanzung von Schweineherzen.
http://www.klinikum.uni-muenchen.de/SFB-TRR-127/de/members-neu/PI/C8/ReichartBruno/index.html

Robert Langer

Entwickelt Technologien, unter anderem mithilfe von Biopolymeren, um gezielt Medikamente im Körper abzugeben – »Drug Delivery« genannt – und hält weltweit über 1000 Patente.
https://be.mit.edu/directory/robert-langer

Emmanuelle Charpentier

Erforscht die molekularen Grundlagen von Infektionen und hat mit Jennifer Doudna 2012 die »Genschere« CRISPR/Cas9 entwickelt, für die sie 2020 den Nobelpreis für Chemie erhielten.
https://www.emmanuelle-charpentier-lab.org/our-team/emmanuelle-charpentier/

Shuji Nakamura

Entwickelte die erste Leuchtdiode, die blaues Licht aussendet, was ihm den Physik-Nobelpreis 2014 einbrachte. Nach einem Patentstreit kehrte er Japan den Rücken und forscht seither in Santa Barbara in Kalifornien.
https://ssleec.ucsb.edu/nakamura

Anton Zeilinger

Gelang in den 1990er-Jahren die Teleportation von Lichtteilchen mittels Quantenverschränkung, was ihm den Spitznamen »Mr. Beam« einbrachte. Er arbeitet an Konzepten der Quanteninformatik und Quantenkryptografie.
https://www.oeaw.ac.at/en/esq/home/research-groups/anton-zeilinger/

Hermann Parzinger

Führte zahlreiche Ausgrabungen in Europa und Zentralasien durch, bis er mit der Entdeckung eines skythischen Fürstengrabes 2001 weltweit bekannt wurde; er leitete viele Jahre das Deutsche Archäologische Institut.
http://www.preussischer-kulturbesitz.de/ueber-uns/praesident-und-vizepraesident/prof-dr-hermann-parzinger.html

Das Projekt »Faszination Wissenschaft« hat mich sofort begeistert. Herlinde Koelbl ist mit diesem Buch etwas Wunderbares gelungen. Die Fotos unterschiedlichster Wissenschaftler aus aller Welt zeigen uns die Gesichter hinter den Formeln, die für uns oft unverständlich sind. Damit bringt Herlinde Koelbl uns Forschung näher. Die Gespräche, die Herlinde Koelbl mit den Wissenschaftlerinnen und Wissenschaftlern geführt hat, sind sehr lesenswert – bereichernd, lehrreich und informativ.

Friede Springer

Dank

Das Projekt »Faszination Wissenschaft« wurde erst möglich durch die großzügige Förderung des »Förderfonds Wissenschaft in Berlin« und die Finanzierung durch die Friede Springer Stiftung. Dadurch konnte ich die spannende und vielfältige Welt der Wissenschaft erkunden und die aufschlussreichen Gespräche führen. Den Stiftungen gilt mein besonderer Dank.

Ich danke Ernst-Ludwig Winnacker für sein persönliches Engagement, um Türen für mich zu öffnen und mich zu beraten, sowie ebenfalls Helmut Schwarz, Jürgen Zöllner und Detlef Günther. Diese Unterstützung war mir eine große Hilfe. Auch Marion Müller hat mit Tatkraft und Weitsicht das Projekt begleitet, herzlichen Dank dafür.

Die Einladungen zu der jährlich von Sebastian Turner verantworteten Falling-Wall-Konferenz waren eine entscheidende Motivation, dieses Projekt zu realisieren.

Mein Dank gilt auch Stephan Frucht vom Siemens Arts Program, der die Realisierung des Buches und der Ausstellung bei der BBAW (Berlin-Brandenburgische Akademie der Wissenschaften) unterstützt hat.

Für Gespräche, Ratschläge, Anregungen und Vermittlung von Kontakten danke ich Bruce Alberts, André Alt, Claudia Anzinger, Karin Arnold, Yivsam Azgad, Elke Benning Rohnke, Antje Boetius, Christina Bracken, Steffi Czerny, Matthias Drieß, Markus Ederer, Sonja Grigoschewski, Johann Grolle, Martin Grötschel, Enno auf der Heide, Ingolf Kern, Matthias Kleiner, Susanne Koelbl, André Lottmann, Christian Martin, Steffen Mehlich, Achim Rohnke, Anett Schlieper, Harald Singer, Christine Thalmann, Franz Schmitt, Bernhard Schölkopf, Ute Schweitzer, Beate Weber, Detlef Weigel, Anne Zöllner, Emilio Galli-Zugaro. Mein Dank gilt auch Jörg Hacker und Ruth Narmann, die mir die Kontakte nach China ermöglichten.

Ich danke Judith Kimche und Hal Wyner für die hilfreiche Unterstützung in Israel.

Für die gute redaktionelle Zusammenarbeit bedanke ich mich bei James Copland, Chris Cottrell, Lois Hoyal und Marius Nobach.

Mein Dank gilt auch Margot Klingsporn für die freundschaftliche Begleitung und den inspirierenden Austausch während des Projektes.

Auch meinen wunderbaren Mitarbeiterinnen Cornelia Albert und Michaela Plötz gilt meine Dankbarkeit.

Thomas Hagen und Fabian Arnet vom Knesebeck Verlag danke ich für die engagierte Zusammenarbeit bei der Realisierung des Buches.

Allen Wissenschaftler*innen danke ich für ihr Vertrauen, für ihre Offenheit in den Gesprächen und ihre Bereitschaft, künstlerisch mit ihren Zeichnungen auf der Hand mitzuwirken.

Schließlich danke ich all meinen Freunden, die sich über die Jahre geduldig meine Erzählungen angehört und mich unterstützt haben.

Herlinde Koelbl

Geleitwort

Das Projekt »Faszination Wissenschaft« ist nicht nur eine Hymne auf die Wissenschaft, sondern auch auf die Kraft der Kunst. Herlinde Koelbl gelingt es einmal mehr, Menschen mit ihren Fotoarbeiten zu faszinieren. Zugleich schlägt sie eine einzigartige Brücke zwischen Wissenschaft und Kunst.

Mit ihren 60 Porträts herausragender Forscherpersönlichkeiten zeigt sie aber auch eine menschliche Seite der Wissenschaft. Das Werk dokumentiert eindrücklich, dass Wissenschaft und Kunst wesensverwandt sind und zu Recht unter dem besonderen Schutz unserer Verfassung stehen. Als Physiker fasziniert mich, wie Herlinde Koelbl diesen Zusammenhang greifbar macht. Ich bin zudem überzeugt, dass »Faszination Wissenschaft« auch viele junge Menschen motivieren wird, sich für Wissenschaft und Forschung zu begeistern.

Dr. Roland Busch
Stv. Vorstandsvorsitzender Siemens AG

2. Auflage 2020
Deutsche Originalausgabe

Copyright © 2020
von dem Knesebeck GmbH & Co. Verlag KG, München
Ein Unternehmen der Média-Participations

Projektleitung: Dr. Thomas Hagen, Knesebeck Verlag
Übersetzung der englischen Interviews:
Niels Boeing, Hamburg und Susanne Schmidt-Wussow, Berlin
Lektorat: Gunnar Musan, Neumünster, und
Gerdi Killer, bookwise medienproduktion GmbH, München
Gestaltung und Satz: Fabian Arnet, Knesebeck Verlag
Umschlaggestaltung: Fabian Arnet, Knesebeck Verlag
Herstellung: Arnold & Domnick, Leipzig
Lithografie: Reproline-Mediateam, Unterföhring
Druck: Printer Trento Srl, Italy

ISBN 978-3-95728-426-6

Alle Rechte vorbehalten, auch auszugsweise.
www.knesebeck-verlag.de

Verlag und Autorin
bedanken sich für die finanzielle
Unterstützung
dieses Projektes durch